RISC－V 处理器与嵌入式开发丛书

RISC－V 嵌入式开发实践

——基于 CH32V307 微控制器

王宜怀　杨　勇　施连敏　游辉敏　编著

北京航空航天大学出版社

内容简介

本书以沁恒微电子公司(WCH)的RSIC-V内核的CH32V307系列微控制器为蓝本,以知识要素为核心,以构件化为基础,阐述嵌入式技术基础与实践。本书介绍的AHL-CH32V307硬件系统可以满足基础实践的需要。

全书共13章,第1章简要阐述嵌入式系统的知识体系、学习误区与学习建议;第2章为RSIC-V架构微处理器简介;第3章介绍MCU存储器映像、中断源与硬件最小系统;第4章以GPIO为例给出规范的工程组织框架,阐述底层驱动应用与设计方法;第5章介绍嵌入式硬件构件与底层驱动构件的基本规范;第6章阐述串行通信接口UART,并给出第一个带中断的实例。第1～6章囊括了学习一个微控制器入门环节的完整要素。第7～12章分别介绍了SysTick、Timer、RTC、Flash在线编程、ADC、DAC、SPI、I2C、TSC、DMA、CAN、USB、以太网模块及其他模块。第13章给出了外接部件、RTOS、嵌入式人工智能等应用案例。

本书适用于高等学校嵌入式系统的教学或技术培训,也可供嵌入式系统与物联网应用技术人员研发时参考。

图书在版编目(CIP)数据

RISC-V嵌入式开发实践 : 基于CH32V307微控制器 /
王宜怀等编著. -- 北京 : 北京航空航天大学出版社,
2022.4

ISBN 978-7-5124-3753-1

Ⅰ. ①R… Ⅱ. ①王… Ⅲ. ①微控制器 Ⅳ.
①TP368.1

中国版本图书馆CIP数据核字(2022)第046636号

版权所有,侵权必究。

RISC-V嵌入式开发实践——基于CH32V307微控制器

王宜怀　杨　勇　施连敏　游辉敏　编著

策划编辑　陈守平　　责任编辑　宋淑娟　张冀青

*

北京航空航天大学出版社出版发行

北京市海淀区学院路37号(邮编100191)　http://www.buaapress.com.cn

发行部电话:(010)82317024　传真:(010)82328026

读者信箱:goodtextbook@126.com　邮购电话:(010)82316936

北京富资园科技发展有限公司印装　各地书店经销

*

开本:787×1 092　1/16　印张:20.75　字数:531千字

2022年4月第1版　2024年7月第2次印刷　印数:2 001-2 300册

ISBN 978-7-5124-3753-1　定价:59.90元

若本书有倒页、脱页、缺页等印装质量问题,请与本社发行部联系调换。联系电话:(010)82317024

前　言

嵌入式计算机系统简称为嵌入式系统，其概念最初源于传统测控系统对计算机的需求。随着以微处理器(MPU)为内核的微控制器(MCU)制造技术的不断进步，计算机领域在通用计算机系统与嵌入式计算机系统这两大分支上分别得以发展。通用计算机已经在科学计算、通信、日常生活等各个领域产生了重要影响。在后PC时代，嵌入式系统的广泛应用是计算机发展的重要特征。一般来说，嵌入式系统的应用领域可以粗略分为两大类：一类是电子系统的智能化(如工业控制、汽车电子、数据采集、测控系统、家用电器、现代农业、嵌入式人工智能及物联网应用等)，这类应用也被称为微控制器MCU领域；另一类是计算机应用的延伸(如平板电脑、手机、电子图书等)，这类应用也被称为应用处理器MAP领域。不论如何分类，嵌入式系统的技术基础都是不变的，即要想完成一个嵌入式系统产品的设计，就需要有硬件、软件及行业领域的相关知识。但是，随着嵌入式系统中的软件规模日益增大，对嵌入式底层驱动软件的封装提出了更高的要求，可复用性与可移植性受到特别的关注，嵌入式软硬件的构件化开发方法逐步被业界所重视。

2020年以来，RISC-V架构处理器在我国得以快速发展。本书在苏州大学嵌入式团队几十年教学积累的基础上，基于沁恒微电子公司的RISC-V架构CH32V307微控制器构建的通用嵌入式计算机GEC生态系统，形成了相对完备的教学及实践体系。本书内容是在作者前期撰写的普通高等教育"十一五""十二五"国家级规划教材、国家级一流本科课程教学实践的基础上，以CH32V307微控制器为蓝本重新撰写的。同时，在南京沁恒微电子公司及北京航空航天大学出版社的支持下，设计了可以直接进行实践的硬件系统AHL-CH32V307，该系统具有简捷、便利、边学边实践等优点，克服了实验箱模式的冗余、不方便带出实验室、不易升级等缺点，以逐步探索嵌入式教学新模式。

书中以嵌入式硬件构件及底层软件构件设计为主线，基于嵌入式软件工程的思想，按照"通用知识—驱动构件使用方法—测试实例—构件制作过程"的脉络，逐步阐述电子系统智能化嵌入式应用的软件与硬件设计。需要特别说明的是，虽然书籍的撰写与相关课程的教学必须以某一特定芯片为蓝本，但作为嵌入式技术的基础，本书试图阐述嵌入式通用知识要素。因此，本书以知识要素为基本立足点，设计芯片的底层驱动，使得应用程序与芯片无关，使其具有通用嵌入式计算机(GEC)的性质。书中将大部分驱动的使用方法提前阐述，而将驱动构件的设计方法后置，目的是先学会使用构件进行实际编程，再理解构件的设计方法。因为理解构件的设计方法有一定难度，所以对于不同要求的教学场景，可以不要求学生理解全部构件的设计方法，仅讲解一两个即可。

本书具有以下特点。

(1) **把握通用知识与芯片相关知识之间的平衡。**书中对于嵌入式通用知识的基本原理，以应用为立足点，进行语言简洁、逻辑清晰的阐述，并注意与芯片相关知识的衔接，使读者在更好地理解基本原理的基础上，理解芯片应用的设计；同时反过来，加深对通用知识的理解。

(2) **把握硬件与软件的关系。**嵌入式系统是软件与硬件的综合体，嵌入式系统设计是一个软件与硬件协同设计的工程，而不能像通用计算机那样，将软件、硬件完全分开来看。特别对电子系统智能化嵌入式应用来说，没有对硬件的理解就不可能写好嵌入式软件，同样没有对软件的理解也不可能设计好嵌入式硬件。因此，本书注重把握硬件与软件之间的关系。

(3) **对底层驱动进行构件化封装。**书中对每个模块均给出根据嵌入式软件工程基本原则，并按照构件化封装要求编制的底层驱动程序，同时给出详细、规范的注释及对外接口，为实际应用提供底层构件，方便移植与复用，也可以为实际项目开发节省大量时间。

(4) **设计合理的测试用例。**书中所有源程序均经测试通过，并将测试用例保留在本书的网上电子资源中，避免因例程书写或固有的错误给读者带来烦恼。这些测试用例也为读者验证与理解相关知识带来方便。

(5) **本书的网上电子资源提供了所有模块完整的底层驱动构件化封装程序与测试用例。**对于需要使用 PC 机的测试用例程序，还提供了 PC 机的 C# 源程序、芯片资料、使用文档和硬件说明等，网上电子资源的版本会适时更新。

本书由苏州大学王宜怀统稿，杨勇、施连敏、游辉敏参与编写。苏州大学嵌入式系统与物联网研究所的研究生参与了程序开发、书稿整理及有关资源建设，他们卓有成效的工作使得本书内容更加充实。南京沁恒微电子公司的司云腾、李天培、陶玉凯、陈瑶、刘琪等给予了技术支持并校对书稿。苏州大学的刘纯平、赵雷、章晓芳、杨璐、刘晓升等老师，宿迁学院的王志超、陈林、万娟、史洪玮等老师，为本书提出了许多建设性意见，在此一并表示诚挚的感谢。

鉴于作者水平有限，对于书中存在的不足和错误之处，恳望读者提出宝贵意见和建议。

苏州大学　王宜怀

2022 年 2 月

本书配套资源

硬件资源：与本书配套的硬件资源（AHL-CH32V307）可扫描下方二维码进行购买。

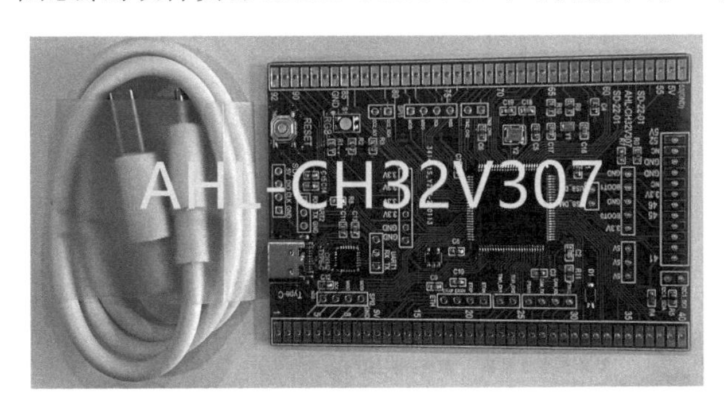

购买链接

网上电子资源：本书配套的电子资源适时更新，下载路径：百度搜索"苏州大学嵌入式学习社区"官网→"教材"→"AHL-CH32V307"。文件夹名称及内容如下表所列，后期也会应读者要求补充其他材料。

文件夹		内　容
01-Information		内核及芯片文档
02-Document		补充阅读材料、硬件使用说明等
03-Hardware		硬件文档
04-Software	CH01	硬件测试程序（含 MCU 侧及 PC 侧程序）
	CH02	认识汇编语句生成的机器码
	CH04	GPIO
	CH06	UART
	CH07	SysTick、RTC、Timer、PWM、输入捕获、输出比较
	CH08	Flash、ADC、DAC，PC 侧配套测试程序
	CH09	SPI、I2C、TSC
	CH10	CAN、DMA
	CH11	USB、以太网
	CH12	系统时钟程序的注解、看门狗
	CH13	外接部件、RT-Thread、嵌入式人工智能，物体认知系统
05-Tool		AHL-CH32V307 板载 TTL-USB 芯片驱动程序，C＃2019 串口测试程序；C＃快速应用指南下载导引等

其他资源：

硬件资源（AHL-CH32V307）购买地址：https://item.taobao.com/item.htm?spm=a1z10.1-c.w4004-21411704024.2.3d6d735cvkckJ7&id=672146429007

GEC IDE 及相关软件例程下载地址：https://github.com/hellogec

CH32V307 数据手册下载地址：http://www.wch.cn/downloads/CH32V20x_30xDS0_PDF.html

CH32V307 应用手册下载地址：http://www.wch.cn/downloads/CH32FV2x_V3xRM_PDF.html

咨询邮箱：yy@wch.cn，sz_apl@163.com

目　　录

第1章　概　述

本章导读：由于本书基于可实践的硬件系统AHL-CH32V307，因此作为全书导引，本章首先从运行第一个嵌入式程序开始，使读者直观认识到嵌入式系统就是一个实实在在的微型计算机；然后阐述嵌入式系统的基本概念、由来、发展简史、分类及特点；给出嵌入式系统的学习困惑、知识体系及学习建议；随后给出微控制器与应用处理器简介；最后简要归纳嵌入式系统的常用术语，以便对嵌入式系统的基本词汇有一个初步认识，为后续内容的学习打下基础。网上电子资源的补充阅读材料中简要总结了嵌入式系统常用的C语言基本语法概要，以便快速了解本书所用到的C语言知识要素。

1.1　初识嵌入式系统

嵌入式系统是嵌入式计算机系统的简称，它不仅具有通用计算机的主要特点，还具有自身的特点。嵌入式系统不单独以通用计算机的面目出现，而是隐含在各类具体的智能产品中，如手机、机器人、自动驾驶系统等。嵌入式系统在嵌入式人工智能、物联网、工厂智能化等产品中起着核心的作用。

由于嵌入式系统课是一门理论与实践密切结合的课程，为了使读者更好、更快地学习嵌入式系统，本书配备了苏州大学嵌入式系统与物联网研究所开发的RISC-V架构的AHL-CH32V307嵌入式开发套件。下面就以运行这个小小的微型计算机为起点，开启嵌入式系统的学习之旅。

1.1.1　运行硬件系统

1. 了解实践硬件

图1-1为与本书配套的AHL-CH32V307嵌入式开发套件，它由主板和一根标准的Type-C数据线[①]组成，具体内容如表1-1所列。

AHL-CH32V307是一个典型的嵌入式系统，虽然它体积很小，但却包含了微型计算机的基本要素，也就是俗话所说的，麻雀虽小，五脏俱全，因此可以充分利用这个套件的硬件、软件、文档、开发环境等资源，较好地用于嵌入式系统入门阶段的学习。

① Type-C数据线是2014年面市的基于USB3.1标准接口的数据线，没有正反方向的区别，可承受1万次反复插拔。

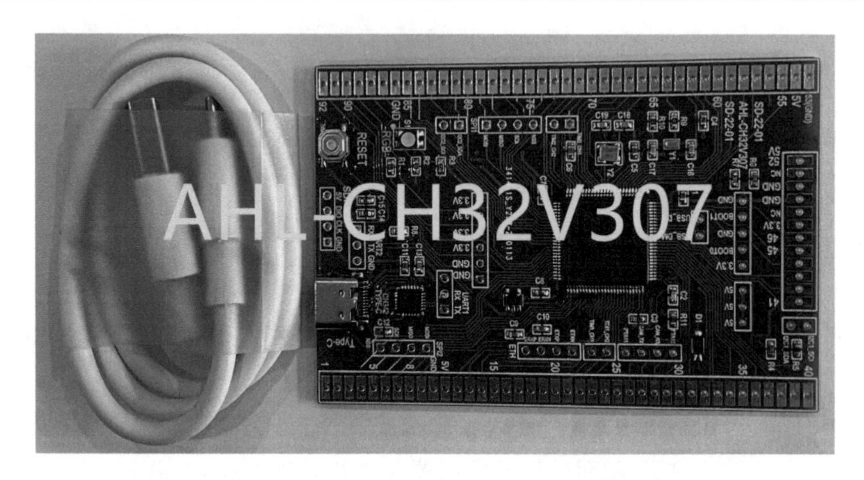

图 1－1　AHL-CH32V307 嵌入式开发套件

表 1－1　AHL-CH32V307 嵌入式开发套件

资源类型	名　称	数　量	备　注
硬件	AHL-CH32V307	1 套	① 板载微控制器：沁恒微电子公司的 CH32V307VCT6； ② 5 V 转 3.3 V 电源、红绿蓝三色灯、复位按键等； ③ 两路 USB 转 TTL 串口，通过 Type-C 接口与 PC 机相连，供程序下载调试及用户串口使用； ④ 引出芯片的所有对外接口引脚，如 GPIO、UART、ADC、SPI、PWM、CAN、USB、以太网等； ⑤ 提供一路默认的温度传感器(热敏电阻)，可用于测量环境温度
	Type-C 数据线	1 根	标准 Type-C 数据线，取电和进行串口通信
软件及文档	电子资源：苏州大学嵌入式学习社区→教材→AHL-CH32V307		

2. 测试实践硬件

出厂时已经将网上电子资源中“..\04-Software\CH01 文件夹”下的测试程序写入本嵌入式计算机内，只要给它供电，程序即可运行，具体步骤如下：

步骤 1：使用 Type-C 数据线给主板供电。将 Type-C 数据线的小端连接主板，另一端连接工具机[①]的 USB 接口。

步骤 2：观察程序运行效果。现象为：红、绿、蓝各灯在每 5 s、10 s、20 s 状态下变化，对外表现为三色灯的合成色，其实际效果如图 1－2 所示，即开始时为暗，然后依次变化为红、绿、黄(红＋绿)、蓝、紫(红＋蓝)、青(蓝＋绿)、白(红＋蓝＋绿)，周而复始。

从运行效果即可体会到这个小小的嵌入式计算机的功能。实际上，该嵌入式计算机的功能十分丰富，通过编程可以完成智能化领域的许多重要任务，本书将带领读者逐步进入嵌入式系统的广阔天地。

下面要下载一个程序到嵌入式计算机中并运行，但首先需要安装集成开发环境。

① 工具机可以是笔记本电脑、个人计算机(PC)等。

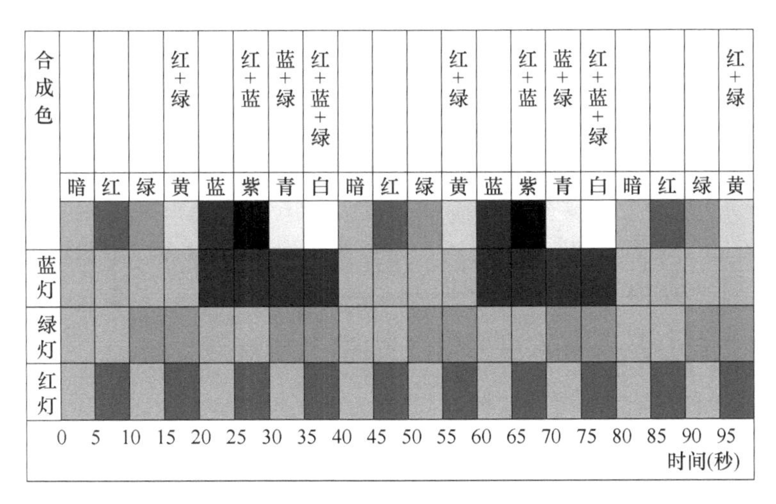

图1-2　三色灯实际效果

1.1.2　实践体系简介

AHL-CH32V307名称中的首部AHL三个字母是"Auhulu"的缩写，中文名字为"金葫芦"，英文名字为"Auhulu"，其含义是"照葫芦画瓢[①]"。AHL-CH32V307开发套件与一般的嵌入式系统实验箱不同，它不仅可以作为嵌入式系统教学使用，还是一套较为完备的嵌入式微型计算机应用开发系统。

AHL-CH32V307嵌入式开发套件由硬件部分、软件部分和教学资源3部分组成。

1. 硬件部分

AHL-CH32V307以沁恒微电子公司的CH32V307VCT6微控制器为核心，辅以硬件最小系统，集成红、绿、蓝三色灯，复位按钮，两路TTL-USB串口，外接Type-C线，从而形成完整的通用嵌入式计算机(General Embedded Computer，GEC)，配合本书及网上电子资源中的补充阅读材料，使读者方便地进行嵌入式系统的学习与开发。与书配套的套件为基础型，可以完成本书90%的实验。为了满足学校实验室建设的要求，还制作了增强型套件，增加了9个外接组件，包括声音传感器、加速度传感器、人体红外传感器、循迹传感器、振动马达、蜂鸣器、四按钮模块、彩灯及数码管等，可完成本书中的所有实验；亦可通过使用主板上的开放式外围引脚外接其他接口模块进行创新性实验。增强型套件的包装分为盒装式与箱装式两种，盒装式便于携带，学生可借出实验室；箱装式主要供学生在实验室进行实验。

2. 集成开发环境(软件部分)

嵌入式软件开发有别于个人计算机(Personal Computer，PC)软件开发的一个显著特点是：它需要一个交叉编译和调试环境，即一般在PC上运行的用于工程编辑和编译的工具软

---

① 照葫芦画瓢：比喻照着样子模仿，简单易行，出自宋·魏泰《东轩笔录》第一卷。古希腊哲学家亚里士多德说过："人从儿童时期起就有模仿本能，他们用模仿而获得了最初的知识，模仿就是学习"。孟子曰："大匠诲人必以规矩，学者亦必以规矩"，其含义是说高明的工匠教人手艺必定依照一定的规矩，而学习的人也就必定依照一定的规矩。本书借此，期望通过建立符合软件工程基本原理的"葫芦"，为"照葫芦画瓢"提供坚实基础，达到降低学习难度的目标。

件，这个工具软件通常称为集成开发环境（Integrated Development Environment，IDE），而编译生成的嵌入式软件的机器码文件则需要通过写入工具将其下载到目标机上来执行。这里的工具机就是人们通常使用的台式个人计算机或笔记本式个人计算机，目标机就是与书配套的 AHL-CH32V307 开发套件。

本书使用的集成开发环境为苏州大学研发的 AHL-GEC-IDE，具有编辑、编译、链接等功能，特别是配合"金葫芦"硬件，可直接运行、调试程序，根据芯片型号的不同兼容常用嵌入式集成开发环境。注意：PC 的操作系统需要使用 Windows 10 版本。

针对 AHL-CH32V307 工程，AHL-GEC-IDE 在编辑、编译方面，兼容沁恒微电子公司提供的集成开发环境 MounRiver Studio(MRS)。

3. 下载安装 IDE 及获得本书的电子资源(教学资源)

① 下载安装 IDE。可以通过百度搜索"苏州大学嵌入式学习社区"官网进行下载。AHL-GEC-IDE 的下载路径：金葫芦专区→AHL-GEC-IDE。下载后，在 Windows 10 下安装该开发环境。

② 获得本书的电子资源。获得路径：教材→AHL-CH32V307。电子资源中包含了芯片资料、开发套件用户手册、补充阅读材料、硬件说明、源程序、硬件测试程序、常用软件工具等。

1.1.3 编译、下载与运行第一个嵌入式程序

在正确安装 AHL-GEC-IDE 及获得本书电子资源的前提下，进行第一个嵌入式程序的编译、下载与运行，以便直观体会嵌入式程序的运行。

步骤 1：硬件接线。将 Type-C 数据线的小端与主板的 Type-C 接口连接，另一端与通用计算机的 USB 接口连接。

步骤 2：打开环境，导入工程。打开集成开发环境 AHL-GEC-IDE，选择"文件"→"导入工程"菜单项，随后选择电子资源中的"..\04-Software\CH01\AHL-CH32V307-Test"（文件夹名就是工程名。**注意：**路径中不能包含汉字，也不能太深）。导入工程后，集成开发环境的左侧为工程树形目录，右侧为文件内容编辑区，在该区初始显示 main.c 文件的内容，如图 1-3 所示。

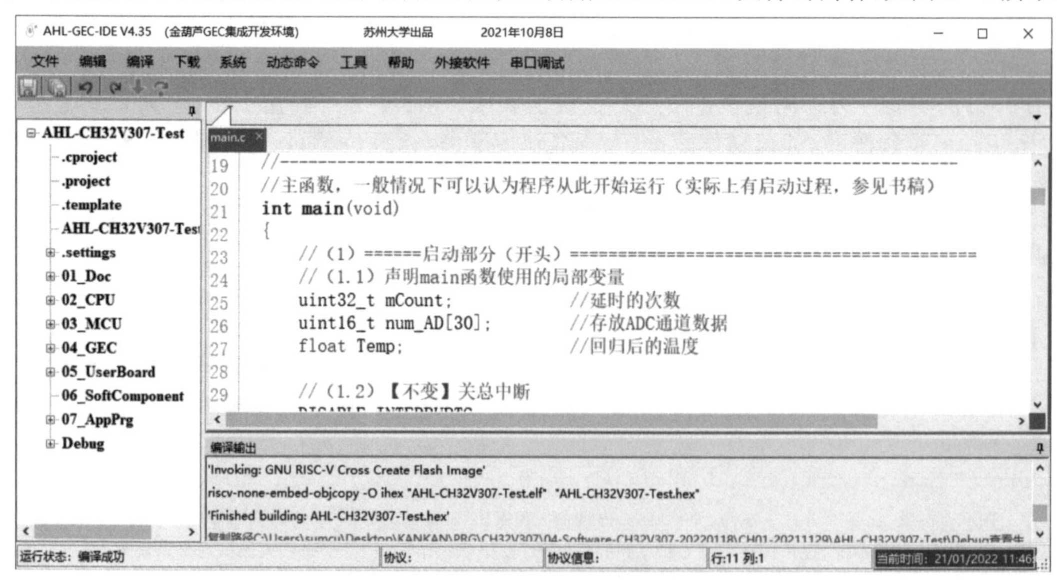

图 1-3 IDE 界面及编译结果

步骤3:编译工程。选择"编译"→"编译工程"菜单项,开始编译。正常情况下,编译完成后会显示"编译成功!"。

步骤4:连接GEC。选择"下载"→"串口更新"菜单项,进入更新窗体界面。单击"连接GEC"按钮查找目标GEC,若提示"成功连接……",则可进行下一步操作;若连接不成功,则可参阅电子资源中"..\02-Document"文件夹下快速指南文档中的"**常见问题及解决办法**"一节中的内容来解决。

步骤5:下载机器码。单击"选择文件"按钮,导入被编译工程目录下Debug中的.hex文件,然后单击"一键自动更新"按钮,等待程序自动更新完成。在更新完成之后,程序将自动运行。

步骤6:观察运行结果。与1.1.1小节一致,运行结果就是出厂时写入的程序。

步骤7:通过串口观察运行情况。①观察程序的运行过程。在IDE的顶部菜单栏选择"工具"→"串口工具"菜单项,选择其中一个串口,波特率设为115 200 b/s并打开,串口调试工具页面会显示三色灯的状态和温度等信息。②验证串口收发。关闭已经打开的串口,然后打开另一个串口,波特率选择默认参数,在发送框中输入字符串,单击"发送数据"按钮,正常情况下,主板会回送数据给PC,并在接收框中显示,效果如图1-4所示。

图1-4 IDE内嵌的串口调试工具

若PC机安装了Visual Studio 2019(VS2019)开发环境,则可以运行"..\04-Software\CH01\C#程序(For AHL-CH32V307-Test)"工程,并与MCU进行串口连接以获得温度的图示化显示、三色灯的图示化颜色变化和语音播报灯体验。

有了这些初步的直观体验,下面开始进入嵌入式系统的学习之旅,但首先要了解嵌入式系统的定义、发展简史、分类及特点。

1.2 嵌入式系统的定义、发展简史、分类及特点

1.2.1 嵌入式系统的定义

嵌入式系统(embedded system)有多种多样的定义,但本质都是相同的。这里给出美国CMP Books 出版的、Jack Ganssle 和 Michael Barr 的著作 *Embedded System Dictionary* 中给出的嵌入式系统的定义:**嵌入式系统是一种计算机硬件和软件的组合,也许还有机械装置,用于实现一个特定功能。在某些特定情况下,嵌入式系统是一个大系统或产品的一部分。**该词典还给出了嵌入式系统的一些示例,如微波炉、手持电话、数字手表、巡航导弹、全球定位系统接收机、数码相机、遥控器等,难以尽数。通过与通用计算机的对比可以更形象地理解嵌入式系统的定义。该词典给出的通用计算机的定义:**通用计算机是计算机硬件和软件的组合,用作通用计算平台。**个人计算机是最流行的现代通用计算机。

下面列举一些其他文献中给出的定义,以便了解嵌入式系统定义的不同表述方式,同时看到不同角度下的嵌入式系统定义。

中国《国家标准 GB/T 22033 2008 信息技术 嵌入式系统术语》给出的嵌入式系统定义:**嵌入式系统是置入应用对象内部起信息处理和控制作用的专用计算机系统。**它是以应用为中心,以计算技术为基础,软件、硬件可剪裁,对功能、可靠性、成本、体积、功耗有严格约束的专用计算机系统,其硬件至少包含一个微控制器或微处理器。

美国电气电子工程师学会(Institute of Electrical and Electronics Engineers,IEEE)给出的嵌入式系统定义:嵌入式系统是控制、监视或者辅助装置、机器和设备运行的装置。

维基百科(英文版)给出的嵌入式系统定义:嵌入式系统是一种用计算机控制的、具有特定功能的、较小的机械或电气系统,且经常有实时性的限制,在被嵌入整个系统中时一般包含硬件部件和机械部件。现如今,嵌入式系统控制了人们日常生活中的许多设备,98%的微处理器被用在了嵌入式系统中。

国内对嵌入式系统的定义曾进行过广泛讨论,有许多不同说法。其中,嵌入式系统定义的涵盖面问题是争论的焦点之一。例如,有的学者认为不能把手持电话称为嵌入式系统,只能把其中起控制作用的部分称为嵌入式系统,而可以把手持电话称为嵌入式系统的应用产品。其实,这些并不妨碍人们对嵌入式系统的理解,因此不必对定义感到困惑。有些国内学者特别指出,在理解嵌入式系统的定义时,不要把嵌入式系统与嵌入式系统产品相混淆。实际上,从口语或书面语言角度,不区分"嵌入式系统"与"嵌入式系统产品",只要不妨碍对嵌入式系统的理解就没有关系。

总的说来,可以从计算机本身的角度概括表述嵌入式系统。嵌入式系统,即嵌入式计算机系统,它是不以计算机面目出现的"计算机",这个计算机系统隐含在各类具体的产品之中,这些产品中的计算机程序起到了重要作用。

1.2.2 嵌入式系统的由来及发展简史

1. 嵌入式系统的由来

通俗地说，计算机是因科学家需要一个高速的计算工具而产生的。直到 20 世纪 70 年代，电子计算机在数字计算、逻辑推理及信息处理等方面表现出非凡的能力。而在通信、测控与数据传输等领域，人们对计算机技术给予了更大的期待。这些领域的应用与单纯的高速计算要求不同，主要表现在：直接面向控制对象；嵌入具体的应用产品中，而非以计算机的面貌出现；能在现场连续可靠地运行；体积小，应用灵活；突出控制功能，特别是对外部信息的捕获与丰富的输入/输出功能等。由此可以看出，满足这些要求的计算机与满足高速数值计算的计算机是不同的。因此，一种称为微控制器（单片机）[①]的技术得以产生并发展。为了区分这两种计算机类型，通常把满足海量高速数值计算的计算机称为**通用计算机系统**，而把嵌入实际应用系统中，实现嵌入式应用的计算机称为**嵌入式计算机系统**，简称嵌入式系统。**可以说，正是因为通信、测控与数据传输等领域对计算机技术的需求而催生了嵌入式系统的产生。**

2. 嵌入式系统的发展简史

1946 年，世界上诞生了第一台电子数字积分计算机（The Electronic Numerical Integrator And Calculator，ENIAC）。它由美国宾夕法尼亚大学莫尔电工学院制造，重达 30 t，总体积约 90 m^3，占地 170 m^2，耗电 140 kW/h，运算速度为 5 000 次/s 加法，标志着计算机时代的开始。其中，最重要的部件是**中央处理器（Central Processing Unit，CPU），它是一台计算机的运算和控制核心。CPU 的主要功能是解释指令和处理数据，其内部含有运算逻辑部件，即算术逻辑单元（Arithmetic Logic Unit，ALU）、寄存器部件和控制部件等。**

1971 年，Intel 公司推出了单芯片 4004 微处理器（Micro Processor Unit，MPU），它是世界上第一个商用微处理器，Busicom 公司用它制作的电子计算器就是嵌入式计算机的雏形。1976 年，Intel 公司又推出了 MCS－48 单片机（Single Chip Microcomputer，SCM），这个内部含有 1 KB 只读存储器（Read Only Memory，ROM）、64 B 随机存取存储器（Random Access Memory，RAM）的简单芯片成为世界上第一个单片机，开创了将 ROM、RAM、定时器、并行口、串行口及其他各种功能模块等 CPU 外部资源，与 CPU 一起集成到一个硅片上生产的时代。1980 年，Intel 公司对 MCS－48 单片机进行了完善，推出了 8 位 MCS－51 单片机，并获得巨大成功，开启了嵌入式系统的单片机应用模式。至今，MCS－51 单片机仍有较多应用。这类系统大部分应用于一些简单、专业性强的工业控制系统中，早期主要使用汇编语言编程，后来大部分使用 C 语言编程，一般没有操作系统的支持。

20 世纪 80 年代，逐步出现了 16 位、32 位微控制器（Micro Controller Unit，MCU）。1984 年，Intel 公司推出了 16 位 8096 系列，并将其称为嵌入式微控制器，这可能是“嵌入式”一词第一次在微处理机领域出现。这个时期，Motorola、Intel、TI、NXP、Atmel、Microchip、Hitachi、Philips、ST 等公司相继推出了很多微控制器产品，功能也不断变强，并逐步支持了实时操作系统。

---

① 微控制器与单片机这两个术语的语义基本一致，本书后面除了讲述历史之外，一律使用微控制器一词。

从 20 世纪 90 年代开始，数字信号处理器(Digital Signal Processing，DSP)、片上系统(System on Chip，SoC)得到了快速发展。嵌入式处理器的扩展方式从并行总线型发展出各种串行总线，并被工业界所接受，形成了一些工业标准，如集成电路互联(Inter Integrated Circuit，I2C)总线、串行外设接口(Serial Peripheral Interface，SPI)总线；甚至将网络协议的低两层或低三层都集中到嵌入式处理器上，如某些嵌入式处理器集成了控制器局域网络(Controller Area Network，CAN)总线接口、以太网接口。随着超大规模集成电路技术的发展，逐渐将数字信号处理器、精简指令集计算机、存储器、I/O、半定制电路集成到单芯片的产品 SoC 中。值得一提的是，ARM 微处理器的出现，较快地促进了嵌入式系统的发展。而 RISC-V 架构在极短的时间内便引起了业界的高度关注，迅速在全世界范围内兴起和风靡，在国内也引起了广泛的关注，同时给嵌入式系统的发展注入了新鲜血液。

21 世纪开始以来，嵌入式系统芯片的制造技术快速发展，融合了以太网和无线射频技术，成为物联网(Internet of Things，IoT)的关键技术基础。嵌入式系统发展的目标应该是实现信息世界与物理世界的完全融合，构建一个可控、可信、可扩展并且安全高效的**信息物理系统**(Cyber-Physical Systems，CPS)，从根本上改变人类构建工程物理系统的方式。此时的嵌入式设备不仅要具备个体智能(computation，计算)、交流智能(communication，通信)，还要具备在交流中的影响和响应能力(control，控制与被控)，实现"智慧化"。显然，今后嵌入式系统的研究要与网络和高性能计算的研究更紧密地结合。

在嵌入式系统的发展历程中，RISC-V 架构处理器已经具备了替代传统商用嵌入式处理器(如 ARM Cortex-M 处理器)的能力。但是，由于 RISC-V 诞生的时间较短，在很多方面还需要系统而翔实的文献资料来帮助初学者快速掌握这一新兴的处理器架构，本书正是以 RISC-V 处理器为蓝本阐述嵌入式应用，以跟踪这一新的发展。有关 RISC-V 的来龙去脉将在第 2 章中阐述。

1.2.3 嵌入式系统的分类

嵌入式系统的分类标准有很多，有的按照处理器位数来分，有的按照复杂程度来分，还有的按照其他标准来分，这些分类方法各有特点。从嵌入式系统的学习角度来看，因为应用于不同领域的嵌入式系统，其知识要素与学习方法有所不同，所以可以按照应用范围简单地把嵌入式系统分为电子系统智能化(微控制器类)和计算机应用延伸(应用处理器)两大类。一般来说，微控制器与应用处理器的主要区别在于可靠性、数据处理量、工作频率等方面，相对应用处理器来说，微控制器的可靠性要求更高、数据处理量较小、工作频率较低。

1. 电子系统智能化类(微控制器类)

电子系统智能化类的嵌入式系统，主要用于工业控制、现代农业、家用电器、汽车电子、测控系统、数据采集等，这类应用所使用的嵌入式处理器一般称为**微控制器**。**这类嵌入式系统产品，从形态上看，更类似于早期的电子系统，但其内部的计算程序起着核心控制的作用。**如电机控制器、工业监控设备、网络设备、涵养农业系统、智能气象系统、水质监测系统、汽车电子等。**从学习和开发的角度看，电子系统智能化类的嵌入式应用，需要终端产品开发者面向应用对象来设计硬件、软件，注重硬件、软件的协同开发。因此，开发者必须掌握底层硬件接口、底层驱动及软硬件密切结合的开发调试技能。电子系统智能化类的嵌入式系统，即微控制器，是**

嵌入式系统的软硬件基础，是学习嵌入式系统的入门环节，且是重要的一环。从操作系统的角度看，电子系统智能化类的嵌入式系统可以不使用操作系统，也可以根据复杂程度及芯片资源的容纳程度而使用操作系统。电子系统智能化类的嵌入式系统所使用的操作系统通常是实时操作系统（Real Time Operating System，RTOS），如 RT-Thread、mbedOS、MQXLite、FreeRTOS、μCOS-III、μCLinux、VxWorks 和 eCos 等。

2. 计算机应用延伸类(应用处理器类)

计算机应用延伸类的嵌入式系统，主要用于平板电脑、智能手机、电视机顶盒、企业网络设备等，这类应用所使用的嵌入式处理器一般称为**应用处理器(application processor)，有时也称为多媒体应用处理器(Multimedia Application Processor，MAP)。这类嵌入式系统产品，从形态上看，更接近于通用计算机系统；从开发方式上看，也类似于通用计算机的软件开发方式。从学习和开发的角度看，计算机应用延伸类的嵌入式应用，其终端产品开发者大多购买厂商制作好的硬件实体来在嵌入式操作系统下进行软件开发，或者还需要掌握少量的对外接口方式。因此，从知识结构角度看，学习这类嵌入式系统，对硬件的要求相对较少。计算机应用延伸类的嵌入式系统，即应用处理器，也是嵌入式系统学习中重要的一环。但是，从学习规律的角度看，若要全面掌握嵌入式系统，首先要掌握微控制器，然后在此基础上，进一步学习应用处理器编程，而不要反过来学习。**从操作系统的角度看，计算机应用延伸类的嵌入式系统一般使用非实时嵌入式操作系统，通常称为嵌入式操作系统（Embedded Operation System，EOS），如 Android、Linux、iOS、Windows CE 等。当然，非实时嵌入式操作系统与实时操作系统也不是明确划分的，而是粗略分类，只是侧重有所不同而已。现在 RTOS 的功能也在不断提升，一般的嵌入式操作系统也在提高实时性。

当然，工业生产车间经常看到利用工业控制计算机、个人计算机(PC)来控制机床和生产过程等，这些可以说是嵌入式系统的一种形态。由于它们完成的是特定的功能，因此整个系统并不能称为计算机，而是另有名称，如磨具机床、加工平台等。但是，从知识要素的角度看，这类嵌入式系统不具备普适意义，所以本书就不讨论这类嵌入式系统了。

1.2.4 嵌入式系统的特点

站在不同的角度，针对嵌入式系统有着不同的说法，这里从与通用计算机对比的角度来介绍嵌入式系统的特点。

与通用计算机系统相比，嵌入式系统的存储资源相对匮乏、速度较低，对实时性、可靠性和知识综合的要求较高。嵌入式系统的开发方法、开发难度、开发手段等，均不同于通用计算机程序，也不同于常规的电子产品。嵌入式系统是在通用计算机发展的基础上，面向测控系统逐步发展起来的。因此，从与通用计算机对比的角度来认识嵌入式系统的特点，对学习嵌入式系统具有实际意义。

1. 嵌入式系统属于计算机系统，但不单独以通用计算机的面目出现

嵌入式系统不仅具有通用计算机的主要特点，而且具有其自身的特点。嵌入式系统与通用计算机一样，必须要有软件才能运行，但其软硬件隐含在种类众多的具体产品中。同时，通用计算机的种类屈指可数，而嵌入式系统不仅芯片种类繁多，而且由于应用对象各异，因此嵌

入式系统作为控制核心，已经融入各个行业的产品之中。

2. 嵌入式系统的开发需要专用工具和特殊方法

嵌入式系统不像通用计算机那样，有了计算机系统就可以进行应用软件的开发。一般情况下，微控制器或应用处理器的芯片本身不具备开发功能，必须要有一套与相应芯片配套的开发工具和开发环境。这些开发工具和开发环境一般基于通用计算机上的软硬件设备，以及逻辑分析仪、示波器等。开发过程中往往有工具机（一般为 PC 或笔记本电脑）和目标机（实际产品所使用的芯片）之分，工具机用于程序的开发，目标机作为程序的执行机，开发时需要交替结合使用。编辑、编译和链接生成机器码在工具机上完成，而将机器码通过写入调试器下载到目标机中来实现运行与调试。

3. 使用 MCU 设计嵌入式系统，数据与程序空间采用不同的存储介质

在通用计算机系统中，程序存储在硬盘上。在实际运行时，通过操作系统将要运行的程序从硬盘调入内存（RAM），运行中的程序、常数、变量均在 RAM 中。一般情况下，在以 MCU 为核心的嵌入式系统中，其程序被固化到非易失性存储器①中，变量及堆栈使用 RAM 存储器。

4. 开发嵌入式系统涉及软件、硬件及应用领域的知识

嵌入式系统与硬件紧密相关，嵌入式系统的开发需要硬件和软件的协同设计、协同测试。同时，由于嵌入式系统的专用性很强，通常用于特定应用领域，如嵌入在手机、冰箱、空调、各种机械设备、智能仪器仪表中，起核心控制的作用，且功能专用，因此，进行嵌入式系统的开发，还需要对领域知识有一定的了解。当然，一个团队协作开发一个嵌入式产品，其中各个成员可以扮演不同的角色，但对系统的整体理解与把握并相互协作，有助于一个稳定可靠的嵌入式产品的诞生。

1.3 嵌入式系统的学习困惑、知识体系及学习建议

1.3.1 嵌入式系统的学习困惑

关于嵌入式系统的学习方法，因学习经历、学习环境、学习目的、已有的知识基础等不同，可能在学习顺序、内容选择、实践方式等方面有所不同。但是，应该明确：哪些是必备的基础知识，哪些应该先学，哪些应该后学；哪些必须通过实践才能了解；哪些是与具体芯片无关的通用知识，哪些是与具体芯片或开发环境相关的知识。

嵌入式系统的初学者应该选择一个具体的 MCU 作为蓝本，通过学习实践来获得嵌入式系统知识体系的通用知识。**选择的基本原则是：入门较快、硬件成本较小、软硬件资料规范、知识要素较多、学习难度较低。**

由于微处理器和微控制器的种类繁多，且可能不同公司、不同机构出于自身的利益，给出

① 目前，非易失性存储器通常为 Flash 存储器，特点见本书第 8 章有关“Flash 在线编程”的内容。

一些误导性宣传，特别是国内芯片制造技术的落后及其他相关情况，人们对微控制器及应用处理器的发展，在认识与理解上存在差异，导致一些初学者有些困惑。下面简要分析初学者可能存在的三个困惑。

1. 困惑之一：选择入门芯片问题

在了解到嵌入式系统分为微控制器与应用处理器两大类之后，入门芯片选择的困惑表述为：**是选微控制器，还是选应用处理器作为入门芯片呢？** 从性能角度看，与应用处理器相比，微控制器的工作频率低、计算性能弱、稳定性高、可靠性强。从使用操作系统的角度看，与应用处理器相比，开发微控制器程序一般使用 RTOS，也可以不使用操作系统；而开发应用处理器程序，一般使用非实时操作系统。从知识要素角度看，与应用处理器相比，开发微控制器程序一般更需要了解底层硬件；而开发应用处理器终端程序，一般是在厂商提供的驱动的基础上基于操作系统开发，这更像开发一般 PC 软件的方式。根据上述分析可以看出，**要想成为一名知识结构合理且比较全面的嵌入式系统工程师，应该选择一个较典型的微控制器作为入门芯片，且从不带操作系统(No Operating System，NOS)学起，由浅入深，逐步推进。**

关于入门芯片的选择还有一个困惑，就是系统的工作频率。一般都误认为选择工作频率高的芯片进行入门学习，可以代表更先进。实际上，工作频率高可能在学习过程中给初学者带来不少困难。

因此，学习嵌入式系统设计不应追求芯片的计算速度、工作频率、操作系统等因素，而应追求稳定、可靠、维护、升级、功耗、价格等指标。

2. 困惑之二：关于操作系统问题

操作系统选择的困惑表述为：**在开始学习时，是选择无操作系统(NOS)、实时操作系统(RTOS)，还是选择一般嵌入式操作系统(EOS)？** 学习嵌入式系统的目的是开发嵌入式应用产品。许多人想学习嵌入式系统，但不知道该从何学起，具体目标也不明确。一些初学者，往往随便选择一个嵌入式操作系统就开始学习，这样有点儿像“盲人摸象”，只了解某一个侧面，而难以对嵌入式产品的开发过程有全面的了解。**针对许多初学者选择“xxx 嵌入式操作系统+xxx 处理器”的嵌入式系统的入门学习模式，作者认为是不合适的。作者的建议是：首先把嵌入式系统的软件与硬件基础打好，再根据实际应用需要，选择一种实时操作系统(RTOS)进行实践。** 读者必须明确认识到，RTOS 是开发某些嵌入式产品的辅助工具和手段，而不是目的。况且，一些小型、微型嵌入式产品并不需要 RTOS。因此，一开始就学习 RTOS 并不符合“由浅入深、循序渐进”的学习规律。

另一个问题是：是选择 RTOS，还是选择 EOS？对于面向微控制器的应用，一般选择 RTOS， 如 RT-Thread、mbedOS、MQXLite、FreeRTOS、μCOS-Ⅲ 和 μCLinux 等。RTOS 的种类繁多，实际使用何种 RTOS，一般需要工作单位确定。在基础阶段，主要学习 RTOS 的基本原理和在 RTOS 之上的软件开发方法，而不是学习如何设计 RTOS。**对于面向应用处理器的应用，一般选择 EOS，** 如 Android、Linux、Windows CE 等，可根据实际需要进行有选择的学习。

特别注意，一定不要一开始就学嵌入式操作系统，这样会走很多弯路，也会使读者对嵌入式系统感到畏惧。 待读者的软硬件基础打好之后再学习就更容易理解。实际上，众多 MCU

嵌入式应用并不一定需要操作系统或只需要一个小型 RTOS，因此也可以根据实际项目需要再学习特定的 RTOS。一定不要被一些嵌入式实时操作系统培训班的宣传所误导，而忽视了实际嵌入式系统软件和硬件基础知识的学习。无论如何，以开发实际嵌入式产品为目标的学习者，不要把过多的精力花在设计或移植 RTOS、EOS 上面。正如很多人都使用 Windows 操作系统，而设计 Windows 操作系统只有 Microsoft 公司；许多人"研究"Linux 系统，但从来没有人使用它开发过真正的嵌入式产品。人的精力是有限的，因此学习时必须有所选择。有的学习者，学了很长时间的嵌入式操作系统移植，而不进行实际嵌入式系统产品的开发，最后，连一个稳定的嵌入式系统小产品都做不好，偏离了学习目标，甚至放弃了迈入嵌入式系统领域的机会。

3. 困惑之三：关于软件与硬件如何平衡问题

以 MCU 为核心的嵌入式技术的知识体系必须通过具体的 MCU 来体现、实践与训练。但是，选择任何型号的 MCU，其芯片相关的知识只占知识体系的 20%左右，剩余的 80%左右是通用知识。然而，这 80%左右的通用知识，必须通过具体实践才能学到，因此学习嵌入式技术要选择一个系列的 MCU。但是，嵌入式系统均包含硬件与软件两大部分，它们之间的关系如何呢？

有些学者，仅从电子角度认识嵌入式系统，认为"嵌入式系统＝MCU 硬件系统＋小程序"。这些学者，大多具有良好的电子技术基础知识。实际情况是，早期 MCU 的内部 RAM 小、程序存储器外接，需要外扩各种 I/O，没有像现在的 USB、嵌入式以太网等较复杂的接口，因此，程序占总设计量的 50%以下，使得人们认为嵌入式系统（MCU）就是"电子系统"，它以硬件为主、程序为辅。但是，随着 MCU 制造技术的发展，不仅 MCU 的内部 RAM 越来越大，Flash 进入 MCU 内部改变了传统的嵌入式系统开发与调试方式，固件程序可以被更方便地调试与在线升级，许多情况与开发 PC 机程序的难易程度相差无几，只是开发环境与运行环境不是同一载体而已。这些情况使得嵌入式系统的软硬件设计方法发生了根本性变化。特别是因软件危机而发展起来的软件工程学科，对嵌入式系统软件的发展也产生了重要影响，继而产生了嵌入式系统软件工程。

有些学者，仅从软件开发角度认识嵌入式系统，甚至有的仅从嵌入式操作系统认识嵌入式系统。这些学者，大多具有良好的计算机软件开发基础知识，认为硬件是生产厂商的事，但他们没有认识到，嵌入式系统产品的软件与硬件均是需要开发者设计的。本书作者常常接到一些关于嵌入式产品稳定性的咨询电话，发现大多数问题是由于软件开发者对底层硬件的基本原理不理解造成的。特别是，有些功能软件开发者，过分依赖底层硬件驱动软件的设计，而自己对底层驱动原理又知之甚少。一些功能软件开发者，名义上是在做嵌入式软件，实际上只是使用嵌入式设计中的编辑、编译环境和下载工具而已，本质上与开发通用 PC 软件没有两样。而对于底层硬件驱动软件的开发，若不全面考虑高层功能软件对底层硬件的可能调用，则会使封装或参数设计得不合理或不完备，导致调用高层功能软件相对困难。

从上述描述可以看出，若把一个嵌入式系统的开发孤立地分为硬件设计、底层硬件驱动软件设计、高层功能软件设计，则一旦出现了问题，就可能难以定位。**实际上，嵌入式系统设计是一个软件与硬件协同设计的工程，而不能像通用计算机那样，将软件和硬件完全分开来看，它需要在一个大的框架内协调工作。**在一些小型公司，需求分析、硬件设计、底层驱动、软件设计、产品测试等过程可能是由同一个团队完成的，这就需要团队成员对软件、硬件及产品需求都有充分认识，才能协作完成开发。甚至许多实际情况是，一些小型公司的这个“团队”可能就是一个人。

在嵌入式系统的学习中，是以软件为主还是以硬件为主，或者说如何选择切入点，如何在软件与硬件之间找到平衡，针对这个困惑的建议是：**要想成为一名合格的嵌入式系统设计工程师，在初学阶段，必须打好嵌入式系统的硬件与软件基础。**以下是一位从事嵌入式系统设计20多年的美国学者John Catsoulis在*Designing Embedded Hardware*一书中关于这个问题的总结：**嵌入式系统与硬件紧密相关，是软件与硬件的综合体，没有对硬件的理解就不可能写好嵌入式软件，同样没有对软件的理解也不可能设计好嵌入式硬件。**

充分理解嵌入式系统软件与硬件的相互依存关系，对于嵌入式系统的学习具有良好的促进作用。既不能只重视硬件，而忽视对编程结构、编程规范、软件工程要求、操作系统等知识的积累；也不能仅从计算机软件角度，把通用计算机学习过程中的概念与方法生搬硬套到嵌入式系统的学习实践中，而忽视了嵌入式系统与通用计算机的差异。在嵌入式系统学习与实践的初始阶段，应该充分了解嵌入式系统的特点，并根据自身已有的知识结构，制定适合自身情况的学习计划。**其目标应该是打好嵌入式系统的硬件与软件基础，通过实践，为成为良好的嵌入式系统设计工程师建立起基本知识结构。**学习过程可以通过具体的应用系统为实践载体，但不能拘泥于具体系统，应该做一定的抽象与归纳。例如，有的初学者开发一个实际控制系统，虽然没有使用到实时操作系统，也不能认为不需要学习实时操作系统了，而应注意知识学习的先后顺序与时间点的把握。又例如，有的初学者以一个带有实时操作系统的样例为蓝本进行学习，就认为任何嵌入式系统都需要使用实时操作系统，甚至把一个十分简明的实际系统也加上一个不必要的实时操作系统。因此，**片面认识嵌入式系统，可能导致学习困惑。**实际中，应该根据项目需要，锻炼自己分析问题、解决问题的能力，这是一个较长期的、需要静下心来的学习与实践的过程，而不能期望通过短期培训来完成整体知识体系的建立，应该重视自身实践，全面理解与掌握嵌入式系统的知识体系。

1.3.2 嵌入式系统的知识体系

从由浅入深、由简到繁的学习规律来说，嵌入式学习的入门应该选择微控制器，而不是应用处理器，应通过对微控制器基本原理与应用的学习，逐步掌握嵌入式系统的软件与硬件基础，然后在此基础上进行嵌入式系统其他方面知识的学习。

本书主要阐述以MCU为核心的嵌入式技术的基础与实践。**要想完成一个以MCU为核心的嵌入式系统应用产品的设计，需要有硬件、软件及行业领域的相关知识。硬件主要包括MCU的硬件最小系统、输入/输出外围电路、人机接口设计。软件设计包括固化软件的设计，也可能包括PC软件的设计。行业知识需要通过协作、交流与总结获得。**

概括地说，学习以MCU为核心的嵌入式系统，需要以下软件和硬件基础知识与实践训练，即以MCU为核心的嵌入式系统的基本知识体系[①]：

① **掌握硬件最小系统与软件最小系统框架。**硬件最小系统是包括电源、晶振、复位、写入调试器接口等可使内部程序得以运行的、规范的、可复用的核心构件系统[②]。软件最小系统框

① 有关名词解释详见本章1.4节，本书将逐步学习这些内容。

② 将在本书第3章阐述。

架是一个能够点亮一个发光二极管的，甚至带有串口调试构件的，包含工程规范完整要素的可移植与可复用的工程模板[①]。

② **掌握常用基本输出的概念、知识要素及构件的使用方法和设计方法**，如通用 I/O（GPIO）、模/数转换（ADC）、数/模转换（DAC）、定时器模块等。

③ **掌握若干嵌入式通信的概念、知识要素及构件的使用方法和设计方法**，如串行通信接口 UART、串行外设接口 SPI、集成电路互联总线 I2C、CAN、USB、嵌入式以太网、无线射频通信等。

④ **掌握常用应用模块的构件设计方法、使用方法及数据处理方法**，如显示模块（LED、LCD、触摸屏等）、控制模块（控制各种设备，包括 PWM 等控制技术）等。数据处理，如对图形、图像、语音、视频等的处理或识别等。

⑤ **掌握一种实时操作系统的基本用法与基本原理。** 作为软件辅助开发工具的实时操作系统，也可以算作一个知识要素，可以选择其中一种（如 mbedOS、MQXLite、μC/OS 等）进行学习实践，在没有明确目的的情况下，没必要选择几种同时学习。只要学好其中一种，在确有必要使用另一种实时操作系统时再去学习，也可以触类旁通。

⑥ **掌握嵌入式软硬件的基本调试方法**，如断点调试、打桩调试、printf 调试方法等。在嵌入式调试过程中，特别要注意确保在正确的硬件环境下调试未知软件，在正确的软件环境下调试未知硬件。

这里给出的只是基础知识要素，关键还是看如何学习，是由他人做好驱动程序，开发人员直接使用，还是开发人员自己完全掌握知识要素，从底层开始设计驱动程序，并熟练掌握驱动程序的使用，这体现在不同层面的人才培养中。而应用中的硬件设计、软件设计和测试等都必须遵循嵌入式软件工程的方法、原理与基本原则。因此，嵌入式软件工程也是嵌入式系统知识体系的有机组成部分，只是它融于具体项目的开发过程之中。

若是主要学习应用处理器类的嵌入式应用，则也应该在了解 MCU 知识体系的基础上，选择一种嵌入式操作系统（如 Android、Linux 等）进行学习实践。目前，App 开发也是嵌入式应用的一个重要组成部分，可选择一种 App 开发进行实践（如 Android App、iOS App 等）。

与此同时，在 PC 上，利用面向对象的编程语言进行测试程序、网络侦听程序、Web 应用程序的开发及对数据库进行基本的了解与应用，也应逐步纳入嵌入式应用的知识体系中。此外，理工科的公共基础知识本身就是学习嵌入式系统的基础。

1.3.3 基础阶段的学习建议

十多年来，嵌入式开发工程师逐步探索与应用构件封装的原则，把与硬件相关的部分封装进底层构件，统一接口，努力使高层程序与芯片无关，从而可以在各种芯片中应用系统移植与复用，达到降低学习难度的目的。因此，学习的关键就变成了解底层构件的设计方法，掌握底层构件的使用方式，并在此基础上进行嵌入式系统的设计与应用开发。当然，掌握底层构件的设计方法，学会实际设计一个芯片的某一模块的底层构件，也是本科学生应该掌握的基本知识。对于专科类学生，可以直接使用底层构件进行应用编程，但也需要了解知识要素的抽取方

① 将在本书第 4 章和第 6 章阐述。

法和底层构件的基本设计过程。对于看似庞大的嵌入式系统知识体系，可以使用电子形式进行知识积累与查缺补漏，任何具有一定理工科基础知识的学生，通过稍长一段时间的静心学习与实践，都能学好嵌入式系统。

下面针对嵌入式系统的学习困惑，从嵌入式系统的知识体系角度，对广大渴望学习嵌入式系统的读者提出5点基础阶段的学习建议：

(1) 遵循"先易后难，由浅入深"的原则，打好软硬件基础

跟随本书，充分利用本书提供的软硬件资源及辅助视频材料，逐步实验与实践①；充分理解硬件的基本原理，掌握功能模块的知识要素，掌握底层驱动构件的使用方法，掌握1～2个底层驱动构件的设计过程与方法；熟练掌握在底层驱动构件的基础上，利用C语言编程进行实践。要想理解学习嵌入式系统，必须勤于实践。关于汇编语言的问题，随着MCU对C语言编译的优化支持，可以只了解几个必需的汇编语句，但必须通过第一个程序来理解芯片的初始化过程、中断机制、程序存储情况等有别于PC程序的内容；最好认真理解一个真正的汇编实例。另外，为了测试的需要，最好掌握一门PC方面面向对象的高级编程语言（如C＃），本书的电子资源给出了C＃快速入门的方法与实例。

(2) 充分理解知识要素，掌握底层驱动构件的使用方法

本书对诸如GPIO、UART、定时器、PWM、ADC、DAC、Flash在线编程等模块，首先阐述其通用知识要素，随后给出其底层驱动构件的基本内容。期望读者在充分理解通用知识要素的基础上，学会底层驱动构件的使用方法。即使只学这一点，也要下一番功夫。俗话说，书读百遍，其义自见。有关知识要素涉及的硬件基本原理，以及对底层驱动接口函数功能及参数的理解，需要反复阅读、反复实践，查找资料，分析、概括及积累。对于硬件，只要在深入理解MCU的硬件最小系统的基础上，对上述各硬件模块逐个实验理解，逐步实践，再通过自己动手完成一个实际小系统，就可以基本掌握底层硬件的基础。同时，这个过程也是软硬件结合学习的基本过程。

(3) 基本掌握底层驱动构件的设计方法

对本科学历以上的读者，至少掌握GPIO构件的设计过程与设计方法（见第4章）、UART构件的设计过程与设计方法（见第6章），透彻理解构件化的开发方法与底层驱动构件的封装规范（见第5章），从而对底层驱动构件有较好的理解与把握。这是一份细致、静心的任务，只有力戒浮躁，才能理解其要义。本书的底层驱动构件吸收了软件工程的基本原理，学习时需要注意基本规范。

(4) 掌握单步跟踪调试、打桩调试、printf输出调试等调试手段

在初学阶段，充分利用单步跟踪调试来了解与硬件打交道的寄存器值的变化，理解MCU软件干预硬件的方式。单步跟踪调试也用于底层驱动构件的设计阶段。不进入子函数内部执行的单步跟踪调试，可用于整体功能跟踪。打桩调试主要用于编程过程中的功能确认。一般

---

① 这里说的实验主要指重复或验证他人的工作，其目的是学习基础知识，这个过程一定要经历。实践就是自己进行设计，要有具体的"产品"目标。如果能花500元左右自己做一个具有一定功能的小产品，且能稳定运行1年以上，就可以说接近入门了。

编写几句程序语句后，即可打桩、调试观察。通过串口的 printf 输出信息在 PC 的屏幕上显示，是嵌入式软件开发中重要的调试跟踪手段，与 PC 编程中的 printf 函数功能类似，只是嵌入式开发的 printf 输出是通过串口输出到 PC 屏幕上的，因此在 PC 上需用串口的调试工具，通过 PC 编程中的 printf 直接将结果显示在 PC 屏幕上。

(5) 日积月累，勤学好问，充分利用本书及相关资源

有副对联："智叟何智只顾眼前捞一把，愚公不愚哪管艰苦移二山"。学习嵌入式切忌急功近利，而需要日积月累、循序渐进，充分掌握与应用各类电子资源。同时，要勤学好问，下真功夫、细功夫。人工智能学科里有个术语叫作无教师指导学习模式与有教师指导学习模式，无教师指导学习模式比有教师指导学习模式复杂许多。因此，要多请教良师，少走弯路。此外，本书提供了大量经过打磨的、比较规范的软硬件资源，充分用好这些资源可以更上一层楼。

以上建议，仅供参考。当然，以上只是基础阶段的学习建议，要想成为合格的嵌入式系统设计工程师，还需要注重理论学习与实践、通用知识与芯片相关知识以及硬件知识与软件知识三者之间的平衡。要在理解软件工程基本原理的基础上，理解硬件构件与软件构件等的基本概念。在实际项目中锻炼，并不断学习与积累经验。

1.4 微控制器与应用处理器简介

嵌入式系统的主要芯片分为两大类：面向测控领域的微控制器类与面向多媒体应用领域的应用处理器类，本节将给出它们的基本含义及特点。

1.4.1 MCU 简介

1. MCU 的基本含义

MCU 是单片微型计算机（单片机）的简称，早期的英文名是 Single-chip Microcomputer，后来大多数称之为微控制器（Micro-controller）或嵌入式计算机（Embedded Computer）。现在 Micro-controller 已经是计算机中的一个常用术语，但在 1990 年之前，大部分英文词典中并没有这个词。我国学者一般使用中文"**单片机**"一词，而缩写则使用"MCU"，来自英文"Micro-Controller Unit"。因此本书后面的简写一律以 MCU 为准。**MCU 的基本含义是：在一块芯片内集成了中央处理单元（Central Processing Unit，CPU）、存储器（RAM/ROM 等）、定时器/计数器及多种输入/输出（I/O）接口的比较完整的数字处理系统。**图 1-5 给出了典型的 MCU 内部组成框图。

MCU 是在计算机制造技术发展到一定阶段的背景下出现的，它使计算机技术从科学计算领域进入智能化控制领域。从此，计算机技术在两个重要领域——通用计算机领域和嵌入式（embedded）计算机领域都获得了极其重要的发展，为计算机应用开辟了更广阔的空间。

就 MCU 的组成而言，虽然它只是一块芯片，但包含了计算机的基本组成单元，也由运算器、控制器、存储器、输入设备、输出设备五部分组成，只是这些组成单元都集成在一块芯片内，这种结构使得 MCU 成为具有独特功能的计算机。

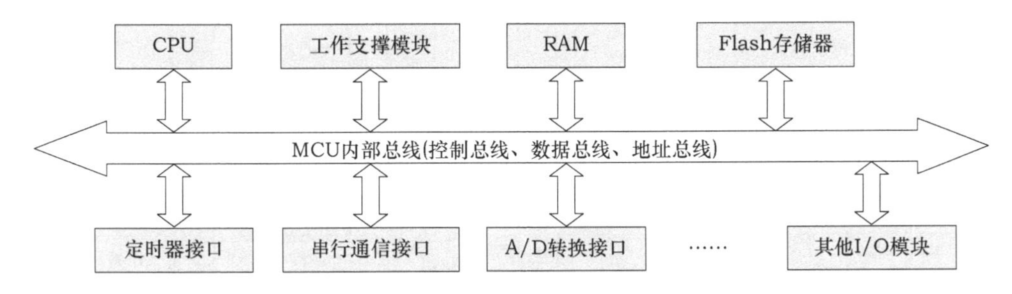

图 1-5 一个典型的 MCU 内部组成框图

2. 嵌入式系统与 MCU 的关系

何立民先生说:"有些人搞了十多年的 MCU 应用,不知道 MCU 就是一个最典型的嵌入式系统"[①]。实际上,MCU 是在通用 CPU 基础上发展起来的,MCU 具有体积小、价格低、稳定可靠等优点,它的出现和迅猛发展,是控制系统领域的一场技术革命。MCU 以其较高的性价比和灵活性等特点,在现代控制系统中占有十分重要的地位,因此,**大部分嵌入式系统都以 MCU 为核心进行设计**。MCU 从体系结构到指令系统都是按照嵌入式系统的应用特点而专门设计的,能够很好地满足应用系统的嵌入、面向测控对象、现场可靠运行等方面的要求。因此,**以 MCU 为核心的系统是应用最广的嵌入式系统**。在实际应用时,开发者可以根据具体要求与应用场合,选用最佳型号的 MCU 嵌入到实际的应用系统中。

3. MCU 出现之后测控系统设计方法发生的变化

测控系统是现代工业控制的基础,它包含信号检测、处理、传输与控制等基本要素。**在 MCU 出现之前,人们必须使用模拟电路、数字电路来实现测控系统中的大部分计算与控制功能,这样使得控制系统的体积庞大,易出故障。MCU 出现以后,测控系统的设计方法逐步发生变化,系统中的大部分计算与控制功能由 MCU 的软件实现。其他电子线路成为 MCU 的外围接口电路,承担输入、输出与执行动作等功能,而计算、比较与判断等原来必须用电路实现的功能,可以用软件取代,大大提高了系统的性能与稳定性,这种控制技术称为嵌入式控制技术。在嵌入式控制技术中,核心是 MCU,其他部分依次展开。**下面给出一个典型的以 MCU 为核心的嵌入式测控产品的基本组成。

1.4.2 以 MCU 为核心的嵌入式测控产品的基本组成

一个以 MCU 为核心,比较复杂的嵌入式产品或实际嵌入式应用系统,包含模拟量的输入、模拟量的输出,开关量的输入、开关量的输出,以及数据通信的部分。而所有嵌入式系统中最为典型的则是嵌入式测控系统。图 1-6 给出了一个典型的嵌入式测控系统框图。

① 《单片机与嵌入式系统应用》,2004 年第 1 期。

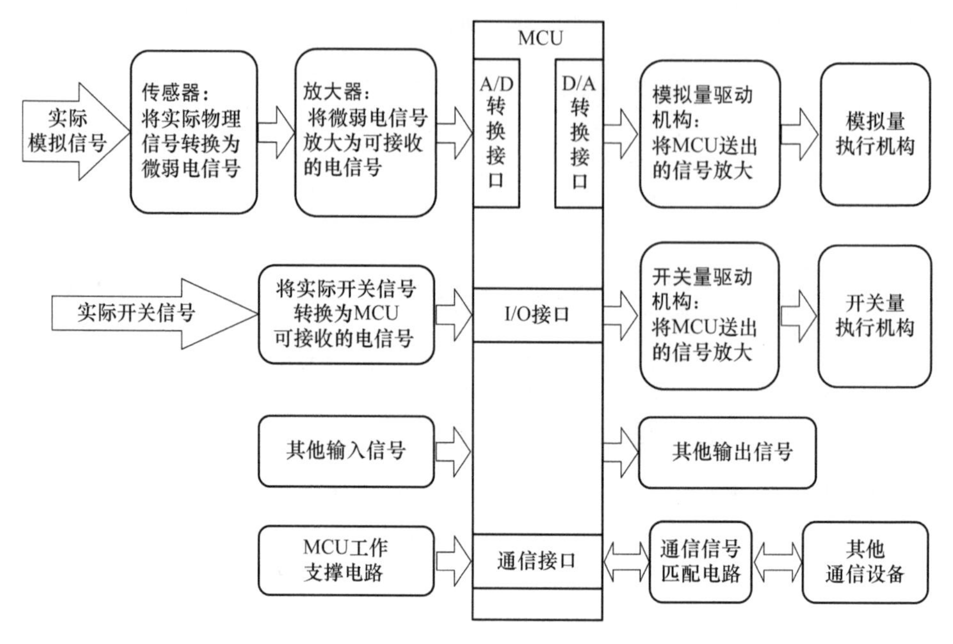

图 1－6　一个典型的嵌入式测控系统框图

1. MCU 工作支撑电路

MCU 工作支撑电路也就是 MCU 硬件最小系统，它保障 MCU 的正常运行，如电源电路、晶振电路及必要的滤波电路等，甚至可以包含程序写入器接口电路。

2. 模拟信号输入电路

实际模拟信号一般来自相应的传感器。例如，要测量室内的温度，就需要温度传感器。但是，一般传感器将实际模拟信号转成的电信号都比较微弱，MCU 无法直接获得该信号，因此，就需要首先将其放大，然后经过模/数转换器 ADC 变为数字信号后再进行处理。目前，许多 MCU 内部包含 ADC 模块，在实际应用时也可以根据需要外接 ADC 芯片。常见的模拟量有：温度、湿度、压力、重量、气体浓度、液体浓度、流量等。对 MCU 来说，是将模拟信号通过 ADC 变成相应的数字序列进行处理。

3. 开关信号输入电路

实际开关信号一般也来自相应的开关类传感器。例如，光电开关、电磁开关、干簧管（磁开关）、声控开关、红外开关等，在一些儿童的电子玩具中就有类似的开关。手动开关也可作为开关信号送到 MCU 中。对 MCU 来说，开关信号就是只有“0”和“1”两种可能值的数字信号。

4. 其他输入信号或通信电路

其他输入信号通过某些通信方式与 MCU 沟通。常用的通信方式有：异步串行（UART）通信、串行外设接口（SPI）通信、并行通信、USB 通信和网络通信等。

5. 输出执行机构电路

在执行机构中，既有开关量执行机构，也有模拟量执行机构。开关量执行机构只有“开”“关”两种状态。模拟量执行机构需要连续变化的模拟量控制。MCU一般不能直接控制这些执行机构，而需要通过相应的隔离和驱动电路来实现。还有一些执行机构，既不是通常的开关量控制，也不是通常的数/模转换量控制，而是“脉冲”量控制，如控制调频电动机，对于这样的执行机构，MCU则通过软件对其控制。

1.4.3 MAP简介

1. 应用处理器的基本概念及特点

MAP是在低功耗CPU的基础上扩展音视频功能和专用接口的超大规模集成电路。与MCU相比，MAP的最主要特点是：工作频率高；硬件设计更为复杂；软件开发需要选用一个嵌入式操作系统；计算功能更强；抗干扰性能较弱；较少直接应用于控制目标对象；一般情况下，MAP芯片价格高于MCU。

MAP是伴随着便携式移动设备特别是智能手机而产生的。手机的核心技术是一个语音压缩芯片，称为基带处理器，发送时对语音进行压缩，接收时解压缩，传输码率只是未压缩的几十分之一，在相同的带宽下可服务更多的用户。而在智能手机上除了通信功能外，还增加了数码相机、音乐播放、视频图像播放等功能，使得基带处理器已经没有能力来处理这些新加的功能。另外，视频、音频（高保真音乐）的处理方法与语音不一样，语音只要能听懂，达到传达信息的目的就可以了；而视频要求亮丽的彩色图像，动听的立体声伴音，使人能得到最好的感官享受。为了实现这些功能，需要另外一个协处理器专门处理这些信号，它就是MAP。

针对便携式移动设备，MAP的性能需要满足以下3点。

① 低功耗。这是因为MAP用在便携式移动设备上，通常用电池供电，节能显得格外重要，使用者给电池充满电后希望使用尽可能长的时间。通常，MAP的核心电压是0.9～1.2 V，接口电压是2.5 V或3.3 V，待机功耗低于3 mW，全速工作时的功耗为100～300 mW。

② 体积微小。因为MAP主要应用在手持式设备中，每1 mm空间都很宝贵。MAP通常采用小型BGA封装，引脚数有300～1 000个，锡球直径是0.3～0.6 mm，间距是0.45～0.75 mm。

③ 具备尽可能高的性能。目前的便携式移动设备具备了DAB（Digital Audio Broadcasting）、蓝牙耳机、无线宽带（WiFi）、GPS导航、3D游戏等功能，新的功能仍在积极开发中，这些功能都对MAP的性能提出了更高的要求。

2. MAP与MCU的接口比较

MAP的接口相较于MCU更加丰富，除了MCU常见的接口，如通用I/O(GPIO)、模/数转换（ADC）、数/模转换（DAC）、串行通信接口（UART）、串行外设接口（SPI）、I2C、CAN、USB、嵌入式以太网、LED、LCD等之外，由于MAP的场景多含有多媒体或与PC方便互联等需求，因此其接口通常还包括PCI、TU-R 656、TS、AC97、3D、2D、闪存、DDR、SD等。

3. RISC - V 应用处理器架构

RISC - V 架构作为一种指令集架构，相比其他成熟的商业架构，最大的不同在于它是一个模块化的架构。因此 RISC - V 不仅短小精悍，而且其不同的部分还能以模块化的方式组织在一起，从而试图通过一套统一的架构满足各种不同的应用。这种模块化的 RISC - V 架构能够使用户灵活地选择不同的模块进行组合，以满足不同的应用场景，可以说是应用广泛。例如针对小面积、低功耗的嵌入式场景，用户可以选择 RV32IC 组合的指令集，仅使用机器模式（Machine Mode）；而针对高性能应用操作系统场景，则可以选择如 RV32IMFDC 的指令集，使用机器模式（Machine Mode）和用户模式（User Mode）这两种模式。

1.5 嵌入式系统常用术语

在学习嵌入式应用技术的过程中，经常会遇到一些名词术语。从学习规律的角度看，初步了解这些术语有利于后续的学习。因此，本节对嵌入式系统的一些常用术语给出简要说明，以便读者有一个初始印象。

1.5.1 与硬件相关的术语

1. 封　装

集成电路的封装（package）指用塑料、金属或陶瓷等材料把集成电路封在其中。封装既可以保护芯片，又可以使芯片与外部世界连接。常用的封装形式可分为通孔封装和贴片封装两大类。

通孔封装主要有：单列直插（Single-In-line Package，SIP）、双列直插（Dual-In-line Package，DIP）、Z 字形直插式封装（Zigzag-In-line Package，ZIP）等。

常见的贴片封装主要有：小外形封装（Small Outline Package，SOP）、紧缩小外形封装（Shrink Small Outline Package，SSOP）、四方扁平封装（Quad-Flat Package，QFP）、塑料薄方封装（plastic-Low-profile Quad-Flat Package，LQFP）、塑料扁平组件式封装（Plastic Flat Package，PFP）、插针网格阵列封装（ceramic Pin Grid Array package，PGA）、球栅阵列封装（Ball Grid Array package，BGA）等。

2. 印刷电路板

印刷电路板（Printed Circuit Board，PCB）是组装电子元器件用的基板，是在通用基材上按预定设计形成点间连接及印制元件的印制板，是电路原理图的实物化。PCB 的主要功能是提供集成电路等各种电子元器件固定、装配的机械支撑；实现集成电路等各种电子元器件之间的布线和电气连接（信号传输）或电绝缘；为自动装配提供阻焊图形，为元器件插装、检查、维修提供识别字符和图形等。

3. 动态可读/写随机存储器与静态可读/写随机存储器

动态可读/写随机存储器（Dynamic Random Access Memory，DRAM）由一个 MOS 管组

成一个二进制存储位。MOS 管的放电导致表示“1”的电压会慢慢降低。一般每隔一段时间就要控制刷新信息，给其充电。DRAM 价格低，但控制烦琐，接口复杂。

静态可读/写随机存储器(Static Random Access Memory，SRAM)一般由 4 个或者 6 个 MOS 管构成一个二进制位。当电源有电时，SRAM 不用刷新，可以保持原有的数据。

4. 只读存储器

只读存储器(Read Only Memory，ROM)中的数据可以读出，但不可以修改，所以称为只读存储器。其通常存储一些固定不变的信息，如常数、数据、换码表、程序等。ROM 具有断电后数据不丢失的特点。ROM 有固定 ROM、可编程 ROM(即 PROM)和可擦除 ROM(即 EPROM)3 种。

PROM 的编程原理是通过大电流将相应位的熔丝熔断，从而将该位改写成 0，熔丝熔断后不能再次改变，所以只改写一次。

EPROM(Erase PROM)是可以擦除和改写的 ROM，它用 MOS 管代替了熔丝，因此可以反复擦除、多次改写。擦除是用紫外线擦除器来完成的，很不方便。有一种用低电压信号即可擦除的 EPROM 称为电可擦除 EPROM，简写为 E^2PROM 或 EEPROM(Electrically Erasable Programmable Read-Only Memory)。

5. 闪速存储器

闪速存储器简称闪存，是一种新型快速的 E^2PROM。由于工艺和结构上的改进，闪存比普通的 E^2PROM 的擦除速度更快，集成度更高。闪存相对于传统的 E^2PROM 来说，其最大的优点是可以系统内编程，也就是说不需要另外的器件来修改内容。闪存的结构随着时代的发展而有些变动，尽管现代的快速闪存是系统内可编程的，但仍然没有 RAM 使用起来方便。擦写操作必须通过特定的程序算法来实现。

6. 模拟量与开关量

模拟量指时间连续、数值也连续的物理量，如温度、压力、流量、速度、声音等。在工程技术上，为了便于分析，常用传感器、变换器将模拟量转换为电流、电压或电阻等电学量。

开关量指一种二值信号，用两个电平(高电平和低电平)分别来表示两个逻辑值(逻辑 1 和逻辑 0)。

1.5.2 与通信相关的术语

1. 并行通信

并行通信指数据的各位同时在多根并行数据线上进行传输的通信方式，数据的各位同时由源到达目的地；适合近距离、高速通信；常用的有 4 位、8 位、16 位、32 位等同时传输。

2. 串行通信

串行通信指数据在单线(用电平高低表征信号)或双线(为差分信号)上，按时间先后一位一位地传送，其优点是节省传输线；但相对于并行通信来说，速度较慢。在嵌入式系统中，串行通信一词一般特指用串行通信接口(UART)与 RS232 芯片连接的通信方式。下面介绍的 SPI、I2C、USB 等通信方式也属于串行通信，但由于历史发展和应用领域的不同，它们分别使用不同的专用名词来命名。

3. 串行外设接口

串行外设接口(Serial Peripheral Interface，SPI)也是一种串行通信方式，主要用于 MCU 扩展的外围芯片。这些芯片可以是具有 SPI 接口的 A/D 转换器或时钟芯片等。

4. 集成电路互联总线

集成电路互联(I2C)总线是一种由 Philips 公司开发的两线式串行总线，有的书籍也记为 IIC 或 I^2C，主要用于用户电路板内 MCU 与其外围电路的连接。

5. 通用串行总线

通用串行总线(Universal Serial Bus，USB)是 MCU 与外界进行数据通信的一种新方式，其速度快、抗干扰能力强，在嵌入式系统中得到了广泛应用。USB 不仅成为通用计算机上最重要的通信接口，而且是手机、家电等嵌入式产品的重要通信接口。

6. 控制器局域网

控制器局域网是一种全数字、全开放的现场总线控制网络，目前在汽车电子中应用最广。

7. 边界扫描测试协议与串行线调试技术

边界扫描测试协议(Joint Test Action Group，JTAG)是由国际联合测试行动组开发，对芯片进行测试的一种方式，可将其用于对 MCU 的程序进行载入与调试。JTAG 能获取芯片寄存器等的内容，或者测试遵守 IEEE 规范的器件之间引脚的连接情况。

串行线调试(Serial Wire Debug，SWD)技术使用 2 针调试端口，是 JTAG 的低针数和高性能替代产品，通常用于小封装微控制器的程序写入与调试。

与通信相关的术语还有嵌入式以太网、无线传感器网络、ZigBee、射频通信等，本章不再进一步介绍。

1.5.3 与功能模块相关的术语

1. 通用输入/输出

通用输入/输出(General Purpose I/O，GPIO)，即基本的输入/输出，有时也称并行 I/O。当作为通用输入引脚时，MCU 内部程序可以读取该引脚，获知该引脚是“1”(高电平)还是“0”(低电平)，即开关量输入。当作为通用输出引脚时，MCU 内部程序向该引脚输出“1”(高电平)或“0”(低电平)，即开关量输出。

2. 模/数转换与数/模转换

模/数转换(Analog to Digital Convert,ADC)的功能是将电压信号(模拟量)转换为对应的数字量。实际应用中,这个电压信号可能由温度、湿度、压力等实际物理量经过传感器和相应的变换电路转换而来。经过 ADC,MCU 就可以处理这些物理量了。而与之相反,数/模转换(Digital to Analog Convert,DAC)的功能则是将数字量转换为电压信号(模拟量)。

3. 脉冲宽度调制器

脉冲宽度调制器(Pulse Width Modulator,PWM)是一个数/模转换器,可以产生一个在高电平与低电平之间重复交替的输出信号,这个信号就是 PWM 信号。

4. 看门狗

看门狗(Watch Dog,WDG)是为了防止程序跑飞而设计的一种自动定时器。当程序跑飞时,由于无法正常执行清除看门狗定时器的程序,看门狗定时器会自动溢出,使系统程序复位。

5. 液晶显示

液晶显示(Liquid Crystal Display,LCD)是电子信息产品的一种显示器件,可分为字段型、点阵字符型和点阵图形型三类。

6. 发光二极管

发光二极管(Light Emitting Diode,LED)是一种将电流顺向通到半导体 PN 结处而发光的器件,常用于家电指示灯、汽车灯和交通警示灯。

7. 键　盘

键盘是嵌入式系统中最常见的输入设备。识别按键是否有效被按下的方法有查询法、定时扫描法和中断法等。

与功能模块相关的术语很多,这里不再介绍,读者可在学习时逐步积累。

本 章 小 结

1. 关于嵌入式系统的概念、分类与特点

关于嵌入式系统的概念,可以直观表述为嵌入式系统,即嵌入式计算机系统。嵌入式系统是不以计算机面目出现的计算机系统,这个计算机隐含在各类具体的产品之中,且在这些产品中,计算机程序起到了重要作用。关于嵌入式系统的分类,可以按照应用范围简单地分为电子系统智能化(微控制器类)和计算机应用延伸(应用处理器类)这两大类。关于嵌入式系统的特点,从与通用计算机比较的角度看,可以表述为嵌入式系统是不单独以计算机面目出现的计算机系统,它的开发需要专门工具和特殊方法,在使用 MCU 设计嵌入式系统时,数据与程序空间采用不同的存储介质,开发嵌入式系统涉及软件、硬件及应用领域的知识等。

2. 关于嵌入式系统的学习方法问题

关于芯片选择，建议初学者使用微控制器而不使用应用处理器作为入门芯片。在开始阶段，不学习操作系统，着重打好底层驱动的使用方法、设计方法等软硬件基础。关于硬件与软件平衡的问题，可以描述为：嵌入式系统与硬件紧密相关，是软件与硬件的综合体，没有对硬件的理解就不可能写好嵌入式软件，同样，没有对软件的理解也不可能设计好嵌入式硬件。关于学习方法，建议遵循"先易后难、由浅入深"的原则，打好软硬件基础；充分理解知识要素，掌握底层驱动构件的使用方法；基本掌握底层驱动构件的设计方法；掌握单步跟踪调试、打桩调试、printf 输出调试等调试手段。

3. 关于 MCU 的基本含义

MCU 是在一块芯片内集成了 CPU、存储器、定时器/计数器及多种输入/输出(I/O)接口的比较完整的数字处理系统。以 MCU 为核心的系统是应用最广的嵌入式系统，是现代测控系统的核心。MCU 出现之前，人们必须用纯硬件电路实现测控系统。MCU 出现以后，测控系统中的大部分计算与控制功能由 MCU 的软件实现，输入、输出与执行动作等通过硬件实现，带来了设计上的本质变化。MAP 是在低功耗 CPU 的基础上扩展了音视频功能和专用接口的超大规模集成电路，其功能与开发方法接近 PC。

4. 关于嵌入式系统的常用术语

对于嵌入式系统的硬件、通信、功能模块等方面的术语，从本章开始认识，后续章节再理解。这里重点认识几个缩写词：GPIO、UART、ADC、DAC、PWM、SPI、I2C、LED 等，记住它们的英文全称和中文含义有利于后续的学习，这是嵌入式系统最基本的内容。

习　　题

1. 简要总结嵌入式系统的定义、由来、分类及特点。
2. 归纳嵌入式系统的学习困惑，简要说明如何消除这些困惑。
3. 简要归纳嵌入式系统的知识体系。
4. 结合书中给出的嵌入式系统基础阶段的学习建议，从个人角度看，你认为应该如何学习嵌入式系统？
5. 简要给出 MCU 的定义及其典型内部框图。
6. 举例给出一个具体的、以 MCU 为核心的嵌入式测控产品的基本组成。
7. 简要比较中央处理器(CPU)、微控制器(MCU)和应用处理器(MAP)。
8. 在表格中罗列嵌入式系统的常用术语(中文名、英文缩写、英文全称)。

第 2 章　RISC－V 架构微处理器

本章导读：本书配备的 AHL-CH32V307 开发套件使用沁恒微电子青稞 V4F 内核，该内核基于 RISC－V 架构。本章简要介绍 RISC－V 架构指令集及汇编语言框架，需要学习 RISC－V 汇编语言的读者可以阅读本章的全部内容，一般读者可以简要了解 2.1～2.2 节。虽然本书使用 C 语言来描述 MCU 的嵌入式开发，但理解 1～2 个结构完整、组织清晰的汇编程序将对嵌入式开发有很大帮助；第 4 章中将结合 GPIO 的应用给出汇编实例，供学习参考。实际上，一些特殊功能如初始化、操作系统调度、快速响应等必须使用汇编程序完成。本章将给出 RISC－V 的特点、内核结构、内部寄存器概述，指令简表、寻址方式、指令的分类介绍，以及 RISC－V 汇编语言的基本语法。

2.1　RISC－V 概述与青稞 V4F 微处理器简介

RISC－V 是一个基于精简指令集计算机（Reduced Instruction Set Computer，RISC）[①]原则而开源的指令集架构（Instruction Set Architecture，ISA）[②]。随着 RISC－V 生态系统的发展，它将在嵌入式计算机领域占有重要地位。

2.1.1　RISC－V 概述

1. RISC－V 的由来

RISC－V 是由美国加州大学伯克利分校于 2010 年推出的，其初衷是为了打破 ARM、英特尔等公司在指令集架构领域内的垄断，对抗高额的指令集专利授权费，实现一种性能强大、完全开放和免费的指令集架构。经过多年的发展，RISC－V 发明者为该架构提供了较为完整的软件工具链以及若干开源的处理器实例，得到了业界的高度重视。

2015 年，RISC－V 发明者创办了 SiFive 公司，并联合 Google 等公司创立了非营利性 RISC－V 基金会，将与 RISC－V 指令集相关的资料交由 RISC－V 基金会来处理。目前，

---

① RISC－V 的读音为 risk-five。精简指令集计算机（RSIC）的特点是指令数目少、格式一致、执行周期一致、执行时间短、采用流水线技术等。它是 CPU 的一种设计模式，该设计模式对指令数目和寻址方式都做了精简，使其在实现上更容易，指令并行执行程度更好，编译器的效率更高。这种设计模式的技术背景是：CPU 实现复杂指令功能的目的是让用户代码更加便捷，但复杂指令通常需要几个指令周期才能实现，且实际使用较少；此外，处理器与主存之间的运行速度差别也变得越来越大。这样，人们发展了一系列新技术，使处理器的指令得以流水执行，同时减少处理器访问内存的次数。RISC 是相对于复杂指令集计算机（Complex Instruction Set Computer，CISC）而言的，可以粗略地认为，RISC 只保留了 CISC 常用的指令，并进行了设计优化，更适合设计嵌入式处理器。

② ISA 是与程序设计相关的计算机架构部分，包括数据类型、指令、寄存器、地址模式、内存架构、外部 I/O、中断和异常处理等。

RISC－V 基金会已吸引了全球 33 个国家超过 325 个组织加入，包括 Google、西部数据、三星、Microchip 等。RISC－V 基金会每年举办两次公开的专题研讨会，以促进 RISC－V 阵营的交流与发展，任何组织和个人均可以从 RISC－V 基金会网站上下载每次研讨会上的资料。

2. RISC－V 在中国的发展

2017 年 5 月 8 日，第六届 RISC－V 研讨会在上海交通大学微电子大楼报告厅开幕，会议主题是"芯片架构的未来是什么"，会议吸引了国内外 200 多人参加，大批的中国公司和爱好者参与其中。这也是该研讨会此前在美国举办五届以来，首次在中国召开。

2018 年，中国 RISC－V 产业联盟及中国开放指令生态(RISC－V)联盟成立，目标聚焦于 RISC－V 生态发展及产业落地。同年，阿里巴巴全资收购中天微，并将中天微和达摩院芯片业务进行整合，成立了"平头哥半导体"。2019 年 7 月，平头哥发布了 RISC－V IP 核玄铁 910。它支持 16 核，主频可达 2.5 GHz，单核性能达到 7.1CoreMark/MHz[①]，较业界主流芯片性能提高 40%，较标准指令性能高出 20%。

2020 年 9 月，赛昉科技发布了首个基于 RISC－V 的人工智能处理平台"惊鸿 7100"，主要面向自动驾驶、无人机、公共安全、交通管理和智能家居等领域。2020 年 12 月，赛昉科技发布了全球性能最高的 RISC－V 处理器内核——天枢系列处理器。该系列处理器针对性能和频率做了优化，基于 64 位内核，采用 12 级流水线和 7 nm 工艺制程，频率最高可达 3.5 GHz，由台积电代工，填补了 RISC－V 在高性能计算应用领域的空白。

2020 年，南京沁恒微电子推出了 CH32V103x 系列产品，该系列产品是基于 32 位 RISC－V 指令集(IMAC)及青稞 V3A 处理器设计的通用微控制器，挂载了丰富的外设接口和功能模块。其内部组织架构满足低成本、低功耗的嵌入式应用场景。2021 年，该公司推出了 CH32V307x 系列产品，是基于 32 位 RISC－V 指令集(IMAFC)及青稞 V4F 处理器设计的通用微控制器，最高工作频率为 144 MHz，内置高速存储器，系统结构中的多条总线同步工作，提供了丰富的外设功能和增强型 I/O 接口。

3. RISC－V 与 X86、ARM 架构的简要比较

相比于 RISC－V，读者可能更了解 X86 和 ARM 这两种架构。表 2－1 给出了 RISC－V 与 X86、ARM 架构的简要比较。虽然 RISC－V 诞生得较晚，但它简洁、完全开源，具有良好的发展前景。

表 2－1　RISC－V 与 X86、ARM 架构的简要比较

比较指标＼架构	X86	ARM	RISC－V
指令集类型	CISC	RISC	RISC
寄存器宽度/位	32、64	32、64	32、64
源　码	不开源	不开源	开源
用户可控性	难以满足需求	现阶段满足需求，未来存在变数	有望满足需求
生态系统	比较成熟	比较成熟	逐步发展
授权费用	缺乏成熟的授权模式	架构授权费用高	无

① CoreMark 是一项基准测试，其目标就是要测试处理器的核心性能。CoreMark 能分析并为处理器管线架构和效率评分，已成为量测与比较处理器性能的业界标准基准测试。CoreMark 的数字越高，意味着更高的性能。

2.1.2　青稞 V4F 微处理器内部结构概要

本书以南京沁恒微电子（简称 WCH）于 2021 年推出的 CH32V307 系列 MCU 来阐述嵌入式的应用，该系列的内核[①]使用 32 位青稞 V4F 微处理器；内置快速可编程中断控制器，通过硬件现场保存和恢复的方式实现中断的最短周期响应；提供 2 线串行调试接口，支持用户在线升级和调试；提供多组总线连接处理器外部单元模块，实现外部功能模块与内核的交互。下面简要介绍各部分。

1. 青稞 V4F 内核

青稞 V4F 内核支持模块化管理、RISC－V 开源指令集 RV32IMAFC[②] 及机器模式和用户模式。

2. 快速可编程中断控制器

青稞 V4F 微处理器内置可编程快速中断控制器（Programmable Fast Interrupt Controller，PFIC）。CH32V307 系列 MCU 中的 PFIC 提供了 8 个内核的私有中断和 88 个外设中断，每个中断都有独立的使能位、屏蔽位和状态位，其寄存器在用户和机器模式下均可访问；PFIC 提供快速中断进出机制，支持 3 级硬件压栈，无需指令开销；可以对 4 路可编程快速中断通道进行中断向量地址的自定义。

3. 存储器模型

青稞 V4F 微处理器采用松散存储器模型（Relaxed Memory Model，RMM）。对单核系统而言，RMM 对不同存储器地址的访问指令，理论上是可以改变其执行顺序的。在多核系统中，RMM 允许每个单核改变其存储器访问指令（访问的必须是不同的地址）的执行顺序。由于 RMM 解除了指令束缚，使得系统的运行性能更好，但多核程序这样无所束缚的执行会使结果变得完全不可确知，为了能够限定处理器的执行顺序，便引入了特殊的存储器屏障（Memory FENCE）指令。FENEC 指令用于屏障“数据”存储器访问的执行顺序，该指令就像一堵屏障，在它之前的所有数据存储器访问指令，必须比它之后的所有数据存储器访问指令先执行。

4. 调试访问端口

青稞 V4F 微处理器内置多种方式的调试访问端口，可以对存储器和寄存器进行调试访问。例如 SWD 或 JTAG 调试访问端口；Flash 修补和断点，用于实现硬件断点和代码修补；数据监视点及追踪，用于实现观察点、触发资源和系统分析；嵌入式追踪宏单元，用于提供对

---

① 这里使用内核（core）一词，而不用 CPU，原因在于 ARM 中使用内核术语涵盖了 CPU 功能，它比 CPU 功能的可扩充性更强。一般情况下，可以认为两个术语概念等同。

② RISC－V 的指令集使用模块化的方式进行组织，每一个模块用一个英文字母表示，包括基本指令集 I、整数乘除法指令集 M、原子操作指令集 A、单精度浮点指令集 F、双精度浮点指令集 D、压缩指令集 C。RV32IMAFC 是支持以上 I、M、A、F、C 五个指令集的一个组合，其中特定组合“IMAFD”也被称为“通用”组合，用英文字母 G 表示，即 RV32G 表示 RV32IMAFD。

printf()类型调试的支持;追踪端口接口单元,用来连接追踪端口分析仪,包括单线输出模式。

5. 总线接口

青稞 V4F 微处理器提供先进的高性能总线接口。其中包括的 4 个接口分别为:I_code 存储器接口,D_code 存储器接口,系统接口,基于高性能外设总线的外部专用外设总线接口。

2.1.3 寄存器通用基础知识及相关基本概念

以程序员视角,从底层学习一个 CPU,理解其内部寄存器的用途是重要一环。计算机所有指令的运行均由 CPU 完成,CPU 内部寄存器负责信息暂存,其数量与处理能力直接影响 CPU 的性能,本小节先从一般意义上阐述寄存器的基础知识及相关基本概念,2.1.4 小节介绍青稞 V4F 微处理器的内部寄存器。

从共性知识角度及功能来看,CPU 内至少应该有数据缓冲类寄存器、栈指针类寄存器、程序指针类寄存器、程序运行状态类寄存器及其他功能寄存器。

1. 数据缓冲类寄存器

CPU 内数量最多的寄存器是用于数据缓冲的寄存器,名称由寄存器的英文 Register 的首字母加数字组成,如 R0、R1、R2 等,不同的 CPU,寄存器的种类不同。例如 Intel X86 系列的通用寄存器有 8 个,分别是 EAX、EBX、ECX、EDX、ESP、EBP、ESI、EDI,ARM M4 系列的通用寄存器有 13 个,为 R0～R12。

2. 栈指针类寄存器

在微型计算机的编程中,有全局变量与局部变量的概念。从存储器角度看,对一个具有独立功能的完整程序来说,全局变量具有固定的地址,每次读/写都是这个地址;而在一个子程序中声明的局部变量则不是,它在 RAM 中的地址是不固定的。采用“后进先出(Last In First Out,LIFO)”原则使用一段 RAM 区域,这段 RAM 区域被称为栈区[①]。它的栈底的地址是一开始就确定的,当有数据进栈或出栈时,地址会自动连续变动[②],否则就被放到同一个存储地址中了,CPU 中需要有个地方保存这个不断变化的地址,这就是栈指针(Stack Pointer)寄存器,简称 SP。

3. 程序指针类寄存器

计算机的程序存储在存储器中,CPU 中有个寄存器用来指示将要执行的指令在存储器中的位置,这就是程序指针类寄存器。在许多 CPU 中,它的名字叫程序计数寄存器(Program Counter,PC),PC 负责告诉 CPU 将要执行的指令位于存储器的什么地方。

---

① 这里的栈,其英文单词为 stack,在单片微型计算机中的基本含义是在 RAM 中存放临时变量的一段区域。现实生活中,stack 的原意指临时叠放货物的地方,但是叠放的方法是一个一个地码起来,最后放好的货物,必须先取下来,然后才能取先放的货物,否则无法取。在计算机科学的数据结构学科中,栈是允许在同一端进行插入和删除操作的特殊线性表。允许进行插入和删除操作的一端称为栈顶(top),另一端称为栈底(bottom);栈底固定,而栈顶浮动;当栈中元素的个数为零时称为空栈。插入一般称为进栈(PUSH),删除称为出栈(POP)。栈也称为后进先出表。

② 地址变动方向是增还是减,取决于不同的计算机。

4. 程序运行状态类寄存器

CPU 在计算过程中会出现诸如进位、借位、结果为 0 和溢出等情况，在 CPU 内部需要有一个地方将这些情况保存下来，以便下一条指令可以结合这些情况进行后续处理，这类寄存器就是程序运行状态类寄存器。不同的 CPU，它的名称有所不同，有的叫作标志寄存器，有的叫作程序状态字寄存器，等等，大同小异。在这类寄存器中，常用单个英文字母表示其含义，例如，N 表示在有符号运算中的结果为负（Negative）、Z 表示结果为零（Zero）、C 表示有进位（Carry）、V 表示溢出（Overflow）等。

5. 其他功能寄存器

在不同的 CPU 中，除了具有数据缓冲、栈指针、程序指针、程序运行状态类等寄存器之外，还有表示浮点数运算和中断屏蔽[①]等的寄存器。

2.1.4　青稞 V4F 微处理器的内部寄存器

RISC－V 架构包含 32 个通用整数寄存器（X0～X31），其中 X0 被预留为常数 0，其他为普通的通用整数寄存器，如表 2－2 所列。通用整数寄存器[②]中包含 12 个保存寄存器（S0～S11）；7 个临时寄存器（T0～T6），用于存放函数参数；4 个指针寄存器，其中 X2 为堆栈指针（SP）、X3 为全局指针（GP）、X4 为线程指针（TP）、X8 为帧指针（FP）。

在 RISC－V 的架构中，如果是 32 位架构（由 RV32I 表示），则每个寄存器的宽度为32 位；如果是 64 位架构（由 RV64I 表示），则每个寄存器的宽度为 64 位。这里青稞 V4F 为 RV32I 架构的芯片，所以每个寄存器的宽度为 32 位。

表 2－2　RISC－V4F 微处理器的通用整数寄存器

寄存器名	ABI 接口名称	中文描述
X0	Zero	常数 0
X1	RA	返回地址
X2	SP	堆栈指针
X3	GP	全局指针
X4	TP	线程指针
X5～X7	T0～T2	临时寄存器
X8	S0/FP	保存寄存器或帧指针
X9	S1	保存寄存器

① 中断是一种暂停当前正在执行的程序，先去执行一段更加紧急程序的技术，它是计算机中的一个重要概念，将在第 8 章中较为详细地阐述。中断屏蔽标志是表示是否允许某种中断进来的标志。

② RISC－V 的通用整数寄存器包含保存寄存器、临时寄存器和指针寄存器。由于在函数调用过程中不保留部分寄存器存储的值，故称它们为临时寄存器；另一些寄存器则对应地称为保存寄存器，这样可以减少保存和恢复寄存器的次数。指针寄存器包括堆栈指针（Stack Pointer，SP）、全局指针（Global Pointer，GP）、线程指针（Thread Pointer，TP）、帧指针（Frame Pointer，FP）。SP 指向当前堆栈的栈顶；GP 对±2 KB 内全局变量的访问进行优化；TP 对±2 KB 内线程局部变量的访问进行优化；FP 和 SP 可以确定当前函数使用的栈空间。

续表 2－2

寄存器名	ABI 接口名称	中文描述
X10～X11	A0～A1	函数参数或返回值
X12～X17	A2～A7	函数参数
X18～X27	S2～S11	保存寄存器
X28～X31	T3～T6	临时寄存器

2.2 寻址方式与机器码的获取方法

CPU 的功能是从外部设备获得数据，通过加工、处理，再把处理结果送到 CPU 的外部设备。设计一个 CPU，首先需要设计一套可以执行特定功能的操作命令，这种操作命令称为**指令**。CPU 所能执行的各种指令的集合，称为该 CPU 的**指令系统**。表 2－3 给出了 RISC－V 架构处理器指令集概况。RISC－V 的指令集使用模块化的方式进行组织，每一个模块用一个英文字母表示。RISC－V 最基本也是唯一强制要求实现的指令集部分是由 I 字母表示的基本整数指令子集。使用该整数指令子集能够实现完整的软件编译器。其他的指令子集部分均为可选模块，具有代表性的模块包括 M/A/F/D/C。

表 2－3 RISC－V 的模块化指令集

基本/扩展	类　型	指令数	描　述
基本指令集	RV32I	47	32 位地址空间与整数指令，支持 32 个通用整数寄存器
	RV32E	47	RV32I 的子集，仅支持 16 个通用整数寄存器
	RV64I	59	64 位的地址空间和整数指令及一部分 32 位的整数指令
	RV128I	71	128 位的地址空间和整数指令及一部分 64 位和 32 位的整数指令
扩展指令集	M	8	整数乘法和除法指令
	A	11	存储器原子操作指令，Load/Store 指令
	F	26	单精度（32 位）浮点指令
	D	26	双精度（64 位）浮点指令，必须支持 F 扩展指令
	C	46	压缩指令，指令长度为 16 位

以上所述模块的一个特定组合“IMAFD”也被称为“通用”组合，用英文字母 G 表示。因此 RV32G 即表示 RV32IMAFD，这里 CH32V307 系列 MCU 产品使用的青稞 V4F 处理器及架构支持 RV32IMAFC 开源指令。

为了提高代码密度，RISC－V 架构也可提供可选的“压缩”指令子集，用英文字母 C 表示。压缩指令的编码长度为 16 位，而普通非压缩指令的长度为 32 位。

为了进一步减小面积，RISC－V 架构还提供一种“嵌入式”架构，用英文字母 E 表示。该架构主要用于追求极小面积与功耗的深嵌入式场景。该架构仅需要支持 16 个通用整数寄存器，而非像嵌入式的普通架构那样，需要支持 32 个通用整数寄存器。

除了上述模块，还有若干的模块如 L、B、P、V 和 T 等。目前这些扩展大多数还在不断完善和定义中，尚未最终确定，因此不做详细论述。

本节在给出指令集概况与寻址方式的基础上，简要阐述如何通过简单编程手段即可获取汇编指令对应的二进制代码，进而分析数据的存储方式是小端方式还是大端方式。

2.2.1　指令保留字简表与寻址方式

1. 指令保留字简表

RISC－V4F 微处理器支持所有的 RC32I 基本指令集和 MAFC 扩展指令集。常用的指令大体分为数据操作指令、整数乘法与除法指令、转移指令、压缩指令、存储器原子(Atomic)操作指令和存储器读/写指令等。表 2－4 罗列出 RISC－V 的 54 个基本保留字，如需了解其他保留字可查阅《RISC－V 参考手册》。

表 2－4　RISC－V 的基本保留字

类　型		保留字	含　义
数据传送类		AUIPC	生成与 PC 指针相关的地址
		LA、LB、LH、LI、LW、LHU、LBU	将存储器中的内容加载到寄存器中
		SW、SH、SB、MV	将寄存器中的内容存储到存储器中
		LUI	将立即数加载到寄存器中
数据操作类	算术运算类	ADD、ADDI、SUB、MUL、DIV	加、减、乘、除指令
		SLT、SLTI、SLTU、SLTUI	比较指令
	逻辑运算类	AND、ANDI、OR、ORI、XOR、XORI	按位与、或、异或
	移位类	SRA、SRAI、SLL、SLLI、SRL、SRLI	算术右移、逻辑左移、逻辑右移
	CSR 类	CSRRW、CSRRS、CSRRC、CSRRWI、CSRRSI、CSRRCI	用于读/写 CSR 寄存器
跳转类	无条件类	JAL、JALR	无条件跳转指令
	有条件类	BEQ、BNE、BLT、BLTU、BGE、BGEU	有条件跳转指令
其他指令		CALL、RET、FENCE、FENCE. I、ECALL、EBREAK	调用指令、返回指令、存储器屏障指令、特殊指令

2. 寻址方式

指令是对数据进行操作的，通常把指令中所要操作的数据称为操作数，青稞 V4F 微处理器所需的操作数来自寄存器、指令代码或存储单元。而确定指令中所需操作数的各种方法称为寻址方式(addressing mode)。例如，指令 LH　rd，offset(rs1)，表示从地址 x[rs1]＋sign-extend(offset)处读取两个字节，经符号位扩展后写入地址 x[rd]。式中“rs1”和“rd”表示寄存器，“offset”表示偏移地址。

(1) 立即数寻址

在立即数寻址方式中，操作数是直接通过指令给出的。操作数包含于指令编码中，随同指令一起被编译成机器码存储于程序空间中。例如：

```
LUI   rd,imm                  /* 将 20 位立即数左移 12 位,低位补 0 写入 rd 寄存器 */
ADDI  rd,rs1,imm[11:0]        /* 将立即数的低 12 位与 rs1 中的整数相加,结果写回 rd 寄存器 */
```

(2) 寄存器寻址

在寄存器寻址中,操作数来自寄存器。例如：

```
ADD  rd,rs1,rs2     /* 将寄存器 rs1 中的整数值与 rs2 中的整数值相加,结果写回 rd 寄存器 */
```

(3) 偏移寻址及寄存器间接寻址

在偏移寻址中,操作数来自存储单元,指令中通过寄存器及偏移量给出存储单元的地址。偏移量不超过 4 KB(指令编码中的偏移量为 12 位)。偏移量为 0 的偏移寻址也称为寄存器间接寻址。例如：

```
LW   rd,offset[11:0](rs1)     /* 从地址 x[rs1] + offset[11:0]处读取 32 位数据写入 rd */
LH   rd,offset[11:0](rs1)     /* 从地址 x[rs1] + offset[11:0]处读取 16 位数据写入 rd */
LHU  rd,offset[11:0](rs1)     /* 从地址 x[rs1] + offset[11:0]处读取 16 位数据且高位补 0 后写入
                                 rd */
LB   rd,offset[11:0](rs1)     /* 从地址 x[rs1] + offset[11:0]处读取 8 位数据写入 rd */
LBU  rd,offset[11:0](rs1)     /* 从地址 x[rs1] + offset[11:0]处读取 8 位数据且高位补 0 后写入 rd
                                 */
SW   rs2,offset[11:0](rs1)    /* 将地址 rs2 处的 32 位数据写入地址 x[rs1] + offset[11:0]处 */
SH   rs2,offset[11:0](rs1)    /* 将地址 rs2 处的 16 位数据写入地址 x[rs1] + offset[11:0]处 */
SB   rs2,offset[11:0](rs1)    /* 将地址 rs2 处的 8 位数据写入地址 x[rs1] + offset[11:0] 处 */
```

2.2.2 机器码的获取方法

在详细讲述指令类型之前,先了解如何获取汇编指令所对应的机器指令,虽然一般不会直接用机器指令进行编程,但是了解机器码的存储方式对理解程序运行的细节十分有益。这个过程涉及三个文件:源文件、列表文件(.lst)、十六进制机器码文件(.hex)。

1. 运行源文件

样例程序的目的是观察 mov r0,#0xDE 指令生成的机器码是什么,存放在何处,存储顺序是什么样的。运行样例程序源文件的步骤是：

步骤 1:利用开发环境打开工程"..\04-Software\CH02\LST-ASM-CH32V307",IDE 会自动打开 main.s 文件。

步骤 2:利用在文件中查找文字内容的方式,定位到"[理解机器码存储]"处(选择"编辑"→"查找和替换"→"文件查找和替换"菜单项,输入"[理解机器码存储]"后会定位到 main.s 文档中的相应位置)。测试代码如下：

```
/*测试代码部分[理解机器码存储]*/
Label:
      LI   a0,0xDE

      LA   a0,data_format1          /*输出格式送 a0*/
      LA   a1,Label                 /*a1 中是 Label 地址*/
      LBU  a2,0(a1)                 /*a2 中是 Label 地址中的数据*/
      CALL  printf
```

步骤 3:编译、下载并运行样例程序,可以看到输出窗口显示如图 2－1 所示的运行结果。

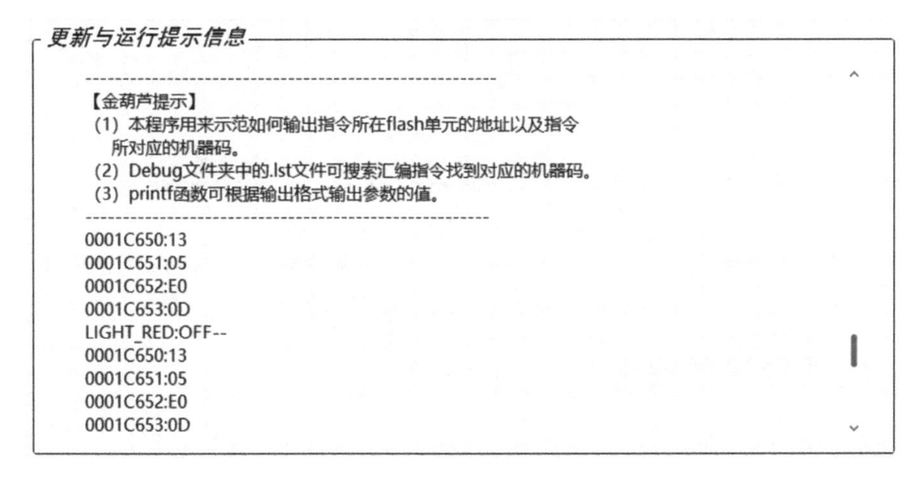

图 2－1　样例程序的运行结果

2. 执行程序获得的信息

从图 2－1 显示的内容可以看出,标号代表的地址为"0001C650",这就是指令 LI　a0,0xDE 的机器码所存放的起始地址,各地址的存储内容如表 2－5 所列。

表 2－5　指令"LI a0,0xDE"的存储细节

地　址	0001C650	0001C651	0001C652	0001C653
内　容	13	05	E0	0D

3. .lst 文件中的信息

打开 Debug 文件夹中的.lst 文件,选择"编辑"→"查找和替换"→"文件查找和替换"菜单项,输入"[理解机器码存储]"后会定位到.lst 文档中的相应位置,可见该汇编指令存放于地址"0001C650"开始的单元,其机器码的显示顺序为"0DE00513"。但是,读者可能有些疑惑,机器码的字节顺序与表 2－5 中的为何不一致? 事实上,有的计算机在低地址单元存放字的高字节,在高地址单元存放字的低字节,这种不同的数据存储方式是由不同 MCU 的存储模式决定的,也就是所谓的小端模式和大端模式。例如,CH32V307VCT6 采用的是小端存储模式。所谓小端模式(little-endian)指将两字节以上的一个数据的低字节放在存储器的低地址单元,将高字节放在高地址单元。例如,对于一个 4 字节长度的数据 0x0001C653,采用小端存储模式时从低地址到高

地址的存储顺序是:53 C6 01 00。读者由此也可以轻松理解什么是大端模式(big-endian)了。

4. .hex 文件中的信息

.hex(Intel HEX)文件是由一行一行符合 Intel HEX 文件格式的文本构成的 ASCII 文本文件。在 Intel HEX 文件中,每行包含 1 个 HEX 记录,这些记录由对应的机器语言码(含常量数据)的十六进制编码数字组成。

在.lst 文件中看到,编译给出的"LI a0,0xDE"指令对应的机器指令编码写为 0DE0 0513,实际存储顺序如表 2-5 所列,即"1305E00D"。在.hex 文件中搜索"1305E00D",发现相关记录位于第 40 行,整行记录的详细释义见本书 4.3.2 小节有关机器码文件简析。需要说明的是,有时这样整体地搜索可能找不到,因为部分内容可能转行到下一记录行,所以需要根据第 4 章阐述的记录含义及内容本身进行综合判断来寻找。这里可以思考一下,如何更好地在.hex 文件中找到指令所对应的机器码。

2.3 RISC-V 基本指令分类解析

本节在前面给出指令简表与寻址方式的基础上,按照数据传送类、数据操作类、跳转类、CSR 类和其他指令这 5 个方面,简要阐述 RV32I 的 54 条基本指令的功能。

2.3.1 数据传送类指令

数据传送类指令的功能有两种情况,一是取存储器地址空间中的数传送到寄存器中,二是将寄存器中的数传送到另一寄存器或存储器地址空间中。数据传送类的基本指令有 10 条。

1. 取数指令

将存储器中的内容加载(load)到寄存器中的指令如表 2-6 所列,其中 LW、LH 和 LB 指令分别表示加载来自存储器单元的一个字、半字和单字节,进行符号位扩展至 32 位后写回指定寄存器 rd 中;LHU 和 LBU 指令分别表示加载来自存储器单元的半字和单字节,进行高位补 0 扩展至 32 位后写回指定寄存器 rd 中。

表 2-6 取数指令

编 号	指 令	说 明
(1)	LA rd,symbol	将 symbol 的地址加载到 x[rd]中
(2)	LB rd,offset[11:0](rs1)	从地址 x[rs1]+sign-extend(offset)处读取 1 字节,经符号位扩展后写入 x[rd]中
(3)	LH rd,offset[11:0](rs1)	从地址 x[rs1]+sign-extend(offset)处读取 2 字节,经符号位扩展后写入 x[rd]中
(4)	LI rd, imm	使用尽可能少的指令将常量加载到 x[rd]中
(5)	LW rd,offset[11:0](rs1)	从地址 x[rs1]+sign-extend(offset)处读取 4 字节后写入 x[rd]中

续表 2－6

编　号	指　令	说　明
(6)	LHU　rd,offset[11:0](rs1)	从地址 x[rs1]＋sign-extend(offset)处读取 2 字节,经 0 扩展后写入 x[rd]中
(7)	LBU　rd,offset[11:0](rs1)	从地址 x[rs1]＋sign-extend(offset)处读取 1 字节,经 0 扩展后写入 x[rd]中

该组指令访问存储器的地址均由操作数寄存器 rs1 中的值与 12 位的立即数(进行符号位扩展)相加后得到。

2. 存数指令

寄存器中的内容存储(store)至存储器中的指令如表 2－7 所列。SW、SH 和 SB 指令将 rs2 寄存器中的字、低半字或低字节存储到存储器单元。存储器单元地址由 rs1 与进行符号位扩展的偏移量 offset 之和决定。

表 2－7　存数指令

编　号	指　令	说　明
(8)	SW　rs2,offset[11:0](rs1)	将 x[rs2]中的低位 4 字节存入内存地址 x[rs1]＋sign-extend(offset)中
(9)	SH　rs2,offset[11:0](rs1)	将 x[rs2]中的低位 2 字节存入内存地址 x[rs1]＋sign-extend(offset)中
(10)	SB　rs2,offset[11:0](rs1)	将 x[rs2]中的低位字节存入内存地址 x[rs1]＋sign-extend(offset)中
(11)	MV　rd,rs1	把寄存器 x[rs1]复制到 x[rd]中。实际被扩展为指令 ADDI　rd,rs1,0

3. 生成与 PC 指针相关地址的指令

AUIPC 指令(见表 2－8)将 20 位立即数的值左移 12 位(低 12 位补 0)成为一个 32 位数,将此数与该指令的 PC 值相加后,将结果写回寄存器 rd 中。

表 2－8　AUIPC 指令

编　号	指　令	说　明
(12)	AUIPC　rd,imm	将符号位扩展的 20 位(左移 12 位)立即数加到 PC 上,结果写入 x[rd]中

4. LUI 指令

LUI 指令(见表 2－9)将 20 位立即数的值左移 12 位(低 12 位补 0)成为一个 32 位数,将此数写回寄存器 rd 中。

表 2－9　LUI 指令

编　号	指　令	说　明
(13)	LUI　rd,imm	将符号位扩展的 20 位立即数左移 12 位,并将低 12 位置 0 后写入 x[rd]中

2.3.2 数据操作类指令

数据操作主要指算术运算、逻辑运算和移位等。

1. 算术运算类指令

算术运算类指令有加、减、比较等,如表 2-10 所列。

表 2-10 算术运算类指令

编号	指令	说明
(14)	ADD rd,rs1,rs2	寄存器 x[rs2]加上寄存器 x[rs1],结果写入 x[rd]中,忽略算术溢出
	ADDI rd,rs1,imm[11:0]	符号位扩展的立即数加上寄存器 x[rs1],结果写入 x[rd]中,忽略算术溢出
(15)	SUB rd,rs1,rs2	寄存器 x[rs1]减去寄存器 x[rs2],结果写入 x[rd]中,忽略算术溢出
(16)	MUL rd,rs1,rs2	寄存器 x[rs2]乘以寄存器 x[rs1],乘积写入 x[rd]中。忽略算术溢出
(17)	DIV rd,rs1,rs2	寄存器 x[rs1]除以寄存器 x[rs2],向 0 舍入,将这些数视为二进制补码,把商写入 x[rd]中
(18)	SLT rd,rs1,rs2	比较 x[rs1]和 x[rs2],如果 x[rs1]更小,则向 x[rd]写入 1,否则写入 0
	SLTI rd,rs1,imm[11:0]	比较 x[rs1]和有符号扩展的 imm,如果 x[rs1]更小,则向 x[rd]写入 1,否则写入 0
	SLTU rd,rs1,rs2	比较 x[rs1]和 x[rs2],比较时视为无符号数,如果 x[rs1]更小,则向 x[rd]写入 1,否则写入 0
	SLTUI rd,rs1,imm[11:0]	比较 x[rs1]和有符号扩展的 imm,比较时视为无符号数,如果 x[rs1]更小,则向 x[rd]写入 1,否则写入 0

2. 逻辑运算类指令

逻辑运算类指令如表 2-11 所列。AND、XOR 和 OR 指令把寄存器 rs1、rs2 逐位进行"与""异或"和"或"操作。

表 2-11 逻辑运算类指令

编号	指令	说明
(19)	AND rd,rs1,rs2	将寄存器 x[rs1]与寄存器 x[rs2]位"与"的结果写入 x[rd]中
	ANDI rd,rs1,imm[11:0]	把符号位扩展的立即数与寄存器 x[rs1]进行位"与",结果写入 x[rd]中
(20)	OR rd,rs1,rs2	把寄存器 x[rs1]与寄存器 x[rs2]按位取"或",结果写入 x[rd]中
	ORI rd,rs1,imm[11:0]	把寄存器 x[rs1]与有符号扩展的立即数 imm 按位取"或",结果写入 x[rd]中
(21)	XOR rd,rs1,rs2	寄存器 x[rs1]与寄存器 x[rs2]按位"异或",结果写入 x[rd]中
	XORI rd,rs1,imm[11:0]	寄存器 x[rs1]与有符号扩展的立即数 imm 按位"异或",结果写入 x[rd]中

3. 移位类指令

移位类指令如表 2－12 所列。SRA、SRL 和 SLL 指令将寄存器 rs1 的值按照由寄存器 rs2(低 5 位有效)或立即数 shamt[4:0]决定的移动位数，执行算术右移、逻辑右移和逻辑左移操作。rd 为目标寄存器；rs1 为被移位数据寄存器；rs2 为移位长度寄存器；shamt 为移位长度主即数。

表 2－12　移位类指令

编　号	指　令	操　作	举　例
(22)	SRA　rd,rs1,rs2 SRAI　rd,rs1,shamt[4:0]	→(b31)□□□□…□□□□(b0)→C	算术右移 SRA　t1,a0,a1
(23)	SLL　rd,rs1,rs2 SLLI　rd,rs1,shamt[4:0]	C←(b31)□□□□…□□□□(b0)←0	逻辑左移 SLL　t1,a1,a2
(24)	SRL　rd,rs1,rs2 SRLI　rd,rs1,shamt[4:0]	0→(b31)□□□□…□□□□(b0)→C	逻辑右移 SRL　t1,a2,a3

2.3.3　跳转类指令

1. 无条件跳转指令

无条件跳转指令，即一定会发生跳转。无条件跳转指令如表 2－13 所列。

表 2－13　无条件跳转指令

编　号	指　令	跳转范围	说　明
(25)	JAL　rd,offset	－1～＋1 MB	JAL 指令使用 20 位立即数(有符号数)作为偏移量 offset。该偏移量乘以 2，然后与该指令的 PC 相加，得到最终的跳转目标地址，也就是跳转到 x[rd]加偏移量 offset 处运行
(26)	JAL　Rrd,offset(rs1)	任意	JALR 指令使用 12 位立即数(有符号数)作为偏移量，与操作数寄存器 x[rs1]相加得到最终的跳转目标地址。把 PC 设置为 x[rs1]＋sign-extend(offset)，把计算出的地址的最低有效位设为 0，并将原 PC＋4 的值写入 f[rd]中，rd 默认为 X1

2. 有条件跳转指令

有条件跳转指令如表 2－14 所列，BEQ、BNE、BLT、BLTU、BGE 和 BGEU 为有条件跳转指令，该组指令使用 12 位立即数(有符号数)作为偏移量。该偏移量乘以 2，然后与该指令的 PC 相加，生成得到最终的跳转目标地址，因此仅可以跳转到前后 4 KB 的地址区间。有条件跳转指令需要在条件为真时才会发生跳转。

表 2-14 有条件跳转指令

编号	指令	跳转范围/KB	说明
(27)	BEQ rs1,rs2,offset	−4～+4	若寄存器 x[rs1]与寄存器 x[rs2]相等,则把 PC 设为当前值加上符号位扩展的偏移 offset
(28)	BNE rs1,rs2,offset	−4～+4	若寄存器 x[rs1]与寄存器 x[rs2]不相等,则把 PC 设为当前值加上符号位扩展的偏移 offset
(29)	BLT rs1,rs2,offset	−4～+4	若寄存器 x[rs1]小于寄存器 x[rs2](均视为二进制补码),则把 PC 设为当前值加上符号位扩展的偏移 offset
(30)	BLTU rs1,rs2,offset	−4～+4	若寄存器 x[rs1]小于寄存器 x[rs2](均视为无符号数),则把 PC 设为当前值加上符号位扩展的偏移 offset
(31)	BGE rs1,rs2,offset	−4～+4	若寄存器 x[rs1]大于或等于寄存器 x[rs2](均视为二进制补码),则把 PC 设为当前值加上符号位扩展的偏移 offset
(32)	BGEU rs1,rs2,offset	−4～+4	若寄存器 x[rs1]大于或等于寄存器 x[rs2](均视为无符号数),则把 PC 设为当前值加上符号位扩展的偏移 offset

2.3.4 CSR 类指令

CSR 类指令如表 2-15 所列。控制状态寄存器 CSR 的访问采用专用的 CSR 寄存器指令,包括 CSRRW、CSRRS、CSRRC、CSRRWI、CSRRSI 和 CSRRCI 指令。

表 2-15 CSR 类指令

编号	指令	说明
(33)	CSRRW rd, csr, rs1	设控制状态寄存器 csr 中的值为 t,则把寄存器 x[rs1]的值写入 csr,再把 t 写入 x[rd]
(34)	CSRRS rd,csr,rs1	设控制状态寄存器 csr 中的值为 t,则把 t 和寄存器 x[rs1]按位"或"的结果写入 csr,再把 t 写入 x[rd]
(35)	CSRRC rd,csr,rs1	设控制状态寄存器 csr 中的值为 t,则把 t 和寄存器 x[rs1]按位"与"的结果写入 csr,再把 t 写入 x[rd]
(36)	CSRRWI rd,csr,zimm[4:0]	先把控制状态寄存器 csr 中的值复制到 x[rd]中,再把 5 位 0 扩展的立即数 zimm 的值写入 csr
(37)	CSRRSI x0,csr,zimm[4:0]	对于 5 位 0 扩展的立即数中的每一位,把控制状态寄存器 csr 的对应位清零,等同于指令 CSRRSI csr, zimm[4:0]
(38)	CSRRCI rd,csr,zimm[4:0]	设控制状态寄存器 csr 中的值为 t,则先把 t 与 5 位 0 扩展的立即数 zimm 按位"或"的结果写入 csr,再把 t 写入 x[rd](csr 寄存器的第 5 位及更高位不变)

2.3.5 其他指令

未列入数据传送类、数据操作类、跳转类、CSR 类四大类的指令，都归为其他指令。其他指令如表 2-16 所列。

表 2-16 其他指令

编 号	类 型	指 令	说 明
(39)	调用指令	CALL rd，symbol	把下一条指令的地址(PC+8)写入 x[rd]，然后把 PC 设为 symbol。等同于指令 AUIPC rd，offsetHi 加上指令 JALR rd，offsetLo(rd)，若省略了 rd，则默认为 X1
(40)	返回指令	RET	从子过程返回。实际被扩展为指令 JALR x0，0(x1)
(41)	存储器屏障指令	FENCE pred，succ	在后续指令中，在内存和 I/O 访问对外部(例如其他线程)可见之前，使用这条指令之前的内存和 I/O 访问对外部可见。设置字节中的第 3、2、1、0 位分别对应于设备输入、设备输出、内存读、内存写。例如指令 FENCE r，rw 将前面读取与后面读取和写入排序使用 pred = 0010 和 succ = 0011 进行编码。如果省略了参数，则表示 FENCE iorw，iorw，即对所有访问和存储请求进行排序
(42)		FENCE.I	使对内存指令区域的读/写对后续取指令可见
(43)	特殊指令	ECALL	通过引发环境调用异常来请求执行环境
(44)		EBREAK	通过抛出断点异常的方式来请求调试器

2.4 汇编语言的基本语法

能够在 MCU 内直接执行的指令序列是机器语言，使用助记符号来表示机器指令便于记忆，这就形成了汇编语言。因此，用汇编语言写成的程序不能直接放入 MCU 的程序存储器中去执行，而必须先转换为机器语言。把用汇编语言写成的源程序“翻译”成机器语言的工具叫作汇编程序或编译器(assembler)，以下统称为汇编器。

本书给出的所有样例程序均在苏州大学的 AHL-GEC-IDE 开发环境下实现，兼容沁恒的 MounRiver Studio 开发环境。在编写汇编程序时，推荐使用 GNU V4.9.3 汇编器，汇编语言格式满足 GNU 汇编语法，下面简称为 GNU 汇编。为了有助于解释所涉及的汇编指令，下面将介绍一些汇编语法的基本内容①。

2.4.1 汇编语言的格式

汇编语言源程序可以用通用的文本编辑软件编辑，以 ASCII 码形式保存。具体的编译器对汇编语言源程序的格式有一定的要求；同时，编译器除了识别 MCU 的指令系统之外，为了能够正确产生目标代码以及方便汇编语言的编写，编译器还提供了一些在汇编时使用的命令和操作符号，在编写汇编程序时，必须正确使用它们。由于编译器提供的指令仅是为了更好地

① 参见《GNU 汇编语法》一书。

做好“翻译”工作，而并不产生具体的机器指令，因此这些指令被称为伪指令（pseudo instruction）。例如，伪指令会告诉编译器从哪里开始编译，到哪里结束，编译后的程序如何放置等相关信息。当然，这些相关信息必须包含在汇编源程序中，否则编译器难以编译好源程序，难以生成正确的目标代码。

汇编语言源程序以行为单位进行设计，每行最多可以包含以下 4 部分：

标号： 操作码 操作数 注释

1. 标号（labels）

对于标号有下列要求及说明：

① 如果一个语句有标号，则标号必须书写在汇编语句的开头部分。

② 常见的标号分为文本标号和数字标号。

③ 文本标号在一个程序文件中是全局可见的，因此只能定义一次。

④ 文本标号通常被作为分支或跳转指令的目标地址。

⑤ 数字标号为用 0～9 之间的数字表示的标号，数字标号属于一种局部标号，需要时可以被重新定义。在被引用时，数字标号通常需要带上一个字母“f”或者“b”的后缀，“f”表示向前，“b”表示向后。

⑥ 编译器对标号中字母的大小写敏感，但指令不区分大小写。

⑦ 标号长度基本不受限制，但实际使用时通常不超过 20 个字符。如果希望更多的编译器能够识别，则建议标号（或变量名）的长度小于 8 个字符。

⑧ 标号后必须带冒号“：”。

⑨ 一行语句只能有一个标号，编译器把当前程序计数器的值赋给该标号。

2. 操作码（opcodes）

操作码包括指令码、伪指令和用户自定义宏，其中伪指令指能够被 RISC－V 的编译器识别的伪指令。一般在 GNU 汇编语法中定义的伪指令均可在 RISC－V 汇编语言中使用。对于有标号的行，必须用至少一个空格或制表符（TAB）将标号与操作码隔开。对于没有标号的行，不能从第 1 列开始写指令码，而应以空格或制表符开头。编译器不区分操作码中字母的大小写。

3. 操作数（perands）

操作数可以是地址、标号或指令码定义的常数，也可以是由伪运算符构成的表达式。如果一条指令或伪指令有操作数，则操作数与操作码之间必须用空格隔开书写。操作数多于一个的，操作数之间用逗号“，”分隔。操作数也可以是青稞 V4F 内部寄存器，或者另一条指令的特定参数。操作数中一般都有一个存放结果的寄存器，该寄存器位于操作数的最前面。

(1) 常数标识

编译器识别的常数有十进制（默认不需要前缀标识）、十六进制（用 0x 前缀标识）、二进制（用 0b 前缀标识）。

(2) 圆点“.”

如果圆点“.”单独出现在语句操作码之后的操作数位置上，则代表当前程序计数器的值被放置在圆点的位置。例如，b. 指令代表转向本身，相当于永久循环。在调试时希望程序停留在某个地方时可以添加这种语句，调试之后应删除。

4. 注释(comments)

注释是说明文字，建议汇编语言的注释以“/ * ”开始，以“ * /”结束。这种注释可以包含多行，也可以独占一行。

2.4.2 常用伪指令简介

不同集成开发环境下的伪指令稍有不同，**伪指令的书写格式与所使用的开发环境有关，参照具体的工程样例，可以“照葫芦画瓢”。**

伪指令主要应用于常量和宏的定义、条件判断、文件包含等。

1. 系统预定义的段

C 语言程序经过 GCC 编译器最终生成.elf 格式的可执行程序。.elf 可执行程序是以段为单位来组织文件的。通常划分为如下 3 个段：.text、.data 和.bss，其中，.text 是只读的代码区；.data 是可读、可写的数据区，.bss 是可读、可写且没有初始化的数据区。.text 段的开始地址为 0x0，接着分别是.data 段和.bss 段。

```
.text      /* 表明以下代码在.text 段中 */
.data      /* 表明以下代码在.data 段中 */
.bss       /* 表明以下代码在.bss 段中 */
```

2. 常量的定义

汇编代码常用的功能之一是常量的定义。使用常量定义能够提高程序代码的可读性，并使代码维护更加简单。常量的定义可以使用.equ 汇编指令，下面是 GNU 编译器的一个常量定义的例子：

```
.equ  NVIC_ICER,  0xE000E180
……
LI  t0,NVIC_ICER  /* 将 0xE000E180 放到 t0 中 */
```

3. 程序中插入常量

对于大多数汇编工具来说，一个典型的特性是可以在程序中插入数据。GNU 编译器的语法如下：

```
    LA   t3,NUMBER          /* 得到 NUMBER 的存储地址 */
    LW   t4,(t3)            /* 将 0x12345678 读到 t4 */
    ……
    LA   t0,HELLO_TEXT      /* 得到 HELLO_TEXT 的起始地址 */
    CALL  PrintText         /* 调用 PrintText 函数显示字符串 */
    ……
    .align 4
NUMBER:
    .word  0x12345678
HELLO_TEXT:
    .string  "hello\n"      /* 以'\0'结束的字符 */
PrintText:
```

为了在程序中插入不同类型的常量，GNU 汇编器中包含许多不同的伪指令，表 2-17 中列出了常用的例子。

表 2-17 用于程序中插入不同类型常量的常用伪指令

插入数据的类型	GNU 编译器
字	.word(如.word 0x12345678)
半字	.half(如.half 0x1234)
字节	.byte(如.byte 0x12)
字符串	.string(如.string "hello\n"，只是生成的字符串以'\0'结尾)

4. 条件伪指令

.if 条件伪指令后面紧跟一个恒定的表达式(即该表达式的值为真)，并且最后要以.endif 结尾。中间如果有其他条件，可以用.else 填写汇编语句。

.ifdef 标号表示如果标号被定义，则执行下面的代码。

5. 文件包含伪指令

```
.include  "filename"
```

.include 伪指令用于指示汇编器该汇编程序的逻辑文件名。利用它可以把另一个源文件插入当前的源文件中一起汇编，成为一个完整的源程序。filename 是一个文件名，可以包含文件的绝对路径或相对路径，但是由于建议同一个工程的相关文件放到同一个文件夹中，因此更多的时候是使用相对路径。具体例子参见本书第 4 章的第 1 个汇编实例程序"GPIO-asm"(见 4.5.1 小节)。

6. 其他常用伪指令

除了上述伪指令外，GNU 编译器还有其他的常用伪指令。

(1).section 伪指令

用户可以通过.section 伪指令来自定义一个段。例如：

```
.section  .isr_vector,"a"    /* 定义一个.isr_vector 段,"a"表示允许段 */
```

(2).global 伪指令

.global 伪指令用来定义一个全局符号。例如：

```
.global  symbol      /* 定义一个全局符号 symbol */
```

(3).extern 伪指令

.extern 伪指令的语法为：.extern　symbol，即声明 symbol 为外部函数，调用时可以遍访所有文件找到该函数并使用它。例如：

```
.extern  main     /* 声明 main 为外部函数 */
jal  main         /* 进入 main 函数 */
```

(4).align 伪指令

.align 伪指令通过添加填充字节使当前位置满足一定的对齐方式。语法结构为.align [exp[，fill]]，其中，exp 为 0～16 的数字，表示下一条指令对齐至 2^{exp} 位置，若未指定，则将当前位置对齐到下一个字的位置；fill 给出为了对齐而填充的字节值，可以省略，默认为 0x00。例如：

```
.align  3   /* 把当前位置计数器的值增加到 2^3 的倍数。如果已是 2^3 的倍数,则不做改变 */
```

(5).end 伪指令

.end 伪指令声明汇编文件的结束。

此外，还有有限循环伪指令，以及宏定义和宏调用伪指令等，参见《GNU 汇编语法》一书。

本 章 小 结

本章简要概述了 RISC－V4F 的内部结构、功能特点及汇编指令，有助于读者更深层次地理解和学习 RISC－V4F 的软硬件设计。

1. 关于 RISC－V4F 微处理器的内部结构

了解 RISC－V4F 的特点、内核结构、内部寄存器、寻址方式及指令系统，可以为进一步学习和应用 RISC－V4F 提供基础。重点掌握 CPU 的内部寄存器。

2. 关于 RISC－V4F 的指令系统

学习和记忆基本指令对理解处理器的特性十分有益。本章 2.2 节和 2.3 节给出的基本指令简表可以方便读者记忆基本指令保留字。

另外,读者也需要了解汇编指令对应的机器指令和机器码的存储方式,这对理解程序运行的细节十分有益。

3. 关于汇编程序及其结构

虽然本书使用 C 语言阐述 MCU 的嵌入式开发,但理解 1~2 个结构完整、组织清晰的汇编程序对于嵌入式学习有很大帮助,初学者应下功夫理解 1~2 个汇编程序。实际上,一些特殊功能的操作必须使用汇编程序完成,如初始化、中断、休眠等功能都需用到汇编代码。本章 2.4 节给出了 RISC-V4F 汇编语言的基本语法。

习　　题

1. RISC-V 有哪些基本寄存器?简要阐述各寄存器的作用。
2. 说明对 CPU 内部寄存器的操作与对 RAM 中全局变量的操作有何异同点。
3. RISC-V 指令系统的寻址方式有几种?简要叙述各自的特点,并举例说明。
4. 举例说明如何在.lst 和.hex 文件中找到一个指令机器码。
5. 简要阐述小端存储方式。
6. 举例说明运算指令与伪运算符的本质区别。

第3章　存储器映像、中断源与硬件最小系统

本章导读：本章首先概述以青稞V4F为核心的CH32V307系列MCU，随后给出该MCU的存储器映像、中断源与硬件最小系统，并由此构建一种通用嵌入式计算机GEC（型号为AHL-CH32V307）作为本书硬件实践平台。MCU的外围电路简单清晰，它以MCU为核心，辅以电源电路、晶振电路、复位电路等最基本的电子线路，构成了MCU硬件最小系统，使得MCU的内部程序可以运行起来。

3.1　CH32V307系列MCU概述

本节简要概述了CH32V307系列的MCU命名规则、存储映像以及中断源，其中MCU命名规则有助于使用者获得芯片信息；CH32V307存储映像把青稞V4F内核之外的模块，用类似存储器编址的方式，统一分配地址，关于存储空间的使用，主要记住片内Flash区和片内RAM区存储映像；中断源主要包括CH32V307中断源的定义及中断源的分类。

3.1.1　CH32V307系列MCU命名规则

CH32V307系列MCU是南京沁恒（WCH）公司于2021年开始陆续推出的基于RISC-V架构的青稞V4F内核处理器的超低功耗微控制器，工作频率达144 MHz，内部硬件模块主要包括GPIO、UART、Flash、RAM、SysTick、Timer、PWM、RTC、WDG、12位A/D、SPI、I2C与TKEY、CAN、USB、OPA、RNG、SDIO、FSMC、DVP、ETH等。该系列包含不同的产品线，如CH32Vx03为通用型系列，CH32V307为互联型系列，可以满足不同应用的选型需要。

认识一个MCU，从了解型号含义开始，一般来说，主要包括**芯片家族、产品类型、具体特性、引脚数目、Flash大小、封装类型以及温度范围**等。

CH32系列芯片的命名格式为CH32 X AAA Y B T C，各字段说明如表3-1所列，本书所使用的芯片型号为CH32V307VCT6。

对照命名格式，可以从型号获得以下信息：属于32位的MCU，超低功耗型，高性能微控制器，引脚数为100，Flash大小为480 KB[①]，封装形式为100引脚LQFP封装；工作范围为−40～+85 ℃。

---

① 该芯片Flash存储器的大小实际为480 KB，默认配置为256 KB被复制到RAM中，以便支持更高频率（即144 MHz）下运行，初学者按照480 KB看待即可，本书芯片初始化运行频率为72 MHz。

表 3-1 CH32 系列芯片命令字段说明

字 段	说 明	取 值
CH32	芯片家族	CH32 表示 32 位 MCU
X	产品类型	F 表示增强型 Cortex-M3；V 表示增强型 RISC-V
AAA	具体特性	取决于产品系列 3xx：主流增强型 MCU；
Y	引脚数目	C 表示 48；R 表示 64；V 表示 100
B	Flash 大小	6 表示 32 KB；8 表示 64 KB；C 表示 256 KB
T	封装类型	T 表示 LQFP 封装；H 表示 BGA；I 表示 UFBGA；U 表示 QFN
C	温度范围	6/A 表示 −40～+85 ℃；7/B 表示 −40～+105 ℃；3/C 表示 −40～+125 ℃；D 表示 −40～+150 ℃

3.1.2 CH32V307 存储器映像

青稞 V4F 处理器直接寻址空间为 4 GB，地址范围是 0x0000_0000～0xFFFF_FFFF。**所谓存储器映像是指，把这 4 GB 空间当作存储器来看待，分成若干区间，都可安排一些实际的物理资源。**哪些地址服务于什么资源是 MCU 生产厂家规定好的，用户一般只能使用而不能改变其性质。

CH32V307 将内核之外的模块进行统一分配编址。在 4 GB 的存储器映射空间内，片内 Flash、静态存储器 SRAM、系统配置寄存器以及其他外设，均有独立的地址，以便内核进行访问。表 3-2 给出了本书使用的 CH32V307 系列存储器映像的主要常用部分内容。

表 3-2 CH32V307 存储器映像表

32 位地址范围	对应内容	说 明
0x0000_0000～0x0800_0000	Flash 或系统存储器的映射	取决于 BOOT 配置
0x0800_0000～0x0807_7FFF	Flash 存储器	480 KB
⋮		
0x2000_0000～0x2005_0000	SRAM	本书默认使用 0x2000_0000～0x2001_0000，64 KB①
0x2001_0000～0x3FFF_FFFF	保留	
0x4000_0000～0x5005_4000	系统总线和外围总线	GPIO(0x4001_0800～0x4001_1C00)
⋮		

关于存储空间的使用，主要应记住片内 Flash 区和片内 SRAM 区的大小及映像地址范围。因为中断向量、程序代码、常数放在片内 Flash 中，在源程序编译后的链接阶段需要使用的链接文件中，需要含有目标芯片 Flash 的地址范围以及用途等信息，才能顺利生成机器码。在产生的链接文件中还需要包含 RAM 的地址范围及用途等信息，以便生成机器码来准确定

① 0x2000_0000～0x2005_0000 共 320 KB SRAM 空间，可以分为快速 CODE 区和实际 RAM 区。可使用四种配置之一：(192,128)、(224,96)、(256,64)、(288,32)，单位为 KB。本书默认使用(256,64)配置。在 CH32V307 芯片中，为了解决运行 Flash 中程序比放在 SRAM 中运行慢的问题，芯片会自动将 Flash 前部的代码复制到 SRAM 后部，转到 SRAM 中运行，速度提高 1 倍左右。因此，SRAM 中的这部分空间不能作为 RAM 使用，称为快速 CODE 区。例如，当 SRAM 配置成(192,128)时，Flash 中的前 192 KB 被复制到 SRAM 区运行；若程序大小超过 192 KB，则剩余部分仍在 Flash 中运行。

位全局变量、静态变量的地址及堆栈指针。

1. 片内 Flash 区存储器映像空间

CH32V307 片内 Flash 大小为 480 KB，用于存储中断向量、程序代码、常数等，地址范围是 0x0800_0000-0x0807_7FFF，可分为 1 920 个扇区（页），每扇区的大小为 256 字节。

2. 片内 RAM 区存储器映像空间

CH32V307 片内 RAM 为静态随机存储 SRAM，用于存储全局变量、静态变量、临时变量（堆栈空间）等。地址范围为 0x2000_0000-0x2001_0000，即 64 KB①，支持字节、半字（2 字节）、全字（4 字节）访问。该芯片的堆栈空间的使用方向是以相对方向进行的，因此将堆栈的栈顶设置成 SRAM 地址的最大值。这样栈的生长方向是从 SRAM 的高地址向低地址，堆的生长方向为 SRAM 的低地址向高地址。这样就可以减少重叠错误。

3. 系统启动区存储器映像空间

CH32V307 芯片 Flash 中有 28 KB 的引导区（Boot Loader），内有厂家预置的引导程序。用户可以根据 BOOT0、BOOT1 引脚的配置，设置程序复位后的启动模式。BOOT0 引脚为独立的引脚，BOOT1 引脚为 PTB2，用于选择系统启动模式，启动模式引脚硬件连接如表 3-3 所列。

表 3-3　启动模式的硬件连接

BOOT0	BOOT1	启动模式	用　途
0	x	从程序 Flash 中启动	一般用户程序
1	0	从系统存储器启动	厂家 BOOT 程序升级
1	1	从内部 SRAM 启动	调试模式可以使用

启动模式不同，程序闪存存储器、系统存储器和内部 SRAM 有着不同的访问方式：

CH32V307 芯片从程序闪存存储器启动时，程序闪存存储器地址被映射到 0x00000000 地址区域，同时也能够在原地址区域 0x08000000 访问。从系统存储器启动时，系统存储器地址被映射到 0x00000000 地址区域，同时也能够在原地址区域 0x1FFFF000 访问。从内部 SRAM 启动，只能够从 0x20000000 地址区域访问。

4. 其他存储器映像空间

其他存储映像，如外设区存储映像（GPIO 等）、系统保留段存储映像等，只需了解即可，实际使用时，由芯片头文件给出宏定义。

3.1.3　CH32V307 中断源

中断是计算机发展中的一项重要技术，它的出现很大程度上解放了处理器，提高了处理器

① 必要时可配置为 128 KB，配置方法参考芯片应用手册，本书作为基础教学，不涉及该问题。

的执行效率。所谓中断，是指 MCU 正常运行程序时，由于 MCU 内核异常或者 MCU 各模块发出请求事件，引起 MCU 停止正在运行的程序，而转去处理异常或执行处理外部事件的程序（又称中断服务例程）。

这些引起 MCU 中断的事件称为中断源，一个 MCU 具有哪些中断源是在芯片设计阶段确定的。CH32V307 的中断源分为两类，一类是内核中断，另一类是非内核中断，如表 3-4 所列，这种表供中断编程时备查。内核中断主要是异常中断，也就是说，当出现错误的时候，这些中断会复位芯片或是做出其他处理。非内核中断是指 MCU 各个模块引起的中断，MCU 执行完中断服务例程后，又回到刚才正在执行的程序，从停止的位置继续执行后续的指令。非内核中断又称可屏蔽中断，可以通过编程控制开启或关闭该类中断。表 3-4 给出了 CH32V307VCT6 中断源，包含中断请求号（Interrupt Request，IRQ）、优先级、中断源及描述等信息。IRQ 号是从 0 开始编号的，包含内核中断和非内核中断，与样例工程的中断向量表中的排列一一对应。

表 3-4　CH32V307VCT6 中断源

中断类型	IRQ 号	优先级	中断源	描　述
内核中断	0～1		保留	
	2	−5	NMI	不可屏蔽中断
	3	−4	HardFault	异常中断
	4		保留	
	5	−3	Ecall-M	机器模式回调中断
	6～7		保留	
	8	−2	Ecall-U	用户模式回调中断
	9	−1	BreadPoint	断点回调中断
	10～11		保留	
	12	0	SysTick	系统定时器中断
	13		保留	
	14	1	SW	软件中断
	15		保留	
外部中断	16	2	WWDG	窗口定时器中断
	17	3	PVD	电源电压检测中断（EXTI）
	18	4	TAMPER	侵入检测中断
	19	5	RTC	实时时钟中断
	20	6	Flash	闪存全局中断
	21	7	RCC	复位和时钟控制中断
	22～26	8～12	EXTI0～EXTI4	EXTI 线 0～4 中断
	27～33	13～19	DMA1_CH1～7	DMA1 通道 1～7 全局中断
	34	20	ADC1_2	ADC1 和 ADC2 全局中断
	35	21	USB_HP 或 CAN1_TX	USB_HP 或 CAN1_TX 全局中断
	36	22	USB_LP 或 CAN1_RX0	USB_LP 或 CAN1_RX0 全局中断

续表 3-4

中断类型	IRQ 号	优先级	中断源	描　述
	37	23	CAN1_RX1	CAN1_RX1 全局中断
	38	24	CAN1_SCE	CAN1_SCE 全局中断
	39	25	EXTI9_5	EXTI 线[9:5]中断
	40	26	TIM1_BRK	TIM1 刹车中断
	41	27	TIM1_UP	TIM1 更新中断
	42	28	TIM1_TRG_COM	TIM1 触发和通信中断
	43	29	TIM1_CC	TIM1 捕获比较中断
	44～46	30～32	TIM2～4	TIM2～4 全局中断
	47	33	I2C1_EV	I2C1 事件中断
	48	34	I2C1_ER	I2C1 错误中断
	49	35	I2C2_EV	I2C2 事件中断
	50	36	I2C2_ER	I2C2 错误中断
	51～52	37～38	SPI1～2	SPI1～2 全局中断
	53～55	39～41	USART1～3	USART1～3 全局中断
	56	42	EXTI15_10	EXTI 线[15:10]中断
	57	43	RTCAlarm	RTC 闹钟中断(EXTI)
	58	44	USBWakeUp	USB 唤醒中断(EXTI)
	59	45	TIM8_BRK	TIM8 刹车中断
	60	46	TIM8_UP	TIM8 更新中断
	61	47	TIM8_TRG_COM	TIM8 触发和通信中断
	62	48	TIM8_CC	TIM8 捕获比较中断
	63	49	RNG	RNG 全局中断
	64	50	FSMC	FSMC 全局中断
	65	51	SDIO	SDIO 全局中断
	66	52	TIM5	TIM5 全局中断
	67	53	SPI3	SPI3 全局中断
	68～69	54～55	UART4～5	UART4～5 全局中断
	70～71	56～57	TIM6～7	TIM6～7 全局中断
	72～76	58～62	DMA2_CH1～5	DMA2 通道 15～全局中断
	77	63	ETH	ETH 全局中断
	78	64	ETH_WKUP	ETH 唤醒中断
	79	65	CAN2_T	CAN2_TX 全局中断
	80	66	CAN2_RX0	CAN2_RX0 全局中断
	81	67	CAN2_RX1	CAN2_RX1 全局中断
	82	68	CAN2_SCE	CAN2_SCE 全局中断
	83	69	OTG_FS	全速 OTG 中断

续表 3-4

中断类型	IRQ 号	优先级	中断源	描　述
	84	70	USBHSWakeUp	高速 USB 唤醒中断
	85	71	USBHS	高速 USB 全局中断
	86	72	DVP	DVP 全局中断
	87～89	73～75	UART6～8	UART7～8 全局中断
	90	76	TIM9_BRK	TIM9 刹车中断
	91	77	TIM9_UP	TIM9 更新中断
	92	78	TIM9_TRG_COM	TIM9 触发和通信中断
	93	79	TIM9_CC	TIM9 捕获比较中断
	94	80	TIM10_BRK	TIM10 刹车中断
	95	81	TIM10_UP	TIM10 更新中断
	96	82	TIM10_TRG_COM	TIM10 触发和通信中断
	97	83	TIM10_CC	TIM10 捕获比较中断
	98～103	84～89	DMA2_CH6～11	DMA2 通道 6～11 全局中断

3.2 CH32V307 的引脚图与硬件最小系统

要使一个 MCU 芯片可以运行程序，必须为它做好服务工作，也就是找出哪些引脚需要我们提供服务，如电源与地、晶振、程序写入引脚、复位引脚等。

3.2.1 CH32V307 的引脚图

本书以 100 引脚 LQFP 封装的 CH32V307VCT6 芯片为例阐述青稞 V4F 架构的 MCU 的编程和应用。图 3-1 给出的是 100 引脚 LQFP 封装的 CH32V307VCT6 的引脚图，芯片的引脚功能参阅电子资源"..\Information"文件夹中的数据手册第 3 章。

可以将芯片引脚分为两大部分，一部分是需要用户为它服务的引脚，另一部分是它为用户服务的引脚。

1. 硬件最小系统引脚

硬件最小系统引脚是指需要为芯片提供服务的引脚，包括电源类引脚、复位引脚、晶振引脚等，表 3-5 中给出了 CH32V307VCT6 的硬件最小系统引脚。CH32V307VCT6 芯片电源类引脚在 LQFP 封装中有 13 个，芯片使用多组电源引脚为内部电压调节器、I/O 引脚驱动、A/D 转换电路等电路供电，内部电压调节器为内核和振荡器等供电。为了提供稳定的电源，MCU 内部包含多组电源电路，同时给出多处电源引脚，便于外接滤波电容。为了电源平衡，MCU 提供了内部有共同接地点的多处电源引脚，供电路设计使用。

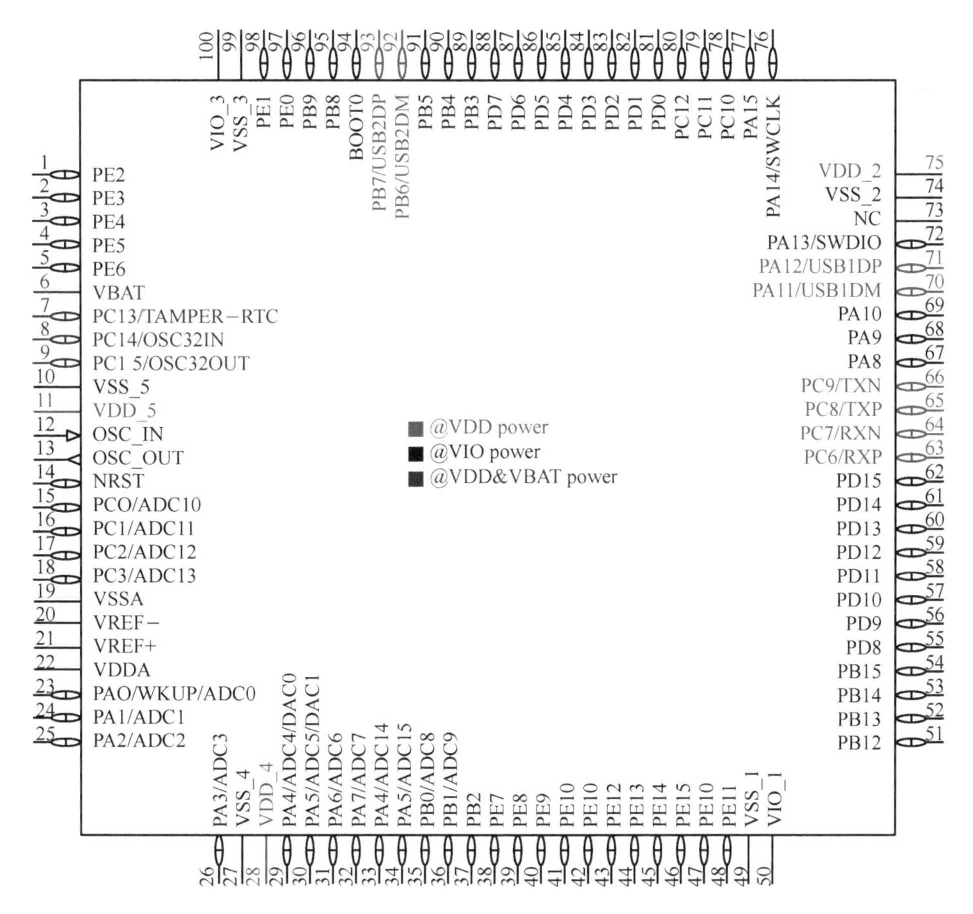

图 3－1　100 引脚 LQFP 封装 CH32V307VCT6

表 3－5　CH32V307VCT6 硬件最小系统引脚表

分　类	引脚名	引脚号	功能描述
电源输入	VDD	11，28，75，92，93	电源，典型值：3.3 V
	VSS	10，27，49，74，99	地，典型值：0 V
	VSSA	19	A/D 模块的电源接地，典型值：0 V
	VDDA	22	A/D 模块的输入电源，典型值：3.3 V
	VBAT	6	内部 RTC 备用电源引脚
复位	NRST	14	双向引脚，有内部上拉电阻。作为输入，拉低可使芯片复位
晶振	PC14、PC15	8、9	低速无源晶振输入、输出引脚
	OSC_IN、OSC_OUT	12、13	外部高速无源晶振输入、输出引脚
SWD	SWD_DIO/PTA13	72	SWD 数据信号线
	SWD_CLK/PTA14	76	SWD，时钟信号线

续表 3－5

分　类	引脚名	引脚号	功能描述
启动方式	BOOT0	94	程序启动方式控制引脚，BOOT0＝0，从内部 Flash 中启动程序（本书使用）
	BOOT1/PTB2	37	程序启动方式控制引脚，BOOT0＝1，BOOT1＝0，从系统存储器启动
引脚个数统计			硬件最小系统引脚为 22 个

2. 对外提供服务引脚

除了需要为芯片服务的引脚（硬件最小系统引脚）之外，芯片的其他引脚是对外提供服务的，也可称之为 I/O 端口资源类引脚，见表 3－6，这些引脚一般具有多种复用功能。

表 3－6　CH32V307VCT6 对外提供 I/O 端口资源类引脚表

端口号	引脚数	引脚名	硬件最小系统复用引脚
A	16	PTA[0:15]	PTA13、PTA14
B	16	PTB[0:15]	
C	16	PTC[0:15]	PC14、PC15
D	16	PTD[0:15]	PTB2
E	16	PTE[0:15]	
合计	80		
说明	本书中所涉及的 GPIO 端口如 PTA 引脚与图 3－1 中的 PA 引脚同义，均可作为 Port A 的缩写		

CH32V307VCT6（100 引脚 LQFP 封装）具有 80 个 I/O 引脚（包含 2 个 SDI 的引脚、2 个外部低速晶振引脚、程序启动方式控制引脚 BOOT0），这些引脚均具有多个功能，在复位后，会立即被配置为高阻状态，且为通用输入引脚，有内部上拉功能。

【思考一下】把 MCU 的引脚分为硬件最小系统引脚与对外提供服务引脚对嵌入式系统的硬件设计有何益处？

3.2.2　CH32V307 硬件最小系统原理图

MCU 的硬件最小系统是指包括电源、晶振、复位、写入调试器接口等可使内部程序得以运行的、规范的、可复用的核心构件系统，它是设计人员要为芯片提供的硬件方面的最基本的服务。使用一个芯片，必须完全理解其硬件最小系统。当 MCU 工作不正常时，在硬件层面，应该检查硬件最小系统中可能出错的元件。芯片要能工作，必须有电源与工作时钟；至于复位电路，则提供不掉电情况下 MCU 重新启动的手段。CH32V307VCT6 芯片的硬件最小系统包括电源电路、复位电路、晶振电路等。图 3－2 给出了 CH32V307VCT6 硬件最小系统原理图，读者需深刻理解该原理图的基本内涵。

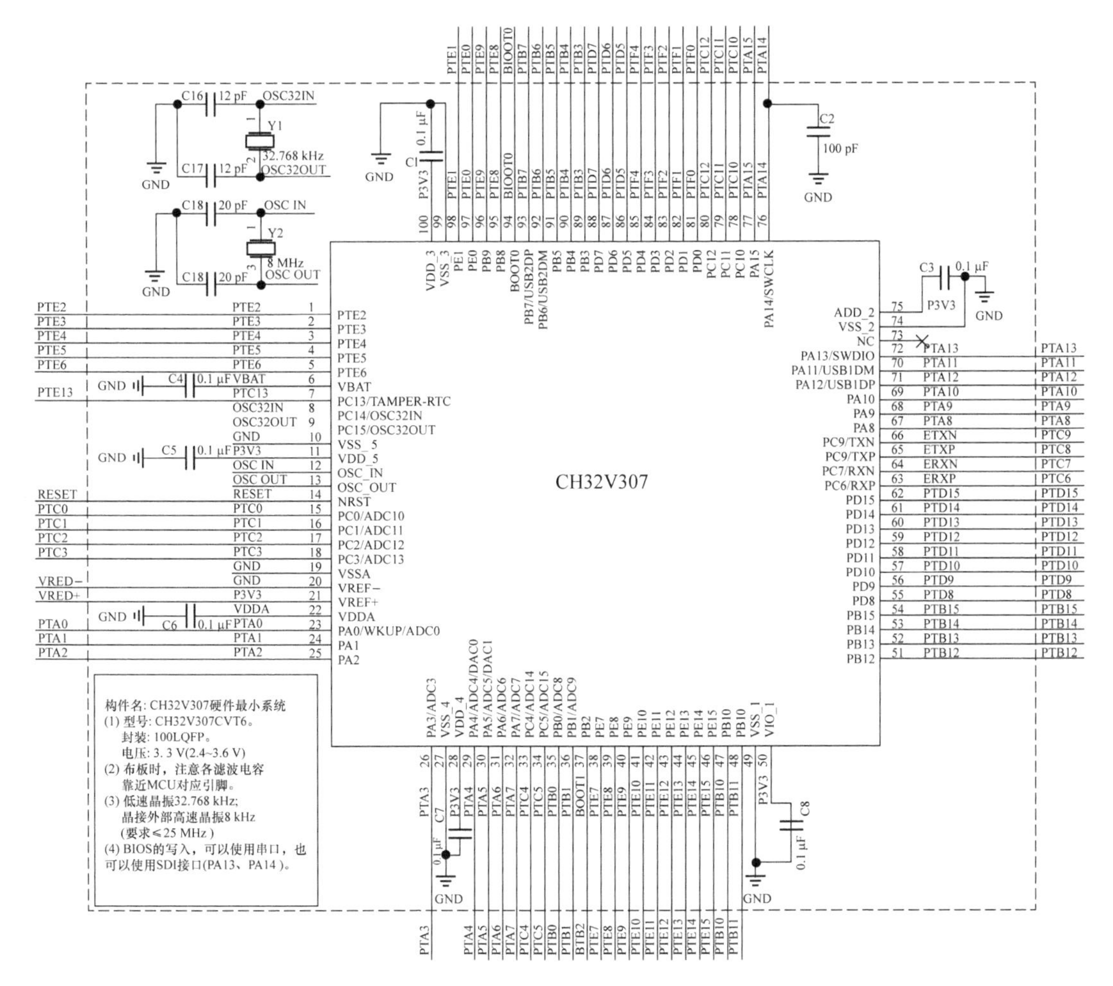

图 3－2　CH32V307VCT6 硬件最小系统原理图

1. 电源及其滤波电路

MCU 的电源类引脚较多，用来提供足够的电流容量，一些模块也有单独电源与地的引出脚。为了保持芯片电流平衡，电源分布于各边。为了保持进入 MCU 内部的电源稳定，所有电源引脚必须外接适当的滤波电容，以抑制电源波动。至于为何需要外接电容，是由于集成电路制造技术无法在集成电路内部通过光刻的方法制造这些电容。电源滤波电路可改善系统的电磁兼容性，减小电源波动对系统的影响，增强电路工作的稳定性。

需要强调的是，虽然硬件最小系统原理图(见图 3－2)中的许多滤波电容被画在了一起，但实际布板时，需要各自接到靠近芯片的电源与地之间，才能收到滤波的效果。

【思考一下】实际布板时，电源与地之间的滤波电容为什么要靠近芯片引脚？简要说明电容容量的大小与滤波频率的关系。

2. 复位引脚

复位，意味着 MCU 一切重新开始，其引脚为 RESET。若复位引脚有效(低电平)，则会引起 MCU 复位。一般芯片的复位引脚内部含有上拉电阻，若外部悬空，则上电的一瞬间，引脚为低电平，随后为高电平，这就是上电复位了。若外接一个按钮一端，按钮的另一端接地，则这个按钮就称为复位按钮。可以从不同角度对复位进行基本分类。

① **外部复位和内部复位。**从引起 MCU 复位的内部与外部因素来区分，复位可分为外部复位和内部复位两种。外部复位有上电复位、按下复位按钮复位。内部复位有看门狗定时器复位、低电压复位、软件复位等。

② **冷复位和热复位。**从复位时芯片是否处于上电状态来区分，复位可分为冷复位和热复位。芯片从无电状态到上电状态的复位属于冷复位，芯片处于带电状态时的复位叫热复位。冷复位后，MCU 内部 RAM 的内容是随机的。而热复位后，MCU 内部 RAM 的内容会保持复位前的内容，即热复位并不会引起 RAM 中内容的丢失。

③ **异步复位与同步复位。**从 CPU 响应快慢来区分，复位还可分为异步复位与同步复位。异步复位源的复位请求一般表示一种紧要的事件，因此复位控制逻辑会立即有效，不会等到当前总线周期结束后再复位。异步复位源有上电、低电压复位等。同步复位的处理方法与异步复位不同：当一个同步复位源给出复位请求时，复位控制器并不使之立即起作用，而是等到当前总线周期结束之后，这是为了保护数据的完整性。在该总线周期结束后的下一个系统时钟的上升沿到来时，复位才有效。同步复位源有看门狗定时器、软件等。

【思考一下】实际编程时，有哪些方式可以判定热复位与冷复位？

3. 晶振电路

计算机的工作需要一个时间基准，这个时间基准由晶振电路提供。CH32V307VCT6 芯片可使用内部晶振和外部晶振两种方式为 MCU 提供工作时钟。

CH32V307VCT6 系列芯片含有内部高速时钟源，可以通过编程产生最高 144 MHz 时钟频率，供系统总线及各个内部模块使用。使用内部时钟源可略去外部晶振电路。

若时钟源需要更高的精度，可自行选用外部晶振。例如，图 3-2 给出外接 8 MHz 无源晶振的晶振电路接法，晶振连接在芯片晶振输入引脚(3 脚)与晶振输出引脚(4 脚)之间，所选晶体负载电容以晶体厂商建议为准。实际上，两个电容应有一定偏差，否则晶振不会起振，而电容制造过程总会有一个微小的偏差，满足起振条件。若使用内部时钟源，这个外接晶振电路就可以不焊接。

芯片启动时，需要运行芯片时钟初始化程序，随后才能正常工作。这个程序比较复杂，放在第 12 章阐述。从第 4 章开始的所有程序，均有芯片工作时钟初始化过程，我们先用起来，然后再理解其编程细节。

【思考一下】通过查阅资料，了解一下晶振有哪些类型，简述其工作原理。

3.3 由 MCU 构建通用嵌入式计算机

嵌入式计算机一般来说是一个微型计算机，目前嵌入式系统开发模式大多数是从“零”做起，也就是硬件从 MCU(或 MPU)芯片做起，软件从自启动开始，加大了嵌入式系统的学习与开发难度,软硬件开发存在颗粒度低、可移植性弱等问题。MCU性能的不断提高及软件工程概念的普及,给解决这些问题提供了契机。若能像通用计算机那样,把做计算机与用计算机的工作相对分开,则可以提高软件的可移植性,降低嵌入式系统开发门槛,对人工智能、物联网、智能制造等嵌入式应用领域将会形成有力推动。

3.3.1 嵌入式终端开发方式存在的问题与解决办法

1. 嵌入式终端UE开发方式存在的问题

微控制器MCU是嵌入式终端UE(Ultimate-Equipment)的核心,承担着传感器采样、滤波处理、融合计算、通信、控制执行机构等功能。MCU生产厂家往往配备一本厚厚的参考手册,少则几百页,多则可达近千页。许多厂家也给出软件开发包(Software Development Kit,SDK)。但是,MCU的应用开发人员通常花费太多的精力在底层驱动上,终端UE的开发方式存在软硬件设计颗粒度低、可移植性弱等问题。

① **硬件设计颗粒度低。**以窄带物联网(Narrow Band Internet of Things,NB-IoT)终端为例说明硬件设计颗粒度问题。在通常NB-IoT终端UE的硬件设计中,首先选一款MCU,选一款通信模组,选一家eSIM卡,根据终端UE的功能,开始MCU最小系统设计、通信适配电路设计、eSIM卡接口设计及其他应用功能设计,这里有许多共性可以抽取。

② **寄存器级编程,软件编程颗粒度低,门槛较高。**MCU参考手册属于寄存器级编程指南,是终端工程师的基本参考资料。例如,要完成一个串行通信,需要涉及波特率寄存器、控制寄存器、状态寄存器、数据寄存器等,一般情况下,工程师针对所使用的芯片,封装其驱动。即使利用厂家给出的SDK,也需要一番周折。无论如何,这有一定技术门槛,需花费不少时间。此外,工程师面向个性产品制作,不具备社会属性,常常弱化可移植性。又比如,对NB-IoT通信模组,厂家提供的是AT指令,要想打通整个通信流程,需要下一番功夫。

③ **可移植性弱,更换芯片困难,影响产品升级。**一些终端厂家的某一产品使用一个MCU芯片多年,有的芯片甚至已经停产,且价格较贵,但由于早期开发可移植性较弱,更换芯片需要较多的研发投入,因此,即使新的芯片性价比高,也较难更换。对于NB-IoT通信模组,如何做到更换其型号而原来的软件不变,是值得深入分析思考的。

2. 解决终端开发方式颗粒度低与可移植性弱的基本方法

针对嵌入式终端UE开发方式存在颗粒度低、可移植性弱的问题,必须探讨如何提高硬件颗粒度、如何提高软件颗粒度、如何提高可移植性的问题,做到这三个“提高”,就可大幅度降低嵌入式系统应用开发的难度。

① **提高硬件设计的颗粒度。**若能将MCU及其硬件最小系统、通信模组及其适配电路、eSIM卡及其接口电路做成一个整体,则可提高UE的硬件开发颗粒度。硬件设计也应该从元件级过渡到硬件构件为主,辅以少量接口级、保护级元件,以提高硬件设计的颗粒度。

② **提高软件编程颗粒度。**针对大多数以MCU为核心的终端系统,可以通过**面向知识要素**设计底层驱动构件,把编程颗粒度从寄存器级提高到以知识要素为核心的构件级。下面以

GPIO 为例阐述这个问题。共性知识要素是:引脚复用成 GPIO 功能,初始化引脚方向;若定义成输出,则设置引脚电平;若定义成输入,则获得引脚电平等。寄存器级编程涉及引脚复用寄存器、数据方向寄存器、数据输出寄存器、引脚状态寄存器等。寄存器级编程因芯片不同,其地址、寄存器名称、功能而不同。可以面向共性知识要素编程,把寄存器级编程不同之处封装在内部,把编程颗粒度提高到知识要素级。

③ **提高软硬件可移植性。**特定厂家虽提供 SDK,也注意可移植性,但是由于厂家之间的竞争关系,其社会属性被弱化。因此,让芯片厂家工程师从共性知识要素角度封装底层硬件驱动,有些勉为其难。科学界必须从共性知识要素角度研究这个问题。把共性抽象出来,面向知识要素封装,把个性化的寄存器屏蔽在构件内部,这样才能使得应用层编程具有可移植性。在硬件方面,应遵循硬件构件的设计原则,提高硬件可移植性。

3.3.2 提出 GEC 概念的时机、GEC 的定义与特点

1. 提出 GEC 概念的时机

要能够做到提高编程颗粒度、提高可移植性,可以借鉴通用计算机(General Computer)的概念与做法,在一定条件下,做**通用嵌入式计算机**(General Embedded Computer,GEC),把基本输入/输出系统(Basic Input/Output System,BIOS)与用户程序分离开来,实现彻底的工作分工。GEC 虽然不能涵盖所有嵌入式开发,但可涵盖其中大部分。

GEC 概念的实质是把面向寄存器编程提高到面向知识要素编程,提高了编程颗粒度。但是,这样做也会降低实时性。弥补实时性降低的方法是提高芯片的运行时钟频率。目前 MCU 的总线频率是早期 MCU 总线频率的几十倍,甚至几百倍,因此,更高的总线频率给提高编程颗粒度提供了物理支撑。

另外,软件构件技术的发展与认识的普及,也为提出 GEC 概念提供了机遇。嵌入式软件开发人员越来越认识到**软件工程**对嵌入式软件开发的重要支撑作用,也意识到掌握和应用软件工程的基本原理对嵌入式软件的设计、升级、芯片迭代与维护等方面,具有不可或缺的作用。**因此,从“零”开始的编程,将逐步分化为构件制作与构件使用两个不同层次,也为嵌入式人工智能提供先导基础。**

2. GEC 的定义与特点

通用嵌入式计算机 GEC 定义。一个具有特定功能的通用嵌入式计算机(General Embedded Computer,GEC),体现在硬件与软件两个侧面。在硬件上,把 MCU 硬件最小系统及面向具体应用的共性电路封装成一个整体,为用户提供 SOC 级芯片的可重用的硬件实体,并按照硬件构件要求进行原理图绘制、文档撰写及硬件测试用例设计。在软件上,把嵌入式软件分为基本输入/输出系统程序与 User 程序两部分。BIOS 程序先于 User 程序固化于 MCU 内的非易失存储器(如 Flash)中,启动时,BIOS 程序先运行,随后转向 User 程序。BIOS 提供工作时钟及面向知识要素的底层驱动构件,并为 User 程序提供函数原型级调用接口。

与 MCU 对比,GEC 具有硬件直接可测性、用户软件的编程快捷性与用户软件的可移植

性三个基本特点。

① **GEC 硬件的直接可测性。** 与一般 MCU 不同，GEC 类似 PC 机，通电后可直接运行内部 BIOS 程序，BIOS 驱动保留使用的小灯引脚，高低电平切换（在 GEC 上，可直接观察到小灯闪烁）。可利用 AHL－GEC－IDE 开发环境，使用串口连接 GEC，直接将 User 程序写入 GEC，User 程序中包含类似于 PC 程序调试的 printf 语句，通过串口向 PC 机输出信息，实现 GEC 硬件的直接可测性。

② **GEC 用户软件的编程快捷性。** 与一般 MCU 不同，GEC 内部驻留的 BIOS 与 PC 机上电过程类似，完成系统总线时钟初始化；提供一个系统定时器，提供时间设置与获取函数接口；BIOS 内驻留了嵌入式常用驱动，如 GPIO、UART、ADC、Flash、I2C、SPI、PWM 等，并提供了函数原型级调用接口。利用 User 程序不同框架，用户软件不需要从“零”编起，而是在相应框架基础上，充分应用 BIOS 资源，实现快捷编程。

③ **GEC 用户软件的可移植性。** 与一般 MCU 软件不同，GEC 的 BIOS 软件由 GEC 提供者研发完成，随 GEC 芯片而提供给用户，即软件被硬件化了，具有通用性。BIOS 驻留了大部分面向知识要素的驱动，提供了函数原型级调用接口。在此基础上编程，只要遵循软件工程的基本原则，GEC 用户软件就具有较高的可移植性。

3.3.3　由 CH32V307VCT6 构成的 GEC

本书以 CH32V307VCT6 为核心构建一种通用嵌入式计算机，命名为 AHL－CH32V307，作为本书的主要实验平台，在此基础上可以构建各种类型的 GEC。

1. AHL－CH32V307 硬件系统基本组成

图 3－3 给出了 AHL－CH32V307 硬件图，内含 CH32V307VCT6 芯片及其硬件最小系统、三色灯、复位按钮、温度传感器、触摸区、两路 TTL-USB 串口，基本组成见表 3－7。

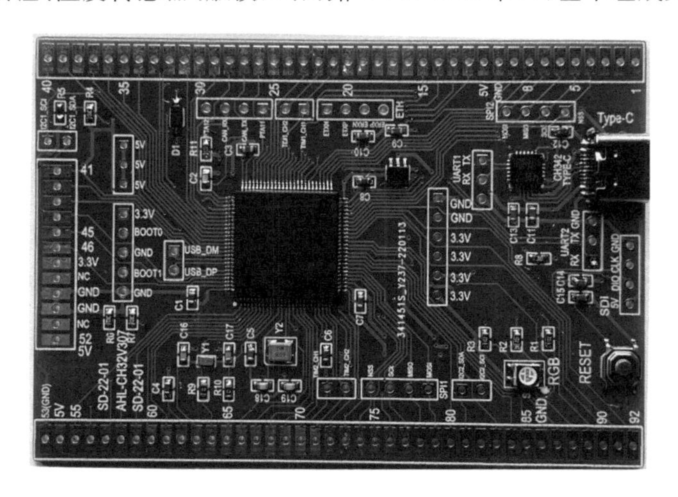

图 3－3　AHL－CH32V307 硬件图

下面对 AHL－CH32V307VCT6 中的三色灯、TTL－USB 串口等做一个简要说明。

表 3-7　AHL-CH32V307VCT6 的基本组成

序　号	部　件	功能说明
1	MCU	CH32V307VCT6 芯片
2	三色灯	红、绿、蓝
3	TTL-USB	两路 TTL 串口电平转 USB，与工具计算机通信，下载程序，用户串口
4	复位按钮	用户程序不能写入时，按此按钮 6 次以上，绿灯闪烁，可继续下载用户程序
5	温度传感器	测量环境温度
6	5V 转 3.3V 电路	实验时通过 Type-C 线接 PC 机，5 V 引入本板，在板上转为 3.3 V 给 MCU 供电
7	引脚编号	1～92，把 MCU 的基本引脚全部再次引出，供开发者使用

① LED 三色灯。红(R)、绿(G)、蓝(B)三色灯电路原理图如图 3-4 所示。三色灯的型号为 1SC3528VGB01MH08，内含红、绿、蓝三个发光二极管。图中，每个二极管的负极外接 1kΩ 限流电阻后接入 MCU 引脚，只要 MCU 内的程序控制相应引脚输出低电平，对应的发光二极管就亮起来了，达到软件控制硬件的目的。

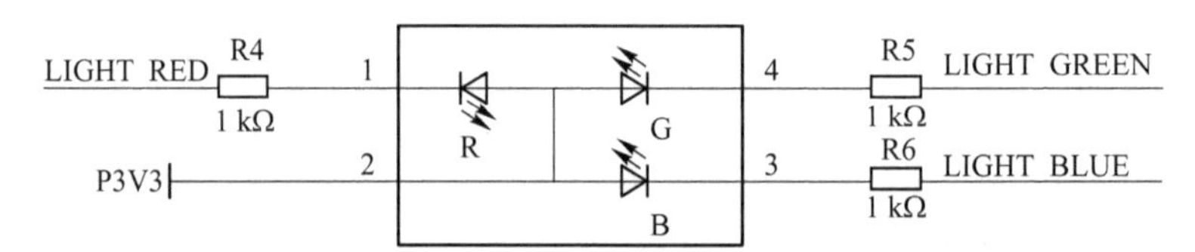

图 3-4　三色灯电路图

【思考一下】上网查一下三色灯 1SC3528VGB01MH08 的芯片手册，根据手册查看其内部发光二极管的额定电流是多少。为了延长三色灯的使用寿命，限流电阻应该适当增大，还是适当减小？限流电阻增大或减小带来的影响是什么？

② TTL-USB 串口。这个串口用于使用 Type-C 线将 GEC 与 PC 机的 USB 连接起来，实质是串行通信连接，PC 机使用 USB 接口模拟串口是为了方便，现在的 PC 机和笔记本电脑已经逐步没有串行通信接口，将在第 6 章对此进行阐述。这个 TTL-USB 串口提供了两路串口，一个用于下载用户与调试程序，另一个供用户使用，第 6 章阐述其编程方法。

③ 复位按钮。图 3-3 的右下部有个按钮，其作用是热复位。其特别功能是，在短时间内连续按 6 次以上，GEC 进入 BIOS 运行状态，可以进行用户程序下载，仅用于解决 GEC 与开发环境连接不上时的写入操作问题。

2. AHL-CH32V307 的对外引脚

基于 CH32V307VCT6 芯片制作通用嵌入式计算机 GEC 的硬件型号为 AHL-CH32V307、板载芯片硬件最小系统、三色灯、温度传感器等，引出了芯片的全部功能引脚，还增加了一些应用过程可能用到的接口，如表 3-8 所列。大部分是 MCU 的引脚直接引出，有的引脚功能已被固定下来，在进行具体应用的硬件系统设计时可查阅此表。

表 3-8　AHL-CH32V307 的引脚复用功能

编　号	特定功能	MCU 引脚名	复用功能
1		PTE13	FSMC_D10
2		PTE14	FSMC_D11/OPA2_OUT1
3		PTE15	FSMC_D12/OPA1_OUT1
4	SPI2_NSS	PTB12	SPI2_NSS/I2S2_WS/I2C2_SMBA/USART3_CK/TIM1_BKIN/OPA4_CH0P/CAN2_RX/ETH_MII_TXD0/ETH_RMII_TXD0
5	SPI2_SCK	PTB13	SPI2_SCK/I2S2_CK/USART3_CTS/TIM1_CH1N/OPA3_CH0P/CAN2_TX/ETH_MII_TXD1/ETH_RMII_TXD1
6	SPI2_MISO	PTB14	SPI2_MISO/TIM1_CH2N/USART3_RTS/OPA2_CH0P
7	SPI2_MOSI	PTB15	SPI2_MOSI/I2S2_SD/TIM1_CH3N/OPA1_CH0P
8		PTD10	FSMC_D15
9		PTD11	FSMC_A16
10	GND		
11	5 V		
12		PTD12	FSMC_A17
13		PTD13	FSMC_A18
14		PTD14	FSMC_D0
15		PTD15	FSMC_D1
16		RESET	
17	ETH_RXP	PTC6	I2S2_MCK/TIM8_CH1/SDIO_D6/ETH_RXP
18	ETH_RXN	PTC7	I2S3_MCK/TIM8_CH2/SDIO_D7/ETH_RXN
19	ETH_TXP	PTC8	TIM8_CH3/SDIO_D0/ETH_TXP/DVP_D2
20	ETH_TXN	PTC9	TIM8_CH4/SDIO_D1/ETH_TXN/DVP_D3
21	TIM1_CH1	PTA8	USART1_CK/TIM1_CH1/MCO
22	TIM1_CH2	PTA9	USART1_TX/TIM1_CH2/OTG_FS_VBUS/DVP_D0
23		PTA10	USART1_RX/TIM1_CH3/OTG_FS_ID/DVP_D1
24	CAN_RX		
25	CAN_TX		
26		PTA13	TIM10_CH2N
27		PTA14	TIM10_CH3N
28	SWCLK	PTA15	SPI3_NSS I2S3_WS
29		PTC12	UART5_TX/SDIO_CK/TIM10_BKIN/DVP_D9
30		PTD0	FSMC_D2
31		PTD1	FSMC_D3
32		PTD2	TIM3_ETR/UART5_RX/SDIO_CMD/DVP_D11

续表 3-8

编　号	特定功能	MCU 引脚名	复用功能
33		PTD3	FSMC_CLK
34		PTD4	FSMC_NOE
35		PTD5	FSMC_NWE
36		PTD6	FSMC_NWAIT/DVP_D10
37		PTD7	FSMC_NE1 FSMC_NCE2
38	USBHS_DP	PTB7	I2C1_SDA/FSMC_NADV/TIM4_CH2/USBHD_DP/USBHS_DP
39	USBHS_DM	PTB6	I2C1_SCL/TIM4_CH1/USBHD_DM/DVP_D5/USBHS_DM
40		PTB8	TIM4_CH3/SDIO_D4/TIM10_CH1/DVP_D6/ETH_MII_TXD3
41		PTB3	SPI3_SCK I2S3_CK
42		PTB4	SPI3_MISO
43		PTB5	I2C1_SMBA/SPI3_MOSI/I2S3_SD/ETH_MII_PPS_OUT/ETH_RMII_PPS_OUT
44	I2C1_SDA	PTB9	TIM4_CH4/SDIO_D5/TIM10_CH2/DVP_D7
45		PTE0	TIM4_ETR/FSMC_NBL0
46		PTE1	FSMC_NBL1
47	3.3 V		
48	NC		
49	GND		
50	GND		
51	NC		
52	5 V		
53	GND		
54	5 V		
55		PTE2	FSMC_A23
56		PTC11	UART4_RX/SDIO_D3/TIM10_CH4/DVP_D4
57		PTC10	UART4_TX/SDIO_D2/TIM10_ETR/DVP_D8
58		PTE3	FSMC_A19
59		PTE4	FSMC_A20
60		PTE5	FSMC_A21
61		PTE6	FSMC_A22
62		VBAT	
63		PTC13	TAMPER-RTC
64		NC	
65		NC	

续表 3-8

编 号	特定功能	MCU 引脚名	复用功能
66		PTC0	ADC_IN10/TIM9_CH1N/UART6_TX/ETH_RGMII_RXC
67		PTC1	ADC_IN11/TIM9_CH2N/UART6_RX/ETH_MII_MDC/ETH_RMII_MDC/ETH_RGMII_RXCTL
68		PTC2	ADC_IN12/TIM9_CH3N/UART7_TX/OPA3_CH1N/ETH_MII_TXD2/ETH_RGMII_RXD0
69		PTC3	ADC_IN13/TIM10_CH3/UART7_RX/OPA4_CH1N/ETH_MII_TX_CLK/ETH_RGMII_RXD1
70	TIM2_CH1	PTA0	WKUP/USART2_CTS/ADC_IN0/TIM2_CH1/TIM2_ETR/TIM5_CH1/TIM8_ETR/OPA4_OUT0/ETH_MII_CRS_WKUP/ETH_RGMII_RXD2
71		PTA1	USART2_RTS/ADC_IN1/TIM5_CH2/TIM2_CH2/OPA3_OUT0/ETH_MII_RX_CLK/ETH_RMII_REF_CLK/ETH_RGMII_RXD3
72		PTA2	USART2_TX/TIM5_CH3/ADC_IN2/TIM2_CH3/TIM9_CH1/TIM9_ETR/OPA2_OUT0/ETH_MII_MDIO/ETH_RMII_MDIO/ETH_RGMII_GTXC
73		PTA3	USART2_RX/TIM5_CH4/ADC_IN3/TIM2_CH4/TIM9_CH2/OPA1_OUT0/ETH_MII_COL/ETH_RGMII_TXEN
74	SPI1_NSS	PTA4	SPI1_NSS/USART2_CK/ADC_IN4/DAC_OUT1/TIM9_CH3/DVP_HSYNC
75		PTD9	FSMC_D14
76		PTD8	FSMC_D13
77	SPI1_SCK	PTA5	SPI1_SCK/ADC_IN5/DAC_OUT2/OPA2_CH1N/DVP_VSYNC
78	SPI1_MISO	PTA6	SPI1_MISO/TIM8_BKIN/ADC_IN6/TIM3_CH1/OPA1_CH1N/DVP_PCLK
79	SPI1_MOSI	PTA7	SPI1_MOSI/TIM8_CH1N/ADC_IN7/TIM3_CH2/OPA2_CH1P/ETH_MII_RX_DV/ETH_RMII_CRS_DV/ETH_RGMII_TXD0
80		PTC4	ADC_IN14/TIM9_CH4/UART8_TX/OPA4_CH1P/ETH_MII_RXD0/ETH_RMII_RXD0/ETH_RGMII_TXD1
81	I2C2_SDA	PTB11	I2C2_SDA/USART3_RX/OPA1_CH0N/ETH_MII_TX_EN/ETH_RMII_TX_EN
82	I2C2_SCL	PTB10	I2C2_SCL/USART3_TX/OPA2_CH0N/ETH_MII_RX_ER
83		PTC5	ADC_IN15/TIM9_BKIN/UART8_RX/OPA3_CH1P/ETH_MII_RXD1 ETH_RMII_RXD1/ETH_RGMII_TXD2
84		PTB0	ADC_IN8/TIM3_CH3/TIM8_CH2N/OPA1_CH1P/ETH_MII_RXD2 ETH_RGMII_TXD3
85		PTB1	ADC_IN9/TIM3_CH4/TIM8_CH3N/OPA4_CH0N/ETH_MII_RXD3 ETH_RGMII_125IN
86		PTB2	OPA3_CH0N
87		PTE7	FSMC_D4/OPA3_OUT1
88		PTE8	FSMC_D5/OPA4_OUT1
89		PTE9	FSMC_D6

续表 3-8

编　号	特定功能	MCU 引脚名	复用功能
90		PTE10	FSMC_D7
91		PTE11	FSMC_D8
92		PTE12	FSMC_D9

此外，为了方便进行本书的实验，还在板中引出了 SPI、I2C、CAN、USB、ETH、SDI 等接口。

本章小结

1. 关于初识一个 MCU

初识一个 MCU，首先要从认识型号标识开始，可以从型号标识中获得芯片家族、产品类型、具体特性、引脚数目、Flash 大小、温度范围、封装类型等信息，这些信息是购买芯片的基本要求；其次要了解内部 RAM 及 Flash 的大小、地址范围，以便设置链接文件，为程序编译及写入做好准备；再次要了解中断源及中断向量号，为中断编程做准备。

2. 关于硬件最小系统

一个芯片的硬件最小系统是指可以使内部程序运行所必需的最低规模的外围电路，也可以包括写入器接口电路。使用一个芯片，必须完全理解其硬件最小系统。硬件最小系统引脚是我们必须为芯片提供服务的引脚，包括电源、晶振、复位等，做好这些服务之后，其他引脚就为用户提供服务了。硬件最小系统电路中应着重掌握电容滤波原理及布板时靠近对应引脚的基本要求。

3. 关于利用 MCU 构建通用嵌入式计算机

引入通用嵌入式计算机概念的目的不仅仅是为了降低硬件设计复杂度，更重要的目的是降低软件开发难度。硬件上，使其只要供电就可工作，关键是其内部有 BIOS。BIOS 不仅可以驻留构件，还可以驻留实时操作系统，提供方便灵活的动态命令①等。在最小的硬件系统基础上，辅以各种无线通信等，可以形成不同应用的 GEC 系列，为嵌入式人工智能与物联网的应用提供技术基础。

习　题

1. 举例说明，对照命名格式，从所用 MCU 芯片的芯片型号标识可以获得哪些信息？
2. 给出所学 MCU 芯片的 RAM 及 Flash 大小、地址范围。

① 动态命令用于扩展嵌入式终端的非预设功能，用于深度嵌入式开发中，这里了解即可，不做深入阐述。

3. 中断的定义是什么？什么是内核中断？什么是非内核中断？给出所学 MCU 芯片的中断个数。

4. 什么是芯片的硬件最小系统，它由哪几个部分组成？简要阐述各部分的技术要点。

5. 谈谈你对通用嵌入式计算机 GEC 的理解。

6. 若不用 MCU 芯片的引脚直接连接三色灯，给出 MCU 引脚通过三极管控制三色灯的电路。

第4章　GPIO及程序框架

本章导读:本章是全书的重点和难点之一,需要深入、透彻地理解,才能达到快速且规范入门的目的。主要内容有:给出GPIO通用基础知识;给出以GPIO构件为基础的编程方法,这是最简单的嵌入式系统程序;讲述GPIO构件是如何制作出来的,这是第一个基础构件设计样例,有一定难度;给出汇编工程模板,利用汇编程序点亮一只发光二极管,通过这个例程,可以更透彻地理解软件是如何干预硬件的。

4.1　GPIO通用基础知识

GPIO是嵌入式应用开发最常用的功能,用途广泛,编程灵活,是嵌入式编程的重点和难点之一。本节对GPIO作简要概述。

4.1.1　GPIO概念

输入/输出(Input/Output,I/O)接口,是MCU同外界进行交互的重要通道,MCU与外部设备的数据交换通过I/O接口来实现。I/O接口是一电子电路,其内部由若干专用寄存器和相应的控制逻辑电路构成。接口的英文单词是interface,另一个英文单词是port。但有时把interface翻译成"接口",而把port翻译成"端口"。从中文字面看,接口与端口似乎有点区别,但在嵌入式系统中它们的含义是相同的。有时把I/O引脚称为接口(interface),而把用于对I/O引脚进行编程的寄存器称为端口(port),实际上它们是紧密相连的。因此,有些书中甚至直接称I/O接口(端口)为I/O口。在嵌入式系统中,接口种类很多,有显而易见的人机交互接口,如键盘、显示器,也有无人介入的接口,如串行通信接口、USB接口、网络接口等。

通用I/O也记为GPIO(General Purpose I/O),即基本输入/输出,有时也称并行I/O,或普通I/O,它是I/O的最基本形式。本书中使用正逻辑,电源(Vcc)代表高电平,对应数字信号"1";地(GND)代表低电平,对应数字信号"0"。作为通用输出引脚,MCU内部程序通过端口寄存器**控制该引脚状态**,使得引脚输出"1"(高电平)或"0"(低电平),即开关量输出。作为通用输入引脚,MCU内部程序可以通过端口寄存器**获取该引脚状态**,以确定该引脚是"1"(高电平)或"0"(低电平),即开关量输入。大多数通用I/O引脚可以通过编程来设定其工作方式为输入或输出,称之为双向通用I/O。

4.1.2　输出引脚的基本接法

作为通用输出引脚,MCU内部程序向该引脚输出高电平或低电平来驱动器件工作,即开关量输出,如图4-1所示。

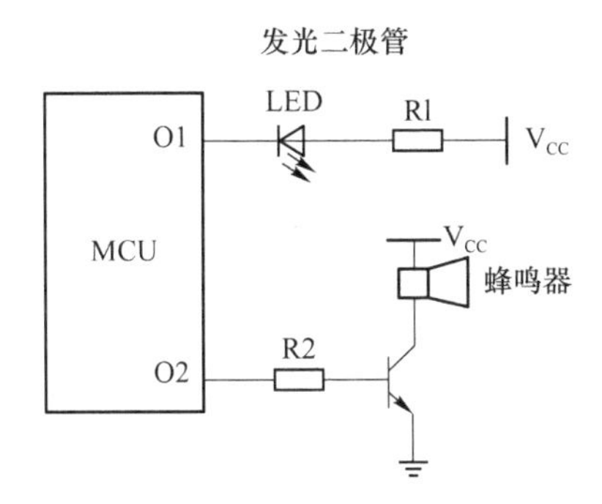

图 4-1　通用 I/O 引脚输出电路

输出引脚 O1 和 O2 采用了不同的方式驱动外部器件，一种接法是 O1 直接驱动发光二极管 LED，当 O1 引脚输出高电平时，LED 不亮；当 O1 引脚输出低电平时，LED 点亮。这种接法的驱动电流一般在 2～10 mA。另一种接法是 O2 通过一个 NPN 三极管驱动蜂鸣器，当 O2 引脚输出高电平时，三极管导通，蜂鸣器响；当 O2 引脚输出低电平时，三极管截止，蜂鸣器不响。这种接法可以用 O2 引脚上的几个 mA 的控制电流驱动高达 100 mA 的驱动电流。若负载需要更大的驱动电流，就必须采用光电隔离外加其他驱动电路，但对 MCU 编程来说，没有任何影响。

4.1.3　上拉下拉电阻与输入引脚的基本接法

芯片输入引脚的外部有三种不同的连接方式：带上拉电阻的连接、带下拉电阻的连接和"悬空"连接。通俗地说，若 MCU 的某个引脚通过一个电阻接到电源（Vcc）上，这个电阻被称为"上拉电阻"；与之相对应，若 MCU 的某个引脚通过一个电阻接到地（GND）上，则相应的电阻被称为"下拉电阻"。这种做法使得悬空的芯片引脚被上拉电阻或下拉电阻初始化为高电平或低电平。根据实际情况，上拉电阻与下拉电阻取值可以在 1～10 kΩ 之间，其阻值大小与静态电流及系统功耗有关。

图 4-2 给出了一个 MCU 的输入引脚的三种外部连接方式，假设 MCU 内部没有上拉或下拉电阻，图中的引脚 I3 上的开关 K3 采用悬空方式连接就不合适，因为当 K3 断开时，引脚 I3 的电平不确定，R1＞＞R2，R3＜＜R4，各电阻的典型取值为：R1＝10 kΩ，R2＝200 Ω，R3＝200 Ω，R4＝10 kΩ。

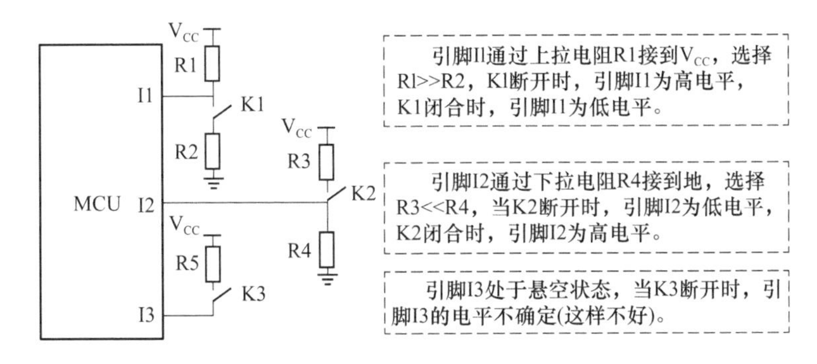

图 4-2　通用 I/O 引脚输入电路接法举例

【思考一下】上拉电阻的实际取值如何确定？

4.2 软件干预硬件的方法

本节以 GPIO 构件为基础的样例工程"..\04-Software\CH04\GPIO-Output-Component"说明软件是如何干预硬件的。关于软硬件构件的概念将在第 5 章阐述。

4.2.1 GPIO 构件 API

嵌入式系统的重要特点是软件、硬件相结合，通过软件获得硬件的状态，通过软件控制硬件的动作。通常情况下，软件与某一硬件模块打交道，通过其底层**驱动构件**，也就是封装好的一些函数，编程时通过调用这些函数，来干预硬件。这样就把**制作构件**与**使用构件**的工作分成不同过程。就像建设桥梁先做标准预制板一样，这个标准预制板就是构件。

1. 软件是如何干预硬件的

现在先来看看软件是如何干预硬件的。例如想点亮图 3-4 中的蓝色 LED 小灯，由该电路原理图可以看出，只要使得标识 LIGHT_BLUE 的引脚为低电平，蓝色 LED 就可以亮起来。为了能够做到软件干预硬件，必须将该引脚与 MCU 的一个具有 GPIO 功能的引脚连接起来，通过编程使得 MCU 的该引脚电平为低电平(逻辑 0)，蓝色 LED 就亮起来了，这就是**软件干预硬件的基本过程。**

而要编程使得具有 GPIO 功能的引脚为低电平，若采用从"零"开始编程的方法，则要了解该引脚在哪个端口，端口都有哪些寄存器，每个寄存器相应二进制位的含义；还要了解编程步骤，等等，这个过程对一般读者或初学者来说十分困难，4.4 节将会描述这个过程。现在，可以利用已经做好的 GPIO **构件**，先把 LED 小灯点亮，然后根据不同学习要求，再理解构件是如何做出来的。

通常情况下，应用程序开发人员使用**驱动构件**与具体的硬件打交道。每个驱动构件均含有若干函数，例如 GPIO 构件具有**初始化、设定引脚状态、获取引脚状态**等函数，构件可通过**应用程序接口**(Application Programming Interface，API)使用这些函数，**也就是调用函数名，并使其参数实例化。**所谓驱动构件的 API 是指应用程序与构件之间的衔接约定，使得应用程序开发人员通过它干预硬件，而无需理解其内部工作细节。

2. GPIO 构件的常用函数

GPIO 构件的主要 API 有：GPIO 的初始化、设置引脚状态、获取引脚状态、设置引脚中断等。表 4-1 给出了 GPIO 常用接口函数，这些函数声明放在头文件 gpio.h 中，构件头文件是构件的使用说明。

表 4-1 GPIO 常用接口函数

序 号	函数名	简明功能	描 述
1	gpio_init	引脚初始化	引脚复用为 GPIO 功能；定义其为输入或输出；若为输出，还给出其初始状态
2	gpio_set	设定引脚状态	在 GPIO 输出情况下，设定引脚状态(高/低电平)

续表 4－1

序　号	函数名	简明功能	描　述
3	gpio_get	获取引脚状态	在 GPIO 输入情况下，获取引脚状态(1/0)
4	gpio_reverse	反转引脚状态	在 GPIO 输出情况下，反转引脚状态
5	gpio_pull	设置引脚上/下拉	当 GPIO 输入情况下，设置引脚上/下拉
6	gpio_enable_int	使能引脚中断	当 GPIO 输入情况下，使能引脚中断
7	gpio_disable_int	关闭引脚中断	当 GPIO 输入情况下，关闭引脚中断
⋮	⋮		

3. GPIO 构件的头文件 gpio.h

头文件 gpio.h 中包含的主要内容有：头文件说明、防止重复包含的条件编译代码结构“#ifndef ... #define ... #endif”、有关宏定义、构件中各函数的 API 及使用说明等。这里给出 GPIO 初始化及设置引脚状态函数的 API，其他函数 API 参见样例工程源码电子文档。

```
//===========================================================
//文件名称:gpio.h
//功能概要:GPIO 底层驱动构件头文件
//版权所有:苏州大学嵌入式系统与物联网研究所(http://sumcu.suda.edu.cn)
//版本更新:20210520-20220219
//芯片类型:CH32V307
//===========================================================

#ifndef  GPIO_H          // 防止重复定义(GPIO_H  开头)
#define  GPIO_H
...
// 端口号地址偏移量宏定义
#define  PTA_NUM    (0<<8)
#define  PTB_NUM    (1<<8)
#define  PTC_NUM    (2<<8)
#define  PTD_NUM    (3<<8)
#define  PTE_NUM    (4<<8)
// GPIO 引脚方向宏定义
#define  GPIO_INPUT  (0)       // GPIO 输入
#define  GPIO_OUTPUT (1)       // GPIO 输出

//===========================================================
//函数名称:gpio_init
//函数返回:无
//参数说明:port_pin:(端口号)|(引脚号)(如:(PTB_NUM)|(9) 表示为 B 口 9 号脚)
//          dir:引脚方向(0 = 输入,1 = 输出,可用引脚方向宏定义)
//          state:端口引脚初始状态(0 = 低电平,1 = 高电平)
```

```
//功能概要:初始化指定端口引脚作为 GPIO 引脚功能,并定义为输入或输出,若是输出,
//          还指定初始状态是低电平或高电平
//=================================================================
void gpio_init(uint16_t port_pin, uint8_t dir, uint8_t state);

//=================================================================
//函数名称:gpio_set
//函数返回:无
//参数说明:port_pin:(端口号)|(引脚号)(如:(PTB_NUM)|(9) 表示为 B 口 9 号脚)
//         state:希望设置的端口引脚状态(0 = 低电平,1 = 高电平)
//功能概要:当指定端口引脚被定义为 GPIO 功能且为输出时,本函数设定引脚状态
//=================================================================
void gpio_set(uint16_t port_pin, uint8_t state);
...
#endif      //防止重复定义(GPIO_H  结尾)
```

通过底层驱动构件干预硬件的编程相对来说就简单多了。下面给出如何通过构件点亮一盏小灯。

4.2.2 第一个 C 语言工程:控制小灯闪烁

在开发套件的底板上,有红绿蓝三色灯(合为一体的),若使用 GPIO 构件实现蓝灯闪烁,具体实例可参考"..\04-Software\CH04\GPIO-Output-Component",步骤如下:

步骤 1,给小灯起个名字。要用宏定义方式给蓝灯起个英文名(如 LIGHT_BLUE),明确蓝灯接在芯片的哪个 GPIO 引脚。根据硬件电路"..\03-Hardware\03_component.pdf"文件找到 AHL-CH32V307 中三色灯受 MCU 哪些引脚控制,由此对灯所接引脚进行宏定义。由于这个工作属于用户程序,**按照"分门别类,各有归处"的原则,**这个宏定义应该写在工程的 05_UserBoard\user.h 文件中。

```
//指示灯端口及引脚定义
#define  LIGHT_BLUE   (PTC_NUM|2)      //蓝灯所在引脚
```

步骤 2,给灯状态命名。由于灯的亮暗状态所对应的逻辑电平是由物理硬件接法决定的,为了应用程序的可移植性,需要在工程的 05_UserBoard\user.h 文件中,对蓝灯的亮暗状态进行宏定义,根据三色灯的实际硬件电路,宏定义如下:

```
//灯状态宏定义(灯的亮暗对应的逻辑电平,由物理硬件接法决定)
#define  LIGHT_ON     0     //灯亮
#define  LIGHT_OFF    1     //灯暗
```

特别说明:对灯的亮暗状态使用宏定义,不仅是为了编程更加直观,也是为了使得软件能够更好地适应硬件。若硬件电路变动了,采用灯的"暗"状态对应低电平,那么只要改变本头文件中的宏定义就可以,而程序源码则不需更改。

【思考一下】若灯的亮暗不使用宏定义会出现什么情况？有何不妥之处？

步骤 3，初始化蓝灯。在工程的 07-AppPrg\main.c 文件中，对蓝灯进行编程控制。先将蓝灯初始化为暗，在“用户外设模块初始化”处增加下列语句：

```
gpio_init(LIGHT_BLUE,GPIO_OUTPUT,LIGHT_OFF);      //初始化蓝灯,输出,暗
```

其中 GPIO_OUTPUT 是在 GPIO 构件中对 GPIO 输出的宏定义，是为了编程直观方便；不然我们很难区分“1”是输出还是输入。

```
#define GPIO_INPUT    (0)        //GPIO 输入
#define  GPIO_OUTPUT  (1)        //GPIO 输出
```

特别说明：在嵌入式软件设计中，输入还是输出，是站在 MCU 角度，也就是站在 GEC 角度来看的。要控制蓝灯亮暗，对 GEC 引脚来说，就是输出。若要获取外部状态到 GEC 中，对 GEC 来说，就是输入。例如，获取磁开关传感器的状态就需要初始化 GPIO 引脚为输入。

步骤 4，改变蓝灯亮暗状态。在 main 函数的主循环中，利用 GPIO 构件中的 gpio_set 函数，改变蓝灯状态。工程编译生成可执行文件后，写入目标板，可观察到蓝灯实际闪烁的情况，部分程序摘录如下：

```
//(2.3.2)如灯状态标志 mFlag 为'L',灯的闪烁次数+1 并显示,改变灯的状态及标志
if (mFlag=='L')                          //判断灯的状态标志
{
    mLightCount++;
    printf(" mLightCount = %d\r\n",mLightCount);
    mFlag='A';                           //灯的状态标志
    gpio_set(LIGHT_BLUE,LIGHT_ON);       //灯“亮”
    printf(" LIGHT_BLUE:ON--\r\n");      //串口输出灯的状态
    printf("    \r\n");
}
//(2.3.3)如灯状态标志 mFlag 为'A',改变灯状态及标志
else
{
    mFlag='L';                           //灯的状态标志
    gpio_set(LIGHT_BLUE,LIGHT_OFF);      //灯“暗”
    printf(" LIGHT_BLUE:OFF--\r\n");     //串口输出灯的状态
}
```

步骤 5，观察蓝灯运行情况。经过编译生成机器码，通过 AHL-GEC-IDE 软件将 hex 文件下载到目标板中，可观察板载蓝灯每秒闪烁一次；也可在 AHL-GEC-IDE 界面看到蓝灯状态改变的信息，如图 4-3 所示。由此可体会到使用 printf 语句进行调试的好处。

到这里看到了小灯在闪烁，这就是编程控制的，软件控制了硬件的动作。由此可以体会程序在现代控制系统中的作用。随着逐步深入的学习，可以看到更多更复杂的软件干预硬件的实例。

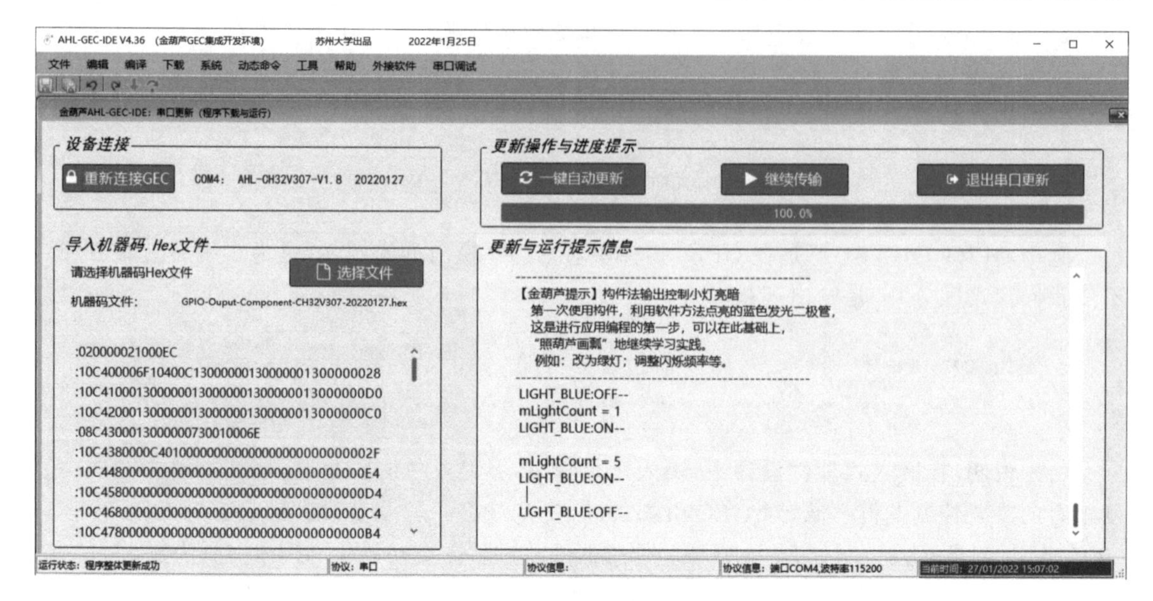

图 4-3 GPIO 构件的输出测试方法

【思考一下】利用 AHL-GEC-IDE 集成开发环境，对 AHL-CH32V307 硬件上的三色灯编程，使三色灯以紫色形式闪烁。

为了规范地编程，提高程序的可靠性、可移植性与可维护性，我们把每个程序慎重地作为一个工程来对待，既然是个工程，就要有规范的工程框架，下一节将阐述它。

4.3 认识工程框架

4.3.1 工程框架及所含文件简介

嵌入式系统工程包含若干文件，包括程序文件、头文件、与编译调试相关的文件、工程说明文件、开发环境生成文件等，文件众多。合理组织这些文件，规范工程组织，可以提高项目的开发效率，提高阅读清晰度，提高可维护性，降低维护难度。工程组织应体现嵌入式软件工程的基本原则与基本思想。这个工程框架也可称为软件最小系统框架，因为它包含的是工程的最基本要素。**软件最小系统框架是一个能够点亮一个发光二极管，甚至带有串口调试构件，包含工程规范完整要素的可移植与可复用的工程模板。**

该工程模板简洁易懂，去掉了一些初学者不易理解或不必要的文件，同时应用底层驱动构件化的思想改进了程序结构，重新分类组织了工程，目的是引导读者进行规范的文件组织与编程。

1. 工程名与新建工程

工程名使用工程文件夹标识工程，不同工程文件夹就区别不同工程。这样工程文件夹内的文件中所含的工程名字不再具有标识的意义，可以修改，也可以不修改。建议新工程文件夹使用手动复制标准模板工程文件夹或复制功能更少的旧标准工程的方法来建立，这样，复用的构件已经存在，框架保留，体系清晰。不推荐使用 IDE 或其他开发环境的新建功能来建立一个新工程。

2. 工程文件夹内的基本内容

工程文件夹内编号的共含 7 个下级文件夹，除去 AHL_GEC_IDE 环境保留的文件夹 Debug，分别是 01_Doc、02_CPU、03_MCU、04_GEC、05_UserBoard、06_SoftComponent、07_AppPrg，其简明功能及特点如表 4-2 所列。

表 4-2　工程文件夹内的基本内容

名　称	文件夹		简明功能及特点
文档文件夹	01_Doc		文档文件夹，工程改动时，及时记录
CPU 文件夹	02_CPU		CPU 文件夹，与内核相关的文件
MCU 文件夹	03_MCU	linker_File	链接文件夹，存放链接文件
		MCU_drivers	MCU 底层构件文件夹，存放芯片级硬件驱动
		startup	启动文件夹，存放芯片头文件及芯片初始化文件
GEC 相关文件夹	04_GEC		GEC 芯片相关文件夹，存放引脚头文件
用户板文件夹	05_UserBoard		用户板文件夹，存放应用构件
软件构件文件夹	06_SoftComponent		软件构件文件夹，存放与硬件无关的软件构件
源程序文件夹	07_AppPrg	include. h	总头文件，包含各类宏定义
		isr. c	中断服务例程文件，存放各中断服务例程
		main. c	主程序文件，存放芯片启动后的入口函数 main

3. CPU(内核)相关文件简介

CPU(内核)相关文件(core_riscv. h、core_riscv. c、cpu. h)位于工程框架的“..\02_CPU”文件夹内，它们是沁恒(WCH)公司提供的符合 RISC-V 微控制器的内核相关文件，原则上与具体芯片制造商无关。其中 core_riscv. h 为 RISC-V 内核的外设访问层头文件。对任何使用该 CPU 设计的芯片，该文件夹内容相同。

4. MCU(芯片)相关文件简介

MCU(芯片)相关文件(startup_ch32v30x. s、ch32v30x. h、system_ch32v30x. h、system_ch32v30x. c)位于工程框架的“..\03_MCU\startup”文件夹内，由芯片厂商提供。

芯片头文件 ch32v30x. h 文件中，给出了芯片专用的寄存器地址映射，设计面向直接硬件操作的底层驱动时，利用该文件使用映射寄存器名，获得对应地址。该文件一般由芯片设计人员提供，一般嵌入式应用开发者不必修改该文件，只需遵循其中的命名即可。

启动文件 startup_ch32v30x. s，包含中断向量表。

系统初始化文件 system_ch32v30x. h、system_ch32v30x. c，主要存放启动文件 startup_ch32v30x. s 中调用的系统初始化函数 SystemInit()及其相关宏常量的定义，此函数实现关闭看门狗及配置系统工作时钟的功能。

5. 应用程序源代码文件——总头文件 includes. h、main. c 及中断服务例程文件 isr. c

在工程的 07_AppPrg 文件夹内，放置着总头文件 includes. h、main. c 及中断服务例程文件 isr. c。

总头文件 includes. h 是 main. c 使用的头文件，内含常量、全局变量声明、外部函数及外部变量的引用。

主程序文件 main. c 是应用程序启动后的总入口，main 函数即在该文件中实现。在 main 函数中包含了一个永久循环，对具体事务过程的操作几乎都是添加在该主循环中。应用程序的执行，一共有两条独立的线路：一条是运行路线；另一条是中断线，在 isr. c 文件中编程。若有操作系统，则在这里启动操作系统调度器。

中断服务例程文件 isr. c 是中断处理函数编程的地方，有关中断编程问题将在 6. 4 节中阐述。

6. 编译链接产生的其他相关文件简介

映像文件(. map)与列表文件(. lst)位于工程的 Debug 文件夹中，由编译链接产生。. map 文件提供了查看程序、堆栈设置、全局变量、常量等存放的地址信息。. map 文件中指定的地址在一定程度上是动态分配的(由编译器决定)，工程有任何修改，这些地址都可能发生变动。. lst文件提供了函数编译后，机器码与源代码的对应关系，用于程序分析。

4.3.2 了解机器码文件及芯片执行流程

本小节有点难度，供希望了解完整启动过程的读者阅读，本小节对理解启动过程十分有益。若有直接从 main 函数理解程序运行过程的读者，可以跳过本节。

在 AHL_GEC_IDE 开发环境，针对 CH32V307 系列 MCU，在编译链接过程中生成针对 RISC-V CPU 的. elf 格式可执行代码，同时也可生成十六进制(. hex)格式的机器码。

. elf(Executable and Linking Format)，即“可执行链接格式”，最初是由 UNIX 系统实验室(UNIX System Laboratories，USL)作为应用程序二进制接口(Application Binary Interface，ABI)的一部分而制定和发布的。其最大特点在于它有比较广泛的适用性，通用的二进制接口定义使之可以平滑地移植到多种不同的操作环境上。UltraEdit 软件工具可查看. elf 文件的内容。

. hex(Intel HEX)文件是由一行行符合 Intel HEX 文件格式的文本所构成的 ASCII 文本文件，在 Intel HEX 文件中，每一行包含一个 HEX 记录，这些记录由对应机器语言码(含常量数据)的十六进制编码数字组成。

1. 记录格式

. hex 文件中的语句有 6 种不同类型的语句，但总体格式是一样的，根据表 4-3 所列的格式来记录。

表 4-3　.hex 文件记录行语义

类　别	字段 1	字段 2	字段 3	字段 4	字段 5	字段 6
名称	标记	长度	偏移量	类型	数据/信息	校验和
长度	1 字节	1 字节	2 字节	1 字节	N 字节	1 字节
内容	开始标记 “:”		数据类型记录有效； 非数据类型，该字段为“0000”。	00:数据记录； 01:文件结束记录； 02:扩展段地址； 03:开始段地址； 04:扩展线性地址； 05:链接开始地址	取决于记录类型	开始标记之后字段的所有字节之和的补码。 校验和＝0xFF－(记录长度＋记录偏移＋记录类型＋数据段)＋0x01

2. 实例分析

以“..\04-Software\CH04\GPIO-Output-Component”工程中的.hex 为例，截取该文件中的部分行进行简明分解，如表 4-4 所列。

表 4-4　GPIO-Output-Component-CH32V307.hex 文件部分行分解

行	记录标记	记录长度	偏移量	记录类型	数据/信息区	校验和
1	:	02	无效	02	1000	EC
2	:	10	E210	00	13000000130000001300000013000000	B2
⋮						
710	:	00	0000	01		FF

第 1 行:“:020000021000EC”，进行语义分割来看“: 02 0000 02 1000 EC”，以“:”开始；“02”表示长度为 2 字节；“0000”对于非数据类型无效；紧接着的“02”代表记录类型为扩展段地址；“1000”即随后记录的偏移地址需加上 0x10000，才是实际物理地址；“EC”为校验和。

第 2 行:“:10C400006F10200D13000000130000001300000047”，进行语义分割来看“: 10 C400 00 6F10200D130000001300000013000000 47”，具体分析如下。

以“:”开始；长度为“0x10”(16 个字节)；“C400”表示偏移量，实际地址为 0x10000＋0xC400＝0x1C400；紧接着的“00”代表记录类型为数据类型；接下来的就是数据段“6F10200D130000001300000013000000”，以 4 个字为划分，第一个四字节为“6F10200D”，由于是小端方式存储，这个数按照阅读习惯应写为“0D20106F”。可以到“..\Debug 下的.lst”文件中，查找到 1C400 地址处，可以看到“1c400:　0d20106f　j　1d4d2　<handle_reset>”，就是“..\03_MCU\startup\startup_ch32v30x.S”文件中“j　handle_reset”语句，这是复位后要执行的第一个语句，于是转向了 handle_reset 处执行。从这里看到转到了地址 1d4d2 处，也就标号 handle_reset 代表的地址。可以到 startup_ch32v30x.S 文件中看看 handle_reset 标号后是什么语句，那就是由此开始运行程序了。

第 710 行:即最后一行，为文档的结束记录，记录类型为“0x01”；“0xFF”为本记录的校验和字段内容。

综合分析工程的.map 文件、.ld 文件、.hex 文件、.lst 文件，可以理解程序的执行过程，也可以对生成的机器码进行分析对比。

3. 芯片执行流程简析

芯片复位到 main 函数之前程序运行过程总结如下：

芯片的 BOOT0 与 BOOT1 引脚决定芯片从 Flash 存储器、系统存储器或 SRAM 启动，本书的实例均将 BOOT0 和 BOOT1 接地，即从 Flash 存储器启动。当芯片从 Flash 存储器启动时，Flash 存储器地址被映射到 0x00000000 地址区域。内核寄存器 PC（程序计数器）执行 0x00000000 处指令，启动 BIOS，由于本程序为基于 BIOS 的 User 程序，重新转向 User 的 Flash 中的复位函数 handle_reset 的首地址，因而运行 handle_reset 函数。复位程序 handle_reset 在“..\03_MCU\startup\startup_ch32v30x.S”文件中，首先初始化全局指针（Global Pointer，GP），GP 可以优化±2 KB 内全局变量的访问；随后初始化堆栈指针（Stack Pointer，SP）；接着将存有初值的全局变量和静态变量内容从 Flash 复制到 RAM 中，清零未初始化 BSS 数据段；设置运行模式为机器模式并打开中断；最后对芯片的中断向量表、系统时钟及看门狗进行初始化。对于 User 程序，还要判断其是否需要使用 BIOS 的中断服务例程。完成了这些工作，芯片就可以跳转到 main 函数中运行了。一般情况下，认为程序从 main 开始运行。

实际应用中，可根据是否启动看门狗、是否复制中断向量表至 RAM、是否清零未初始化 BSS 数据段等要求来修改此文件。初学者在未理解相关内容情况下，不建议修改 startup_ch32v30x.s 及 system_ch32v30xx.c 文件内容。

需要说明的是，虽然本书给出的例程基于 BIOS，但不影响基本流程的理解，User 程序只要改变 Flash 首地址、RAM 首地址，即可从空白片写入运行，但不建议这样做，否则 BIOS 就被覆盖。此外，希望深入理解链接文件内容的读者，可参阅电子资源中的补充阅读材料。

【思考一下】综合分析.hex 文件、.map 文件、.lst 文件，在第一个样例工程中找出 SystemInit 函数、main 函数的存放地址，给出各函数前 16 个机器码，并找到其在.hex 文件中的位置。

4.4 GPIO 构件的制作过程

这一节阐述 GPIO 构件是如何制作出来的，这是第一个基础构件设计样例，有一定难度，读者可根据所希望达到的学习深度，确定对本节相关内容的学习。构件的制作过程主要是与 MCU 内部模块寄存器（映像寄存器）打交道，大部分细节涉及到寄存器的某一位，程序就是通过寄存器的位干预相应硬件的。

4.4.1 端口与 GPIO 模块——对外引脚与内部寄存器

CH32V307VCT6 的大部分引脚具有多重复用功能，可以通过对相关寄存器编程来设定使用其中某一种功能。本小节给出作为 GPIO 功能时所用到的寄存器。

1. CH32V307VCT6 芯片的 GPIO 引脚概述

100 引脚封装的 CH32V307VCT6 芯片的 GPIO 引脚分为 5 个端口，标记为 A、B、C、D、

E,共含80个引脚。端口作为GPIO引脚时,逻辑1对应高电平,逻辑0对应低电平。GPIO模块使用系统时钟,从实时性细节来说,当作为通用输出时,高/低电平出现在时钟上升沿。下面给出各口可作为GPIO功能的引脚数目及引脚名称:

① A口有16个引脚,分别记为PTA[0～15];

② B口有16个引脚,分别记为PTB[0～15];

③ C口有16个引脚,分别记为PTC[0～15];

④ D口有16个引脚,分别记为PTD[0～15];

⑤ E口有16个引脚,分别记为PTE[0～15]。

2. GPIO寄存器概述

每个GPIO端口包含7个32位寄存器,分别是低位配置寄存器、高位配置寄存器、输入数据寄存器、输出数据寄存器、置位/复位寄存器、复位寄存器和锁定配置寄存器。如表4-5所列,A口寄存器的基地址为0x4001_0800,也就是低位配置寄存器的地址,高位配置寄存器的地址则是在低位配置寄存器的地址加4字节,其他寄存器的地址顺序加4字节。B口的基地址为A口基地址加0x0000_0400,为0x4001_0C00,其他口基地址顺推。A、B、C、D口低位配置寄存器、高位配置寄存器复位值均为0x44444444。输入数据寄存器为只读寄存器,复位时为0x0000xxxx;其他口寄存器复位时均为0x00000000。

表4-5　A口寄存器

类　型	绝对地址	寄存器名	R/W	功能简述
配置寄存器	0x4001_0800	低位配置寄存器(R32_GPIOA_CFGLR)	R/W	配高/低位引脚输入输出模式和输出速度
	0x4001_0804	高位配置寄存器(R32_GPIOA_CFGHR)	R/W	
数据寄存器	0x4001_0808	输入数据寄存器(R32_GPIOA_INDR)	R	读取输入引脚电平
	0x4001_080C	输出数据寄存器(R32_GPIOA_OUTDR)	R/W	读取输出引脚电平
其他寄存器	0x4001_0810	置位/复位寄存器(R32_GPIOA_BSHR)	W	置位/复位输出引脚
	0x4001_0814	复位寄存器(R32_GPIOA_BCR)	W	复位输出引脚电平
	0x4001_0818	锁定配置寄存器(R32_GPIOA_LCKR)	R/W	锁定引脚配置
复用寄存器	0x4800_0020	事件控制寄存器(R32_AFIO_ECR)	R/W	内核输出端口和引脚
	0x4800_0024	重映射寄存器(R32_AFIO_PCFR)	R/W	引脚功能复用
	0x4800_0028	外部中断配置寄存器(R32_AFIO_EXTICR1)	R/W	外部中断引脚配置

以下分别介绍这几个重要的寄存器。

3. 配置寄存器

(1) GPIO配置寄存器低位(GPIOx_CFGLR)(x=A～D)

该寄存器用于配置GPIO端口相应引脚的工作模式,可以配置为输入模式、输出模式、输出速度。

数据位	D31~D30	D29~D28	…	D3~D2	D1~D0
读 写	CNF7[1:0]	MODE7[1:0]	…	CNF0[1:0]	MODE0[1:0]

D31~D0(CNFy[1:0],y∈[0,7]):x 端口 y 引脚配置位。这些位通过软件写入,用于配置 I/O 模式。在输入模式(MODE=00b)时,00:模拟输入模式;01:浮空输入模式;10:带有上下拉模式;11:保留。在输出模式(MODE>00b)时,00:通用推挽输出模式;01:通用开漏输出模式;10:复用功能推挽输出模式;11:复用功能开漏输出模式。D31~D0(MODE[1:0],y∈[0,7]):x 端口 y 引脚配置位。这些位通过软件写入,用于配置 I/O 模式。00:输入模式;01:输出模式,最大速度 10 MHz;10:输出模式,最大速度 2 MHz;11:输出模式,最大速度 50 MHz。

(2) GPIO 配置寄存器高位(GPIOx_CFGHR)(x=A~D)

该寄存器用于配置 GPIO 端口相应引脚的工作模式,可以配置为输入模式、输出模式、输出速度。

数据位	D31~D30	D29~D28	…	D3~D2	D1~D0
读 写	CNF15[1:0]	MODE15[1:0]	…	CNF0[8:0]	MODE8[1:0]

D31~D0(CNFy[1:0],y∈[8,15]):x 端口 y 引脚配置位。这些位通过软件写入,用于配置 I/O 模式。在输入模式(MODE=00b)时,00:模拟输入模式;01:浮空输入模式;10:带有上下拉模式;11:保留。在输出模式(MODE>00b)时,00:通用推挽输出模式;01:通用开漏输出模式;10:复用功能推挽输出模式;11:复用功能开漏输出模式。D31~D0(MODE[1:0],y∈[8,15]):x 端口 y 引脚配置位。这些位通过软件写入,用于配置 I/O 模式。00:输入模式;01:输出模式,最大速度 10 MHz;10:输出模式,最大速度 2 MHz;11:输出模式,最大速度 50 MHz。

4. 数据寄存器

(1) GPIO 端口输入数据寄存器(GPIOx_INDR)(x=A~D)

该寄存器用于获取 GPIO 端口相应引脚的输入电平。1:代表高电平;0:代表低电平。

GPIOx_INDR 寄存器的 D31~D16 位保留,必须保持复位值,即 0。D15~D0(IDRy,y∈[0,15]),端口输入数据位。这些位为只读位,它们包含相应 I/O 引脚的电平信息。

(2) GPIO 端口输出数据寄存器(GPIOx_OUTDR)(x=A~D)

该寄存器用于设置 GPIO 端口相应引脚的输出电平。1:代表高电平;0:代表低电平。

GPIOx_OUTDR 寄存器的 D31~D16 位保留,必须保持复位值,即 0。D15~D0(ODR y,y∈[0,15]):端口输出数据位。这些位可通过软件读取和写入,该位决定着被配置为输出引脚的电平的高低。若 ODR5=0,则 5 号引脚为低电平;若 ODR5=1,则 5 号引脚为高电平。

5. 其他寄存器

与 GPIO 编程相关的还有一些寄存器，限于篇幅，本书不再介绍，可参阅电子资源的"..\01-Information\CH32FV2x_V3x 系列应用手册"中的"第 10 章 GPIO 及其复用功能（GPIO/AFIO）"。

4.4.2 GPIO 基本编程步骤并点亮一盏小灯

本节给出用直接对端口进行编程的方法点亮小灯。

1. GPIO 基本编程步骤

要使芯片某一引脚为 GPIO 功能，并定义为输入/输出，随后进行应用，基本编程步骤如下：

① 通过外设时钟使能寄存器（RCC_APB2PCENR）设定对应 GPIO 端口外设时钟使能，本例设定 GPIO 的 C 口外设时钟使能。

② 通过 GPIO 模块的端口配置寄存器（GPIOx_CFGLR、GPIOx_CFGHR）设定其为 GPIO 功能，可设定为：输入模式、输出模式，本例设定为通用输出模式。

③ 若是输出引脚，可通过数据输出寄存器（GPIOx_OUTDR）设置 GPIO 端口相应引脚的输出状态；也可通过端口复位/置位寄存器（GPIOx_BSHR）设置 GPIO 端口相应引脚的输出状态；还可以通过端口复位寄存器（GPIOx_BCR）设置相应引脚的输出状态为低电平。本例通过 GPIOx_BCR 设置 PTC2 引脚输出低电平。

④ 若是输入引脚，则通过数据输入寄存器（GPIOx_INDR）获得引脚的状态。若指定位为 0，表示当前该引脚上为低电平；若为 1，则为高电平。

2. 用 GPIO 直接点亮一盏小灯

在开发套件的底板上，有红绿蓝三色灯（合为一体的），分别使用 MCU 的 PTC0、PTC1、PTC2 引脚。现使用 PTC2 引脚点亮蓝灯，步骤如下。

(1) 声明变量并赋值

```
 //（1.5.1)声明变量
     volatile uint32_t * RCC_AHB2;                // GPIO 的 C 口时钟使能寄存器地址
     volatile uint32_t * gpio_ptr;                // GPIO 的 C 口基地址
     volatile uint32_t * gpio_mode;               // 引脚模式寄存器地址 = 口基地址
     volatile uint32_t * gpio_bsrr;               // 置位/复位寄存器地址
     volatile uint32_t * gpio_brr;                // GPIO 位复位寄存器
//  （1.5.2)变量赋值
     RCC_AHB2 = (uint32_t * )0x40021018;          // GPIO 的 C 口时钟使能寄存器地址
     gpio_ptr = (uint32_t * )0x40011000;          // GPIO 的 C 口基地址
     gpio_mode = gpio_ptr;                        // 低位配置寄存器地址 = 口基地址
     gpio_bsrr = (uint32_t * )0x40011010;         // 置位/复位寄存器地址
     gpio_brr = (uint32_t * )0x40011014;          // GPIO 位复位寄存器
```

(2) 对 GPIO 初始化

```
//(1.5.3.1)使能相应 GPIOC 的时钟
*RCC_AHB2|=(1<<4);                      // GPIO 的 C 口时钟使能
//(1.5.3.2)定义 C 口 2 脚为输出引脚(令 D11、D10=01)方法如下:
*gpio_mode &= ~(3<<8);                  // 0b11111111111111111111110011111111;
*gpio_mode |= (1<<8);                   // 0b00000000000000000000000100000000;
```

(3) 设置灯为亮

```
*gpio_brr|=(1<<2);                      // 设置灯"亮"
```

特别说明:在嵌入式软件设计中,是输入还是输出,若站在 MCU 的角度,要控制红灯亮暗,就是输出。若要获取外部状态到 MCU 中,对 MCU 来说,就是输入。

这样这个蓝灯就亮起来了。这种编程方法的样例,在本书网上电子资源的"..\04-Software\CH04-GPIO\GPIO-Output-DirectAddress"工程中可以看到。

这样编程只是为了理解 GPIO 的基本编程方法,实际并不使用。不会这样从"零"直接应用程序,而是作为制作构件的第一步,把流程打通,作为封装构件的前导步骤。而制作 GPIO 构件,就是要把对 GPIO 底层的硬件操作用构件把它们封装起来,给出函数名与接口参数,供实际编程时使用。第 5 章将阐述底层驱动构件的封装方法与基本规范。

4.4.3 GPIO 构件的设计

1. 设计 GPIO 驱动构件的必要性

软件构件(software component)技术的出现,为实现软件构件的工业化生产提供了理论与技术基石。将软件构件技术应用到嵌入式软件开发中,可以大大提高嵌入式开发的效率与稳定性。软件构件的封装性、可移植性与可复用性是软件构件的基本特性,采用构件技术设计软件,可以使软件具有更好的开放性、通用性和适应性。特别是对于底层硬件的驱动编程,只有封装成底层驱动构件,才能减少重复劳动,使广大 MCU 应用开发者专注于应用软件的稳定性与功能设计上。因此,必须把底层硬件驱动设计好、封装好。

一个芯片有许多引脚可以作为 GPIO 引脚,分布在若干个端口,不可能使用直接地址去操作每个引脚相关寄存器,那样无法实现软件移植与复用。应该把对 GPIO 引脚的操作封装成构件,通过函数调用与传参的方式实现对引脚的干预与状态获取,这样的软件才便于维护与移植,因此设计 GPIO 驱动构件十分必要。同时,底层驱动构件的封装,也为在操作系统下对底层硬件的操作提供了基础。

2. 底层驱动构件封装的基本要求

底层驱动构件封装规范见 5.3 节,本节给出概要,以便在认识第一个构件前以及在开始设计构件时少走弯路,做出来的构件符合基本规范,便于移植、复用和交流。

(1) 底层驱动构件的组成、存放位置与内容

每个构件由头文件(.h)与源文件(.c)两个独立文件组成,放在以构件名命名的文件夹中。驱动构件头文件(.h)中仅包含对外接口函数的声明,是构件的使用指南,以构件名命名。例如 GIPO 构件命名为 gpio(使用小写,目的是与内部函数名前缀统一)。基本要求是调用者只看头文件即可使用构件。对外接口函数及内部函数的实现在构件源程序文件(.c)中。同时应注意,头文件中声明对外接口函数的顺序与源程序文件实现对外接口函数的顺序应保持一致。源程序文件中内部函数的声明,放在外接口函数代码的前面,内部函数的实现放在全部外接口函数代码的后面,以便提高可阅读性与可维护性。一个具体的工程中,在本书给出的标准框架下,所有面向 MCU 芯片的底层驱动构件均放在工程文件夹下的“..\03_MCU\MCU_drivers”文件夹中,本书所有规范样例工程下的文件组织均是如此。

(2) 设计构件的最基本要求

这里摘要给出设计构件的最基本要求。一是使用与移植方便。要对构件的共性与个性进行分析,抽取出构件的属性和对外接口函数。希望做到:使用同一芯片的应用系统,构件不更改,直接使用;同系列芯片的同功能底层驱动移植时,仅改动头文件;不同系列芯片的同功能底层驱动移植时,头文件与源程序文件的改动尽可能少。二是要有统一、规范的编码风格与注释,主要涉及文件、函数、变量、宏及结构体类型的命名规范;涉及空格与空行、缩进、断行等的排版规范;涉及文件头、函数头、行及边等的注释规范,具体要求见 5.3.2 小节。三是关于宏的使用限制。宏使用具有两面性,有提高可维护性的一面,也有降低阅读性的一面,不要随意使用宏。四是关于全局变量问题。构件封装时,应该禁止使用全局变量。

3. GPIO 驱动构件封装要点分析

同样以 GPIO 驱动构件为例进行封装要点分析,即分析应该设计哪几个函数及入口参数。GPIO 引脚可以被定义成输入、输出两种情况:若是输入,则程序需要获得引脚的状态(逻辑 1 或 0);若是输出,则程序可以设置引脚状态(逻辑 1 或 0)。MCU 的 PORT 模块分为许多端口,每个端口有若干引脚。GPIO 驱动构件可以实现对所有 GPIO 引脚统一编程。GPIO 驱动构件由 gpio.h、gpio.c 两个文件组成,如要使用 GPIO 驱动构件,只需要将这两个文件加入到所建工程中,由此方便了对 GPIO 的编程操作。

(1) 模块初始化(gpio_init)

由于芯片引脚具有复用特性,应把引脚设置成 GPIO 功能,同时定义成输入或输出;若是输出,还要给出初始状态。所以 GPIO 模块初始化函数 gpio_init 的参数为哪个引脚、是输入还是输出、若是输出其状态是什么,函数不必有返回值。其中引脚可用一个 16 位数据描述,高 8 位表示端口号,低 8 位表示端口内的引脚号。这样 GPIO 模块初始化函数原型可以设计为:

```
void  gpio_init(uint16_t port_pin, uint8_t dir, uint8_t state);
```

其中 uint8_t 是无符号 8 位整型的别名,uint16_t 是无符号 16 位整型的别名,本书后面不再特别说明。

(2) 设置引脚状态(gpio_set)

对于输出,通过函数设置引脚是高电平(逻辑 1)还是低电平(逻辑 0)。入口参数应该是哪个引脚，若是输出其状态是什么，函数不必有返回值。这样设置引脚状态的函数原型可以设计为：

```
void gpio_set(uint16_t port_pin, uint8_t state);
```

(3) 获得引脚状态(gpio_get)

对于输入，通过函数获得引脚的状态是高电平(逻辑 1)还是低电平(逻辑 0)，入口参数应该是哪个引脚，函数需要返回值。这样设置引脚状态的函数原型可以设计为：

```
uint8_t gpio_get(uint16_t port_pin);
```

(4) 引脚状态反转(void gpio_reverse)

类似的分析，可以设计引脚状态反转函数的原型为：

```
void gpio_reverse(uint16_t port_pin);
```

(5) 引脚上下拉使能函数(void gpio_pull)

若引脚被设置成输入，则可以设定内部上下拉。引脚上下拉使能函数的原型为：

```
void gpio_pull(uint16_t port_pin, uint8_t pullselect);
```

这些函数满足了对 GPIO 操作的基本需求。还有中断使能与禁止[①]、引脚驱动能力等函数，比较深的内容可暂时略过，使用或深入学习时参考 GPIO 构件即可。要实现 GPIO 驱动构件的这几个函数，给出清晰的接口、良好的封装、简洁的说明与注释、规范的编程风格等，需要一些准备工作，下一小节给出构件封装基本规范与前期准备。

根据构件生产的基本要求设计的第一个构件——GPIO 驱动构件，由头文件 gpio.h 与源程序文件 gpio.c 两个文件组成，头文件是使用说明。MCU 的基础构件放在工程的"..\03_MCU\MCU_drivers"文件夹下。

在 4.2.1 小节中介绍 GPIO 驱动构件时已对头文件做了较为详细的说明，此处不再赘述。

4. GPIO 驱动构件源程序文件(gpio.c)

GPIO 驱动构件的源程序文件"..\03_MCU\MCU_drivers\gpio.c"中实现的对外接口函数，主要是对相关寄存器进行配置，从而完成构件的基本功能。构件内部使用的函数也在构件源程序文件中定义。下面给出部分函数的源代码。

```
//===========================================================
//文件名称：gpio.c
//功能概要：GPIO底层驱动构件源文件
//版权所有：苏州大学嵌入式系统与物联网研究所(http://sumcu.suda.edu.cn)
//版本更新：20210520-20220219
//芯片类型：CH32V307
```

① 关于使能(Enable)与禁止(Disable)中断，文献中有多种中文翻译，如使能、开启；除能、关闭等，本书统一使用使能中断与禁止中断术语。

```
//============================================================
#include "gpio.h"

//GPIO 口基地址放入常数数据组 GPIO_ARR[0]~GPIO_ARR[5]中
GPIO_TypeDef * GPIO_ARR[] =
      {(GPIO_TypeDef *)GPIOA_BASE,(GPIO_TypeDef *)GPIOB_BASE,
       (GPIO_TypeDef *)GPIOC_BASE,(GPIO_TypeDef *)GPIOD_BASE,
       (GPIO_TypeDef *)GPIOE_BASE};
//====定义扩展中断 IRQ 号对应表====
IRQn_Type table_irq_exti[7] = {EXTI0_IRQn, EXTI1_IRQn, EXTI2_IRQn,
       EXTI3_IRQn, EXTI4_IRQn, EXTI9_5_IRQn, EXTI15_10_IRQn};
//内部函数声明
void gpio_get_port_pin(uint16_t port_pin,uint8_t * port,uint8_t * pin);
void GPIO_EXTILineConfig(uint8_t port, uint8_t pin);
//============================================================
//函数名称:gpio_init
//函数返回:无
//参数说明:port_pin:(端口号)|(引脚号)(如:(PTB_NUM)|(9) 表示为 B 口 9 号脚)
//          dir:引脚方向(0=输入,1=输出,可用引脚方向宏定义)
//          state:端口引脚初始状态(0=低电平,1=高电平)
//功能概要:初始化指定端口引脚作为 GPIO 引脚功能,并定义为输入或输出,若是输出,
//          还指定初始状态是低电平或高电平
//============================================================
void gpio_init(uint16_t port_pin, uint8_t dir, uint8_t state)
{
    GPIO_TypeDef * gpio_ptr;        // 声明 gpio_ptr 为 GPIO 结构体类型指针
    uint8_t port,pin;               // 声明端口 port、引脚 pin 变量
    uint32_t temp;                  // 临时存放寄存器里的值
    //根据代入参数 port_pin,解析出端口与引脚分别赋给 port,pin
    gpio_get_port_pin(port_pin,&port,&pin);
    //根据入口参数 port,给局部变量 gpio_ptr 赋值(GPIO 基地址)
gpio_ptr = GPIO_ARR[port];
    //使能相应 GPIO 时钟
    RCC->APB2PCENR |= (RCC_IOPAEN << (port * 1u));
    if(pin <= 0x07)
    {
        // 清 GPIO 模式寄存器对应引脚位
        temp = gpio_ptr->CFGLR;
        temp &= ~(GPIO_CFGLR_CNF0 << (pin * 4u));
        // 根据入口参数 dir,定义引脚为输出或输入
        if(dir == 1)                // 定义为输出引脚
        {
            temp |= (GPIO_OUTPUT << (pin * 4u));
            gpio_ptr->CFGLR = temp;
            gpio_set(port_pin,state);//调用 gpio_set 函数,设定引脚初始状态
        }
```

```
        else                          // 定义为输入引脚
        {
            temp |= (GPIO_INPUT << (pin * 4u));
            gpio_ptr->CFGLR = temp;
        }
    }
    if(pin > 0x07)
    {
        //清 GPIO 模式寄存器对应引脚位
        temp = gpio_ptr->CFGHR;
        temp &= ~(GPIO_CFGHR_CNF8 << (port * 4u));
        if(dir == 1)            //定义为输出引脚 *
        {
            temp |= (GPIO_OUTPUT << (pin * 4u));
            gpio_ptr->CFGHR = temp;
            gpio_set(port_pin,state);
        }
        else                          //定义为输入引脚
        {
            temp |= (GPIO_INPUT << (pin * 4u));
            gpio_ptr->CFGHR = temp;
        }
    }
}
(限于篇幅,省略其他函数实现,见电子资源)
```

下面对源码中的结构体类型、有关地址、编码的书写问题做简要说明。

(1) 结构体类型

在工程文件夹的芯片头文件("..\03_MCU\startup\ch32v10x.h")中,有端口寄存器结构体,把端口模块的编程寄存器用结构体类型(GPIO_TypeDef)封装起来。

```
typedef struct
{
  __IO uint32_t      CFGLR;
  __IO uint32_t      CFGHR;
  __IO uint32_t      INDR;
  __IO uint32_t      OUTDR;
  __IO uint32_t      BSHR;
  __IO uint32_t      BCR;
  __IO uint32_t      LCKR;
} GPIO_TypeDef;
```

(2) 端口模块及 GPIO 模块各口基地址

CH32V307VCT6 的 GPIO 模块各口基地址也在芯片头文件(ch32v30x.h)中以宏常数方

式给出，本程序直接作为指针常量。

(3) 编程与注释风格

读者需要仔细分析本构件的编程与注释风格，从开始就规范起来，这样就会逐步养成良好的编程习惯。特别注意，不要编写令人难以看懂的程序，不要把简单问题复杂化，不要使用不必要的宏。

4.5 第一个汇编语言工程：控制小灯闪烁

汇编语言编程给人的第一感觉就是难，相对于 C 语言编程，汇编语言在编程的直观性、编程效率以及可读性等方面都有所欠缺，但掌握基本的汇编语言编程方法是嵌入式学习的基本功，可以增加嵌入式编程者的“内力”。

在本书教学资料中提供的开发环境中，汇编程序是通过工程的方式组织起来的。汇编工程通常包含芯片相关的程序框架文件、软件构件文件、工程设置文件、主程序文件及抽象构件文件等。下面将结合第一个汇编工程实例，讲解上述的文件概念，并简要分析汇编工程的组成、汇编程序文件的编写规范、软硬件模块的合理划分等。读者若能认真分析与实践第一个汇编实例程序，可以达到由此入门的目的。

4.5.1 汇编工程文件的组织

汇编工程的样例在“..\ CH04-GPIO\GPIO-asm”文件夹中。本汇编工程类似 C 工程，仍然按构件方式进行组织。图 4-4 给出了小灯闪烁汇编工程的树形结构，主要包括 MCU 相关头文件夹、底层驱动构件文件夹、Debug 工程输出文件夹、程序文件夹等。读者按照理解 C 工程的方式，理解这个结构。

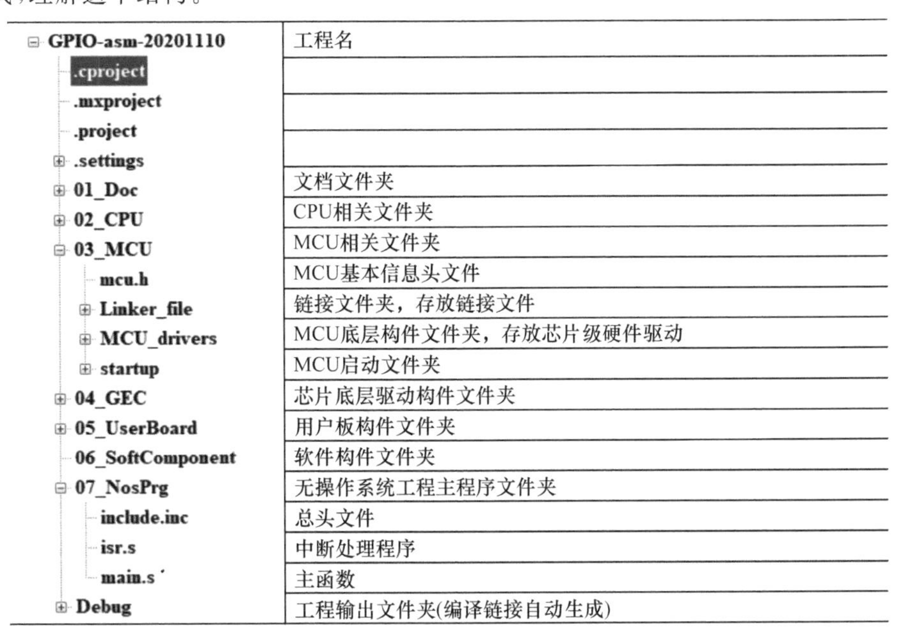

图 4-4　小灯闪烁汇编工程的树形结构

汇编工程仅包含一个汇编主程序文件，该文件名固定为 main.s。汇编程序的主体是程序的主干，要尽可能简洁、清晰、明了，程序中的其余功能，尽量由子程序去完成，主程序主要完成对子程序的循环调用。主程序文件 main.s 包含以下内容：

① **工程描述。**工程名、程序描述、版本、日期等。

② **包含总头文件。**声明全局变量和包含主程序文件中需要的头文件、宏定义等。

③ **主程序。**主程序一般包括初始化与主循环两大部分。初始化包括堆栈初始化、系统初始化、I/O 端口初始化、中断初始化等。主循环是程序的工作循环，根据实际需要安排程序段，但一般不宜过长，建议不要超过 100 行，具体功能可通过调用子程序实现，或由中断程序实现。

④ **内部直接调用子程序。**若有不单独存盘的子程序，建议放在此处。这样在主程序总循环的最后一个语句就可以看到这些子程序。每个子程序不要超过 100 行。若有更多的子程序，请单独存盘，单独测试。

4.5.2 汇编语言小灯测试工程主程序

1. 小灯测试工程主程序

该工程使用汇编语言来点亮蓝灯，main.s 的代码如下：

```
/* ==============================================================
// 文件名称：main.s
// 功能概要：汇编编程调用 GPIO 构件控制小灯闪烁(利用 printf 输出提示信息)
// 版权所有：苏州大学嵌入式系统与物联网研究所(http://sumcu.suda.edu.cn)
// 版本更新：20210916-20220108
// ============================================================  */
.include "include.inc"     /* 头文件中主要定义了程序中需要使用到的一些常量 */
/*(0)数据段与代码段的定义 */
/*(0.1)定义数据存储 data 段开始，实际数据存储在 RAM 中 */
.section .data
/*(0.1.1)定义需要输出的字符串，标号即为字符串首地址，\0 为字符串结束标志 */
hello_information:              /* 字符串标号 */
    .string"-------------------------------------------------------------\n"
    .string"金葫芦提示：                                                  \n"
    .string"LIGHT:ON -- 第一次用纯汇编点亮的蓝色发光二极管，太棒了！       \n"
    .string"           这只是万里长征第一步，但是，万事开头难，            \n"
    .string"           有了第一步，坚持下去，定有收获！                    \n"
    .string"-------------------------------------------------------------\n\0"
data_format:
    .ascii "%d\n\0"                       /* printf 使用的数据格式控制符 */
light_show1:
    .ascii "LIGHT_BLUE:ON -- \n\0"        /* 灯亮状态提示 */
light_show2:
    .ascii "LIGHT_BLUE:OFF -- \n\0"       /* 灯暗状态提示 */
light_show3:
    .ascii "闪烁次数 mLightCount = \0"    /* 闪烁次数提示 */
```

```
/＊(0.1.2)定义变量
.align 4                  /＊ .word 格式四字节对齐 ＊/
mMainLoopCount：          /＊定义主循环次数变量 ＊/
    .word 0
mFlag：                   /＊定义灯的状态标志,1 为亮,0 为暗 ＊/
    .byte 'A'
.align 4
mLightCount：
    .word 0

/＊(0.2)定义代码存储 text 段开始,实际代码存储在 Flash 中 ＊/
.section   .text
.type main function           /＊ 声明 main 为函数类型 ＊/
.global main                  /＊将 main 定义成全局函数,便于芯片初始化之后调用 ＊/
.align 2                      /＊指令和数据采用 2 字节对齐 ＊/

/＊ -------------------------------------------------------------------＊/
/＊ main.c 使用的内部函数声明处 ＊/
/＊ -------------------------------------------------------------------＊/
/＊主函数,一般情况下可以认为程序从此开始运行(实际上有启动过程) ＊/
main：
/＊(1) =====启动部分(开头)主循环前的初始化工作 ======================＊/
/＊(1.1)声明 main 函数使用的局部变量 ＊/

/＊(1.2)【不变】关总中断 ＊/

/＊(1.3)给主函数使用的局部变量赋初值 ＊/

/＊(1.4)给全局变量赋初值
ADDI  sp,  sp,  -16              /＊ 分配栈帧 ＊/
SW ra,  12(sp)                   /＊ 存储放回地址 ＊/
/＊(1.5)用户外设模块初始化 ＊/
/＊初始化蓝灯，a0、a1、a2 是 gpio_init 的入口参数 ＊/
  LI a0, LIGHT_RED               /＊ a0 指明端口和引脚 ＊/
  LI a1, GPIO_OUTPUT             /＊ a1 指明引脚方向为输出 ＊/
  LI a2, LIGHT_OFF               /＊ a2 指明引脚的初始状态为亮 ＊/
  CALL  gpio_init                /＊ 调用 gpio 初始化函数 ＊/
/＊初始化串口 UART_User
  LI a0, UART_User               /＊ 串口号 ＊/
  LI a1, UART_BAUD               /＊ 波特率 ＊/

  CALL uart_init                 /＊ 调用 uart 初始化函数 ＊/
  CALL Delay_Init                /＊ 初始化延时函数 ＊/
/＊(1.6)使能模块中断 ＊/
```

```
LI a0, UART_User                  /* 串口号 */
  CALL   uart_enable_re_int       /* 调用 uart 中断使能函数 */

/*(1.7)【不变】开总中断 */

/* 显示 hello_information 定义的字符串 */
    LA a0, hello_information      /* 待显示字符串首地址 */
    CALL   printf                 /* 调用 printf 显示字符串 */

  /* CALL .   /* 在此打桩(.表示当前地址),理解发光二极管为何亮起来了 */

/*(1)======启动部分(结尾)=========================================*/
    LA a5,   mMainLoopCount
/*(2)======主循环部分(开头)=======================================*/
main_loop:                        /* 主循环标签(开头) */
/*(2.1)主循环次数变量 mMainLoopCount+1   */
        ADDI a5, a5,   1
/*(2.2)未达到主循环次数设定值,继续循环 */
        LI a2, MainLoopNUM
        BLTU a5, a3,   main_loop   /* 未达到,继续循环 */
/*(2.3)达到主循环次数设定值,执行下列语句,进行灯的亮暗处理 */
/*(2.3.1)清除循环次数变量 */
        LA a2, mMainLoopCount     /* a2←mMainLoopCount 的地址 */
        LI a1, 0
        SW a1, 0(a2)
/*(2.3.2)如灯状态标志 mFlag 为'L',灯的闪烁次数+1 并显示,改变灯状态及标志 */
        /* 判断灯的状态标志 */
        LA a2, mFlag
        LH t6, 0(a2)
        LI   t5,'L'
        BNE t6, t5,   main_light_off           /* mFlag 不等于'L'转 */
        /* mFlag 等于'L'情况
        LA a3, mLightCount                     /* 灯的闪烁次数 mLightCount+1 */
        LH a1, 0(a3)
        ADDI a1, a1, 1
        SW a1, 0(a3)
        LA a0, light_show3                     /* 显示"灯的闪烁次数 mLightCount=" */
        CALL   printf
        LA a0, data_format                     /* 显示灯的闪烁次数值 */
        LA a2, mLightCount
        LH a1, 0(a2)
        CALL   printf
        LA a2, mFlag                           /* 灯的状态标志改为'A'  */
        LI t4, #'A'
        SW t4, 0(a2)
```

```
        LI a0, LIGHT_RED                          /* 亮灯 */
        LI a1, LIGHT_ON
        CALL  gpio_set
        LA a0, light_show1                        /* 显示灯亮提示 */
        CALL  printf
        /* mFlag 等于'L'情况处理完毕,转 */
        J main_exit
/*(2.3.3)如灯状态标志 mFlag 为'A',改变灯状态及标志 */
main_light_off:
        LA a2, mFlag                              /* 灯的状态标志改为'L' */
        LI t4, 'L'
        SW t4, 0(a2)
        LI a0, LIGHT_RED                          /* 暗灯 */
        LI a1, = LIGHT_OFF
        CALL  gpio_set
        LA a0, light_show2                        /* 显示灯暗提示 */
        CALL  printf
main_exit:
        LI a5, 0
        J main_loop                               /* 继续循环 */
/*(2) ====== 主循环部分(结尾) ======================================*/
/*释放栈 */
        LW ra, 12(sp)                             /* 恢复返回地址 */
        ADDI sp, sp,16                            /* 释放栈帧 */
        LI a0, 0                                  /* 读取返回值 0 */
        RET                                       /* 返回 */
        .end                                      /* 整个程序结束标志(结尾)*/
```

2. 汇编工程运行过程

当芯片内电复位或热复位后,系统程序的运行过程可分为两部分:main 函数之前的运行和 main 函数之后的运行。

mian 函数之前的运行过程可以参考 4.3.2 小节加以体会和理解。下面对 main 函数之后的运行过程作简要分析。

① 进入 main 函数后先对所用到的模块进行初始化,比如小灯端口引脚的初始化,小灯引脚复用设置为 GPIO 功能,设置引脚方向为输出,设置输出为高电平,这样蓝色小灯就可以被点亮。

② 当某个中断发生后,MCU 将转到中断向量表文件 isr.s 所指定的中断入口地址处开始运行中断服务例程(Interrupt Service Routine,ISR),因为该小灯程序没有中断向量表文件,所以此处就不再描述汇编中断程序。深入学习的读者,不难完成此任务。

4.6 实验一 熟悉实验开发环境及GPIO编程

结构合理、条理清晰的程序结构，有助于提高程序的可移植性与可复用性，有利于程序的维护。学习嵌入式软件编程，从一开始就养成规范编程的习惯，将为未来发展打下坚实的基础。这是第一个实验，目的是以通用输入/输出为例，达到熟悉实验开发环境、理解规范编程结构、掌握基本调试方法等目的。

1. 实验目的

本实验通过编程控制LED小灯，体会GPIO输出作用，可扩展控制蜂鸣器、继电器等；通过编程获取引脚状态，体会GPIO输入作用，可用于获取开关的状态，主要目的如下：

① 了解集成开发环境的安装与基本使用方法。

② 掌握GPIO构件基本应用方法，理解第一个C程序框架结构，了解汇编语言与C语言如何相互调用。

③ 掌握硬件系统的软件测试方法，初步理解printf输出调试的基本方法。

2. 实验准备

① 硬件部分。PC机或笔记本电脑一台、本书配套的AHL-CH32V307开发套件一套。

② 软件部分。从苏州大学嵌入式学习社区网站，按照本书1.1.2小节，下载合适的电子资源。

③ 软件环境。按照本书1.1.2小节，进行有关软件工具的安装。

3. 参考样例

① “..\04-Software\GPIO\GPIO-Output-DirectAddress”。该程序使用直接地址编程方式，点亮一个发光二极管。从中可了解到，模块的哪个寄存器的哪一位变化使得发光二极管亮了，由此理解硬件是如何干预软件的。但这个程序不作为标准应用编程模板，因为要真正进行规范的嵌入式软件编程，必须封装底层驱动构件，在此基础上进行嵌入式软件开发。

② “..\04-Software\GPIO\GPIO-Output-Component”。该程序通过调用GPIO驱动构件的方式，使得一个发光二极管闪烁。使用构件方式编程干预硬件是今后编程的基本方式。而使用直接地址编程方式干预硬件，仅用于底层驱动构件制作过程中的第一阶段(打通硬件)，为构件封装做准备。

4. 实验过程或要求

(1) 验证性实验

① 下载开发环境。

② 建立自己的工作文件夹。**按照“分门别类，各有归处”的原则**，建立自己的工作文件夹，并考虑随后内容安排，建立其下级子文件夹。

③ 拷贝模板工程并重命名。所有工程可通过拷贝模板工程建立。例如，拷贝“..\04-

Software\ GPIO\GPIO-Output-DirectAddress”工程到自己的工作文件夹,可以改为自己确定的工程名,建议尾端增加“-220109”字样,表示日期,避免混乱。

④ 导入工程。打开集成开发环境 AHL－GEC－IDE。接着选择“文件”→“导入工程”→导入,拷贝到自己文件夹并重新命名的工程。导入工程后,左侧为工程树形目录,右侧为文件内容编辑区,初始显示 main. c 文件的内容。此时,与图 4－5 基本一致。

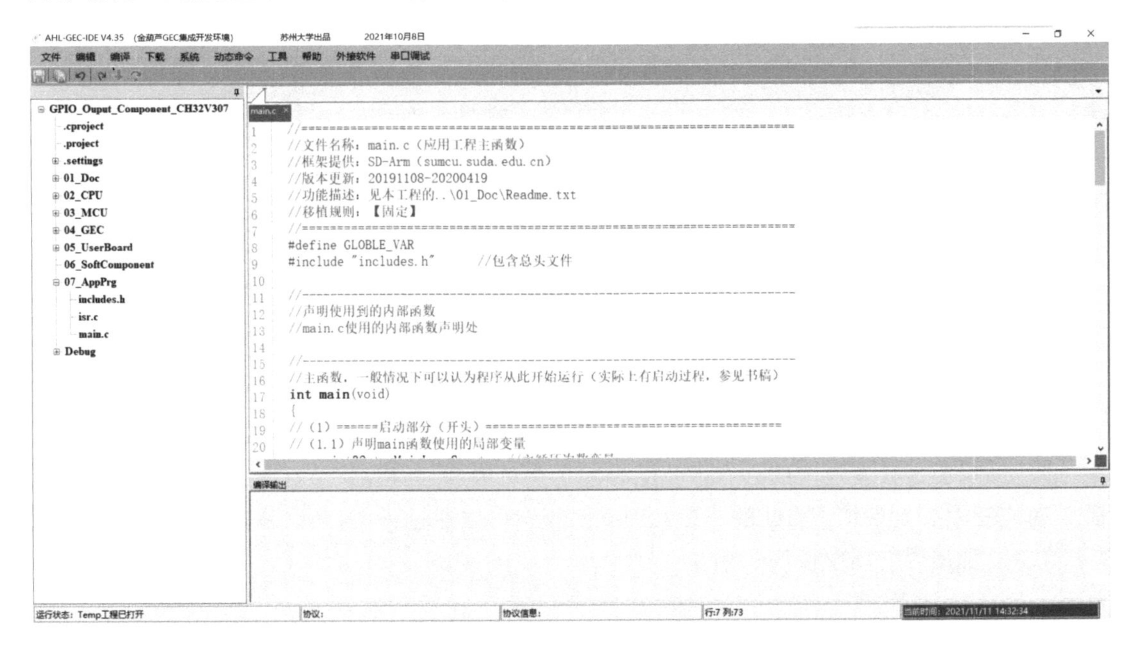

图 4－5　AHL-GEC-IDE 界面

⑤ 编译工程。在打开工程,并显示文件内容的前提下,可编译工程。选择“编译”→“编译工程”,则开始编译。

⑥ 下载并运行。

步骤 1,硬件连接。用 Type－C 线连接 GEC 底板上的 Type－C 口与电脑的 USB 口。

步骤 2,软件连接。单击“下载”→“串口更新”,将进入更新窗体界面。单击“连接 GEC”查找到目标 GEC,则提示“串口号＋BIOS 版本号”。

步骤 3,下载机器码。点击“选择文件”按钮导入被编译工程目录下 Debug 中的. hex 文件,例如:GPIO-Output-DirectAddress_CH32V307. hex 文件,然后单击“一键自动更新”按钮,等待程序自动更新完成。

⑦ 观察运行结果与程序的对应。第一个程序运行结果(PC 机界面显示情况)如图 4-6 所示。

⑧ 继续验证其他样例。对于“.. \04-Software\CH04”文件夹下提供的每个样例,均进行体验、理解执行过程(从 main 函数为启动理解即可)。特别是,可以使用“for(;;){　}”打个“桩”,这里“桩”特指运行到这里“看结果”,“桩”前面可以放“printf”语句,充分利用本开发环境的下载后立即运行及 printf 函数同步显示功能,进行基本语句功能测试。测试正确之后,删除 printf 语句及“桩”,继续后续编程。相对于更复杂的调试方法,这种方法十分简便。初学时,每编写几条语句,就可利用这种方法进行测试。不要编写过多语句再测试,有时找错会花太多时间。

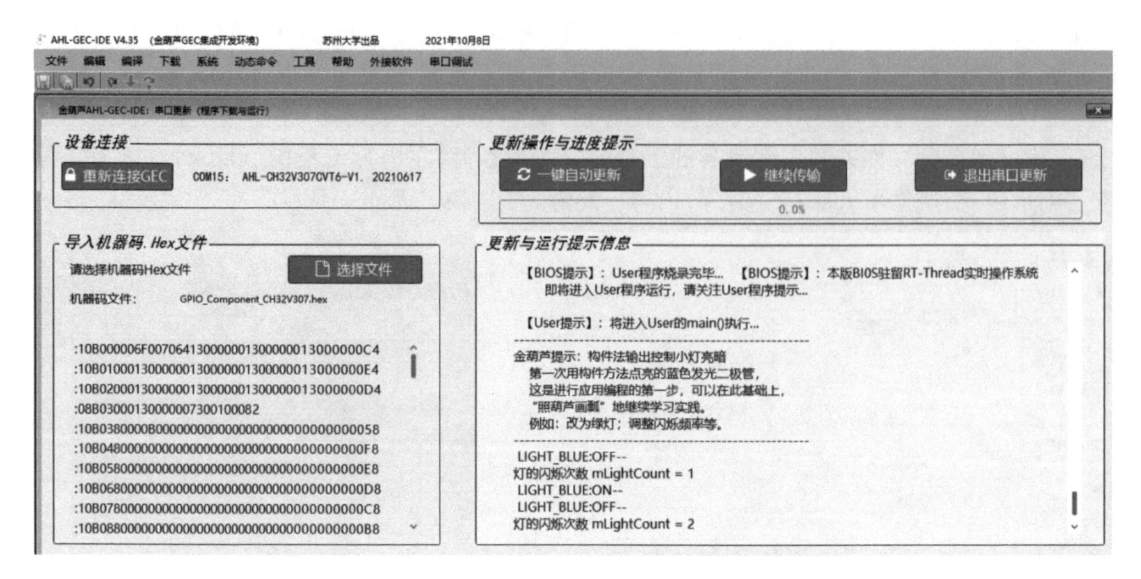

图 4-6 第一个程序运行结果(PC 机界面显示情况)

(2) 设计性实验

自行编程实现开发板上的红蓝绿及组合颜色交替闪烁。LED 三色灯电路原理图如图 3-4 所示，对应三个控制端接 MCU 的三个 GPIO 引脚。可以通过程序，测试你使用的开发套件中的发光二极管是否与图中接法一致。

(3) 进阶实验

① 用直接地址编程方式，实现设计性实验。

② 用汇编语言编程方式，实现设计性实验。

5. 实验报告要求

① 基本掌握 Word 文档的排版方法。

② 用适当文字、图表描述实验过程。

③ 用 200～300 字写出实验体会。

④ 在实验报告中完成实践性问答题。

6. 实践性问答题

① X &= ~(1<<3)的目的是什么？X |= (1<<3)的目的是什么？给出详细演算过程，举例说明其用途。

② volatile 的作用是什么？举例说明其使用的地方。

③ 给出一个全局变量的地址。

④ 集成的红绿蓝三色灯最多可以实现几种不同颜色 LED 灯的显示？通过实验给出组合列表。

⑤ 给出获得一个开关量状态的基本编程步骤。

本章小结

本章作为全书的重点和难点之一，给出了 MCU 的 C 语言工程编程框架，对第一个 C 语言入门工程进行了较为详尽的阐述。透彻理解工程的组织原则、组织方式及运行过程，对后续的学习将会有很大的铺垫作用。

1. 关于 GPIO 的基本概念

GPIO 是输入/输出的最基本形式，MCU 的引脚若作为 GPIO 输入引脚，即开关量输入，其含义就是 MCU 内部程序可以获取该引脚的状态：是高电平 1，或是低电平 0。若作为输出引脚，即开关量输出，其含义就是 MCU 内部程序可以控制该引脚的状态：是高电平 1，或是低电平 0。希望掌握开关量输入/输出电路的基本连接方法。

2. 关于基于构件的程序框架

本章通过点亮一盏小灯的过程来开启嵌入式学习之旅，基于从简单到复杂的学习思路，4.2 节给出了一个基于构件点亮小灯的工程样例，并以此为基础讲述程序框架组织以及各文件的功能。嵌入式系统工程往往包含许多文件，有程序文件、头文件、与编译调试相关的文件、工程说明文件、开发环境生成文件等，合理组织这些文件、规范工程组织，可以提高项目的开发效率和可维护性，工程组织应体现嵌入式软件工程的基本原则与基本思想。本书提供的工程框架主要包括 01_Doc、02_CPU、03_MCU、04_GEC、05_UserBoard、06_SoftComponent、07_AppPrg 共 7 个文件夹，每个文件夹下存放不同功能的文件，通过文件夹的名称可直接体现出来，用户今后在使用时无需新建工程，复制后改名即为新工程。主程序文件 main. c 是应用程序的启动后总入口，main 函数即在该文件中实现。应用程序的执行，一共有两条独立的线路，一条是 main 函数中的永久循环线，另一条是中断线。在 isr. c 文件中编程，将在第 6 章中阐述。若有操作系统，则在这里启动操作系统的调度器。

3. 关于构件的设计过程

为了一开始就进行规范编程，4.4 节给出了 GPIO 驱动构件封装方法与驱动构件封装规范简要说明。在实际工程应用中，为了提高程序的可移植性，不能在所有的程序中都直接操作对应的寄存器，需要将对底层的操作封装成构件，对外提供接口函数，上层只需在调用时传进对应的参数即可完成相应功能，具体封装时用. c 文件保存构件的实现代码，用. h 文件保存需对外提供的完整函数信息及必要的说明。4.4 节中给出了 GPIO 构件的设计方法，在 GPIO 构件中设计了引脚初始化(gpio_init)、设定引脚状态(gpio_set)、获取引脚状态(gpio_get)等基本函数，使用这些接口函数可基本完成对 GPIO 引脚的操作。

4. 关于汇编工程样例

本章 4.5 节给出了一个规范的汇编工程样例，供汇编入门使用，读者可以实际调试理解该样例工程，达到初步理解汇编语言编程的目的。对于嵌入式初学者来说，理解一个汇编语言程序是十分必要的。

习　题

1. 举例给出使用对直接映像地址赋值的方法，实现对一盏小灯编程控制的程序语句。

2. 在第一个样例程序的工程组织图中，哪些文件是由用户编写的？哪些是由开发环境编译链接产生的？

3. 简述第一个样例程序的运行过程。

4. 给出链接文件的功能要点。

5. 说明全局变量在哪个文件中声明，在哪个文件中给全局变量赋初值，举例说明一个全局变量的存放地址。

6. 自行完成一个汇编工程，功能、难易程度自定。

7. 从寄存器的角度对 GPIO 编程，GPIO 的输出有推挽输出与开漏输出两种类型，说明其应用场合。基础的 GPIO 构件中，默认是什么输出类型？

8. 从寄存器的角度对 GPIO 编程，GPIO 的输出有输出速度问题，为什么封装基础构件时，不把输出速度作为形式参数？

第5章　嵌入式硬件构件与底层驱动构件基本规范

本章导读:本章主要分析嵌入式系统构件化设计的重要性和必要性,给出嵌入式硬件构件的概念、嵌入式硬件构件的分类,以及基于嵌入式硬件构件的电路原理图设计简明规则;给出嵌入式底层驱动构件的概念与层次模型;给出底层驱动构件的封装规范,包括构件设计的基本思想与基本原则、编码风格的基本规范、头文件及源程序设计规范;给出硬件构件及底层软件构件的重用与移植方法。本章的目的是通过一定的规范,提高嵌入式软硬件设计的可重用性和可移植性。

5.1　嵌入式硬件构件

机械、建筑等传统产业的运作模式是先生产符合标准的构件(零部件),然后将标准构件按照规则组装成实际产品。其中,构件(component)是核心和基础,复用是必需的手段。传统产业的成功充分证明了这种模式的可行性和正确性。软件产业的发展借鉴了这种模式,为标准软件构件的生产和复用确立了举足轻重的地位。

随着微控制器和应用处理器内部Flash存储器可靠性的提高及擦写方式的变化,内部RAM及Flash存储器容量的增大,以及外部模块内置化程度的提高,嵌入式系统的设计复杂性、设计规模及开发手段都已发生了根本性变化。在嵌入式系统发展的最初阶段,嵌入式系统硬件和软件设计通常是由一个工程师来承担,软件在整个工作中的比例很小。随着时间的推移,硬件设计变得越来越复杂,软件的分量也急剧增长,嵌入式开发人员也由一人发展为由若干人组成的开发团队。为此希望提高软硬件设计的可复用性与可移植性,构件的设计和应用是复用与移植的基础和保障。

5.1.1　嵌入式硬件构件概念与嵌入式硬件构件分类

要提高硬件设计的可重用性与可移植性,就必须有工程师共同遵守的硬件设计规范。设计人员若凭借个人工作经验和习惯的积累进行系统硬件电路的设计,在开发完一个嵌入式应用系统后进行下一个应用开发时,硬件电路原理图往往需要从零开始,并重新绘制;或者在一个类似的原理图上修改,但这样容易出错。因此,要把构件的思想引入硬件原理图设计中。

1. 嵌入式硬件构件概念

什么是嵌入式硬件构件?它与人们常说的硬件模块有什么不同?

众所周知,嵌入式硬件是任何嵌入式产品不可分割的重要组成部分,是整个嵌入式系统构建的基础,嵌入式应用程序和操作系统都运行在特定的硬件体系上。一个以 MCU 为核心的嵌入式系统通常包括电源、写入器接口电路、硬件支撑电路、UART、USB、Flash、A/D、D/A、LCD、键盘、传感器输入电路、通信电路、信号放大电路和驱动电路等硬件模块。其中,有些模块集成在 MCU 内部,有些模块位于 MCU 之外。

与硬件模块的概念不同,**嵌入式硬件构件是指将一个或多个硬件功能模块、支撑电路及其功能描述封装成一个可重用的硬件实体,并提供一系列规范的输入/输出接口。**由定义可知,传统概念中的硬件模块是硬件构件的组成部分,一个硬件构件可能包含一个或多个硬件功能模块。

2. 嵌入式硬件构件分类

根据接口之间的生产消费关系,**接口可分为供给接口和需求接口两类。**根据所拥有接口类型的不同,硬件构件分为**核心构件、中间构件和终端构件**三种类型。**核心构件**只有供给接口,没有需求接口。也就是说,它只为其他硬件构件提供服务,而不接受服务。在以单 MCU 为核心的嵌入式系统中,MCU 的最小系统就是典型的核心构件。**中间构件**既有需求接口又有供给接口,即它不仅能够接受其他构件提供的服务,而且也能够为其他构件提供服务。而**终端构件**只有需求接口,它只接受其他构件提供的服务。这三种类型构件的区别如表 5-1 所列。

表 5-1 核心构件、中间构件和终端构件的区别

类 型	供给接口	需求接口	举 例
核心构件	有	无	芯片的硬件最小系统
中间构件	有	有	电源控制构件、232 电平转换构件
终端构件	无	有	LCD 构件、LED 构件、键盘构件

利用硬件构件进行嵌入式系统硬件设计之前,应该进行硬件构件的合理划分,按照一定规则,设计与系统目标功能无关的构件个体,然后进行“组装”,完成具体系统的硬件设计。这样,这些构件个体也可以被组装到其他嵌入式系统中。在硬件构件被应用到具体系统时,在绘制电路原理图阶段,设计人员需要做的仅仅是为需求接口添加接口**网标**[①]。

5.1.2 基于嵌入式硬件构件的电路原理图设计简明规则

在绘制原理图时,一个硬件构件使用一个虚线框,把硬件构件的电路及文字描述框在其中,对外接口引到虚线框之外,填上接口网标。

1. 硬件构件设计的通用规则

在设计硬件构件的电路原理图时,需遵循以下基本原则:

① 元器件命名格式。对于核心构件,其元器件直接编号命名,同种类型的元器件命名时

① 电路原理图中网标是指一种连线标识名称,凡是网标相同的地方,表示是连接在一起的。与此对应的还有一种标识,就是文字标识,它仅仅是一种注释说明,不具备电路连接功能。

冠以相同的字母前缀。例如，电阻名称为 R1、R2 等，电容名称为 C1、C2 等，电感名称为 L1、L2 等，指示灯名称为 E1、E2 等，二极管名称为 D1、D2 等，三极管名称为 Q1、Q2 等，开关名称为 K1、K2 等。对于中间构件和终端构件，其元器件命名格式采用“构件名-标志字符?”。例如，LCD 构件中所有的电阻名称统一为“LCD-R?”，电容名称统一为“LCD-C?”。当构件原理图应用到具体系统中时，可借助原理图编辑软件为其自动编号。

② 为硬件构件添加详细的文字描述，包括中文名称、英文名称、功能描述、接口描述、注意事项等，以增强原理图的可读性。中英文名称应简洁明了。

③ 将前两步产生的内容封装在一个虚线框内，组成硬件构件的内部实体。

④ 为该硬件构件添加与其他构件交互的输入/输出接口标识。接口标识有两种：接口注释和接口网标。它们的区别是：接口注释标于虚线框以内，是为构件接口所做的解释性文字，目的是帮助设计人员在使用该构件时，理解该接口的含义和功能；而接口网标位于虚线框之外，且具有电路连接特性。为便于读者区分，接口注释采用斜体字。

在进行核心构件、中间构件和终端构件的设计时，除了要遵循上述的通用规则外，还要兼顾各自的接口特性、地位和作用。

2. 核心构件设计规则

设计核心构件时，需考虑的问题是：“核心构件能为其他构件提供哪些信号?”核心构件其实就是某型号 MCU 的硬件最小系统。**核心构件设计的目标是：凡使用该 MCU 进行硬件系统设计时，核心构件可以直接“组装”到系统中，无须任何改动。**为了实现这一目标，在设计核心构件的实体时必须考虑细致、周全，包括稳定性、扩展性等，封装要完整。由于核心构件的接口都是为其他构件提供服务的，因此接口标识均为接口网标。在进行接口设计时，需将所有可能使用到的引脚都标注接口网标(无须考虑核心构件将会用到怎样的系统中去)。若同一引脚具有不同功能，则接口网标依据第一功能选项命名。遵循上述规则设计核心构件的好处是：当用核心构件与其他构件一起组装系统时，只要考虑其他构件将要连接到核心构件的哪个接口(无须考虑核心构件将要连接到其他构件的哪个接口)即可。这也符合设计人员的思维习惯。

3. 中间构件设计规则

设计中间构件时，需考虑的问题是：“中间构件需要接收哪些信号，以及提供哪些信号?”中间构件是核心构件与终端构件之间通信的桥梁。在进行中间构件的实体封装时，实体的涉及范围应从构件功能和编程接口两方面考虑。一个中间构件应具有明确的且相对独立的功能，它既要有接收其他构件提供服务的接口，即需求接口，又要有为其他构件提供服务的接口，即供给接口。描述需求接口采用接口注释，处于虚线框内；描述供给接口采用接口网标，处于虚线框外。

中间构件的接口数目没有核心构件那样丰富。为了直观起见，在设计中间构件时，应将构件的需求接口放置在构件实体的左侧，供给接口放置在构件实体的右侧。接口网标的命名规则是：构件名称-引脚信号/功能名称。而接口注释名称前的构件名称可有可无，它的命名隐含了相应的引脚功能。

如图 5-1 和图 5-2 所示，电源控制构件和可变频率产生构件是常用的中间构件。图 5-1 中的 Power-IN 和图 5-2 中的 SDI、SCK 和 SEN 均为接口注释，Power-OUT 和 LTC6903-

OUT 均为接口网标。

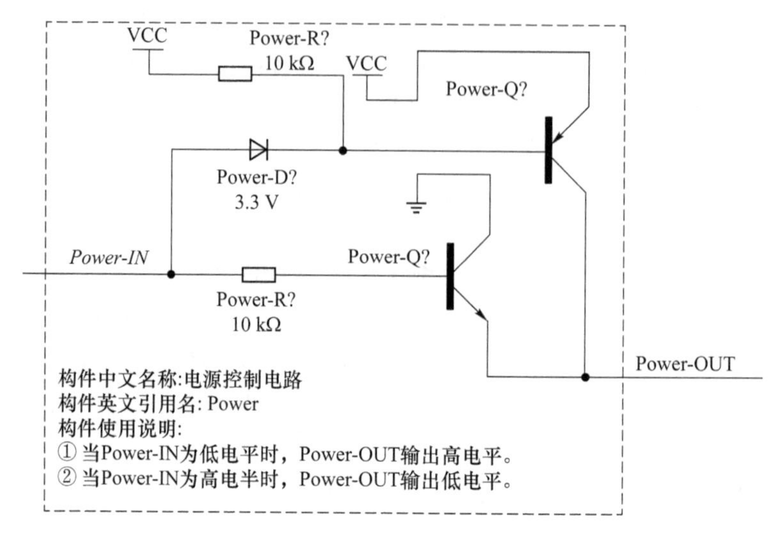

图 5-1　电源控制构件

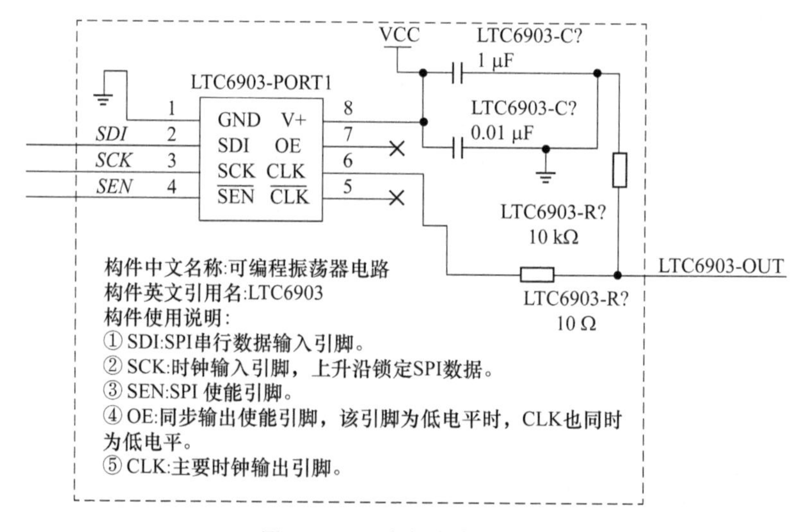

图 5-2　可变频率产生构件

4. 终端构件设计规则

设计终端构件时，需考虑的问题是："终端构件需要什么信号才能工作?"终端构件是嵌入式系统中最常见的构件，它没有供给接口，仅有与上一级构件交付的需求接口，因而接口标识均为斜体标注的接口注释。LCD(YM1602C)构件、LED 构件、指示灯构件及键盘构件等都是典型的终端构件，如图 5-3 和图 5-4 所示。

5. 使用硬件构件组装系统的方法

对于核心构件，在应用到具体的系统中时，不必做任何改动。具有相同 MCU 的应用系统，其核心构件也完全相同。对于中间构件和终端构件，在应用到具体的系统中时，仅需为需求接口添加接口网标；在不同的系统中，虽然接口网标名称不同，但构件实体内部却完全相同。

使用硬件构件化思想设计嵌入式硬件系统的过程与步骤如下：

① 根据系统的功能划分出若干个硬件构件。

② 将所有硬件构件原理图“组装”在一起。

③ 为中间构件和终端构件添加接口网标。

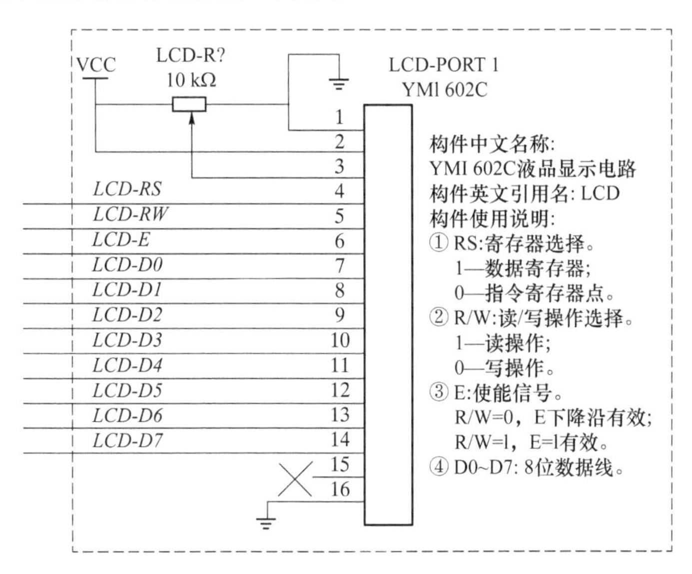

图 5－3　LCD 构件

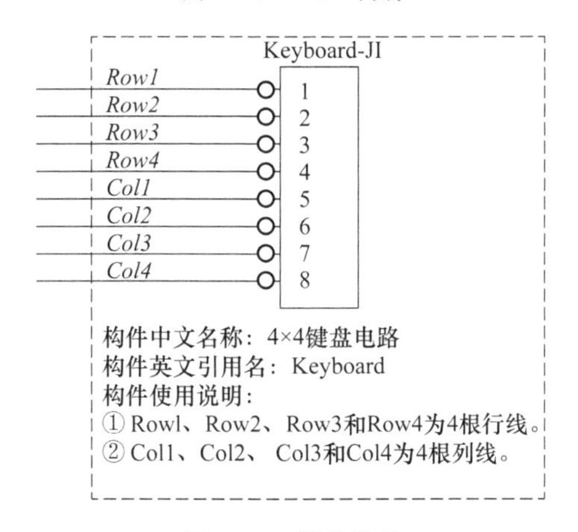

图 5－4　键盘构件

5.2　嵌入式底层驱动构件的概念与层次模型

嵌入式系统是软件和硬件的综合体，硬件设计和软件设计是相辅相成的。嵌入式系统中的驱动程序是直接工作在各种硬件设备上的软件，是硬件和高层软件之间的桥梁。正是通过驱动程序，各种硬件设备才能正常运行，达到既定的工作效果。

5.2.1 嵌入式底层驱动构件的概念

要提高软件设计的可复用性与可移植性，就必须充分理解和应用软件构件技术。“提高代码质量和生产力的唯一最佳方法就是**复用**好的代码”，软件构件技术是软件复用实现的重要方法，也是软件复用技术研究的重点。

构件是可重用的实体，它包含了合乎规范的接口和功能实现，能够被独立部署和被第三方组装。

软件构件（software component）是指，在软件系统中具有相对独立功能、可以明确辨识的构件实体。

嵌入式软件构件（embedded software component）是实现一定嵌入式系统功能的一组封装的、规范的、可重用的、具有嵌入特性的软件构件单元，是组织嵌入式系统功能的基本单位。嵌入式软件分为高层软件构件和底层软件构件（底层驱动构件）。高层软件构件与硬件无关，如实现嵌入式软件算法的算法构件、队列构件等；而底层驱动构件与硬件密不可分，是硬件驱动程序的构件化封装。下面给嵌入式底层驱动构件下一个简明定义。

嵌入式底层驱动构件简称底层驱动构件或硬件驱动构件，是直接面向硬件操作的程序代码及函数接口的使用说明。规范的底层驱动构件由头文件（.h）及源程序文件（.c）构成[①]。头文件（.h）应该是底层驱动构件简明且完备的使用说明，也就是说，在无须查看源程序文件的情况下，就能够完全使用该构件进行上一层程序的开发。因此，设计底层驱动构件必须有基本规范，5.3 节将阐述底层驱动构件的封装规范。

5.2.2 嵌入式硬件构件与软件构件结合的层次模型

前面提到，在硬件构件中，核心构件为 MCU 的最小系统。通常，MCU 内部包含 GPIO（即通用 IO）口和一些内置功能模块，可将通用 I/O 口的驱动程序封装为 GPIO 驱动构件，将各内置功能模块的驱动程序封装为功能构件。芯片内含模块的功能构件有串行通信构件、Flash 构件和定时器构件等。

在硬件构件层中，相对于核心构件而言，中间构件和终端构件是核心构件的“外设”。由这些“外设”的驱动程序封装而成的软件构件称为底层外设构件。注意，并不是所有的中间构件和终端构件都可以作为编程对象。例如，键盘、LED、LCD 等硬件构件与编程有关，而电平转换硬件构件就与编程无关，因而不存在相应的底层驱动程序，也就没有相应的软件构件。嵌入式硬件构件与软件构件的层次模型如图 5-5 所示。

由图 5-5 可以看出，底层外设构件可以调用底层内部构件，如 LCD 构件可以调用 GPIO 驱动构件、PCF8563 构件（时钟构件）可以调用 I2C 构件等。而高层构件可以调用底层外设构件和底层内部构件中的功能构件，而不能直接调用 GPIO 驱动构件。另外，考虑到几乎所有的底层内部构件都涉及 MCU 各种寄存器的使用，因此将 MCU 的所有寄存器定义组织在一起，形成 MCU 头文件，以便其他构件的头文件中包含该头文件。

---

① 底层驱动构件若不使用 C 语言编程，则相应组织形式有变化，而实质不变。

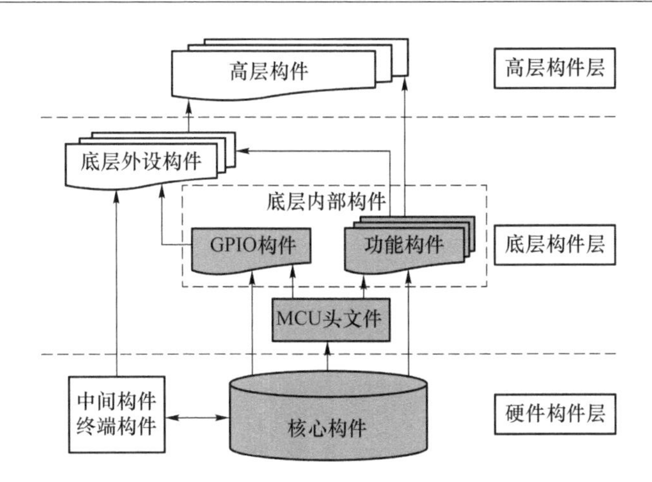

图 5－5　嵌入式硬件构件与软件构件结合的层次模型

5.2.3　嵌入式软件构件分类

为了更加清晰地理解构件层次，可以按与硬件的密切程度及调用关系，把嵌入式软件构件分为基础构件、应用构件及软件构件三类。

1. 基础构件

基础构件是面向芯片级的硬件驱动构件，是符合软件工程封装规范的芯片硬件驱动程序。**其特点是面向芯片，以知识要素为核心，以模块独立性为准则进行封装。**

其中，面向芯片表明在设计基础构件时，不考虑具体应用项目。以知识要素为核心，尽可能把基础构件的接口函数与参数设计成芯片无关性，既便于理解与移植，也便于保证调用基础构件上层软件的可复用性。这里以 GPIO 构件为例简要说明封装 GPIO 底层驱动构件的知识要素：①GPIO 引脚可以被定义成输入、输出两种情况。②若是输入，程序需要获得引脚的状态（逻辑 1 或 0）；若是输出，程序可以设置引脚状态（逻辑 1 或 0）。③若被定义成输入引脚，还有引脚上/下拉问题。④若被定义成输出引脚，还有中断使能/除能问题。⑤若中断使能，还有边沿触发方式、电平触发方式、上升/下降沿触发方式等问题。基于这些知识要素设计 GPIO 底层驱动构件的函数及参数。参数的数据类型要使用基本类型，而不使用构造类型，便于接口函数芯片间的可移植性。模块独立性是指在设计芯片的某一模块底层驱动构件时，不要涉及其他平行模块。

2. 应用构件

应用构件是调用芯片基础构件而制作完成的，符合软件工程封装规范的、面向实际应用硬件模块的驱动构件。**其特点是面向实际应用硬件模块，以知识要素为核心，以模块独立性为准则进行封装。**

3. 软件构件

嵌入式系统中的软件构件是不直接与硬件相关的，但符合软件工程封装规范的，实现一个完整功能的函数。**其特点是面向实际算法，以知识要素为核心，以功能独立性为准则进行封装**，如链表操作、队列操作、排序算法、加密算法等。

5.3 底层驱动构件的封装规范

驱动程序的开发在嵌入式系统的开发中具有举足轻重的地位。驱动程序的好坏直接关系到整个嵌入式系统的稳定性和可靠性。然而，开发出完备、稳定的底层驱动构件并非易事。为了提高底层驱动构件的可移植性和可复用性，特制定本规范。

5.3.1 构件设计的基本思想与基本原则

1. 构件设计的基本思想

底层构件是与硬件直接交互的软件，它被组织成具有一定独立性的功能模块，由头文件(.h)和源程序文件(.c)两部分组成。构件的头文件名与源程序文件名一致，且为构件名。

在构件的头文件中，主要包含必要的引用文件、描述构件功能特性的宏定义语句及声明对外接口函数。良好的构件头文件应该成为构件使用说明，不需要使用者查看源程序。

构件的源程序文件中包含构件的头文件、内部函数的声明、对外接口函数的实现。

将构件分为头文件与源程序文件两个独立的部分，意义在于，头文件中包含对构件使用信息的完整描述，为用户使用构件提供充分必要的说明，构件提供服务的实现细节被封装在源程序文件中；调用者通过构件对外接口获取服务，而不必关心服务函数的具体实现细节。这就是构件设计的基本内容。

在设计底层构件时，最关键的工作是要对构件的共性和个性进行分析，设计出合理的、必要的对外接口函数及其形参。**尽量做到：当一个底层构件应用到不同系统中时，仅需修改构件的头文件，对于构件的源程序文件则不必修改或改动很小。**

2. 构件设计的基本原则

在嵌入式软件领域中，由于软件与硬件紧密联系的特性，使得与硬件紧密相连的底层驱动构件的生产成为嵌入式软件开发的重要内容之一。良好的底层驱动构件具备如下特性：

① **封装性**。在内部封装实现细节，采用独立的内部结构以减少对外部环境的依赖。调用者通过构件接口可获得相应功能，内部实现的调整将不会影响构件调用者的使用。

② **描述性**。构件必须提供规范的函数名称、清晰的接口信息、参数含义与范围、必要的注意事项等描述，为调用者提供统一、规范的使用信息。

③ **可移植性**。底层构件的可移植性是指同样功能的构件，如何做到不改动或少改动，而方便地移植到同系列甚至不同系列芯片内，以减少重复劳动。

④ **可复用性**。在满足一定使用要求时，构件不经过任何修改即可直接使用，特别是使用同一芯片开发不同项目，底层驱动构件应该做到复用，可复用性使得高层调用者对构件的使用不因底层实现的变化而有所改变，它提高了嵌入式软件的开发效率、可靠性和可维护性。不同

芯片的底层驱动构件复用需在可移植性基础上进行。

为了使构件设计满足**封装性**、**描述性**、**可移植性**、**可复用性**的基本要求，嵌入式底层驱动构件的开发，应遵循**层次化**、**易用性**、**鲁棒性及内存可靠使用的原则**。

(1) 层次化原则

层次化设计要求清晰地组织构件之间的关联关系。底层驱动构件与底层硬件交互，在应用系统中位于最底层。遵循层次化原则设计底层驱动构件需要做到以下两点：

① 针对应用场景和服务对象，分层组织构件。在设计底层驱动构件的过程中，有一些与处理器相关的、描述了芯片寄存器映射的内容，这些是所有底层驱动构件都需要使用的，将这些内容组织成底层驱动构件的公共内容，作为底层驱动构件的基础。在底层驱动构件的基础上，还可以使用高级的扩展构件调用底层驱动构件功能，从而实现更加复杂的服务。

② 在构件的层次模型中，**上层构件可以调用下层构件提供的服务，同一层次的构件不存在相互依赖关系，不能相互调用**。例如，Flash 模块与 UART 模块是平级模块，不能在编写 Flash 构件时，调用 UART 驱动构件。即使通过对 UART 驱动构件函数的调用，在 PC 机屏幕上显示 Flash 构件测试信息，也不能在 Flash 构件内含有调用 UART 驱动构件函数的语句，应该编写上一层次的程序调用。平级构件是相互不可见的，只有深入理解并遵守，才能更好地设计出规范的底层驱动构件。在操作系统下，平级构件的不可见特性尤为重要。

(2) 易用性原则

易用性在于能够让调用者快速理解构件所提供服务的功能并进行使用。遵循易用性原则，设计底层驱动构件需要做到：**函数名简洁且达意；接口参数清晰，范围明确；使用说明语言精练规范，避免二义性**。此外，在函数的实现方面，避免编写代码量过多。函数的代码量过多不仅难以理解和维护，而且容易出错。若一个函数的功能比较复杂，可将其“化整为零”，通过编写多个规模较小且功能单一的子函数，再进行组合，以实现最终的功能。

(3) 鲁棒性原则

鲁棒性在于为调用者提供安全的服务，避免在程序运行过程中出现异常状况。遵循鲁棒性原则设计底层驱动构件需要做到：**在明确函数输入/输出的取值范围、提供清晰接口描述的同时，在函数实现的内部要有对输入参数的检测，并对超出合法范围的输入参数进行必要的处理**；在使用分支判断时，要确保对分支条件判断的完整性，并对默认分支进行处理。例如，对 if 结构中的“else”分支和 switch 结构中的“default”分支安排合理的处理程序。同时，不能忽视编译警告错误。

(4) 内存可靠使用原则

对内存的可靠使用是保证系统安全、稳定运行的一个重要的考虑因素。遵循内存可靠使用原则设计底层驱动构件需要做到以下几点：

① 优先使用静态分配内存。相比于人工参与的动态分配内存，静态分配内存由编译器维护更为可靠。

② 谨慎地使用变量。可以直接读/写硬件寄存器，不使用变量替代，以避免使用变量暂存简单计算所产生的中间结果。使用变量暂存数据将会影响数据的时效性。

③ 检测空指针。定义指针变量时必须初始化，防止产生“空指针”。

④ 检测缓冲区溢出，并为内存中的缓冲区预留不小于 20% 的冗余。使用缓冲区时，对填

充数据长度进行检测，不允许向缓冲区中填充超出容量的数据。

⑤ 对内存的使用情况进行评估。

5.3.2 编码风格基本规范

良好的编码风格能够提高程序代码的可读性和可维护性，而使用统一的编码风格在团队合作编写一系列程序代码时无疑能够提高集体的工作效率。本小节给出了编码风格的基本规范，主要涉及文件、函数、变量、宏及结构体类型的命名规范，空格与空行、缩进、断行等的排版规范，以及文件头、函数头、行及边等的注释规范。

1. 命名规范

文件、函数、变量、宏及结构体类型命名的基本原则如下：

① 命名清晰明了，有明确含义，使用完整单词或约定俗成的缩写。通常，较短的单词可通过去掉元音字母形成缩写；较长的单词可取单词的头几个字母形成缩写，即“顾名思义”。命名中若使用特殊约定或缩写，要有注释说明。

② 命名风格要自始至终保持一致。

③ 为了代码复用，命名中应避免使用与具体项目相关的前缀。

④ 为了便于管理，对程序实体的命名要体现出所属构件的名称。

⑤ 使用英语命名。

⑥ 除宏命名外，名称字符串全部小写，以下画线“_”作为单词的分隔符。首尾字母不用下画线“_”。

针对嵌入式底层驱动构件的设计需要，对文件、函数、变量、宏及数据结构类型的命令特别进行以下说明。

(1) 文件的命名

底层驱动构件在具体设计时分为两个文件，其中头文件命名为“＜构件名＞.h”，源文件命名为“＜构件名＞.c”，且＜构件名＞表示具体的硬件模块的名称。例如，GPIO 驱动构件对应的两个文件为“gpio.h”和“gpio.c”。

(2) 函数的命名

底层驱动构件的函数从属于驱动构件，驱动函数的命名除要体现函数的功能外，还需要使用命名前缀和后缀标识其所属的构件及不同的实现方式。

函数名前缀：底层驱动构件中定义的所有函数均使用“＜构件名＞_”前缀表示其所属的驱动构件模块。例如，GPIO 驱动构件提供的服务接口函数命名为 gpio_init（初始化）、gpio_set（设定引脚状态）、gpio_get（获取引脚状态）等。

函数名后缀：对同一服务的不同方式的实现，使用后缀加以区分。这样做的好处是，当使用底层构件组装软件系统时，避免构件之间出现同名现象。同时，名称使用要收到有“顾名思义”的效果。

(3) 函数形参变量与函数内局部变量的命名

在对嵌入式底层驱动构件进行编码的过程中，需要考虑对底层驱动函数形参变量及驱动函数内局部变量的命名。

函数形参变量:函数形参变量名是使用函数时理解形参的最直观印象,表示传参的功能说明。特别是,若传入底层驱动函数接口的参数是指针类型,则在命名时应使用“_ptr”后缀加以标识。

局部变量:对局部变量的命名与函数形参变量类似。但函数形参变量名一般不取单个字符(如 i、j、k)进行命名,而 i、j、k 作为局部循环变量是允许的。这是因为变量,尤其是局部变量,如果用单个字符表示,则很容易写错(如 i 写成 j),在编译时很难检查出来,因此有可能因为这个错误花费大量的查错时间。

(4) 宏常量及宏函数的命名

宏常量及宏函数的命名全部使用大写字符,使用下画线“_”作为分隔符。例如,在构件公共要素中定义开关中断的宏为:

```
#define ENABLE_INTERRUPTS          __asm volatile ("csrs mstatus, 0x8"  )     //开总中断
#define DISABLE_INTERRUPTS         __asm volatile ("csrs mstatus, 0x0"  )     //关总中断
```

(5) 结构体类型的命名、类型定义与变量声明

① 结构体类型名称使用小写字母命名(<defined_struct_name>),定义结构体类型变量时,全部使用大写字母命名(<DEFINED_STRUCT_NAME>)。

② 对结构体内部字段全部使用大写字母命名(< ELEM_NAME >)。

③ 定义类型时,同时声明一个结构体变量和结构体指针变量。

模板为:

```
typedef  struct  <defined_struct_name>
{
<elem_type_1>    <ELEM_NAME_1>;    //对字段 1 含义的说明
<elem_type_2>    <ELEM_NAME_2>;    //对字段 2 含义的说明
……
} <DEFINED_STRUCT_NAME>, * <DEFINED_STRUCT_NAME_PTR>;
```

例如,当要定义一个描述 UART 设备初始化参数结构体类型时,可有如下定义:

```
typedef  struct  uart_init
{
    uint_8      DEV_ID;              //串口设备号
    uint_32     BAUD_RATE;           //串口通信波特率
} UART_INIT_STRUCT,  * UART_INIT_PTR;
```

“uart_init”就是一种结构体类型,而 UART_INIT_STRUCT 是 uart_init 类型的变量,UART_INIT_PTR 是 uart_init 类型的指针变量。

2. 排版规范

对程序进行排版是指,通过插入空格与空行,使用缩进、断行等手段,调整代码的书面版式,使代码整体美观、清晰,从而提高代码的可读性。

(1) 空行与空格

关于空行：相对独立的程序块之间须加空行。关于空格：在两个以上的关键字、变量、常量进行对等操作时，它们之间的操作符之前、之后或者前后要加空格，必要时加两个空格；进行非对等操作时，如果是关系密切的立即操作符(如－＞)，其后不应加空格。采用这种松散方式编写代码的目的是使代码更加清晰。例如，只在逗号、分号后面加空格；在比较操作符，赋值操作符“＝”“＋＝”，算术操作符“＋”“％”，逻辑操作符“＆＆”，位域操作符“＜＜”“∧”等双目操作符的前后加空格；在“！”“～”“＋＋”“－－”“＆”(地址运算符)等单目操作符前后不加空格；在“－＞”“.”前后不加空格；在 if、for、while、switch 等与后面括号间加空格，使关键字更为突出、明显。

(2) 缩　进

使用空格缩进，建议不使用 Tab 键，这样代码复制打印不会造成错乱。代码的每一级均往右缩进 4 个空格的位置。函数或过程的开始、结构的定义及循环、判断等语句中的代码都要采用缩进风格，case 语句下的情况处理语句也要遵从语句缩进要求。

(3) 断　行

建议**较长的语句(＞78 字符)要分成多行书写**，长表达式要在低优先级操作符处划分新行，操作符放在新行之首，划分出的新行要进行适当的缩进，使排版整齐，语句可读；对于循环、判断等语句中若有较长的表达式或语句，则要进行适当的划分，长表达式要在低优先级操作符处划分新行，操作符放在新行之首；若函数或过程中的参数较长，则要进行适当的划分；建议不要把多个短语句写在一行中，即一行只写一条语句。特殊情况可用，例如“if(x＞3)　x＝3；”可以在一行；对于 if、for、do、while、case、switch、default 等语句后的程序块分界符(如 C/C＋＋语言的大括号“{”和“}”)应各独占一行并且位于同一列，且与以上保留字左对齐。

3. 注释规范

在程序代码中使用注释，有助于对程序的理解。注释说明程序在“做什么”，解释代码的目的、功能和采用的方法。编写注释时要注意：一般情况下源程序有效注释量在 30％左右，注释语言必须准确、易懂、简洁，在编写和修改代码的同时，应处理好相应的注释，**C 语言中建议采用“//”注释，不建议使用段注释“/*　*/”。保留段注释用于调试，便于注释不用的代码。**

为规范嵌入式底层驱动构件的注释，下面对文件头注释、函数头注释、整行注释与边注释做必要的说明。

(1) 文件头注释

底层驱动构件的接口头文件和实现源文件的开始位置，使用文件头注释，如：

```
//=============================================================
//文件名称：gpio.h
//功能概要：GPIO 底层驱动构件头文件
//版权所有：苏州大学嵌入式系统与物联网研究所
//版本更新：2022-01-19  V1.0
//=============================================================
```

(2) 函数头注释

在驱动函数的接口声明和函数实现前，使用函数头注释详细说明驱动函数提供的服务。在构件的头文件中必须添加完整的函数头注释，为构件使用者提供充分的使用信息。构件的源文件对用户是透明的，因此，在必要时可适当简化函数头注释的内容，例如：

```
//=====================================================================
//函数名称:gpio_init
//函数返回:无
//参数说明:port_pin:(端口号)|(引脚号)(例:PT2|(2) 表示为 2 口 5 脚)
//          dir:引脚方向(0 = 输入,1 = 输出,可用引脚方向宏定义)
//          state:端口引脚初始状态(0 = 低电平,1 = 高电平)
//功能概要:初始化指定端口引脚作为 GPIO 引脚功能,并定义为输入或输出,若是输出,
//          还指定初始状态是低电平或高电平
//=====================================================================
```

(3) 整行注释与边注释

整行注释文字，主要是对至下一个整行注释之前的代码进行功能概括与说明。边注释位于一行程序的尾端，对本语句或至下一边注释之间的语句进行功能概括与说明。此外，分支语句(条件分支、循环语句等)须在结束的"}"右方添加边注释，表明该程序块结束的标记"end_……"，尤其是在多重嵌套时。对于有特别含义的变量、常量，如果其命名不是充分自注释的，在声明时都必须加以注释，说明其含义。变量、常量、宏的注释应放在其上方相邻位置(行注释)或右方(边注释)。

5.3.3 头文件的设计规范

头文件描述了构件的接口，用户通过头文件获取构件服务。在本小节中，对底层驱动构件头文件的内容的编写加以规范，从程序编码结构、包含文件的处理、宏定义及设计服务接口等方面进行说明。

1. 编码框架

编写每个构件的头文件时，应使用"#ifndef… #define … #endif"的编码结构，防止对头文件的重复包含。例如，若定义 GPIO 驱动构件，在其头文件 gpio.h 中，应有：

```
#ifndef  _GPIO_H
#define  _GPIO_H
……          // 文件内容
#endif
```

2. 包含文件

包含文件命令为"#include"，包含文件的语句统一安排在构件的头文件中，其目的是使文件间的引用关系能够更加清晰地呈现，而在相应构件的源文件中仅包含本构件的头文件。

3. 使用宏定义

宏定义命令为“#define”,使用宏定义可以替换代码内容,替换的内容可以是常数、字符串,甚至可以是带参数的函数。利用宏定义的替换特性,当需要变更程序的宏常量或宏函数时,只需一次性修改宏定义的内容,程序中每个出现宏常量或宏函数的地方均会自动更新。

对于宏常量,通常可使用宏定义表示构件中的常量,为常量值提供有意义的别名。比如,在灯的亮暗状态与对应 GPIO 引脚高低电平的关系需根据外接电路而定,此时,将表示灯状态的电平信号值用宏常量的方式定义,编程时使用其宏定义。当使用的外部电路发生变化时,仅需将宏常量定义做适当变更,而不必改动程序代码。

```
#define  LIGHT_ON     0     // 灯亮
#define  LIGHT_OFF    1     // 灯暗
```

对于宏函数,可以使用其实现构件对外部请求服务的接口映射。在设计构件时,有时会需要应用环境为构件的基本活动提供服务。此时,采用宏函数表示构件对外部请求服务的接口,在构件中不关心请求服务的实现方式,这就为构件在不同应用环境下的移植提供了较强的灵活性。

4. 声明对外接口函数,包含对外接口函数的使用说明

底层驱动构件通过外接口函数为调用者提供简明而完备的服务,对外接口函数的声明及使用说明(即函数的头注释)存于头文件中。

5. 特别说明

为某一款芯片编写硬件驱动构件时,不同的构件存在公共使用的内容,可将这些内容放入 cpu.h 中,供制作构件时使用,举例如下:

① 开关总中断的宏定义语句。高级语言没有对应语句,可以使用内嵌汇编的方式定义开关中断的语句:

```
#define ENABLE_INTERRUPTS     __asm volatile ("csrw  mstatus, %0"::"r"(0x88))  //开总中断
#define DISABLE_INTERRUPTS    __asm volatile ("csrw  mstatus, %0"::"r"(0x00))  //关总中断
```

② 一位操作的宏函数。将编程时经常用到的对寄存器的某一位进行操作,即对寄存器的置位、清位及获得寄存器某一位状态的操作,定义成宏函数。设置寄存器某一位为 1,称为置位;设置寄存器某一位为 0,称为清位。这在底层驱动编程时经常用到。置位与清位的基本原则是:当对寄存器的某一位进行置位或清位操作时,不能干扰该寄存器的其他位,否则,可能会出现意想不到的错误。

综合利用“<<”“>>”“|”“&”“~”等位运算符,可以实现置位与清位,且不影响其他位的功能。下面以 8 位寄存器为例进行说明,其方法适用于各种位数的寄存器。设 R 为 8 位寄存器,下面说明将 R 的某一位置位与清位,而不干预其他位的编程方法:

置位。要将 R 的第 3 位置 1,其他位不变,可以这样做:R |= (1<<3),其中“1<<3”的

结果是“0b00001000”,R |= (1<<3)也就是 R=R|0b00001000,任何数与 0 相“或”不变,任何数与 1 相“或”为 1,这样可达到对 R 的第 3 位置 1,而不影响其他位的目的。

清位。 要将 R 的第 2 位清 0,其他位不变,可以这样做:R &= ～(1<<2),其中“～(1<<2)”的结果是“0b11111011”,R&=～(1<<2)也就是 R=R&0b11111011,任何数与 1 相“与”不变,任何数与 0 相“与”为 0,这样可达到对 R 的第 2 位清 0,而不影响其他位的目的。

获得某一位的状态。 (R>>4) & 1,是获得 R 第 4 位的状态,“R>>4”是将 R 右移4 位,将 R 的第 4 位移至第 0 位,即最后 1 位,再与 1 相“与”,也就是与 0b00000001 相“与”,保留 R 最后 1 位的值,以此得到第 4 位的状态值。

为了方便使用,把这种方法改为带参数的“宏函数”,并且简明定义,放在 cpu.h 中。使用该“宏”的文件,可以包含“cpu.h”文件。

```
#define BSET(bit,Register)  ((Register)|= (1<<(bit)))       //置寄存器的一位
#define BCLR(bit,Register)  ((Register) &= ～(1<<(bit)))     //清寄存器的一位
#define BGET(bit,Register)  (((Register) >> (bit)) & 1)     //获得寄存器一位的状态
```

这样就可以使用 BSET、BCLR、BGET 这些容易理解与记忆的标识,进行寄存器的置位、清位及获得寄存器某一位状态的操作。

③ 重定义基本数据类型。嵌入式程序设计与一般的程序设计有所不同,在嵌入式程序中打交道的大多数是底层硬件的存储单元或是寄存器,所以在编写程序代码时,使用的基本数据类型多以 8 位、16 位、32 位数据长度为单位。不同的编译器为基本整型数据类型分配的位数存在不同,但在编写嵌入式程序时要明确使用变量的字长,因此,需根据具体编译器重新定义嵌入式基本数据类型。重新定义后,不仅书写方便,而且有利于软件的移植。例如:

```
typedef  volatile uint8_t     vuint8_t;     //不优化无符号 8 位数,字节
typedef  volatile uint16_t    vuint16_t;    //不优化无符号 16 位数,字
typedef  volatile uint32_t    vuint32_t;    //不优化无符号 32 位数,长字
typedef  volatile int8_t      vint_8;       //不优化有符号 8 位数
typedef  volatile int16_t     vint_16;      //不优化有符号 16 位数
typedef  volatile int16_t     vint_32;      //不优化有符号 32 位数
```

通常有一些数据类型不能进行优化处理。在此,对不优化数据类型的定义作特别说明。不优化数据类型的修饰关键字是 **volatile**。它用于通知编译器,对其后面所定义的变量不能随意进行优化,因此,编译器会安排该变量使用系统存储区的具体地址单元,编译后的程序在每次需要存储或读取该变量时,都会直接访问该变量的地址。若没有 volatile 关键字,则编译器可能会暂时使用 CPU 寄存器来存储,以优化存储和读取,这样,CPU 寄存器和变量地址的内容很可能会出现不一致的现象,从而对 MCU 的映像寄存器的操作就不能优化;反之,对 I/O 口的写入可能被“优化”写入到 CPU 内部寄存器中,就会乱套。常用的 volatile 变量使用场合有:设备的硬件寄存器、中断服务例程中访问到的非自动变量、操作系统环境下多线程应用中被几个任务共享的变量。

5.3.4　源程序文件的设计规范

编写底层驱动构件实现源文件基本要求,是实现构件通过服务接口对外提供全部服务的

功能。为确保构件工作的独立性，实现构件高内聚、低耦合的设计要求，将构件的实现内容封装在源文件内部。对于底层驱动构件的调用者而言，通过服务接口获取服务，不需要了解驱动构件提供服务的具体运行细节。因此，功能的实现和封装是编写底层驱动构件实现源文件的主要考虑内容。

1. 源程序文件中的"#include"

底层驱动构件的源文件(.c)中，只允许一处使用"#include"包含自身头文件。需要包含的内容需在自身构件的头文件中包含，以便有统一、清晰的程序结构。

2. 合理设计与实现对外接口函数与内部函数

驱动构件的源程序文件中的函数包含对外接口函数与内部函数。对外接口函数供上层应用程序调用，其头注释需完整表述函数名、函数功能、入口参数、函数返回值、使用说明、函数适用范围等信息，以增强程序的可读性。在构件中封装比较复杂功能的函数时，代码量不宜过长，此时，就应当将其中功能相对独立的部分封装成子函数。这些子函数仅在构件内部使用，不提供对外服务，因此被称为内部函数。为将内部函数的访问范围限制在构件的源文件内部，在创建内部函数时，应使用 static 关键字作为修饰符。内部函数的声明放在所有对外接口函数程序的上部，代码实现放在对外接口函数程序的后部。

一般地，实现底层驱动构件的功能，需要同芯片片内模块的特殊功能寄存器交互，通过对相应寄存器的配置实现对设备的驱动。某些配置过程对配置的先后顺序和时序有特殊要求，在编写驱动程序时要特别注意。

对外接口函数实现完成后，复制其头注释于头文件中，作为构件的使用说明。参考样例见网上电子资源中的 GPIO 构件及 Light 构件(各样例工程下均有)。

3. 不使用全局变量

全局变量的作用范围可以扩大到整个应用程序，其中存放的内容在应用程序的任何一处都可以随意修改，一般可用于在不同程序单元间传递数据。但是，若在底层驱动构件中使用全局变量，其他程序即使不通过构件提供的接口也可以访问到构件内部，这无疑对构件的正常工作带来隐患。从软件工程理论中对封装特性的要求来看，也不利于构件设计高内聚、低耦合的要求。因此，在编写驱动构件程序时，严格禁止使用全局变量。用户与构件交互只能通过服务接口进行，即所有的数据传递都要通过函数的形参来接收，而不是使用全局变量。

5.4 硬件构件及其驱动构件的复用与移植方法

复用是指在一个系统中，同一构件可被重复使用多次。移植是指将一个系统中使用到的构件应用到另一个系统中。

5.4.1 硬件构件的复用与移植

对于以单 MCU 为核心的嵌入式应用系统而言，当用硬件构件"组装"硬件系统时，核心构件(即最小系统)有且只有一个,而中间构件和终端构件可有多个,并且相同类型的构件可出现多次。下面以终端构件 LCD 为例,介绍硬件构件的移植方法。其中 A0～A10 和 B0～B10 是芯片相关的引脚,但不涉及具体芯片。

在应用系统 A 中,若 LCD 的数据线(LCD-D0～LCD-D7)与芯片的通用 I/O 口的 A3～A10 相连,A0～A2 作为 LCD 的控制信号传送口,其中,LCD 寄存器选择信号 LCD-RS 与 A0 引脚连接,读/写信号 LCD-RW 与 A1 引脚连接,使能信号 LCD-E 与 A2 引脚连接,则 LCD 硬件构件实例如图 5-6(a)所示。虚线框左边的文字(如 A0、A1 等)为接口网标,虚线框右边的文字(如 LCD-RS、LCD-RW 等)为接口注释。

在应用系统 B 中,若 LCD 的数据线(LCD-D0～LCD-D7)与芯片的通用 I/O 口的 B3～B10 相连,B0、B1、B2 引脚分别作为寄存器选择信号 LCD-RS、读/写信号 LCD-RW、使能信号 LCD-E,则 LCD 硬件构件实例如图 5-6(b)所示。

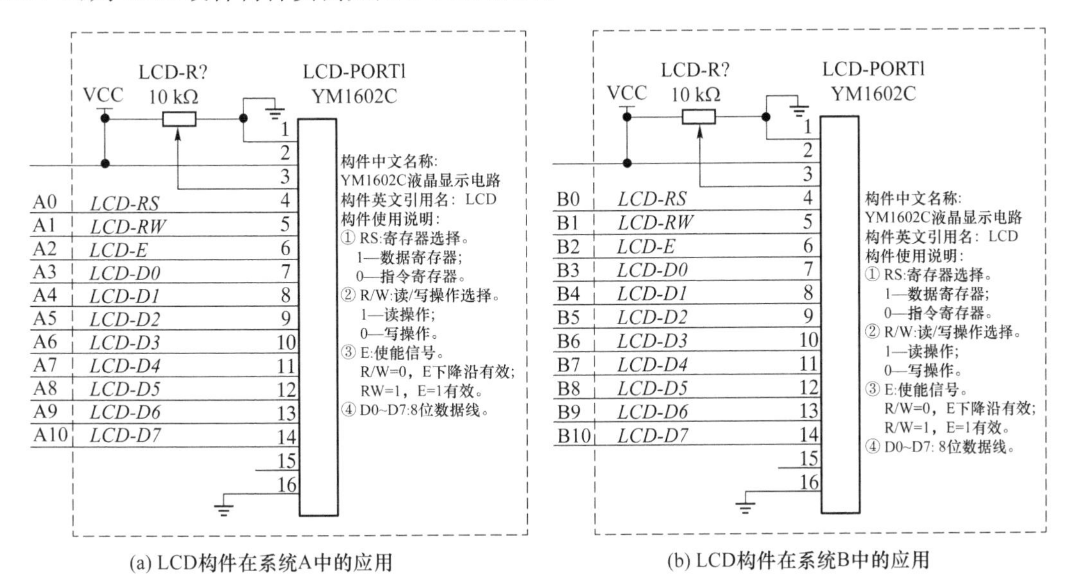

(a) LCD构件在系统A中的应用　　(b) LCD构件在系统B中的应用

图 5-6　LCD 构件在实际系统中的应用

5.4.2　驱动构件的移植

当一个已设计好的底层构件移植到另一个嵌入式系统中时,其头文件和程序文件是否需要改动,要视具体情况而定。例如,系统的核心构件发生改变(即 MCU 型号改变)时,底层内部构件头文件和某些对外接口函数也要随之改变,如模块初始化函数。

对于外接硬件构件,如果不改动程序文件,只改动头文件,那么,头文件就必须充分设计。以 LCD 构件为例,与图 5-6(a)相对应的底层构件头文件 lcd.h 可如下编写:

```
//==========================================================
//文件名称:lcd.h
//功能概要:lcd 构件头文件
// 版权所有:苏州大学嵌入式系统与物联网研究所
//==========================================================
```

```
#ifndef LCD_H
#define LCD_H

#include "gpio.h"

#define LCDRS      A0        //LCD寄存器选择信号
#define LCDRW      A1        //LCD读/写信号
#define LCDE       A2        //LCD读/写信号
//LCD数据引脚
#define LCD_D7     A3
#define LCD_D6     A4
#define LCD_D5     A5
#define LCD_D4     A6
#define LCD_D3     A7
#define LCD_D2     A8
#define LCD_D1     A9
#define LCD_D0     A10
//=============================================================
//函数名称:LCDInit
//函数返回:无
//参数说明:无
//功能概要:LCD初始化
//=============================================================
void LCDInit();

//=============================================================
//函数名称:LCDShow
//函数返回:无
//参数说明:data[32]:需要显示的数组
//功能概要:LCD显示数组的内容
//=============================================================
void LCDShow(uint_8 data[32]);

#endif
```

当LCD硬件构件发生图5-6(b)中的移植时,显示数据传送口和控制信号传送口发生了改变,只需修改头文件,而不需修改lcd.c文件。

必须申明的是,本书给出构件化设计方法的目的是,在进行软硬件移植时,设计人员所做的改动应尽量小,而不是不做任何改动。希望改动尽可能在头文件中进行,而不希望改动程序文件。

本章小结

本章属于方法论内容,与具体芯片无关。主要阐述嵌入式硬件构件及底层驱动构件的基本规范。

1. 关于嵌入式硬件构件概念

嵌入式硬件构件是指将一个或多个硬件功能模块、支撑电路及其功能描述封装成一个可复用的硬件实体，并提供一系列规范的输入/输出接口。嵌入式硬件构件根据接口之间的生产消费关系，接口可分为供给接口和需求接口两类。根据所拥有接口类型的不同，硬件构件分为核心构件、中间构件和终端构件三种类型。核心构件只有供给接口，没有需求接口，它只为其他硬件构件提供服务，而不接受服务。中间构件既有需求接口又有供给接口，它不仅能接受其他构件提供的服务，而且也能为其他构件提供服务。终端构件只有需求接口，它只接受其他构件提供的服务。设计核心构件时，需考虑的问题是："核心构件能为其他构件提供哪些信号？"设计中间构件时，需考虑的问题是："中间构件需要接受哪些信号，以及提供哪些信号？"设计终端构件时，需考虑的问题是："终端构件需要什么信号才能工作？"

2. 关于嵌入式底层驱动构件设计原则与规范

嵌入式底层驱动构件是直接面向硬件操作的程序代码及使用说明。规范的底层驱动构件由头文件(.h)及源程序文件(.c)构成。头文件(.h)是底层驱动构件简明且完备的使用说明，即在不查看源程序文件情况下，就能完全使用该构件进行上一层程序的开发，这也是设计底层驱动构件最值得遵循的原则。

在设计实现驱动构件的源程序文件时，需要合理设计外接口函数与内部函数。外接口函数，供上层应用程序调用，其头注释需完整表述函数名、函数功能、入口参数、函数返回值、使用说明、函数适用范围等信息，以增强程序的可读性。在具体代码实现时，严格禁止使用全局变量。

3. 关于构件的移植与复用

在嵌入式硬件原理图设计中，要充分利用嵌入式硬件进行复用设计；在嵌入式软件编程时，涉及与硬件直接打交道时，应尽可能复用底层驱动构件。若无可复用的底层驱动构件，应该按照基本规范设计驱动构件，然后再进行应用程序开发。

习　　题

1. 简述嵌入式硬件构件概念及嵌入式硬件构件分类。
2. 简述核心构件、中间构件和终端构件含义及设计规则。
3. 阐述嵌入式底层驱动构件的基本内涵。
4. 在设计嵌入式底层驱动构件时，其对外接口函数设计的基本原则有哪些？
5. 举例说明在什么情况下使用宏定义。
6. 举例说明底层构件的移植方法。
7. 利用 C 语言，自行设计一个底层驱动构件，并进行调试。
8. 利用一种汇编语言，设计一个底层驱动构件，并进行调试，同时与 C 语言设计的底层驱动构件进行简明比较。

第6章　串行通信模块及第一个中断程序结构

本章导读:本章阐述CH32V307的串行通信构件化编程。主要内容有两个模块:异步串行通信模块和中断模块。首先是异步串行通信模块,给出了异步串行通信的通用基础知识,使读者理解串行通信的基本概念及编程模型;阐述了基于构件的串行通信编程方法,这是一般应用级编程的基本模式,还给出了UART构件的基本制作过程。其次是中断模块,给出了青稞V4F快速中断机制及CH32V307中断编程步骤,阐述了嵌入式系统的中断处理基本方法。最后给出了串口通信及中断实验,读者通过实验熟悉MCU的异步串行通信UART的工作原理,掌握UART的通信编程方法、串口组帧编程方法以及PC机的C#串口通信编程方法。

6.1　异步串行通信的通用基础知识

串行通信接口,简称"串口"、UART或SCI。在USB未普及之前,串口是PC机必备的通信接口之一。作为设备间简便的通信方式,在相当长的时间内,串口还不会消失,在市场上也能很容易购买到各种电平到USB的串口转接器,以便与没有串口但具有多个USB口的笔记本电脑或PC机连接。MCU中的串口通信,在硬件上,一般只需要三根线,分别称为发送线(TxD)、接收线(RxD)和地线(GND);在通信方式上,属于单字节通信,是嵌入式开发中重要的打桩调试手段。实现串口功能的模块在一部分MCU中被称为通用异步收发器UART(Universal Asynchronous Receiver-Transmitters),在另一部分MCU中被称为串行通信接口SCI(Serial Communication Interface)。

本节简要概述UART的基本概念与硬件连接方法,为学习MCU的UART编程做准备。

6.1.1　串行通信的基本概念

"位"(bit)是单个二进制数字的简称,是可以拥有两种状态的最小二进制值,分别用"0"和"1"表示。在计算机中,通常一个信息单位用8位二进制值表示,称为一个"字节"(byte)。串行通信的特点是:数据以字节为单位,按位的顺序(例如最高位优先)从一条传输线上发送出去。这里至少涉及4个问题:**第一,每个字节之间是如何区分开的?第二,发送一位的持续时间是多少?第三,怎样知道传输是正确的?第四,可以传输多远?**这些问题所需要的知识点涉及串行通信的基本概念。串行通信分为异步通信和同步通信两种方式,本小节主要介绍异步串行通信的一些常用概念。正确理解这些概念,对串行通信编程是有益的。这里主要掌握异步串行通信的格式和波特率,至于奇偶校验和串行通信的传输方式术语了解即可。

1. 异步串行通信的格式

在MCU的英文芯片手册上,通常说的异步串行通信的格式是标准不归零传号/空号数据格式(standard non-return-zero mark/space data forma)，该格式采用不归零码 NRZ(Non-Return to Zero)格式。"不归零"的最初含义是：采用双极性表示二进制值，如用负电平表示一种二进制值，正电平表示另一种二进制值。在表示一个二进制值码元时，电压均无须回到零，故称为不归零码。"mark/space"即"传号/空号"分别是表示两种状态的物理名称，逻辑名称记为"1/0"。对学习嵌入式应用的读者而言，只要理解这种格式仅有"1""0"两种逻辑值即可。**UART 串口通信的数据包以帧为单位，常用的帧结构为：1 位起始位＋8 位数据位＋1 位奇偶校验位(可选)＋1 位停止位。**图 6－1 所示为 8 位数据、无校验情况的传送格式。

图 6－1　串行通信数据格式

这种格式的空闲状态为"1"，发送器通过发送一个"0"表示一个字节传输的开始；随后是数据位(在 MCU 中一般是 8 位或 9 位，可以包含校验位)；最后，发送器发送位 1 或 2 位的停止位，表示一个字节传送结束。若继续发送下一字节，则重新发送开始位(这就是异步之含义了)，开始一个新的字节传送。若不发送新的字节，则维持"1"的状态，使发送数据线处于空闲。从开始位到停止位结束的时间间隔称为一字节帧(byte frame)。所以，也称这种格式为字节帧格式。每发送一个字节，都要发送"开始位"和"停止位"，这是影响异步串行通信传送速度的因素之一。

【思考一下】UART 中每个字节之间是如何区分开的？

2. 串行通信的波特率

位长(bit length)，也称为位的持续时间(bit duration)，其倒数就是单位时间内传送的位数。串口通信的速度用波特率来表示，它定义为每秒传输的二进制位数，单位为 b/s(位/秒)。通常情况下，波特率的单位可以省略。只有通信双方的波特率一样时才可以进行正常通信。

通常使用的波特率有 9 600、19 200、38 400、57 600 及 115 200 等。如果采用 10 位表示一个字节，包含开始位、数据位以及停止位，则很容易计算出在各波特率下，发送 1 KB 所需的时间。显然，这个速度相对于目前许多通信方式而言是慢的，那么，异步串行通信的速度能否提得很高呢？答案是不能。因为随着波特率的提高，位长变小，以至于很容易受到电磁源的干扰，通信就不可靠了。当然，还有通信距离问题，距离小，可以适当提高波特率，但这样毕竟提高的幅度非常有限，达不到大幅度提高的目的。

3. 奇偶校验

在异步串行通信中，如何知道一个字节的传输是否正确，最常见的方法是增加一个位(奇偶校验位)，供错误检测使用。由于属于单字节校验，意义不大，实际编程使用较少，因此，奇偶校验的基本含义在本书网上电子资源的补充阅读材料中给出。

4. 串行通信传输方式术语

在串行通信中，经常用到全双工、半双工、单工等术语，它们是串行通信的不同传输方式。下面简要介绍这些术语的基本含义。

① 全双工(full-duplex):数据传送是双向的,且可以同时接收和发送数据。在这种传输方式中,除了地线之外,需要两根数据线,从任何一端看,一根为发送线,另一根为接收线。一般情况下,MCU 的异步串行通信接口均是全双工的。

② 半双工(half-duplex):数据传送也是双向的,但是在这种传输方式中,除地线之外,一般只有一根数据线。任何时刻,只能由一方发送数据,另一方接收数据,不能同时收发。

③ 单工(simplex):数据传送是单向的,一端为发送端,另一端为接收端。在这种传输方式中,除了地线之外,只要一根数据线即可。有线广播就是单工的。

6.1.2 RS232 和 RS485 总线标准

现在回答**“可以传输多远”**这个问题。MCU 引脚输入/输出一般使用晶体管-晶体管逻辑 TTL(Transistor Transistor Logic)电平。而 TTL 电平的“1”和“0”的特征电压分别为 2.4 V 和 0.4 V(目前使用 3 V 供电的 MCU 中,该特征值有所变动),即大于 2.4 V 则识别为“1”,小于 0.4 V 则识别为“0”。它适用于板内数据传输。若用 TTL 电平将数据传输到 5 m 之外,那么可靠性就很值得研究了。为使信号传输得更远,美国电子工业协会 EIA(Electronic Industry Association)制定了串行物理接口标准 RS232,后来又演化出 RS485。

1. RS232

RS232 采用负逻辑,−15～−3 V 为逻辑“1”,+3～+15 V 为逻辑“0”。RS232 最大传输距离是 30 m,通信速率一般低于 20 kb/s。当然,在实际应用中,也有人用降低通信速率的方法,通过 RS232 电平,将数据传送到 300 m 之外,这是很少见的,且稳定性很不好。目前主要用于几米到几十米范围内的近距离通信。有专门的书籍介绍 RS232 总线标准。最初,这个标准是为远程数据通信制定的,一般的读者不需要掌握它的全部内容,只需了解本小节介绍的基本知识就可以使用 RS232。

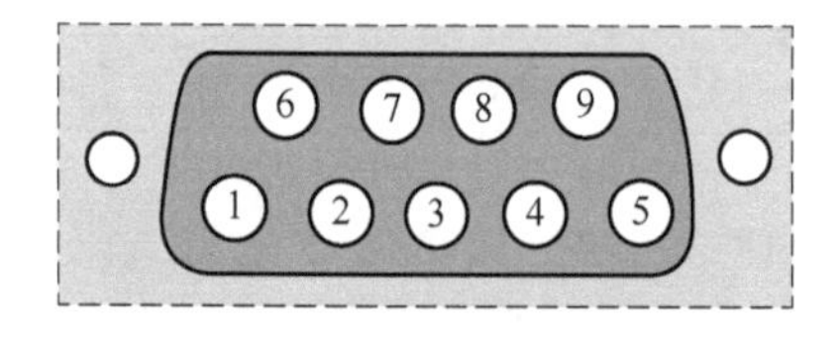

图 6-2 9 芯串行接口排列

早期的标准串行通信接口是 25 芯,后来改为 9 芯,目前部分 PC 机带有 9 芯 RS232 串口,其引出脚排列如图 6-2 所示,相应引脚含义如表 6-1 所列。

表 6-1 计算机中常用的 9 芯串行接口引脚功能

引脚号	功　能	引脚号	功　能
1	接收线信号检测	6	数据通信设备准备就绪(DSR)
2	接收数据线(RxD)	7	请求发送(RTS)
3	发送数据线(TxD)	8	允许发送(CTS)
4	数据终端准备就绪(DTR)	9	振铃指示
5	信号地(SG,与 GND 一致)		

MCU 的串口通信引脚是 TTL 电平,可通过 TTLR-S232 转换芯片转为 RS232 电平。通常情况下,使用精简的 RS232 通信线路,即仅使用 3 根线:RxD(接收线)、TxD(发送线)和 GND(地线),不使用诸如 DTR 、DSR、RTS、CTS 等硬件握手信号,直接通过数据线的开始位

确定一个字节通信的开始。

2. RS485

为了组网方便，还有一种标准称为 RS485。它采用差分信号负逻辑，－2～－6 V 表示“1”，＋2～＋6 V 表示“0”。硬件连接上，采用两线制接线方式，工业应用较多。所谓差分，就是两线电平相减，得到一个电平信号，可以较好地抑制电磁干扰。RS485 标准是为了克服 RS232 通信距离短、速率低等缺点而产生的，通信距离在 1 000 m 左右。由于使用差分信号传输，二线的 RS485 通信只能工作于半双工方式，若要全双工通信，必须使用四线。在 MCU 的外围电路中，串口通信要使用 RS485 方式传输，需要使用 TTL－RS485 转换芯片。需要说明的是，上面介绍的 TTL－RS232 转换芯片，以及这里介绍的 TTL-RS485 转换芯片，还有下面将介绍的 TTL-USB 转换芯片，都是硬件电平信号之间的转换，与 MCU 编程无关，MCU 的串口编程是一致的。

【思考一下】为什么差分传输可以较好地抑制电磁干扰？

6.1.3　TTL－USB 串口

由于 USB 接口已经在笔记本电脑及 PC 机标准配置中普及，但是笔记本电脑及 PC 机作为 MCU 程序开发的工具机，需要与 MCU 进行串行通信，于是出现了 TTL－USB 串口芯片。下面介绍南京沁恒微电子股份有限公司生产的一款双路串口转 USB 芯片 CH342。

1. CH342 简介

CH342 是南京沁恒微电子股份有限公司推出的一款 TTL－USB 串口转接芯片，能够实现两个异步串口与 USB 信号的转换。CH342 芯片有 3 个电源端，内置了产生 3.3 V 的电源调节器，工作电压在 1.8～5 V 之间；含有内置时钟电路，支持的通信波特率为 50 b/s～3 Mb/s，工作温度为－40～＋85 ℃。

2. CH342 与 MCU 芯片引脚的连接电路

CH342 芯片在引脚结构上包括：数据传输引脚、MODEM 联络信号引脚、辅助引脚。如图 6－3 所示，CH342 中的数据传输引脚包括：TxD 引脚和 RxD 引脚；两个电源引脚：VIO 引脚和 VBUS 引脚；UD＋和 UD－引脚分别连接在 USB 总线上。

图 6－3 所示为 USB 转双串口的电路原理图，可以将 CH342 看做是一个终端构件。图中，USB 的 VCC 引脚连接 CH342 的 VBUS 和 VIO 引脚来为其提供 5 V 电源，使其能够正常运行；USB 总线的 DP2 和 DN2 引脚则连接 CH342 的 UD＋和 UD－引脚。这里要注意的是，CH342 的 RxD0 和 RxD1 引脚要分别连接到芯片上串口的发送引脚 Tx 上，TxD0 和 TxD1 引脚要连接到芯片上串口的接收引脚 Rx 上。至于芯片的那些串口引脚，可参见本书网上电子资源“..\Hardware”文件夹下的硬件电路。

3. CH342 串口的使用

本书网上电子资源“..\Tool”文件夹下的 CH343CDC.EXE 文件为 CH342 驱动，可以安装使用。Windows 10 操作系统下可以免安装驱动。当 GEC 通过 Type-C 连接电脑后，可以在“设备管理器”下的“通用串行总线控制器”中看到有该设备接入的两个串口提示，即可使用。

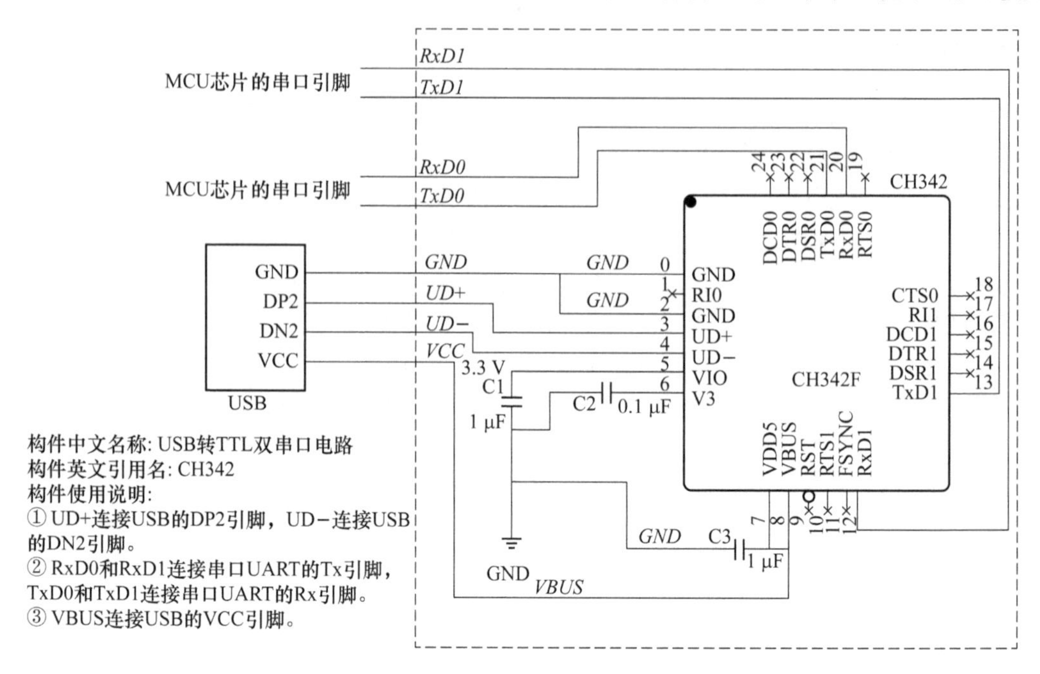

图 6-3　USB 转双串口构件

6.1.4　串行通信编程模型

从基本原理角度看，串行通信接口 UART 的主要功能是：接收时，把外部的单线输入的数据变成一字节的并行数据送入 MCU 内部；发送时，把需要发送的一字节的并行数据转换为单线输出。图 6-4 所示为一般 MCU 的 UART 模块的功能描述。

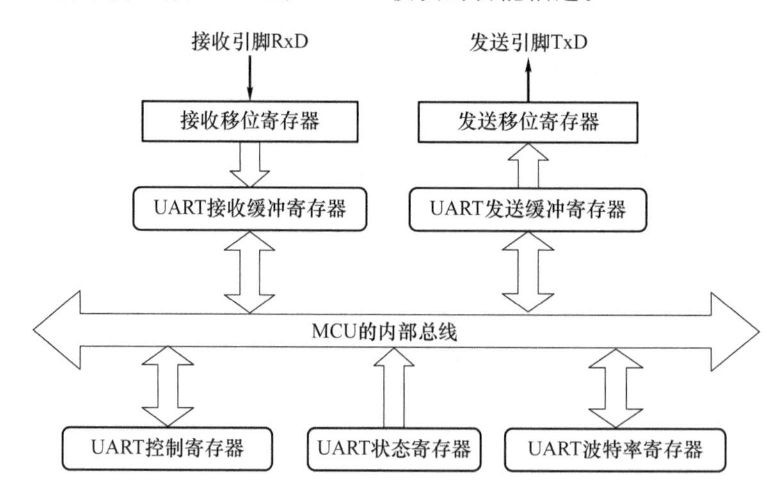

图 6-4　UART 编程模型

为了设置波特率，UART 应具有波特率寄存器。为了能够设置通信格式、是否校验、是否允许中断等，UART 应具有控制寄存器。而要知道串口是否有数据可收、数据是否发送出去等,需要有 UART 状态寄存器。当然,若一个寄存器不够用,则控制与状态寄存器可能有多个。而 UART 数据寄存器存放要发送的数据,也存放接收的数据,这并不冲突,因为发送与接收的实际工作是通过发送移位寄存器和接收移位寄存器完成的。编程时,程序员并不直接与这两个寄存器打交道,而只与数据寄存器打交道,所以 MCU 中并没有设置发送移位寄存器和接收移位寄存器的映像地址。发送时,程序员通过判定状态寄存器的相应位,了解是否可以发送一个新的数据。若可以发送,则将待发送的数据放入 UART 发送缓冲寄存器中即可,剩下的工作由 MCU 自动完成:将数据从 UART 接收缓冲寄存器送到发送移位寄存器,硬件驱动将发送移位寄存器的数据一位一位地按照规定的波特率移到发送引脚 TxD,供对方接收。接收时,数据一位一位地从接收引脚 RxD 进入接收移位寄存器,当收到一个完整字节时,MCU 会自动将数据送入 UART 数据寄存器,并将状态寄存器的相应位改变,供程序员判定并取出数据。

6.2　基于构件的串行通信编程方法

最基本的 UART 编程涉及初始化、发送和接收三种基本操作。本节主要给出 UART 构件的主要 API 接口函数、UART 构件的测试方法以及类似于 PC 机程序调试用的 printf 函数设置和使用方法。

6.2.1　CH32V307VCT6 芯片的 UART 对外引脚

CH32V307VCT6 共有八组 UART 引脚,分别标记为 USART1～USART3、UART4～UART8,其中 USART 也可用于同步通信,本章仅给出异步串行通信编程。每个 UART 的发送数据引脚记为 UARTx_TX,接收数据引脚记为 UARTx_RX。"x"表示串口模块编号,表 6-2 所列为本书配套的 AHL-CH32V307 嵌入式开发套件直接引出的 1～3 串口的硬件引脚。

表 6-2　UART 引脚分布

串行口	MCU 引脚号	MCU 引脚名	串口号	AHL-CH32V307VT6 默认使用
UART1	68	PA9	UART1_TX	编程默认使用(UART_Debug,BIOS 保留使用)
	69	PA10	UART1_RX	
	92	PB6	UART1_TX	
	93	PB7	UART1_RX	
UART2	25	PA2	UART2_TX	编程默认使用(UART_User)
	26	PA3	UART2_RX	
UART3	47	PB10	UART3_TX	
	48	PB11	UART3_RX	
	78	PC10	UART3_TX	编程默认使用(保留连接无线通信芯片使用)
	79	PC11	UART3_RX	

这里以 UART1 为例说明一下为什么一个串口有两组或两组以上的引脚。从表 6-2 中可以看出，UART1 有两组引脚，分别是(68、69)和(92、93)，可以从芯片的引脚布局图(见图 3-1)看出，这两组属于封装的不同位置，实际使用时用哪一组，取决于哪边引出方便，可以减少布线长度，提高稳定性，这属于对芯片设计细节的考量。编程时，通过相应端口的模式寄存器设置决定使用哪组引脚。

6.2.2 UART 构件 API

1. UART 常用接口函数简明列表

UART 构件主要 API 接口函数有：初始化、发送 1 字节、发送 *N* 字节、发送字符串、接收 1 字节等，如表 6-3 所列。

表 6-3　UART 常用接口函数

序　号	函数名	简明功能	描　述
1	uart_init	初始化	传入串口号及波特率，初始化串口
2	uart_send1	发送 1 字节数据	向指定串口发送 1 字节数据
3	uart_sendN	发送 *N* 字节数据	向指定串口发送 *N* 字节数据
4	uart_send_string	发送字符串	向指定串口发送字符串
5	uart_re1	接收 1 字节数据	从指定串口接收 1 字节数据
	……		

2. UART 构件的头文件 uart.h

UART 构件的文件 uart.h 在工程的“\03_MCU\MCU_drivers”文件夹中，这里给出部分 API 接口函数的使用说明及函数声明。

```
//=====================================================================
//函数名称：uart_init
//功能概要：初始化 uart 模块
//参数说明：uartNo—串口号，如 UART_1、UART_2、UART_3
//          baud_rate—波特率，可取 9600、19200、115200...
//函数返回：无
//=====================================================================
void uart_init(uint8_t uartNo, uint32_t baud_rate);

//=====================================================================
//函数名称：uart_send1
//参数说明：uartNo—串口号：如 UART_1、UART_2、UART_3、…
//          ch—要发送的字节
//函数返回：函数执行状态，1 表示发送成功；0 表示发送失败
//功能概要：串行发送 1 字节
```

```
//=============================================================
uint_8 uart_send1( uint8_t uartNo,  uint8_t ch);

//=============================================================
//函数名称:uart_sendN
//参数说明:uartNo—串口号:如 UART_1、UART_2、UART_3、…
//          buff—发送缓冲区
//          len—发送长度
//函数返回:函数执行状态:1 = 发送成功;0 = 发送失败
//功能概要:串行接收 N 字节
//=============================================================
uint8_t uart_sendN(uint8_t uartNo,uint16_t len ,uint8_t * buff)

//=============================================================
//函数名称:uart_send_string
//参数说明:uartNo—串口号:如 UART_1、UART_2、UART_3、…
//          buff—要发送的字符串的首地址
//函数返回:函数执行状态:1 = 发送成功;0 = 发送失败
//功能概要:从指定 UART 端口发送一个以'\0'结束的字符串
//=============================================================
uint8_t uart_send_string(uint8_t uartNo, uint8_t * buff)

//=============================================================
//函数名称:uart_re1
//参数说明:uartNo—串口号:如 UART_1、UART_2、UART_3、…
//          * fp—接收成功标志的指针,* fp = 1 表示接收成功;* fp = 0 表示接收失败
//函数返回:返回接收的字节
//功能概要:串行接收 1 字节
//=============================================================
uint_8 uart_re1(uint_8 uartNo,uint_8 * fp);
……
```

6.2.3　UART 构件 API 的发送测试方法

现在编写 MCU 程序,通过一个串口把数字 48～100 发送到 PC 机。在 PC 机中,通过 AHL-GEC-IDE 的"工具"→"串口工具"获得接收信息,由此体会数据从 MCU 发送出去的过程。

1. MCU 方程序的编制

① 确定 MCU 串口号、所接 MCU 的引脚。这是硬件制版决定的,UART 构件的头文件 uart.h 中给出了该构件所使用的引脚信息。在 user.h 中宏定义本工程使用的串口名为 UART_User,以便增强编程的可移植性。

② 在 main.c 中,首先确定串口 UART_User 的波特率,并对其进行初始化,代码如下:

```
uart_init(UART_User,115200);                    //初始化串口模块
```

③ 在 main.c 的主循环中,发送数字 48～100,代码如下:

```
for (mi = 48;mi< = 100;mi ++ )
{
    uart_send1(UART_User,mi);
}
```

2. 编译下载测试

MCU 方的样例工程在"..\CH06\UART_CH32V307_Sent"文件夹中,可以编译下载测试体会,并自行练习。

【思考一下】编制程序发送数字 0～255,若用 8 位无符号数作为循环变量,注意可能遇到的问题。

6.2.4 printf 的设置方法与使用

除了使用 UART 驱动构件中封装的 API 函数外,还可以使用格式化输出函数 printf 灵活地从串口输出调试信息,配合 PC 机或笔记本电脑的串口调试工具,可方便地进行嵌入式程序的调试。在 6.2.3 小节的例程中,就使用了 printf 函数,下面进行说明。

printf 函数的实现在工程的"..\ 05_UserBoard\printf.c"文件中,同文件夹下的 printf.h 头文件包含了 printf 函数的声明,在同文件件下的 user.h 头文件中包含 printf.h 头文件,若要使用 printf 函数,则在工程的总头文件"..\ 07_AppPrg \includes.h"中将 user.h 包含进来,以便其他文件使用。

在使用 printf 函数之前,需要先进行相应的设置将其与希望使用的串口模块关联起来,设置步骤如下:

① 在 printf 头文件"..\ 05_ UserBoard \printf.h"中宏定义需要使用与 printf 相关联的调试串口号,例如:

```
#define UART_printf(printf 函数使用的串口号)      //这里给出具体的串口号
```

② 在使用 printf 前,调用 UART 驱动构件中的初始化函数对使用的调试串口进行初始化,配置其波特率,例如:

```
uart_init (UART_printf , 115200);                //初始化"调试串口"
```

这样就将相应的串口模块与 printf 函数关联起来了。由于 BIOS 已经对其初始化,因此 User 中可以不再重新初始化。关于 printf 函数的使用方法,参见 printf.h 文件的尾部。

【思考一下】使用 printf 输出一个浮点数,保留 6 位小数。

6.3　UART 构件的制作过程

在第 4 章中介绍过 GPIO 构件的制作过程，这里把制作一个底层驱动构件的基本过程总结一下：第一，要掌握其通用知识；第二，了解是否有对外引脚；第三，了解有哪些寄存器；第四，若能简单实现其基本流程，最好能打通流程；第五，制作构件；第六，测试构件。

6.3.1　UART 寄存器概述

UART 寄存器的基本描述在《CH32FV2X_V3X 系列应用手册》的第 18 章，仔细理解寄存器的基本含义是制作构件的首要环节，这里给出主要寄存器的基本功能概要，如表 6－4 所列。

表 6－4　UART 寄存器功能概述

寄存器	功能概述
控制寄存器	有三个控制寄存器，用于设定串行通信的格式，设定是否允许接收中断，设定允许发送与接收等
波特率寄存器	设定波特率
状态寄存器	串行口工作时的各种状态标志
数据寄存器	8～0 位有效，第 8 位为奇偶校验位，7～0 为数据位

关于 UART 寄存器附加说明如下：

① 寄存器地址。UART1 的基地址可查阅《CH32FV2X_V3X 系列应用手册》的第 18.10 节“寄存器描述”，查表可知各串口首地址分别是 USART1：0x4001_3800；USART2：0x4000_ 4400；USART3：0x4000_4800。首地址也是各串行口的基地址，相关寄存器加上各自偏移量即可得其绝对地址。

② 串口类型问题。上述缩写词 USART（Universal Synchronous Asynchronous Receiver Transmitter）含有同步通信功能，区别于只有异步通信功能的 UART（Universal Asynchronous Receiver Transmitter）。本书只涉及普通的 UART 方式的编程。

6.3.2　利用直接地址操作的串口发送打通程序

制作 UART 构件，要考虑各种通用要素，如：串行口的选择、工作方式的选择、寄存器的选择、初始化编程等。直接编写一个完整且可稳定运行的构件是很难的，开发人员一般会先试着发送一个字符至 PC 机端，完整实现串行口正常工作的全过程，包括：寄存器赋值、引脚复用的选择、相关标志位的置位或复位等，然后利用 PC 机端能稳定运行的程序接收数据，如果能成功接收到数据则说明发送过程是可行的。

本小节用直接对端口进行编程的方法使用 UART 发送单个字节，这是最简单的串口发送程序，是制作构件的先导步骤。UART 直接地址的测试工程位于“..\04-Software\CH06\UART-CH32V307-ADDR”文件夹，使用 AHL-CH32V307 开发套件上的 UART_User 串口发送数据。该串口对应的 MCU 硬件引脚见本书网上电子资源“..\03-Hardware\component.pdf”文件，软件编程在工程的“..\03_MCU\MCU_drivers\uart.h”文件中进行宏定义。

1. 定义地址变量

程序中的 volatile 是变量修饰符，volatile 关键字可以用来提醒编译器它后面所定义的变量随时有可能改变，因此编译后的程序在每次需要存储或读取这个变量时，都会直接从变量地址中读取数据。如果没有 volatile 关键字，则编译器可能优化读取和存储，可能会暂时使用寄存器中的值，如果这个变量由别的程序更新了，则将出现不一致的现象。

```
volatile uint32_t * RCC_APB2;          //GPIO 的 A 口时钟使能寄存器地址

volatile uint32_t * RCC_APB1;          //UART2 口时钟使能寄存器地址

volatile uint32_t * gpio_mode;         //引脚模式寄存器地址 = 口基地址

volatile uint32_t * uart_brr;          //UART 波特率寄存器地址

volatile uint32_t * uart_isr;          //UART 中断和状态寄存器基地址

volatile uint32_t * uart_cr1;          //UART 控制寄存器 1 基地址

volatile uint32_t * uart_cr2;          //UART 控制寄存器 2 地址

volatile uint32_t * uart_cr3;          //UART 控制寄存器 3 基地址

volatile uint32_t * uart_tdr;          //UART 发送数据寄存器

uint16_t usartdiv;                     //BRR 寄存器应赋的值
```

2. 给地址变量赋值

根据《CH32FV2X_V3X 系列应用手册》中查得的地址给相关寄存器赋值，举一例具体说明。如：RCC_APB1PCENR 是外设时钟使能寄存器，其绝对地址为 0x4002101CUL，其中，“0x”表示十六进制数据，“UL”表示无符号长整型，如果不写 UL 后缀，系统默认为 int，即有符号整数。

```
//变量赋值，各寄存器值均可通过芯片参考手册得到
RCC_APB1 = 0x4002101CUL;               //UART 时钟使能寄存器地址

RCC_APB2 = 0x40021018UL;               //GPIO 的 A 口时钟使能寄存器地址
gpio_mode = 0x40010800UL;              //引脚模式寄存器地址 = 口基地址
uart_cr1 = 0x4000440CUL;               //UART2 控制寄存器 1 地址
uart_brr = 0x40004408UL;               //UART2 波特率寄存器地址
uart_isr = 0x40004400UL;               //UART2 中断和状态寄存器地址
```

```
uart_tdr = 0x40004404UL;                //UART2 发送数据寄存器
uart_cr2 = 0x40004410UL;                //UART2 控制寄存器 2 地址
uart_cr3 = 0x40004414UL;                //UART2 控制寄存器 3 地址
```

3. UART 初始化步骤

本例通过 USART2 向 PC 机端发送字符，所以需要对 PTA3 和 PTA2 进行复用定义，并设置相应波特率参数。

(1) 设置引脚复用功能为串口

通过 GPIO 模块的端口模式寄存器(GPIOA_CFGLR)设定引脚为复用功能模式；通过 GPIO 复用功能低位寄存器(GOPIA_AFIO)设定为 UARTx_TX 和 UARTx_RX。

```
//使能 GPIOA 和 UART2 的时钟
*RCC_APB1 |= (0x1UL<<17U);              //UART2 时钟使能①
*RCC_APB2 |= (0x1UL<<2U);               //GPIOA 时钟使能

//将 GPIO 端口设置为复用功能
//首先将 D7、D6、D5、D4 清零
*gpio_mode &= ~((0x3UL<<10U)|(0x3UL<<12U));
//然后将 D7、D6、D5、D4 设为 1010，设置 PTA2、PTA3 为复用功能串行功能
*gpio_mode |= ((0x2UL<<10U)|(0x2UL<<8U)|(0x4UL<<12U));

//暂时禁用 UART 功能，控制寄存器 1 的第 0 位对应的是 UE - USART 使能位
//此位清零后，USART 预分频器和输出将立即停止，并丢弃所有当前操作
*uart_cr1 &= ~(0x1UL<<13);

//暂时关闭串口发送与接收功能，控制寄存器 1 的发送器使能位(D3)、接收器使能位(D2)
*uart_cr1 &= ~((0x1UL<<3U)|(0x1UL<<2U));
```

(2) 设置波特率

通过 UART 波特率寄存器(UART_BRR)设定使用什么速度收发字节，这里设定为 115 200。计算时根据 USART_CR1 寄存器中第 15 位对应的过采样模式设置，波特率计算公式有所不同，记系统内核时钟频率为 f_{sysclk}。

标志位为 1 时：波特率$=\frac{f_{sysclk}}{115\ 200}\times 2$。

标志位为 0 时：波特率$=\frac{f_{sysclk}}{115\ 200}$。

此处 $f_{sysclk}=72$ MHz，随后将计算得到的数值写入波特率寄存器。

① 此处可通过关键字“RCC_APB1”查找《CH32FV2x_V3x 系列应用手册》可知，该寄存器第 17 位对应的是 UART2 时钟使能位。

```
//配置波特率
usartdiv = (uint16_t)(((SYSCLK_FREQ_72MHz/(16 * 2 * 115200))<<4 )|
((((100000 * SYSCLK_FREQ_72MHz/(16 * 2 * 115200)) % 100000) * 16)/100000));
*uart_brr = (uint16_t)usartdiv;
```

(3) 开启 UART 功能

通过 UART 控制寄存器(UART_CR1、UART_CR2 和 UART_CR3)开启 UART 功能，启动串口发送与接收功能。

```
//初始化控制寄存器和中断状态寄存器、清标志位
//关中断
*uart_isr = 0x0UL;
//将控制寄存器 2 的两个使能位清零。D14—LIN 模式使能位、D11—时钟使能位①
*uart_cr2 &= ~((0x1UL<<14U)|(0x1UL<<11U));
//将控制寄存器 3 的三个使能位清零。D5 (SCEN) —smartcard 模式使能位、
//D3 (HDSEL) —半双工选择位、D1 (IREN) —IrDA 模式使能位
*uart_cr3 &= ~((0x1UL<<5U) | (0x1UL<<3U) |(0x1UL<<1U));

//启动串口发送与接收功能
*uart_cr1 |= ((0x1UL<<3U)|(0x1UL<<2U));

//开启 UART 功能
*uart_cr1 |= (0x1UL<<13U);
```

4. 发送数据

样例中循环发送 ASCII 值为 48～100 的字符至 PC 机显示，下面为发送代码：

```
for (mi=48;mi<=100;mi++)
{
//对应 uart_send1(UART_User,mi);
//发送缓冲区为空则发送数据
    for (volatile uint32_t j=0;j<0xFBBB;j++)
        {
            if (*uart_isr & (0x1UL<<7UL))
            {
              *uart_tdr = (mi & USART_DATAR_DR);
               break;
            }
        }
}
```

① 通过关键字"USART2_CTLR2"在《CH32FV2x_V3x 系列应用手册》中查找，可查得其各位的定义。

可以看到,这是一个比较复杂的过程,并且需要在确定硬件正确的前提下,不断地找错误才能完成,说明了寄存器级编程的复杂性。

6.3.3　UART 构件设计

1. UART 驱动构件封装要点分析

UART 具有初始化、发送和接收三种基本操作。下面分析串口初始化函数的参数应该有哪些。首先应该有串口号,因为一个 MCU 有若干个串口,你必须确定使用哪个串口;其次是波特率,因为必须确定串口使用什么速度收发。关于奇偶校验,由于实际使用主要是多字节组成的一个帧,自行定义通信协议,单字节校验意义不大;此外,串口在嵌入式系统中的重要作用是实现类似 C 语言中 printf 函数功能,也不宜使用单字节校验,因此就不校验。这样,串口初始化函数就两个参数:串口和波特率。

从知识要素角度,进一步分析 UART 驱动构件的基本函数,与寄存器直接打交道的有:初始化函数、发送单个字节与接收单个字节的函数,以及使能及禁止接收中断、获取接收中断状态的函数。发送中断不具有实际应用价值,可以忽略。

设计 UART 构件的目的是实现对所有包含 UART 功能的引脚统一编程。UART 构件是由 uart.h 和 uart.c 两个文件组成。将这两个文件加到工程的"..03_MCU \MCU_drivers"文件夹下,由此方便了对 UART 的编程操作。

(1) 模块初始化(uart_init)

芯片引脚有复用功能,应该将 GPIO 引脚设置为复用功能 UARTx_TX 和 UARTx_RX。同时,通过传入波特率确定收发速度。函数不必有返回值,故 UART 模块的初始化函数原型可以设计为:

```
void uart_init(uint8_t uartNo, uint32_t baud_rate);
```

(2) 发送一个字节(uart_send1)

开发套件发送一个字节,需要确定是由哪一个串口发出,发出的数据是什么,并由返回值告诉用户发送是否成功。故应该有返回值,返回值 0 表示发送失败,1 表示发送成功。这样发送一个字节的函数原型可以设计为:

```
uint8_t uart_send1(uint8_t uartNo, uint8_t ch);
```

(3) 发送 N 个字节、字符串

类似的分析,可以设计发送 N 个字节和字符串函数的原型为:

```
uint8_t uart_sendN(uint8_t uartNo,uint16_t len, uint8_t * buff)
uint8_t uart_send_string(uint8_t uartNo, uint8_t * buff)
```

(4) 其他函数

继续设计接收一个字节、接收 N 个字节、使能串口中断、禁止串口中断等函数原型,至此基本完成头文件的设计。

2. UART 端口寄存器结构体类型

通常在构件设计中把一个模块的寄存器用一个结构体类型封装起来，方便编程时使用，这些结构体存放在工程文件夹的芯片头文件（“..\03_MCU\startup \ ch32v30x.h”）中，串行模块结构体类型为 USART _TypeDef。

```
typedef struct
{
    __IO uint16_t STATR;
    uint16_t RESERVED0;
    __IO uint16_t DATAR;
    uint16_t   RESERVED1;
    __IO uint16_t BRR;
    uint16_t   RESERVED2;
    __IO uint16_t CTLR1;
    uint16_t   RESERVED3;
    __IO uint16_t CTLR2;
    uint16_t   RESERVED4;
    __IO uint16_t CTLR3;
    uint16_t   RESERVED5;
    __IO uint16_t GPR;
    uint16_t   RESERVED6;
} USART_TypeDef;
```

CH32V307VCT6 的 UART 模块各口基地址也在芯片头文件（ch32v30x.h）中以宏常数方式给出，直接作为指针常量。

3. UART 驱动构件源程序的制作

UART 驱动构件的源程序文件中实现的对外接口函数，主要是对相关寄存器进行配置，从而完成构件的基本功能。构件内部使用的函数也在构件源程序文件中定义，构件中函数的制作过程应在已经打通的基本功能基础上（参考 6.3.2 小节），先常量后变量，一步一步调试推进。下面给出 uart_init 函数源代码：

```
//==========================================================================
//文件名称：uart.c
//功能概要：uart 底层驱动构件源文件
//版权所有：苏州大学嵌入式系统与物联网研究所(sumcu.suda.edu.cn)
//更新记录：2022-01-06
//==========================================================================
#include "uart.h"
USART_TypeDef * USART_ARR[] = {(USART_TypeDef * )USART1_BASE,
(USART_TypeDef * )USART2_BASE, (USART_TypeDef * )USART3_BASE};
```

```
//==== 定义串口 IRQ 号对应表 ====
IRQn_Type table_irq_uart[3] = {USART1_IRQn, USART2_IRQn, USART3_IRQn};
//内部函数声明
uint_8 uart_is_uartNo(uint_8 uartNo);
//=============================================================================
//函数名称:uart_init
//功能概要:初始化 uart 模块
//参数说明:uartNo:串口号为 UART_1、UART_2、UART_3
//          baud:波特率为 4800、9600、19200、115200...
//函数返回:无
//=============================================================================
void uart_init(uint_8 uartNo, uint_32 baud_rate)
{
      uint16_t  DIV_M,DIV_F;                  //BRR 寄存器应赋的值
    //判断传入串口号参数是否有误,有误直接退出
      if(! uart_is_uartNo(uartNo))return;
      //开启 UART 模块和 GPIO 模块的外围时钟,并使能引脚的 UART 功能
      switch(uartNo)
      {
      case UART_1:                            //若为串口 1
#ifdef UART1_GROUP
        //依据选择使能对应时钟,并配置对应引脚为 UART_1
        switch(UART1_GROUP)
        {
        case 0:
              //使能 USART1 和 GPIOA 时钟
              RCC->APB2PCENR |= RCC_USART1EN;
              RCC->APB2PCENR |= RCC_AFIOEN;
              RCC->APB2PCENR |= RCC_IOPAEN;
              //使能 PTA9,PTA10 为 USART(Tx,Rx)功能
              GPIOA->CFGHR &= ~(GPIO_CFGHR_MODE9|GPIO_CFGHR_MODE10);
              GPIOA->CFGHR |= ((GPIO_CFGHR_MODE9_1|GPIO_CFGHR_CNF9_1)|
                                (GPIO_CFGHR_CNF10_1));
              AFIO->PCFR1 |= 0;

              break;
        case 1:
              //使能 USART1 和 GPIOB 时钟
              RCC->APB2PCENR |= RCC_USART1EN;
              RCC->APB2PCENR |= RCC_IOPBEN;
              RCC->APB2PCENR |= RCC_AFIOEN;
              //使能 PTB6,PTB7 为 USART(Tx,Rx)功能
              GPIOB->CFGLR &= ~(GPIO_CFGLR_CNF6|GPIO_CFGLR_CNF7);
              GPIOB->CFGLR |= ((GPIO_CFGLR_CNF6_1|GPIO_CFGLR_MODE6_1)|
                                 GPIO_CFGLR_CNF7_0);
```

```
                AFIO->PCFR1 |= AFIO_PCFR1_USART1_REMAP;
                break;
            default:
                break;
            }
#endif
            break;
        case UART_2:                    //若为串口 2
#ifdef UART2_GROUP
            //依据选择使能对应时钟,并配置对应引脚为 UART_2
            switch(UART2_GROUP)
            {
            case 0:
                //使能 USART2 和 GPIOA 时钟
                RCC->APB1PCENR |= RCC_USART2EN;
                RCC->APB2PCENR |= RCC_IOPAEN;
                //使能 PTA2,PTA3 为 USART(Tx,Rx)功能
                GPIOA->CFGLR &= ~(GPIO_CFGLR_CNF2|GPIO_CFGLR_CNF3);
                GPIOA->CFGLR |= ((GPIO_CFGLR_CNF2_1|GPIO_CFGLR_MODE2_1)|
                                (GPIO_CFGLR_CNF3_0));
                break;
            default:
                break;
            }
#endif
            break;
        case UART_3:                    //若为串口 3
        ……(限于篇幅,省略其他串口)
            break;
    }
    //暂时禁用 UART 功能
    USART_ARR[uartNo-1]->CTLR1 &= ~USART_CTLR1_UE;
    //暂时关闭串口发送与接收功能
    USART_ARR[uartNo-1]->CTLR1 &= ~(USART_CTLR1_TE|USART_CTLR1_RE);
    //配置串口波特率
    if(USART_ARR[uartNo-1] == (USART_TypeDef *)USART1_BASE)
    {
        DIV_M = (uint16_t)(SYSCLK_FREQ_72MHz/(16 * baud_rate));
        DIV_F = (uint16_t)((((10000 * SYSCLK_FREQ_72MHz/(16 * baud_rate)) % 10000) * 16)/1000);
        USART_ARR[uartNo-1]->BRR = (uint16_t)(DIV_M<<4|DIV_F);
    }
    else
    {
        DIV_M = (uint16_t)(SYSCLK_FREQ_72MHz/(16 * 2 * baud_rate));
```

```
        DIV_F = (uint16_t)((((100000 * SYSCLK_FREQ_72MHz/(16 * 2 * baud_rate)) % 100000) * 16)
                /100000);
        USART_ARR[uartNo - 1] - >BRR = (uint16_t)((DIV_M)<<4|DIV_F);
    }
    //初始化控制寄存器和中断状态寄存器、清标志位
    USART_ARR[uartNo - 1] - >STATR = 0;
    USART_ARR[uartNo - 1] - >CTLR2 &= ~(USART_CTLR2_LINEN | USART_CTLR2_CLKEN);
    USART_ARR[uartNo - 1] - >CTLR3 &= ~(USART_CTLR3_SCEN | USART_CTLR3_HDSEL |
                                          USART_CTLR3_IREN);
    //启动串口发送与接收功能
    USART_ARR[uartNo - 1] - >CTLR1 |= (USART_CTLR1_TE|USART_CTLR1_RE);
    //开启 UART 功能
    USART_ARR[uartNo - 1] - >CTLR1 |= USART_CTLR1_UE;
}
(限于篇幅,省略其他函数实现,见本书网上电子资源)
```

6.4　中断机制及中断编程步骤

从第 4 章及本章前面的程序可以看出,MCU 启动后跳转到 main 函数执行,进入一个无限循环,计算机程序就这样一直运行下去,但是,计算机如何处理紧急的任务呢? 这就是中断所要处理的问题。

6.4.1　关于中断的通用基础知识

中断提供了一种程序运行机制,用来打断当前正在运行的程序,并且保存当前 CPU 状态(CPU 内部寄存器),转而去运行一个中断服务例程,然后恢复 CPU 到运行中断之前的状态,同时使得中断前的程序得以继续运行。

1. 中断的基本概念

(1) 中断与异常的基本含义

中断与异常属于同一概念的两种不同产生条件。**异常**(exception)是 CPU 强行从正常的程序运行切换到由某些内部或外部条件所要求的处理任务上去,这些任务的紧急程度优先于 CPU 正在运行的任务。引起异常的外部条件通常来自外围设备、硬件断点请求、访问错误和复位等;引起异常的内部条件通常为指令、不对界错误、违反特权级和跟踪等。一些文献把硬件复位和硬件中断都归类为异常,把硬件复位看作是一种具有最高优先级的异常,而把来自 CPU 外围设备的强行任务切换请求称为**中断**(interrupt),软件上表现为将程序计数器(PC)指针强制转到中断服务例程入口地址运行。

CPU 对中断与异常具有同样的处理过程,本书随后在谈及这个处理过程时统称为中断。

(2) 中断源与中断向量号

可以引起 CPU 中断的外部器件被称为**中断源**。一个 CPU 通常可以识别多个中断源,每个中断源产生中断后,若程序允许,会打断当前正在运行的程序,转而运行相应的**中断服务例**

程 ISR(Interrupt Service Routine)。

一个 CPU 能识别多个中断源，芯片制造时，给 CPU 能够识别的各个中断源编号，就叫**中断向量号**。通常情况下，在书写程序时，中断向量表按中断向量号从小到大的顺序填写中断服务例程 ISR 的首地址，不能遗漏。即使某个中断不需要使用，也要在中断向量表对应的项中填入默认中断服务例程 ISR 的首地址，因为中断向量表是连续存储区，与连续的中断向量号相对应。有的芯片区分内核中断与非内核中断，把非内核中断的编号称为中断请求 IRQ(Interrupt Request)号，即 IRQ 号，有的芯片不加区分。

中断向量表一般位于芯片工程的启动文件中，以下给出 CH32V307VCT6 的启动文件“startup_ch32v30x.S”中的中断向量表的头部：

```
g_pfnVectors:
        .option norvc;
            j   _start
        .word   0
            j   NMI_Handler                 /* NMI Handler */
            j   HardFault_Handler           /* Hard Fault Handler */
        .word   0
        .word   0
        ……
```

其中，除第一项外的每一项都代表着各个中断服务例程 ISR 的首地址，第一项代表着栈顶地址，一般是程序可用 RAM 空间的最大值。此外，对于未实例化的中断服务例程，由于在程序中不存在具体的函数实现，也就不存在相应的函数地址。因此，一般在启动文件内，会采用弱定义的方式，将默认未实例化的中断服务例程 ISR 的起始地址指向一个默认中断服务例程 ISR 的首地址，这样就保证了所有的中断响应都有一个去处：

```
    .weak   NMI_Handler
    .weak   HardFault_Handler
    .weak   SysTick_Handler
    .weak   SW_handler
……
```

其中，这个默认的处理程序一般是一个无限循环语句或是一个直接返回的语句，CH32V307VCT6 采用的方式是无限循环。

中断向量号一般从 1 开始，它与 IRQ 中断号一一对应。IRQ 中断号将内核中断与非内核中断稍加区分：对于非内核中断，IRQ 中断号从 0 开始递增；而对于内核中断，IRQ 中断号从 −1 开始递减。IRQ 中断号的定义一般位于芯片头文件内。下面给出 CH32V307VCT6 的芯片头文件“ch32v30x.h”中的 IRQ 中断号的部分定义：

```
typedef enum
{
    // RISC-V Processor Exceptions Numbers
```

```
    NonMaskableInt_IRQn          = 2,       //!<2  Non Maskable Interrupt
    EXC_IRQn                     = 3,       //!<3  Exception Interrupt
    SysTicK_IRQn                 = 12,      //!<12  System timer Interrupt
    Software_IRQn                = 14,      //!<14  software Interrupt
  ……
} IRQn_Type;
```

在表 3-4 中列出了 CH32V307VCT6 更为详细的中断源、中断向量号、IRQ 中断号和引用名等信息，这里不再列出。

(3) 中断优先级、可屏蔽中断和不可屏蔽中断

在进行 CPU 设计时，一般定义了中断源的优先级。若 CPU 在程序运行过程中，有两个以上中断同时发生，则优先级高的中断先得到响应。

根据中断是否可以通过程序设置的方式被屏蔽，可将中断划分为可屏蔽中断和不可屏蔽中断两种。**可屏蔽中断**是指可以通过程序设置的方式来决定不响应该中断，即该中断被屏蔽了。**不可屏蔽中断**是指不能通过程序方式关闭的中断。

2. 中断处理的基本过程

中断处理的基本过程分为中断请求与中断检测、中断响应与中断处理等过程。

(1) 中断请求与中断检测

当某一中断源需要 CPU 为其服务时，它会向 CPU 发出中断请求信号(一种电信号)。中断控制器获取中断源硬件设备的中断向量号[①]，并通过识别的中断向量号将对应硬件中断源模块的中断状态寄存器中的“中断请求位”置位，以便 CPU 确定是哪种中断请求。

一般情况下，CPU 在每条指令结束时，会检查中断请求或者系统是否满足异常条件，为此，一些 CPU 专门在指令周期中使用了中断周期。在中断周期中，CPU 将会检测系统中是否有中断请求信号，若此时有中断请求信号，则 CPU 将会暂停当前运行的任务，转而去对中断事件进行响应；若系统中没有中断请求信号，则继续运行当前任务。

(2) 中断响应与中断处理

中断响应的过程是由系统自动完成的，对于用户来说是透明的操作。在中断响应的过程中，首先 CPU 会查找中断源所对应的模块中断是否被允许，若被允许，则响应该中断请求。中断响应的过程要求 CPU 保存当前环境的“上下文(context)”于堆栈中。通过中断向量号找到中断向量表中对应的中断服务例程 ISR，转而去运行该中断服务例程 ISR。中断处理术语中，简单理解“上下文”即指 CPU 内部寄存器，其含义是在中断发生后，由于 CPU 在中断服务例程中也会使用 CPU 内部寄存器，所以需要在调用 ISR 之前，将 CPU 内部寄存器保存至指定的 RAM 地址(栈)中，在中断结束后再将该 RAM 地址中的数据恢复到 CPU 内部寄存器中，从而使中断前后程序的“运行现场”没有任何变化。

① 设备与中断向量号可以不是一一对应的，如果一个设备可以产生多种不同中断，允许有多个中断向量号。

6.4.2 RISC-V 非内核模块中断编程结构

1. RISC-V4F 中断结构及中断过程

RISC-V4F 中断系统的结构框图，如图 6-5 所示，它由 RISC-V4F 内核、可编程快速中断控制器 PFIC(Programmable Fast Interrupt Controller)及模块中断源组成。其中断过程分为两步：第一步，模块中断源向快速可编程中断控制器 PFIC 发出中断请求信号；第二步，PFIC 对发来的中断信号进行管理，判断该模块中断是否被使能，若使能，通过私有外设总线 PPB(Private Peripheral Bus)发送给 RISC-V4F 内核，由内核进行中断处理。如果同时有多个中断信号到来，PFIC 根据设定好的中断优先级进行判断，优先级高的中断首先响应，优先级低的中断暂时挂起，压入堆栈保存；如果优先级完全相同的多个中断源同时请求，则先响应 IRQ 号较小的，其他的被挂起。例如，当 IRQ4[①] 的优先级与 IRQ5 的优先级相等时，IRQ4 会比 IRQ5 先得到响应。

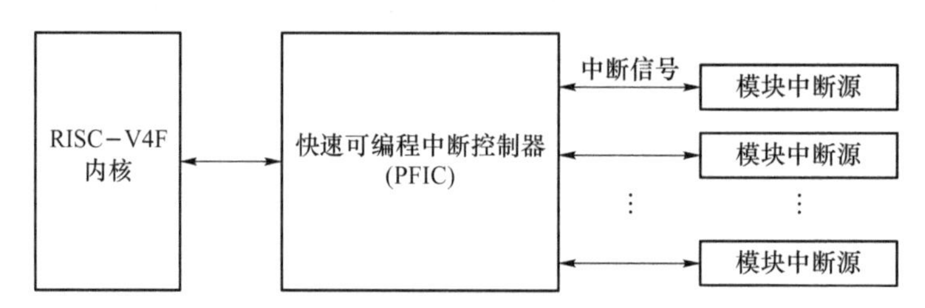

图 6-5 V4F 中断结构框图

2. PFIC 内部寄存器简介

PFIC 模块的基地址(PFIC_BASE)为 0xE000E000，内部用于中断控制的寄存器，如表 6-5所列。在样例工程的 core_riscv.h 文件中定义了一个名为"PFIC_Type"的结构体组织这些寄存器。其中，软件触发中断寄存器及中断激活位寄存器比较少用，下面对其他寄存器进行说明。

表 6-5 NVIC 内各寄存器简描述

描 述	地址偏移	使用名称	描 述
中断使能状态寄存器 1	0x000	ISR1	只读，1:31 编号以下中断已使能
中断使能状态寄存器 2	0x004	ISR2	只读，1:32 编号以上中断已使能
中断挂起状态寄存器 1	0x020	IPR1	只读，1:31 编号以下中断已挂起
中断挂起状态寄存器 2	0x024	IPR2	只读，1:32 编号以上中断已挂起
中断优先级阈值配置寄存器	0x040	ITHRESDR	只读，设置中断优先级阈值
快速中断服务基地址寄存器	0x044	FIBADDRR	可读/写，快速中断响应的目标跳转地址
中断配置寄存器	0x048	CFGR	可读/写，写 1 有效
中断全局状态寄存器	0x04C	GISR	只读，判断当前中断状态
快速中断 0 偏移地址寄存器	0x060	FIOFADDRR0	可读/写，快速中断 0 进行地址偏移

① IRQ 中断号为 n，简记为 IQRn。

续表 6－5

描　述	地址偏移	使用名称	描　述
快速中断 1 偏移地址寄存器	0x064	FIOFADDRR1	可读/写,快速中断 1 进行地址偏移
快速中断 2 偏移地址寄存器	0x068	FIOFADDRR2	可读/写,快速中断 2 进行地址偏移
快速中断 3 偏移地址寄存器	0x06C	FIOFADDRR3	可读/写,快速中断 3 进行地址偏移
中断使能设置寄存器 1	0x100	IENR1	可读/写,31＃以下中断只能控制
中断使能设置寄存器 2	0x104	IENR2	可读/写,32＃以上中断只能控制
中断使能清除寄存器 1	0x180	IRNR1	可读/写,31＃以下中断关闭控制
中断使能清除寄存器 2	0x184	IRNR2	可读/写,32＃以上中断关闭控制
中断挂起设置寄存器 1	0x200	IPSR1	可读/写,31＃以下中断挂起设置
中断挂起设置寄存器 2	0x204	IPSR2	可读/写,32＃以上中断挂起设置
中断挂起清除寄存器 1	0x280	IPRR1	可读/写,31＃以下中断挂起清除
中断挂起清除寄存器 2	0x284	IPRR2	可读/写,32＃以上中断挂起清除
中断激活状态寄存器 1	0x300	IACTR1	可读/写,31＃以下中断执行状态
中断激活状态寄存器 2	0x304	IACTR2	可读/写,32＃以上中断执行状态
中断优先级配置寄存器	0x400～0x4FF	IPRIORx (x=0～63)	可读/写,配置中断优先级
系统控制寄存器	0xD10	SCTLR	可读/写,设置系统模式

(1) 中断使能寄存器

中断使能设置寄存器 IENR(Interrupt Set Enable Register)有 2 个,中断向量号 IRQ 为 0～31 时使用的是中断使能设置寄存器 1(IENR1),中断向量号 IRQ 在 32～59 时使用的是中断使能设置寄存器 2(IENR2)。每个寄存器为 32 位宽,每个位对应于一个中断源,对相应位写 1,表示设置对应中断源使能,即允许其中断;写 0,无效。例如,设置 UART1 的接收中断使能,首先在 CH32V307VCT6 中断向量表(见表 3－4)中查找 UART1 接收中断的 IRQ 号为 53,对应中断使能寄存器为 IENR 的第 21 位,由于对中断使能寄存器的某一位写 0 无效,则设置 IENR2 的第 21 位为 1,用二进制表示可以写成:IENR[1]=00000000_00100000_00000000_00000000。这个表达方式写成共性函数见工程的“..\02_CPU\core_riscv.h”文件的 NVIC_EnableIRQ 函数。

```
RV_STATIC_INLINE void NVIC_EnableIRQ(IRQn_Type IRQn)
{
    NVIC->IENR[((uint32_t)(IRQn) >> 5)] = (1 << ((uint32_t)(IRQn) & 0x1F));
}
```

这个函数对于具体的 UART1 接收中断来说,由于 IRQn=53,该函数实参(((uint32_t)IRQn) >> 5)=1,等号右边(uint32_t)(1 << (IRQn& 0x1F)),就是二进制 00000000_00100000_00000000_01000000。

(2) 中断使能清除寄存器

中断使能清除寄存器 IRER(Interrupt Clear Enable Register)有 2 个,中断向量号 IRQ 为

0～31 时使用的是中断使能设置寄存器 1(IRER1),中断向量号 IRQ 在 32～59 时使用的是中断使能设置寄存器 2(IRER 2)。为 32 位宽,每个位对应一个中断源,对相应位写 1,表示清除对应中断源的使能(该位变为 0),即禁止其中断;写 0,则无效。“..\02_CPU\core_riscv.h”文件的 NVIC_DisableIRQ 函数可以使用。

(3) 中断设置挂起/清除挂起寄存器

当中断发生时,正在处理同级或高优先级中断,或者该中断被屏蔽,则中断不能立即得到响应,此时中断可被暂时挂起。中断的挂起状态通过中断设置挂起寄存器 IPSR(Interrupt Pending Set Register)与中断清除挂起寄存器 IPPR(Interrupt Pending Clear Register)来读取,还可以通过写这些寄存器进行挂起中断。其中,挂起表示排队等待,清除挂起表示取消此次中断请求。

(4) 中断优先级配置寄存器

每个中断都有对应的优先级寄存器,其数量取决于芯片中实际存在的外部中断数,CH32V307VCT6 使用数组元素 IP[0]～[255]表示,每个中断使用 8 bit 来设置控制优先级,但只使用高 4 位,可表示 0～255 优先级,优先级数值越小表示优先级越高。只有两级中断嵌套,即只能抢占 1 次。要获得一个芯片实际使用多少位表达优先级,可以用下述方法进行测试:将 0xFF 写入任意中断优先级寄存器,随后将其读回后查看多少位为 1,若设备实际实现了 8 个优先级(3 位),读回值为 0xE0。若不对某一中断的优先级进行配置,默认为 0(最高优先级),在使用实时操作系统时,建议设置外部中断优先级。

【思考一下】在样例工程中,找出表 3-4 中串口(USART)2 的中断使能寄存器的名称、地址。

3. 非内核中断初始化设置步骤

根据本节给出的 RISC-V4F 非内核模块中断编程结构,想让一个非内核中断源能够得到内核响应(或禁止),基本步骤如下:

① 设置模块中断使能位使能模块中断,使模块能够发送中断请求信号。例如 UART 模式下,在 USART_STATR 中,将中断使能位置 1。

② 查找芯片中断源表(例如表 3-4)找到对应 IRQ 号,设置可编程快速中断控制器的中断使能寄存器(PFIC_IENR),使该中断源对应位置 1,允许该中断请求。反之,若要禁止该中断,则设置嵌套中断向量控制器的中断禁止寄存器(PFIC_IRER),使该中断源对应位置 1 即可。

③ 若要设置其优先级,可对优先级寄存器编程。

本书网上电子资源的例程,已经在各外设模块底层驱动构件中封装了模块中断使能与禁止的函数,可直接使用。这里阐述的目的是使读者理解其中的编程原理。读者只要选择一个含有中断的构件,理解其使能中断与禁止中断函数即可。

6.4.3 CH32V307VCT6 中断编程步骤——以串口接收中断为例

在 3.1 节中给出了 CH32V307VCT6 的中断源及中断向量表。下面以 UART_2 接收中断为例,阐述 CH32V307VCT6 中断的编程步骤。样例工程为“..\04-Software\CH06\

UART- CH32V307-ISR"。

1. 准备阶段

在开发板硬件设计阶段确定使用的串口，用它来收发数据，例如 AHL - CH32V307 中的 UART_User，也就是 UART_2。

在"..\03_MCU\startup\ startup_ch32v30x.S"文件的中断向量表中，找到串口 2 接收中断服务例程的函数名是 USART2_IRQHandler。同时在"..\05_UserBoard\user.h"文件中，对其宏定义，增强程序的可移植性：

```
#define UART_User            UART_2               //UART_2 可用模块宏定义，用户串口
#define UART_User_Handler    USART2_IRQHandler    //用户串口中断函数宏定义
```

2. main.c 文件中的编程——串口初始化、使能模块中断、开总中断

① 在"初始化外设模块"位置调用 uart 构件中的初始化函数：

```
uart_init (UART_User 115200);                    //初始化串口模块，波特率为 115200
```

② 在"初始化外设模块"位置调用 uart 构件中的使能模块中断函数：

```
uart_enable_re_int(UART_User);                   //使能 UART_USER 模块接收中断功能
```

③ 在"开总中断"位置调用 cpu.h 文件中的开总中断宏函数：

```
ENABLE_INTERRUPTS;                               //开总中断
```

这样，串口接收中断初始化完成。

3. isr.c 文件中的编程——中断服务例程

在"..\ 07_AppPrg \isr.c"文件中进行中断服务例程的编程：

```
//=====================================================================
//中断名称：UART_User_Handler
//功能概要：UART_UPDATE 接收中断，处理接收到的数据
//参　数：无
//返　回：无
//说　明：需要启动中断并注册才可使用
//=====================================================================
void UART_User_Handler(void)
{
    uint8_t ch;
    uint8_t flag;

    DISABLE_INTERRUPTS;                          //关总中断
```

```
    //接收一个字节的数据
    ch = uart_re1(UART_2,&flag);                    //调用接收一个字节的函数,清接收中断位
    if(flag)                                        //有数据
    {
        uart_send1(UART_2,ch);                      //回发接收到的字节
    }
    ENABLE_INTERRUPTS;                              //开总中断
}
```

可在此处进行串口 2 接收中断功能的编程。这里的函数会取代原来的默认函数。这样就避免了用户直接对中断向量表进行修改,而在 startup_ch32v10x.S 文件中采用"弱定义"的方式为用户提供了编程接口,既方便用户使用,同时也提高了系统编程的安全性。

中断服务例程设计与普通构件函数设计一样,只是这些程序只有在中断产生时才被运行。为了规范编程,统一将各个中断服务例程,放在工程框架中的"..\07_AppPrg\isr.c"文件中。**如编写一个 UART_User 串口接收中断服务例程,当串口有一个字节的数据到来时产生接收中断,将会执行 UART_User_Handler 函数。**在这个程序中,首先进入临界区[①],关总中断,接收一个到来的字符,若接收成功,则把这个字符发送回去,退出临界区。

4. 运行结果

将机器码文件下载到目标开发套件中,在 AHL-GEC-IDE 的"工具"→"串口工具"菜单下,弹出串口测试工程界面,选择好串口,设置波特率为 115 200,单击"打开串口","选择发送方式"为"字符串",在文本框内输入字符内容"A",单击"发送数据"按钮,则上位机将该字符串发送给 MCU。MCU 接收数据后回发给上位机,如图 6-6 所示。

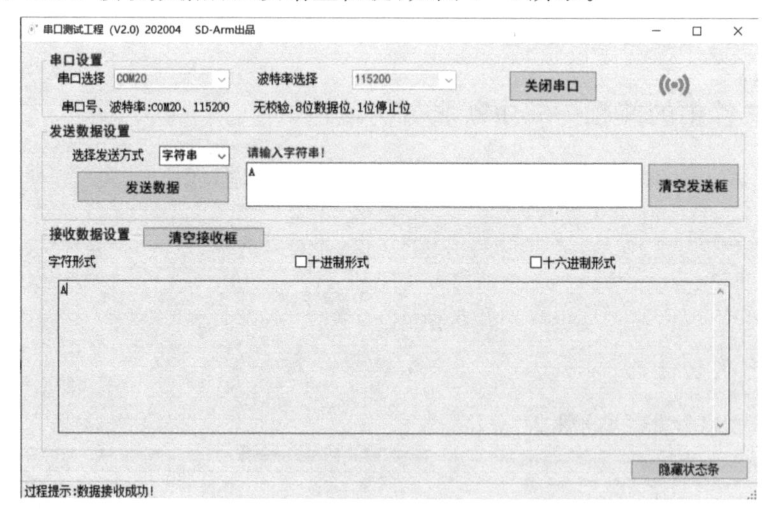

图 6-6 通过中断实现串口的收发数据

① 有些情况下,一些程序段是需要连续执行而不能被打断的,此时,程序对 CPU 资源的使用是独占的,此时称为"临界状态",不能被打断的过程称为对"临界区"的访问。为防止在执行关键操作时被外部事件打断,一般通过关中断的方式使程序访问临界区,屏蔽外部事件的影响。执行完关键操作后退出临界区,打开中断,恢复对中断的响应能力。

【思考一下】实现上位机发送“A”,MCU 回发“C”，上位机发送“B”,MCU 回发“D”……。

6.5　实验二　串口通信及中断实验

串口通信简单且方便使用,是最早普及的一种通信方式,也是嵌入式系统学习中常用的一种通信技术,可直接与 PC 机通信。其他嵌入式通信方式大多需要通过串口通信与 PC 机连接实现基本调试与现象观察。

1. 实验目的

本次实验内容较多,涉及 UART 通信基本编程、中断编程、组帧解帧,以及 PC 机的 C# 串口通信编程方法。掌握了这些知识,可为后续的深入学习打好工具性基础。

① 以串行接收中断为例,掌握中断的基本编程步骤。

② 通过接收多个字节组成一帧,掌握串口通信组帧编程方法。

③ 掌握 PC 机的 C# 串口通信编程方法。

2. 实验准备

① 软硬件工具:与实验一相同。

② 运行并理解“..\ 04-Software\CH06”中的几个程序。

3. 参考样例

① MCU 方样例程序:在“..\04-Software\CH06\UART\UART-CH32V307-ISR”中,以下 MCU 方样例程序均指这个程序。该程序使用 UART 构件,实现串口接收中断编程。MCU 收到一个字节后,进入串口接收中断处理程序,在该程序中,读出该字节,同时直接发送出去。可以利用 PC 机串口通信程序进行测试。

② PC 机方样例程序:“..\05-Tool\ C# 2019 串口测试程序”中。这是 PC 机方串口通信 C# 源程序。无论是否学习过 C# 语言,都可以通过实例顺利理解其执行流程,基本掌握其编程方法,把它作为辅助工作,为学习 MCU 服务。“..\05-Tool”还给出了 C# 快速应用指南的下载方式。

4. 实验过程或要求

(1) 验证性实验

验证 MCU 方样例程序,其主要功能是实现开发板上的小灯闪烁、通过 MCU 串口发送字符串、回发接收数据。

① 复制样例工程并重命名。复制 MCU 方样例程序工程到自己的工作文件夹中,改为自己确定的工程名,建议尾端增加。

② 导入工程、编译、下载到 GEC 中。

③ 观察实验现象。在开发环境下,使用“工具”→“串口工具”,可进行串口调试。也可利

用“..\05-Tool\ C#2019 串口测试程序”或其他通用串口调试工具进行测试。在此基础上，理解 main.c 程序和中断服务例程 isr.c。PC 机的 C#界面设计了发送文本框和接收字符型文本框、十进制型文本框、十六进制型文本框，理解接收、发送等程序功能。

④ 修改程序。MCU 收到一个字节后，将其减 3，再发送回去，理解所观察到的现象。

(2) 设计性实验

① 参考 MCU 方样例程序，利用该程序框架实现：通过串口调试工具或“..\05-Tool\ C#2019 串口测试程序”，PC 机发送字符“1”或者“0”来控制开发板上三色灯中的一个 LED 灯，MCU 接收到字符“1”时打开 LED 灯，接收到字符‘0’时关闭 LED 灯。

② 参考 MCU 方样例程序，利用该程序框架实现：通过串口调试工具或“..\05-Tool\ C#2019 串口测试程序”，PC 机发送字符串“Open”或者“Close”来控制开发板上三色灯中的一个 LED 灯，MCU 接收到字符串“Open”时打开 LED 灯，接收到字符串“Close”时关闭 LED 灯。

(3) 进阶实验

① 参考 MCU 方样例程序，利用该程序框架实现：修改编写 MCU 方和 C#方程序，利用组帧方法来完成串口任意长度数据的接收和发送。实现 C#程序发送字符串“Open”或者“Close”来控制开发板上三色灯中的一个 LED 灯，MCU 接收到字符串“Open”时打开 LED 灯，接收到字符串“Close”时关闭 LED 灯。

提示：组帧的双方可约定“帧头＋数据长度＋有效数据＋帧尾”为数值帧的格式，帧头和帧尾请自行设定。

② 利用上述实验中的组帧方法完成 C#方和 MCU 方程序的功能，C#方程序实现单击相应按钮，控制开发板上的三色灯完成“红、绿、蓝、青、紫、黄、白、暗”显示的控制。

5. 实验报告要求

① 描述进行串口通信及中断编程实验中遇到的三个以上问题，找出出现问题的原因、解决方法及体会。

② 用适当文字描述接收中断方式下，MCU 方串口通信程序的执行流程，PC 机方的 C#串口通信程序的执行流程。

③ 在实验报告中完成实践性问答题。

6. 实践性问答题

① 分别给出在波特率 9 600 b/s 和 115 200 b/s 下发送一个字节所需要的时间。

② 有哪些简单的方法可以测试 MCU 串口的 Tx 引脚发出了信号？

③ 串口通信中用电平转换芯片(RS485 或 RS232)进行电平转换，程序是否需要修改？说明原因。

④ 组帧中如何增加校验字段？查找资料，说一说有哪些常用校验方法。

⑤ MCU 方的串口接收中断编程，在 PC 机方的 C#编程中是如何描述的？

本章小结

本章是全书的重点之一，串行通信在嵌入式开发中具有特殊地位，通过串行通信接口与PC机相连，可以借助PC机屏幕进行嵌入式开发的调试。本章另一重要内容是阐述中断编程的基本方法。至此，1～6章已经囊括了学习一个新MCU入门环节的完整要素。后续章节将在此规则与框架下学习各知识模块。

1. 关于串口通信的通用基础知识

MCU的串口通信模块UART，在硬件上，一般只需要三根线，分别称为发送线(TxD)、接收线(RxD)和地线(GND)，在通信表现形式上，属于单字节通信，是嵌入式开发中重要的打桩调试手段。串行通信数据格式可简要表述为：发送器通过发送一个“0”表示一个字节传输的开始，随后一般是一个字节的8位数据，最后，发送器停止位“1”，表示一个字节传送结束。若继续发送下一字节，则重新发送开始位，开始一个新的字节传送。若不发送新的字节，则维持“1”的状态，使发送数据线处于空闲。从开始位到停止位结束的时间间隔称为一字节帧。串行通信的速度用波特率表征，其含义是每秒内传送的位数，单位是位/秒，记为b/s。

2. 关于UART构件的常用对外接口函数

首先应该学会使用UART构件进行串口通信的编程，正确理解与使用初始化(uart_init)、发送单个字节(uart_send1)、发送N个字节(uart_sendN)、发送字符串(uart_send_string)、接收单个字节(uart_re1)、使能串口接收中断(uart_enable_re_int)等函数。对于UART构件的制作，有一定难度，可以根据自己的学习情况确定掌握深度，基本要求是在了解寄存器的基础上，理解利用直接地址操作的串口发送打通程序，后续进行构件制作。这里可以看出，使用构件与制作构件的难度差异，这是软件编程的社会分工的重要分界点，利用GEC概念，把这两个过程分割开来，做构件与用构件属于不同工作范畴。

3. 关于中断编程问题

任何一个计算机程序原则上可以理解为两条运行线：一条为无限循环线，另一条为中断线。要对一个中断进行编程，需要掌握以下几个环节：①中断源、中断IRQ号、中断向量号；②产生中断的条件；③中断初始化；④中断处理程序的存放位置及编写中断处理程序。读者可以通过串口通信接收中断体会这个过程。

习　题

1. 利用PC机的USB口与MCU之间进行串行通信，为什么要进行电平转换？AHL-CH32V307开发板中是如何进行这种电平转换的？

2. 设波特率为115 200 b/s，使用NRZ格式的8个数据位、没有校验位、1个停止位，传输

6KB 的文件最少需要多长时间？

4. 简要给出 CH32V307 中断编程的基本知识要素，以串口通信的接收中断编程为例加以说明。

5. 查阅 UART 构件中对引脚复用的处理方法，说明这种方法的优缺点。

6. 按照 6.3.2 小节中利用直接地址的方法给出开发板上 UART_Debug 串口的发送程序。

7. 简要阐述制作 UART 构件的基本过程。

8. 为什么在实际串行通信编程中必须对通信内容进行组帧和校验？给出组帧和校验的基本方法描述与实践。

第 7 章　定时器相关模块

本章导读：定时器是 MCU 中必不可少的部件，周期性的定时中断为需要反复执行的功能提供了基础，定时器也为脉宽调制、输入捕获与输出比较提供了技术基础。本章首先给出青稞 V4F 内核中系统定时器 SysTick 的编程方法，简要给出自身带有日历功能的 RTC 模块以及 Timer 模块的基本定时功能；随后给出 Timer 模块的脉宽调制、输入捕获与输出比较功能的编程方法。

7.1　定时器的通用基础知识

在嵌入式应用系统中，有时要求能对外部脉冲信号或开关信号进行计数，这可以通过计数器来完成。有些设备要求每间隔一定时间开启并在一段时间后关闭，有些指示灯要求不断地闪烁，这些可利用定时信号来完成。另外，计算机运行的日历时钟、产生不同频率的声源等也需要定时信号。计数与定时问题的解决方法是一致的，只不过是同一个问题的两种表现形式。实现计数与定时的基本方法有三种：完全硬件方式、完全软件方式、可编程计数器/定时器方式。完全硬件方式基于逻辑电路实现，现已很少使用，完全软件方式用于极短延时，稍微长一点的延时均使用可编程定时器。

完全软件方式是利用计算机执行指令的时间实现定时，但这种方式占用 CPU，不适用于多任务环境，一般仅用于时间极短的延时且重复次数较少的情况。需要说明的是，在 C 语言环境编程时，声明这种延时语句的循环变量需要加上 volatile，即编译时对该变量不优化；否则可能导致在不同编译场景下延时指令周期不一致。

```
//延时若干指令周期
for (volatile uint32_t i = 0; i < 80000; i++) __ASM("NOP");
```

可编程定时器方式是根据需要的定时时间，用指令对定时器进行初始常数设定，并用指令启动定时器开始计数，当计数到指定值时，便自动产生一个定时输出；通常由中断信号告知 CPU，在定时中断处理程序中，对时间进行基本运算。在这种方式中，定时器开始工作以后，CPU 不必去管它，可以运行其他程序，计时工作并不占用 CPU 的工作时间。在实时操作系统中，利用定时器产生中断信号，建立多任务程序运行环境，可大大提高 CPU 的利用率。本章后续阐述的均是这种类型的定时器。

7.2　CH32V307VCT6 中的定时器

在计算机中，一般有多个定时器用于不同的功能，有点像酒店墙上挂出许多时钟，以显示不同时区的时间。计算机中定时器最基本的功能就是计时，不同定时器的计数频率不同，阈值范围也不同。

7.2.1 青稞 V4F 内核中的系统定时器 SysTick

青稞 V4F 内核中包含了一个简单的系统定时器 SysTick，又称为“滴答”定时器。这个定时器由于是包含在内核中的，凡是使用该内核生产的 MCU 均含有 SysTick，因此使用这个定时器的程序方便在 MCU 间移植。若使用实时操作系统，一般可用该定时器作为操作系统的时间滴答，可简化实时操作系统在以 RISC-V 为内核的 MCU 间移植工作。

由于 SysTick 定时器功能简单，内部寄存器也较少，其构件制作也相对简单，因此，**读者深入掌握其构件制作过程，有利于对构件的理解。**

1. SysTick 定时器的寄存器

(1) SysTick 定时器的寄存器地址

SysTick 定时器中有 6 个 32 位寄存器，基地址为 0xE000F000，其偏移地址及简明功能如表 7-1 所列。

表 7-1　SysTick 定时器的寄存器偏移地址及简明功能

偏移地址	寄存器名	简　称	简明功能
0x0	系统计数控制寄存器	CTLR	配置功能及状态标志
0x4	系统计数状态寄存器	SR	计数值比较标志，写 0 清除，写 1 无效
0x8	系统计数器低位寄存器	CNTL	当前计数器计数值低 32 位
0xC	系统计数器高位寄存器	CNTH	当前计数器计数值高 32 位
0x10	计数比较低位寄存器	CMPLR	设置比较计数器值低 32 位
0x14	计数比较高位寄存器	CMPHR	设置比较计数器值高 32 位

(2) 控制及状态寄存器

控制及状态寄存器的 6～30 位为保留位，只有 7 个位有实际含义，如表 7-2 所列。这7 位分别是软件中断触发使能、计数器初始值更新、计数模式、自动重装载计数器使能、计数器时钟源选择位、计数器中断使能控制位和系统计数器使能控制位。

表 7-2　控制及状态寄存器

位	英文含义	中文含义	R/W	功能说明
31	SWIE	软件中断触发使能	R/W	0:关闭触发;1:触发软件中断
5	INIT	计数器初始值更新	W1	0:无效;1:向上计数更新为 0,向下计数更新为比较值
4	MOOE	计数模式	R/W	0:向上计数;1:向下计数
3	STRE	自动重装载计数器使能位	R/W	0:向上计数到比较值后继续向上计数,向下计数到 0 后重新从最大值开始向下计数; 1:向上计数到比较值后重新从 0 开始计数,向下计数到 0 后重新从比较值开始计数

表7-2

位	英文含义	中文含义	R/W	功能说明
2	STCLK	计数器时钟源选择位	R/W	0:HCLK/8 做时基;1:HCLK 做时基
1	STIE	计数器中断使能控制位	R/W	0:关闭计数器中断;1:使能计数器中断
0	STE	系统计数器使能控制位	R/W	0:关闭系统计数器;1:开启系统计数器

(3) 计数状态寄存器、计数器和计数比较寄存器

SysTick 模块的状态寄存器使用第0位保存计数值比较标志位,用户向该位写0清除标志位,表示未达到比较值;向上计数达到比较值或向下计数到0,由芯片硬件自行向该位写1。

SysTick 模块的系统计数器由系统计数器低位寄存器 STK_CNTL 和系统计数器高位寄存器 STK_CNTH 共同构成了64位系统计数器。SysTick 定时器的计数比较寄存器 CMP 由计数比较低寄存器 STK_CMPLR 和计数比较高寄存器 STK_CMPHR 共同组成了64位系统计数器,其值是计数器的初值及重载值。SysTick 定时器的计数器保存当前计数值,这两个寄存器均由芯片硬件自行维护,用户无须干预,用户程序可通过读取该寄存器的值得到更精细的时间表示。

2. SysTick 构件制作过程

SysTick 构件是一个最简单的构件,只包含一个初始化函数。要设计 SysTick 初始化函数 systick_init,分为三步。

(1) 梳理初始化流程

SysTick 是一个64位加减计数器,采用减1计数的方式工作计数到0,或采用加1计数的方式工作计数到比较值,均可产生 SysTick 异常(中断),中断号为12。初始化时,选择时钟源(决定了计数频率)、设置计数比较寄存器(决定了溢出周期)、设置优先级、允许中断,使能该模块。由此,该定时器开始工作,若采用减1计数,计数器的初始值为计数比较寄存器中的值,计数到0;若采用加1计数,计数器的初始值为0,计数到比较值,状态寄存器的溢出标志位 CNTIF 均会被自动置1,产生中断请求,同时,计数器自动重载初始值继续开始新一轮计数。

(2) 确定初始化参数及其范围

下面分析 SysTick 初始化函数都需要哪些参数。首先是确定时钟源,它决定了计数频率,本书使用的 CH32V307VCT6 芯片外部晶振未引出,编程时将 SysTick 的时钟源设置为内核时钟,不作为传入参数;其次,由于计数器(CNT)减到0或加到比较值时会产生 SysTick 中断,因此应确定 SysTick 中断时间间隔,单位一般为毫秒(ms)。这样,SysTick 初始化函数只有一个参数:中断时间间隔。设时钟频率为 f,计数器有效位数为 n,则中断时间间隔的范围为 $\tau=1\sim1\,000(2^n/f)$ ms。CH32V307VCT6 的内核时钟频率为 $f=72$ MHz,计数器有效位数为 $n=64$,故中断时间间隔的范围为 $\tau=1\sim2^{51}$ ms。

(3) 中断优先级设置函数 NVIC_SetPriority

在..\02_CPU\core_riscv.h 文件中提供了用于设置中断优先级的函数 NVIC_SetPriority,该函数有两个参数,分别是 IRQ 号和设定的优先级。

```
// ==================================================================
//函数名称:NVIC_SetPriority
//函数返回:无
//参数说明:IRQn 为 IRQ 号;priority 为设定的优先级
//功能概要:设置中断优先级
// ==================================================================
RV_STATIC_INLINE void NVIC_SetPriority(IRQn_Type IRQn, uint8_t priority)
{
  NVIC->IPRIOR[(uint32_t)(IRQn)] = priority;
}
```

(4) 编写 systick_init 函数

在确定初始化流程、参数和参数范围后,编写 systick_init 函数就变得简单了。首先禁止 SysTick 和清除计数器,然后设置时钟源、重载寄存器、SysTick 优先级,最后允许中断并使能该模块。具体流程见如下源代码:

```
// ==================================================================
//函数名称:systick_init
//函数返回:无
//参数说明:int_ms 为中断的时间间隔,以 ms 为单位,推荐选用 5,10,…
//功能概要:初始化 SysTick 定时器,设置中断的时间间隔
//说    明:内核时钟频率 SystemCoreClock 为 72 MHz,SysTick 以 ms 为单位,合理范围为 1~2^51
// ==================================================================
void systick_init(uint8_t int_ms)
{
    SysTick->CTLR = 0x00000000;                          //控制寄存器复位
    SysTick->SR = 0x00000000;                            //状态寄存器复位
    SysTick->CNT = 0x00000000;                           //计数器复位,设置初始值为 0
    SysTick->CMP = SystemCoreClock / 8000 * int_ms;      //给重载寄存器赋值
    NVIC_SetPriority(SysTicK_IRQn, 15);                  //设置 SysTick 中断优先级
    NVIC_EnableIRQ(SysTicK_IRQn);                        //使能开启 SysTick 中断
    SysTick->CTLR |= 0x0000000B;
}
```

在编写底层驱动时,需要对寄存器的某几位进行置 1 或清零操作,而不能影响其他位。在内核头文件和芯片头文件中,提供类似如…_Pos 和…_Msk 的宏定义。Msk 是 Mask 的缩写,中文含义是掩码,用于和寄存器进行按位运算得出新的操作数,例如:

```
SysTick-> CTLR |= SysTick_CTRL_SET_Msk;                  //选择内核时钟
```

SysTick_CTRL_SET_Msk 的值为 1U<<0UL(U、UL 分别表示无符号类型和无符号长整型),和 SysTick->CTRL 按位或后,将 SysTick->CTRL 中的第 0 位置 1,而其他位不受影响。

3. SysTick 构件测试工程

测试工程位于电子资源中的“..\04-Software\CH07\Systick-CH32V307”文件夹。其主要功能为：SysTick 使用内核时钟，每 10 ms 中断一次，在中断里进行计数判断，每 100 个 SysTick 中断蓝灯状态改变，同时调试串口输出 MCU 记录的相对时间，如“00:00:01”。

通过运行 PC 机的“时间测试程序 C#2019”程序，可显示 MCU 通过串口送来的 MCU 中 SysTick 定时器产生的相对时间，如“00:00:20”，同时显示 PC 机的当前时间，如“10:12:26”。此外，还提供了 SysTick 时间校准方式，可根据测试程序界面右下角检测的 PC 机时间间隔与 MCU 的 30 s 的比较，来适当改变重载寄存器的值，以此校准 SysTick 定时器产生的时间。这里给出 SysTick 定时器中断处理程序。

```
//==========================================================================
//函数名称:SysTick_Handler(SysTick 定时器中断处理程序)
//参数说明:无
//函数返回:无
//功能概要:(1)每 10 ms 中断触发本程序一次;
//          (2)达到 1 s 时,调用秒 + 1 程序,计算"时、分、秒"
//特别提示:(1)使用全局变量字节型数组 gTime[3],分别存储"时、分、秒";
//          (2)注意其中静态变量的使用
//==========================================================================
void  SysTick_Handler()
{
    SysTick->SR   = 0;
    static uint8_t SysTickCount = 0;                //静态变量 SysTickCount
    SysTickCount++;                                 //Tick 单元 + 1
    if (SysTickCount >= 100)
    {
        SysTickCount = 0;
        SecAdd1(gTime);                             //gtime 是时分秒全局变量数组
    }
}
```

这里对该程序做两点说明：①理解一下这里为什么要把 SysTickCount 声明为静态变量，静态变量为什么一定要在声明时赋初值；②程序中当时间达到 1 s 时，调用秒单元+1 子程序，进行时、分、秒的计算，可以在此基础上进行年、月、日、星期的计算，注意闰年、闰月等问题。

```
//==========================================================================
//函数名称:SecAdd1
//函数返回:无
//参数说明:*p 为指向一个时分秒数组 p[3]
//功能概要:秒单元 + 1,并处理时分单元(00:00:00 - 23:59:59)
//==========================================================================
void  SecAdd1(uint8_t *p)
```

```
{
    *(p+2)+=1;                    //秒+1
    if(*(p+2)>=60)                //秒溢出
    {
        *(p+2)=0;                 //清秒
        *(p+1)+=1;                //分+1
        if(*(p+1)>=60)            //分溢出
        {
            *(p+1)=0;             //清分
            *p+=1;                //时+1
        if(*p>=24)                //时溢出
        {
            *p=0;                 //清时
        }
    }
}
```

【思考一下】程序中给出比较判断的语句使用 if(*(p+2)>=60)，而不使用 if(*(p+2)==60)，这是为什么？这样的编程提高了程序的鲁棒性，仔细体会其中的道理。

7.2.2 实时时钟 RTC 模块

CH32V307VCT6 芯片的实时时钟 RTC(Real-Time Clock,)模块是一个独立的 BCD (Binary-Coded Decimal)①定时器/计数器，其可编程计数器最大可达到 32 位，提供秒事件、闹钟事件和溢出事件。当主计数器增加到和闹钟寄存器的值一致时，会触发闹钟事件；当主计数器自增到溢出时，会触发溢出事件。

这是一个特殊用途的模块，这里给出利用封装好的构件操作该定时模块的方法，构件制作相关内容参见电子资源中的补充阅读材料。

1. RTC 构件 API 接口函数

RTC 构件主要 API 接口函数有：初始化、设置 RTC 时钟的日期和时间、获取 RTC 时钟的日期和时间、设置唤醒时间等，如表 7-3 所列。

表 7-3 RTC 常用接口函数

序　号	函数名	简明功能
1	RTC_Init	初始化
2	RTC_Set	设置 RTC 时钟的日期、时间
3	RTC_Get	获取 RTC 时钟的日期、时间
4	RTC_Set_SecWakeUp	设置唤醒时间
5	RTC_SecWKUP_Get_Int、RTC_SecWKUP_Clear	获取、清除唤醒中断标志

① 用 4 位二进制数来表示 1 位十进制数中的 0～9 这 10 个数，是一种二进制的数字编码形式。

2. RTC 构件头文件

RTC 构件的头文件 rtc.h 在工程的"\03_MCU\MCU_drivers"文件夹中，这里给出部分 API 接口函数的使用说明及函数声明。

```
//==================================================================
//文件名称：rtc.h
//功能概要：CH32V307VCT6 的 RTC 底层驱动程序头文件
//版权所有：苏州大学嵌入式系统与物联网研究所(sumcu.suda.edu.cn)
//==================================================================
#ifndef _RTC_H
#define _RTC_H
#include "mcu.h"
//==================================================================
//函数名称：RTC_Init
//函数参数：无
//函数返回：0 表示初始化成功;1 表示进入初始化失败
//功能概要：初始化 RTC
//==================================================================
uint8_t  RTC_Init(void);

//==================================================================
//函数名称：RTC_Set
//函数参数：syear(年份),smon(月份),sdate(天数),shour(小时),smin(分钟),ssec(秒)
//函数返回：1 表示设置日期成功;0 表示设置日期失败
//功能概要：设置 RTC 时钟的日期
//==================================================================
uint8_t  RTC_Set(uint16_t syear,uint8_t smon,uint8_t sday,uint8_t shour,
                 uint8_t smin,uint8_t ssec);

//==================================================================
//函数名称：RTC_Get
//函数参数：syear(年份),smon(月份),sdate(天数),sweek(星期),shour(小时),smin(分钟),ssec(秒)
//函数返回：无
//功能概要：获取 RTC 时钟的日期
//==================================================================
void  RTC_Get(uint16_t *syear,uint8_t *smon,uint8_t *sday,uint8_t *sweek,
              uint8_t *shour,uint8_t *smin,uint8_t *ssec);

//==================================================================
//函数名称：RTC_Set_SecWakeUp
//函数参数：无
//函数返回：无
//功能概要：秒中断唤醒
//==================================================================
```

```
void  RTC_Set_SecWakeUp();

//=========================================================================
//函数名称:RTC_SecWKUP_Get_Int
//函数返回:1 表示有唤醒中断,0 表示没有唤醒中断
//参数说明:无
//功能概要:获取唤醒中断标志
//=========================================================================
uint8_t  RTC_SecWKUP_Get_Int();

//=========================================================================
//函数名称:RTC_PeriodWKUP_Clear
//函数返回:无
//参数说明:无
//功能概要:清除唤醒中断标志
//=========================================================================
void  RTC_SecWKUP_Clear();
……
#endif
```

3. RTC 构件测试实例

RTC 构件的测试工程位于电子资源中的"..\04-Software\CH07\RTC-CH32V307"文件夹。主要功能为:初始设置 RTC 的基准时间为"1970/01/01 00:00:00 星期 4",每秒唤醒定时器,在唤醒中断处理程序 RTC_IRQHandler 中使用 printf 输出日期和时间。同时提供 PC 机测试程序"RTC-测试程序 C#",显示当前 PC 机时间,可通过 User 串口重新改变 RTC 基准时间。

```
//=========================================================================
//程序名称:RTC_IRQHandler
//函数参数:无
//中断类型:RTC 唤醒中断处理函数
//=========================================================================
void  RTC_IRQHandler (void)
{
    uint16_t year = 0;
    uint8_t month,day,week,hour,min,sec;
    if(RTC_SecWKUP_Get_Int() != RESET)          //唤醒秒中断的标志
        { //获取 RTC 记录的日期
            RTC_Get(&year,&month,&day,&week,&hour,&min,&sec);
            printf("year/month/day/week/hour/min/sec:\r\n");
            printf(" %04d - %02d - %02d 星期 %d  %02d: %02d: %02d\r\n",year,
                 month,day,week,hour,min,sec );

        }
```

```
    if(RTC_Alarm_Get_Int()!= RESET)
        {
            RTC_Alarm_Clear();
            RTC_Get(&year,&month,&day,&week,&hour,&min,&sec);
            printf("year/month/day/week/hour/min/sec:\r\n");
            printf("%04d-%02d-%02d 星期%d %02d:%02d:%02d\r\n",year,
                    month,day,week,hour,min,sec );
        }
        RTC_SecWKUP_Clear();                        //清除秒中断标志
            while ((RTC->CTLRL & RTC_CTLRL_RTOFF) == (uint16_t)RESET)
            {
            }
}

//==============================================================
//程序名称:UART_User_Handler
//触发条件:UART_User 串口收到一个字节触发
//备    注:
//==============================================================
void  UART_User_Handler(void)
{
    //(1)变量声明
    uint8_t ch;
    uint8_t flag;
    DISABLE_INTERRUPTS;                             //关总中断
    ch = uart_re1(UART_User,&flag);                 //调用接收一个字节的函数,清接收中断位
    if(flag)                                        //有数据
    {
        uart_send1(UART_User,ch);                   //回发接收到的字节
        if( CreateFrame(ch,gcRTCBuf))
        {
            g_RTC_Flag = 1;
        }
    }
    ENABLE_INTERRUPTS;                              //开总中断
}
```

7.2.3 Timer 模块的基本定时功能

Timer 模块内含 10 个独立定时器,分别称为 TIM1～TIM10,各定时器之间相互独立,不共享任何资源,且均为 16 位定时器。这些定时器的时钟源既可以通过编程使用外部晶振,也可以使用内部时钟源。TIM6～TIM7 只用于基本计时,TIM1～TIM5、TIM8～TIM10 还具有 PWM、输入捕获、输出比较功能。当用于这些功能时,不能用于基本计时,本小节仅讨论

Timer 模块的基本计时功能，7.3 节及 7.4 节讨论 Timer 模块的 PWM、输入捕获、输出比较功能。

这里给出利用封装好的构件操作该模块的方法，构件制作相关内容参见电子资源中的补充阅读材料。

1. 基本计时构件头文件

Timer 构件的头文件 timer.h 在工程的“..\03_MCU\MCU_drivers”文件夹中，这里给出部分 API 接口函数的使用说明及函数声明。

```
//======================================================================
//文件名称：timer.h
//功能概要：Timer 基本定时构件头文件
//制作单位：SD-EAI&IoT Lab(sumcu.suda.edu.cn)
//版    本：2020-12-20, V1.0;2022-01-26, V3.0
//适用芯片：CH32V307VCT6
//======================================================================
#ifndef TIMER_H                    //防止重复定义(开头)
#define TIMER_H

#include "string.h"
#include "mcu.h"

#define TIMER1  1
……
//======================================================================
//函数名称：timer_init
//函数返回：无
//参数说明：timer_No  时钟模块号(使用宏定义)；
//          time_ms  定时器中断的时间间隔，以 ms 为单位，合理范围为 1～2^16 ms
//功能概要：时钟模块初始化，其中 TIM1、TIM8～TIM10 为高级定时器，TIM2～TIM5
//          为通用定时器，TIM6～TIM7 为基本定时器
//======================================================================
void  timer_init(uint8_t timer_No,uint32_t time_ms);

//======================================================================
//函数名称：timer_enable_int
//函数返回：无
//参数说明：timer_No 为时钟模块号(使用宏定义)
//功能概要：定时器使能
//======================================================================
void  timer_enable_int(uint8_t timer_No);

//======================================================================
//函数名称：timer_disable_int
```

```
//函数返回:无
//参数说明:timer_No 为时钟模块号(使用宏定义)
//功能概要:定时器除能
//=====================================================================
void  timer_disable_int(uint8_t timer_No);

//=====================================================================
//函数名称:timer_get_int
//参数说明:timer_No 为时钟模块号(使用宏定义)
//功能概要:定时器中断标志
//函数返回:中断标志  1 对应定时器中断产生;0 对应定时器中断未产生
//=====================================================================
uint8_t  timer_get_int(uint8_t timer_No);

//=====================================================================
//函数名称:timer_clear_int
//函数返回:无
//参数说明:timer_No 为时钟模块号(使用宏定义)
//功能概要:清除定时器中断标志
//=====================================================================
void  timer_clear_int(uint8_t timer_No);

#endif
```

2. Timer 模块的基本计时构件测试实例

测试工程位于电子资源中的"..\04-Software\CH07\Timer-CH32V307"文件夹，其主要功能为：定时器每 20 ms 中断一次，在中断里进行计数判断，每 50 个中断蓝灯状态改变，同时调试串口输出 MCU 记录的相对时间，如"00:00:01"。

通过运行 PC 机的"时间测试程序 C#"程序，可显示 MCU 通过串口送来的 MCU 中定时器产生的相对时间，如"00:00:20"，同时显示 PC 机的当前时间，如"10:12:26"。此外，还提供了时间校准方式，可根据测试程序界面右下角检测的 PC 时间间隔与 MCU 的 30 s 的比较，来适当改变自动重载寄存器的值，以此校准定时器产生的时间。

7.3　脉宽调制

7.3.1　脉宽调制 PWM 的通用基础知识

1. PWM 的基本概念与技术指标

脉宽调制(Pulse Width Modulator，PWM)是电机控制的重要方式之一。PWM 信号是周期和脉冲宽度可以编程调整的高/低电平重复交替的周期性信号，通常也叫脉宽调制波或PWM 波，其实例如图 7-1 所示。通过 MCU 输出 PWM 信号的方法与使用纯电力电子电路实现的方法相比，有实现方便及调节灵活等优点，所以目前经常使用的 PWM 信号主要是通过MCU 编程方法实现的。这个方法需要有个产生 PWM 波的时钟源，设这个时钟源的时钟周期为 T_{CLK}。PWM 信号的主要技术指标有：周期、占空比、极性、脉冲宽度、分辨率、对齐方式等，下面分别介绍。

(1) PWM 周期

在微控制器或微处理器编程产生 PWM 波的环境下，**PWM 信号的周期用其持续的时钟周期个数来度量。**例如图 7-1 中 PWM 信号的周期是 8 个时钟周期，即 $T_{PWM}=8T_{CLK}$，由此看出 PWM 信号的可控制精度取决于其时钟源的颗粒度。

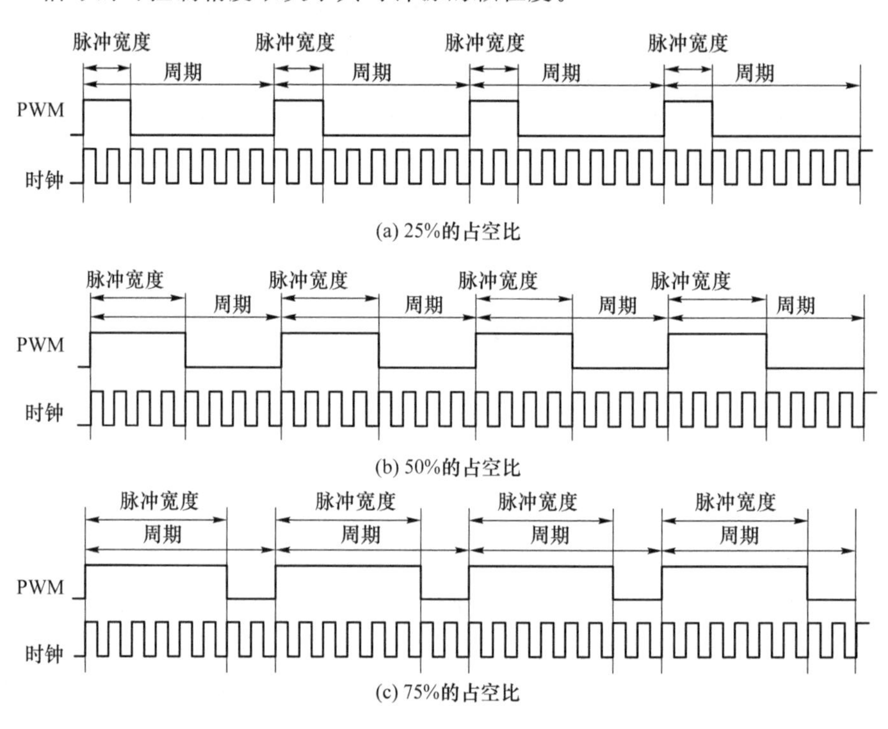

图 7-1 PWM 的占空比的计算方法

(2) PWM 占空比

PWM 占空比被定义为 PWM 信号处于有效电平的时钟周期数与整个 PWM 周期内的时钟周期数之比，用百分比表征。图 7-1(a)中，PWM 的高电平(高电平为有效电平)为 $2T_{CLK}$，所以占空比=2/8=25%，类似计算，图 7-1(b)占空比为 50%(方波)、图 7-1(c)占空比为 75%。

(3) PWM 极性

PWM 极性决定了 PWM 波的有效电平。正极性表示 PWM 有效电平为高(见图 7-1)，那么在边沿对齐的情况下，PWM 引脚的平时电平(也称空闲电平)就应该为低，开始产生PWM 的信号为高电平，到达比较值时，跳变为低电平，到达 PWM 周期时又变为高电平，周而复始。负极性则相反，PWM 引脚平时电平（空闲电平）为高，有效电平为低。但注意，占空比通常仍定义为高电平时间与 PWM 周期之比。

(4) 脉冲宽度

脉冲宽度是指一个 PWM 周期内，PWM 波处于高电平的时间（用持续的时钟周期数表征）。脉冲宽度可以用占空比、周期计算出来，不作为一个独立的技术指标。记 PWM 占空比为 b，周期为 T_{PWM}，脉冲宽度为 W，则 $W=bT_{PWM}$，单位为时钟周期数。若时钟周期用 s 为单位，W 乘以时钟周期，则可换算为以秒为单位。

(5) PWM 分辨率

PWM 分辨率 ΔT 是指脉冲宽度的最小时间增量。例如，若 PWM 是利用频率为 48 MHz 的时钟源产生的，即时钟源周期 $=(1/48)\mu s=0.020\,8\ \mu s=20.8$ ns，那么脉冲宽度的每一增量为 $\Delta T=20.8$ ns，就是 PWM 的分辨率。它就是脉冲宽度的最小时间增量了，脉冲宽度的增加与减少只能是 ΔT 的整数倍。实际上，一般情况下，脉冲宽度 τ 正是用高电平持续的时钟周期数（整数）来表征的。

(6) PWM 的对齐方式

可以用 PWM 引脚输出发生跳变的时刻来描述 PWM 的边沿对齐和中心对齐两种对齐方式。从 MCU 编程方式产生 PWM 的方法来理解这个概念。设产生 PWM 波时钟源的时钟周期为 T_{CLK}，PWM 周期 T_{PWM} 为 M 个时钟周期：PWM 的周期 $T_{PWM}=MT_{CLK}$。设有效电平（即脉冲宽度）为 N，脉冲宽度脉宽 $W=NT_{CLK}$，同时假设 $N>0$，$N<M$，计数器记为 TAR，通道 (n) 值寄存器记为 CCRn$=N$，用于比较。设 PWM 引脚平时输出电平为低电平，开始时，TAR 从 0 开始计数，在 TAR$=0$ 的时钟信号上升沿，PWM 输出引脚由低变高，随着时钟信号增 1，TAR 增 1。当 TAR$=N$（即 TAR$=$CCRn）时，此刻的时钟信号上升沿，PWM 输出引脚由高变低，持续 $M-N$ 个时钟周期，TAR$=0$，PWM 输出引脚由低变高，周而复始。这就是边沿对齐（edge-aligned）的 PWM 波，缩写为 EPWM，是一种常用的 PWM 波。图 7－2 给出了周期为 8 占空比为 25%的 EPWM 波示意图。可以概括地说，在平时电平为低电平的 PWM 的情况下，开始计数时，PWM 引脚同步变高，就是边沿对齐。

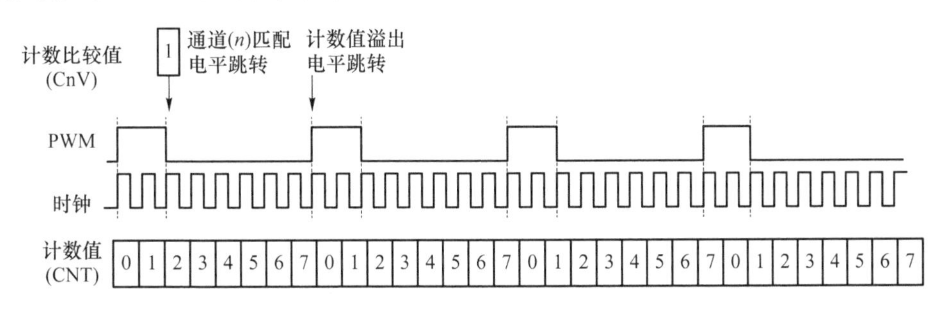

图 7－2　EPWM 波输出示意图

中心对齐（center-aligned）的 PWM 波，缩写为 CPWM，是一种比较特殊的产生 PWM 脉宽调制波的方法，常用在逆变器、电机控制等场合。图 7－3 给出了 25%占空比时 CPWM 产生的示意图。在计数器向上计数时，当计数值（TAR）小于计数比较值（CCRn）时，PWM 通道输出低电平；当计数值（TAR）大于计数比较值（CCRn）时，PWM 通道发生电平跳转，输出高电平。在计数器向下计数时，当计数值(TAR)大于计数比较值(CCRn)时，PWM 通道输出高电平；当计数值(TAR)小于计数比较值(CCRn)时，PWM 通道发生电平跳转，输出低电平。按此运行机理周而复始地运行便实现了 CPWM 波的正常输出。可以概括地说，设 PWM 波的低电平时间 $t_L = KT_{CLK}$，在平时电平为低电平 PWM 的情况下，中心对齐的 PWM 波形比边沿对齐的 PWM 波形向右平移了$(K/2)$个时钟周期。

本书网上电子资源中的补充阅读材料给出了边沿对齐方式和中心对齐方式应用场景简介。

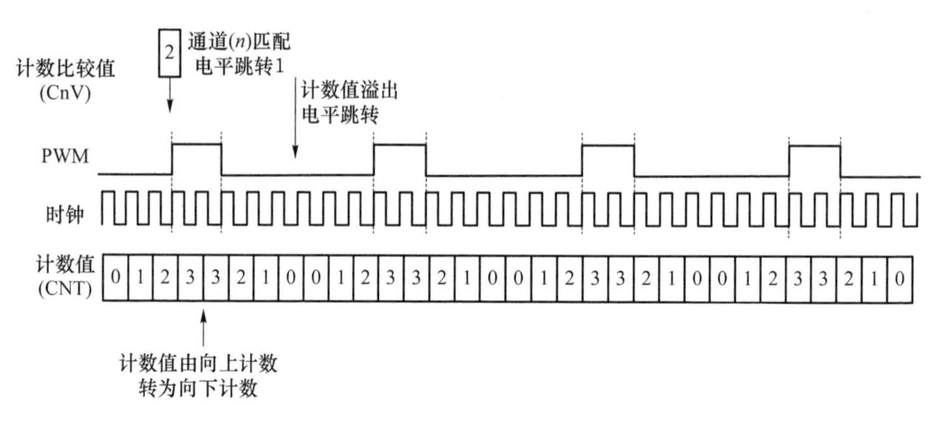

图 7-3 25%占空比中心对齐方式 PWM

2. PWM 的应用场合

PWM 最常见的应用是电机控制。还有一些其他用途，这里举几个例子。

① 利用 PWM 为其他设备产生类似于时钟的信号。例如，PWM 可用来控制灯以一定频率闪烁。

② 利用 PWM 控制输入到某个设备的平均电流或电压。例如，一个直流电机在输入电压时会转动，而转速与平均输入电压的大小成正比。假设每分钟转速(r/min)等于输入电压的 100 倍，如果转速要达到 125 r/min，则需要 1.25 V 的平均输入电压；如果转速要达到 250 r/min，则需要 2.50 V 的平均输入电压。在不同占空比的图 7-1 中，如果逻辑 1 是 5 V，逻辑 0 是 0 V，则图(a)的平均电压是 1.25 V，图(b)的平均电压是 2.5 V，图(c)的平均电压是 3.75 V。可见，利用 PWM 可以设置适当的占空比来得到所需的平均电压，如果所设置的周期足够小，电机就可以平稳运转(即不会明显感觉到电机在加速或减速)。

③ 利用 PWM 控制命令字编码。例如，通过发送不同宽度的脉冲，代表不同含义。假如用此来控制无线遥控车，宽度 1 ms 代表左转命令，4 ms 代表右转命令，8 ms 代表前进命令。接收端可以使用定时器来测量脉冲宽度，在脉冲开始时启动定时器，脉冲结束时停止定时器，由此来确定所经过的时间，从而判断收到的命令。

7.3.2 基于构件的 PWM 编程方法

1. CH32V307 的 PWM 引脚

7.2.3 小节中提到，Timer 模块中的 TIM1、TIM2、TIM3、TIM4、TIM5、TIM8、TIM9、

TIM10 提供 PWM 功能，各定时器提供的通道数及对应引脚如表 7－4 所列。

表 7－4　Timer 模块 PWM 通道引脚

Timer 模块	通道数	通道号	MCU 引脚名	GEC 引脚号	Timer 模块	通道数	通道号	MCU 引脚名	GEC 引脚号
TIM1	4	1	PTA8	GEC21	TIM5	4	1	PTA0	GEC70
		2	PTA9	GEC22			2	PTA1	GEC71
		3	PTA10	GEC23			3	PTA2	GEC72
		4	PTA11	GEC24			4	PTA3	GEC73
TIM2	4	1	PTA0	GEC70	TIM8	4	1	PTC6	GEC17
		2	PTA1	GEC71			2	PTC7	GEC18
		3	PTA2	GEC72			3	PTC8	GEC19
		4	PTA3	GEC73			4	PTC9	GEC20
TIM3	4	1	PTA6	GEC78	TIM9	4	1	PTD9	GEC75
		2	PTA7	GEC79			2	PTD11	GEC9
		3	PTB0	GEC84			3	PTD13	GEC13
		4	PTB1	GEC85			4	PTD15	GEC15
TIM4	4	1	PTD12	GEC12					
		2	PTD13	GEC13					
		3	PTD14	GEC14					
		4	PTD15	GEC15					

2. PWM 构件头文件

PWM 构件的头文件 pwm.h 在工程的"..\03_MCU\MCU_drivers"文件夹中，这里给出部分 API 接口函数的使用说明及函数声明。

```
//======================================================================
//文件名称：pwm.h
//功能概要：PWM 底层驱动构件源文件
//制作单位：苏州大学嵌入式系统与物联网研究所(sumcu.suda.edu.cn)
//版    本：2021-10-25  V1.0
//适用芯片：CH32V103，CH32V307
//======================================================================
#ifndef PWM_H                          //防止重复定义(开头)
#define PWM_H
#include "mcu.h"

//TIM 通道宏定义，随芯片改变
#define TIM1_CH1      (PTA_NUM|8)
……
//======================================================================
```

```
//函数名称:pwm_init
//功能概要:PWM 初始化函数
//参数说明:pwmNo:PWN 通道号,使用宏定义 TIM1_CH1,TIM1_CH2,…
//           clockFre:时钟频率,以 Hz 为单位;
//           period:周期,以个数为单位,即计数器跳动次数,范围为 1~65536;
//           duty:占空比,0.0~100.0 对应 0%~100%;
//           align:对齐方式,在头文件宏定义中给出,例如 PWM_EDGE 为边沿对齐;
//           pol:极性,在头文件宏定义中给出,例如 PWM_PLUS 为正极性
//函数返回:无
//======================================================================
void  pwm_init(uint16_t pwmNo, uint32_t clockFre, uint16_t period, double duty,
               uint8_t align, uint8_t pol);

//======================================================================
//函数名称:pwm_update
//功能概要:TIMx 模块 Chy 通道的 PWM 更新
//参数说明:pwmNo:PWM 通道号,使用宏定义 TIM1_CH1,TIM1_CH2,…
//           duty:占空比,0.0~100.0 对应 0%~100%
//函数返回:无
//======================================================================
void  pwm_update(uint16_t pwmNo,double duty);

#endif                        //防止重复定义(结尾)
```

3. 基于构件的 PWM 编程举例

PWM 驱动构件的测试工程位于电子资源中的“..\04-Software\CH07\PWM-CH32V103”文件夹,PWM 的定时器默认为 TIM1,编程输出 PWM 波,PC 机的对应程序为“PWM-测试程序 C#2021”,可通过串口观察 PWM 波形。MCU 方编程步骤如下:

① 变量定义。在 07_NosPrg\main.c 中 main 函数的“声明 main 函数使用的局部变量”部分,定义变量 duty,mCount,mFlag,Flag。

```
double duty;                    //占空比
uint32_t mCount;                //主循环变量
uint8_t mFlag;                  //PWM 状态表示
uint8_t Flag;                   //灯状态标志
```

② 给变量赋初值。

```
duty = 0.0;
mCount = 0;
mFlag = 0;
Flag = 1;
```

③ 初始化 PWM。在 main 函数的“初始化外设模块”处，初始化 PWM，设置通道号为 PWM_USER(PTA_NUM|8)，时钟频率为 1 500 Hz，周期为 1 000，占空比设为 50.0%，对齐方式为边沿对齐，极性选择为正极性。

```
pwm_init(PWM_USER,1500,1000,0.0,PWM_EDGE,PWM_PLUS);      //PWM 输出初始化
```

④ 改变占空比，PWM 输出高低电平并控制小灯翻转。

```
mCount++;
 if (mCount >= 2999999)
 {
     mCount = 0;
     duty += 10.0;
     if (duty > 100.0)
         duty = 0.0;
     printf("当前占空比为 %d! \r\n",(int)duty);
     pwm_update(PWM_USER,duty);
 }
 mFlag = gpio_get(PWM_USER);
 if((mFlag == 1)&&(Flag == 1))
 {
     printf("高电平:1\n");
     Flag = 0;
     gpio_reverse(LIGHT_BLUE);
 }
 else if((mFlag == 0)&&(Flag == 0))
 {

     printf("低电平:0\n");
     Flag = 1;
     gpio_reverse(LIGHT_BLUE);
 }
```

7.3.3 脉宽调制构件的制作过程

1. PWM 模块寄存器概述

利用 Timer 模块实现 PWM 功能涉及的寄存器，有捕获/比较使能寄存器(TIMx_CCER)、控制寄存器(TIMx_CTLR)、捕获/比较寄存器(TIMx_CHxCVR)、捕获/比较控制寄存器(TIMx_CHCTLR)、自动重载寄存器(TIMx_ATRLR)、预分频器(TIMx_PSC)、事件生成寄存器(TIMx_EGR)、计数器(TIMx_CNT)、中断状态寄存器(TIMx_INTFR)、DMA/中断使能寄存器(TIMx_DIER)。以 TIM1 为例，其寄存器功能简述如表 7-5 所列。

表 7－5　TIM1 寄存器功能简述

绝对地址	寄存器名	R/W	功能简述
4001_2C00	控制寄存器 1(TIM1_CTLR1)	R/W	控制和确定 Timer 相关功能特性
4001_2C04	控制寄存器 2(TIM1_CTLR2)		
4001_2C0C	DMA/中断使能寄存器(TIM1_DMAINTENR)	R/W	控制中断和 DMA 请求
4001_2C10	中断状态寄存器(TIM1_INTFR)	R/W	标志中断状态
4001_2C18	捕获/比较控制寄存器 1(TIM1_CHCTLR1)	R/W	输入捕获/输出比较模式功能选择
4001_2C1C	捕获/比较控制寄存器 2(TIM1_CHCTLR2)		
4001_2C20	捕获/比较使能寄存器(TIM1_CCER)	R/W	控制极性和相关使能
4001_2C24	计数器(TIM1_CNT)	R/W	计数器的值
4001_2C28	预分频器(TIM1_PSC)	R/W	将计数器输入时钟分频作为计数器时钟
4001_2C2C	自动重载寄存器(TIM1_ATRLR)	R/W	自动重载寄存器的重装值
4001_2C34	捕获/比较寄存器 1(TIM1_CH1CVR)	R/W	在 PWM 模式下，用于调整输出波形占空比；在输出比较模式下，用于调整输出波形相位；在输入捕获模式下，用于保存捕获值
4001_2C38	捕获/比较寄存器 2(TIM1_CH2CVR)		
4001_2C3C	捕获/比较寄存器 3(TIM1_CH3CVR)		
4001_2C40	捕获/比较寄存器 4(TIM1_CH4CVR)		

有关寄存器的详细内容，参见芯片参考手册或电子资源中的补充阅读材料。

2. PWM 构件接口函数原型分析

下面分析 PWM 初始化函数都需要哪些参数。首先应该是 PWM 通道号，其次是计数器的溢出值(即 PWM 周期)，因为必须先确定定时器的基本定时周期才可以对占空比、对齐方式等参数进行设定。至于计数器的计数频率，则由时钟频率决定。这样，PWM 初始化函数就首选三个参数：PWM 通道号、PWM 周期和时钟频率。

从知识要素角度，进一步分析脉宽调制驱动构件的基本函数，要想实现 PWM 输出，还需要对其进行初始化配置，即还需添加占空比、对齐方式和极性三个参数。

PWM 初始化函数的参数说明，如表 7－6 所列。

表 7－6　PWM 初始化函数参数说明

参　数	含　义	备　注
pwmNo	PWM 通道号	使用宏定义 TIM1_CH1，TIM1_CH2，…
clockFre	时钟频率	单位：Hz
period	周期	单位为个数，即计数器跳动次数，范围为 1～65 536
duty	占空比	0.0～100.0 对应 0.0%～100.0%
align	对齐方式	在头文件宏定义中给出，如 PWM_EDGE 为边沿对齐
pol	极性	在头文件宏定义中给出，如 PWM_PLUS 为正极性

3. PWM 构件部分源码

```
//==============================================================
//文件名称:pwm.c
//功能概要:PWM 底层驱动构件源文件
//制作单位:苏州大学嵌入式系统与物联网研究所(sumcu.suda.edu.cn)
//版    本:2021-10-25  V1.0
//适用芯片:CH32V103,CH32V307
//==============================================================
#include "pwm.h"
//GPIO 口基地址放入常数数据组 GPIO_ARR[0]~GPIO_ARR[5]中
static GPIO_TypeDef * GPIO_ARR[] = {(GPIO_TypeDef *)GPIOA_BASE,
  (GPIO_TypeDef *)GPIOB_BASE, (GPIO_TypeDef *)GPIOC_BASE,
  (GPIO_TypeDef *)GPIOD_BASE, (GPIO_TypeDef *)GPIOE_BASE};
//定时器模块 0,1,2 地址映射
static TIM_TypeDef * PWM_ARR[] = {(TIM_TypeDef *)TIM1_BASE,
   (TIM_TypeDef *)TIM2_BASE, (TIM_TypeDef *)TIM3_BASE};

//****************************** 内部函数 ******************************
static void pwm_gpio_afinit(uint16_t port_pin);
static void tim_mux_val(uint16_t pwmNo,uint8_t * TIM_i,uint8_t * ch1);
static void tim_timer_init(uint16_t TIM_i,uint32_t f,uint16_t MOD_Value);

//****************************** 对外接口函数 ***************************
//==============================================================
//函数名称:pwm_init
//功能概要:PWM 初始化函数
//参数说明:pwmNo:PWM 模块号,使用宏定义 TIM1_CH1,TIM1_CH2,…
//         clockFre:时钟频率,以 Hz 为单位;
//         period:周期,单位为个数,即计数器跳动次数,范围为 1~65536;
//         duty:占空比,0.0~100.0 对应 0%~100%;
//         align:对齐方式,在头文件宏定义中给出,如 PWM_EDGE 为边沿对齐;
//         pol:极性,在头文件宏定义中给出,如 PWM_PLUS 为正极性
//函数返回:无
//注    意:因为 GEC 中给出的 PWM 和输入捕获都是同一模块的,只是通道不同,
//         所以为防止在使用多组 PWM 和输入捕获时频率篡改,需要让使用
//         到的 clockFre 和 period 参数保持一致。占空比,是指高电平在一个周期中
//         所占的时间比例
//==============================================================
void pwm_init(uint16_t pwmNo,uint32_t clockFre,uint16_t period,double duty,
             uint8_t align,uint8_t pol)
   {
      TIM_TypeDef * tim_ptr;
      uint8_t TIM_i,chl;          //由 tpmx_Chy 解析出的 tpm 模块号、通道号临时变量
      uint32_t temp;              //保存临时变量
```

```
//防止越界
if(duty>100.0) duty = 100.0;
//(1)配置对应引脚为复用推挽输出功能
pwm_gpio_afinit(pwmNo);
//(2)初始化定时器
//(2.1)解析 TIM 模块和通道号
tim_mux_val(pwmNo,&TIM_i,&chl);
tim_ptr = PWM_ARR[TIM_i];
//(2.2)初始化定时器及 PWM 对齐方式
if(align == PWM_CENTER)                          //中心对齐
{
    //初始化定时器
    tim_timer_init(TIM_i, clockFre, period/2);
    //设置向数模式为中心对齐
    tim_ptr->CTLR1 &= ~TIM_CMS;
    tim_ptr->CTLR1 |= TIM_CMS;
}
else                                             //边沿对齐
{
    //初始化定时器
    tim_timer_init(TIM_i, clockFre, period);
    //设置向数模式为向上计数,对齐模式为边沿对齐
    tim_ptr->CTLR1 &= ~(TIM_DIR | TIM_CMS);
}
//(2.3)配置定时器时钟频率,数字滤波器所用的采样时钟为1:1
tim_ptr->CTLR1 &= ~TIM_CTLR1_CKD;
//(3)初始化比较输出功能
//(3.1)计算比较寄存器的目标值
//计算周期(period)
period = tim_ptr->ATRLR + 1;
//计算占空比(duty)
temp = (uint32_t)(period * duty/100);
if(temp >= period)   temp = period;
//判断极性
if(pol == PWM_PLUS)                              //正极性
{
    //选择通道
    switch(chl)
    {
        case 1: //通道 1
        {
            //(3.2)将通道 1 配置为 PWM 模式
            //选择 PWM 模式: PWM 模式 1
            tim_ptr->CHCTLR1 &= ~TIM_OC1M;
```

```
                tim_ptr->CHCTLR1 |= (TIM_OC1M_2 | TIM_OC1M_1);
                //将配置比较捕获通道 1 设置为输出
                tim_ptr->CHCTLR1 &= ~TIM_CC1S;
                //将通道 1 设置为正极性
                tim_ptr->CCER &= ~TIM_CC1P;
                //(3.3)配置占空比及输出使能
                //配置占空比
                tim_ptr->CH1CVR = temp;
                //通道 1 输出使能
                tim_ptr->CCER &= ~TIM_CC1E;
                tim_ptr->CCER |= TIM_CC1E;
                //主输出使能
                tim_ptr->BDTR |= TIM_MOE;
                //禁用比较捕获寄存器预装载
                tim_ptr->CHCTLR1 &= ~TIM_OC1PE;
                //使能自动重装值寄存器和计数器
                tim_ptr->CTLR1 |= TIM_ARPE | TIM_CEN;
                break;
            }
            ……
        }
        ……
    }
    ……
}

//=====================================================================
//函数名称:pwm_update
//功能概要:timx 模块 Chy 通道的 PWM 更新
//参数说明:pwmNo:PWM 通道号,使用宏定义 TIM1_CH1,TIM1_CH2,…
//         duty:占空比,0.0~100.0 对应 0%~100%
//函数返回:无
//=====================================================================
void pwm_update(uint16_t pwmNo,double duty)
{
    uint8_t TIM_i,chl;      //由 tpmx_Chy 解析出的 tpm 模块号、通道号临时变量
    uint32_t period;
    //防止越界
    if(duty>100.0)  duty=100.0;
    //1.取得引脚复用值,并获得解析的 tpm 模块号和通道号
    tim_mux_val(pwmNo,&TIM_i,&chl);
    period=PWM_ARR[TIM_i]->ATRLR;
    //2.更新 PWM 通道寄存器值
    switch(chl)
```

```
    {
        case 1:PWM_ARR[TIM_i]->CH1CVR = (uint32_t)(period * duty/100);break;
        case 2:PWM_ARR[TIM_i]->CH2CVR = (uint32_t)(period * duty/100);break;
        case 3:PWM_ARR[TIM_i]->CH3CVR = (uint32_t)(period * duty/100);break;
        case 4:PWM_ARR[TIM_i]->CH4CVR = (uint32_t)(period * duty/100);break;
    }
}
……
```

7.4 输入捕获与输出比较

7.4.1 输入捕获与输出比较的通用基础知识

1. 输入捕获的基本含义与应用场合

输入捕获是用来监测外部开关量输入信号变化的时刻。当外部信号在指定的 MCU 输入捕获引脚上发生一个沿跳变(上升沿或下降沿)时,定时器捕获到沿跳变之后,把计数器当前值锁存到通道寄存器,同时产生输入捕获中断,利用中断处理程序可以得到沿跳变的时刻。这个时刻是定时器工作基础上的更精细时刻。

输入捕获主要应用于测量脉冲信号的周期与波形。例如,自己编程产生的 PWM 波,可以直接连接输入捕获引脚,通过输入捕获的方法测量,看看是否达到要求。输入捕获的应用还有电机的速度测量。本书电子资源中的补充阅读材料利用输入捕获测量电机速度。

2. 输出比较的基本含义与应用场合

输出比较的功能是用程序的方法在规定的较精确时刻输出需要的电平,实现对外部电路的控制。MCU 输出比较模块的基本工作原理是,当定时器的某一通道用作输出比较功能时,通道寄存器的值和计数寄存器的值每隔 4 个总线周期比较一次。当两个值相等时,输出比较模块置定时器捕获/比较寄存器的中断标志位为 1,并且在该通道的引脚上输出预先规定的电平。如果输出比较中断允许,还会产生一个中断。

输出比较主要应用于产生一定间隔的脉冲,典型的应用实例就是实现软件的串行通信,用输入捕获作为数据输入,而用输出比较作为数据输出。首先根据通信的波特率向通道寄存器写入延时的值,根据待传的数据位确定有效输出电平的高低。在输出比较中断处理程序中,重新更改通道寄存器的值,并根据下一位数据改写有效输出电平控制位。

7.4.2 基于构件的输入捕获和输出比较编程方法

1. CH32V307 的输入捕获和输出比较引脚

Timer 模块中的 TIM1、TIM2、TIM3、TIM4、TIM5、TIM8、TIM9、TIM10 同样提供输入捕获和输出比较功能,各定时器提供的通道数及对应引脚与 PWM 相同,见表 7-4。

2. 输入捕获驱动构件头文件

输入捕获构件的头文件 incapture.h 在工程的"..\03_MCU\MCU_drivers"文件夹中，这里给出其 API 接口函数的使用说明及函数声明。

```
//===================================================================
//文件名称:incapture.h
//功能概要:incapture 底层驱动构件源文件
//制作单位:苏州大学嵌入式系统与物联网研究所(sumcu.suda.edu.cn)
//版    本:2021-11-02  V1.0
//适用芯片:CH32V103,CH32V307
//===================================================================
#ifndef INCAPTURE_H                           //防止重复定义(开头)
#define INCAPTURE_H
#include "mcu.h"

//输入捕获使用定时器时钟频率、周期
#define CAP_CLOCKFRE      375                 //时钟频率
#define CAP_PREIOD       1000                 //时钟周期

//TIM 通道宏定义,随芯片改变
#define TIM1_CH1       (PTA_NUM|8)
……
//===================================================================
//函数名称:incapture_init
//功能概要:incapture_init 模块初始化
//参数说明:capNo 为输入捕获通道号,使用宏定义 TIM1_CH1,TIM1_CH2,…
//          psc 为预分频系数(1/2/4/8 分频),使用宏定义 CAP_PSC1,CAP_PSC2,…
//          capmode 为输入捕获模式(上升沿、下降沿、双边沿),使用宏定义 CAP_UP,…
//函数返回:无
//注    意:因为 GEC 中给出的 PWM 和输入捕获都是同一模块的,只是通道不同,
//          所以为防止在使用多组 PWM 和输入捕获时频率篡改,需要让使用到的 clockFre
//          和 period 参数保持一致。
//          输入捕获使用定时器配置参数在 incapture.h 中宏定义,用户如需使用其他值,
//          可以修改其中的 CAP_CLOCKFRE 和 CAP_PREIOD 的宏定义值
//===================================================================
void  incapture_init(uint16_t capNo,uint8_t psc,uint8_t capmode);

//===================================================================
//函数名称:incapture_get_value
//功能概要:获取该通道的计数器当前值
//参数说明:capNo 为输入捕获通道号,使用宏定义 TIM1_CH1,TIM1_CH2,…
//函数返回:通道的计数器当前值
//===================================================================
```

```
uint16_t  incapture_get_value(uint16_t capNo);

//======================================================================
//函数名称:incapture_enable_int
//功能概要:使能输入捕获中断
//参数说明:capNo 为输入捕获通道号,使用宏定义 TIM1_CH1,TIM1_CH2,…
//函数返回:无
//======================================================================
void  incapture_enable_int(uint16_t capNo);

//======================================================================
//函数名称:incapture_disable_int
//功能概要:禁止输入捕获中断
//参数说明:capNo 为输入捕获通道号,使用宏定义 TIM1_CH1,TIM1_CH2,…
//函数返回:无
//======================================================================
void  incapture_disable_int(uint16_t capNo);

#endif              //防止重复定义(结尾)
```

3. 输出比较驱动构件头文件

输出比较驱动构件的头文件 outcmp.h 在工程的“..\03_MCU\MCU_drivers”文件夹中，这里给出部分 API 接口函数的使用说明及函数声明。

```
//======================================================================
//文件名称:outcmp.h
//功能概要:输出比较底层驱动构件头文件
//制作单位:苏州大学嵌入式系统与物联网研究所(sumcu.suda.edu.cn)
//版    本:2021-11-02  V1.0
//适用芯片: CH32V307
//========================================================================
#ifndef OUTCMP_H                         //防止重复定义(开头)
#define OUTCMP_H
#include "mcu.h"

//PWM 极性选择宏定义:正极性、负极性
#define PWM_PLUS   0
#define PWM_MINUS  1

//输出比较模式选择宏定义
#define CMP_REV   0              //翻转电平
#define CMP_LOW   1              //强制低电平
```

```
#define CMP_HIGH  2                    //强制高电平

//TIM 通道宏定义,随芯片改变
#define TIM1_CH1      (PTA_NUM|8)
#define TIM1_CH2      (PTA_NUM|9)
#define TIM1_CH3      (PTA_NUM|10)
#define TIM1_CH4      (PTA_NUM|11)
……
//=====================================================================
//函数名称:outcmp_init
//功能概要:outcmp 模块初始化
//参数说明:outcmpNo:通道号,使用宏定义 TIM1_CH1,TIM1_CH2,…
//         freq:以 Hz 为单位;
//         cmpPeriod:范围取决于计数器频率与计数器位数(16 位),以 ms 为单位;
//         comduty:输出比较电平翻转位置占总周期比例,0.0%～100.0%;
//         pol:极性,在头文件宏定义中给出,如 PWM_PLUS 为正极性;
//         cmpmode:输出比较模式(翻转电平、强制低电平、强制高电平),
//                 有宏定义常数使用
//函数返回:无
//=====================================================================
void  outcmp_init(uint16_t outcmpNo,uint32_t freq,uint32_t cmpPeriod,float cmpduty, \
            uint8_t pol, uint8_t cmpmode);

//=====================================================================
//函数名称:outcmp_enable_int
//功能概要:使能输出比较使用的 Timer 模块中断
//参数说明:outcmpNo 为通道号,使用宏定义 TIM1_CH1,TIM1_CH2,…
//函数返回:无
//=====================================================================
void  outcmp_enable_int(uint16_t outcmpNo);

//=====================================================================
//函数名称:outcmp_disable_int
//功能概要:禁用输出比较使用的 Timer 模块中断
//参数说明:outcmpNo 为通道号,使用宏定义 TIM1_CH1,TIM1_CH2,…
//函数返回:无
//=====================================================================
void  outcmp_disable_int(uint16_t outcmpNo);

//=====================================================================
//函数名称:outcmp_get_int
//功能概要:获取输出比较使用的 Timer 模块中断标志
//参数说明:outcmpNo 为通道号,使用宏定义 TIM1_CH1,TIM1_CH2,…
//函数返回:中断标志  1 表示有中断产生;0 表示无中断产生
```

```
//==========================================================================
uint8_t  outcmp_get_int(uint16_t outcmpNo);
……

#endif                         //防止重复定义(结尾)
```

4. 基于构件的输入捕获、输出比较编程举例

输入捕获、输出比较驱动构件的测试工程位于电子资源中的“..\04-Software\CH07\Incapture-Outcmp-CH32V307”文件夹。设用于输入捕获的定时器默认为 TIM1,用于输出比较的定时器默认为 TIM2,并通过串口输出当前捕获到的电平变化。MCU 方编程步骤如下:

① 初始化输入捕获和输出比较。在 main 函数的“初始化外设模块”处,初始化输入捕获,设置通道号为 INCAP_USER(PTA_NUM|8),时钟频率为 375 Hz,周期为 1 000,比较捕获通道不分频,上升沿捕获;初始化输出比较,设置通道号为 OUTCMP_USER(PTA_NUM|1),时钟频率为 300 Hz,周期为变量 period,相位设为 50%,模式为翻转电平模式。

```
outcmp_init(OUTCMP_USER,300,period,50.0,PWM_PLUS,CMP_REV);     //输出比较初始化
incapture_init(INCAP_USER,CAP_PSC1,CAP_DOUBLE);                //上升沿捕获初始化
```

② 使能输入捕获中断。在 main 函数的“使能模块中断”处,使能输入捕获中断。

```
incapture_enable_int(INCAP_USER);                              //使能输入捕获中断
```

③ 在 isr.c 的中断服务例程 INCAP_USER_Handler 中输出捕获的通道值。

```
void  INCAP_USER_Handler(void)
{
    static uint8_t flag = 0;                //历史电平状态
    DISABLE_INTERRUPTS;                     //关总中断
    //-------------------------------------------------------------
    //(在此处增加功能)
    if(incapture_get_flag(INCAP_USER))
    {
        //在捕获到上升沿之后,输出此刻捕获的是上升沿
        if((gpio_get(INCAP_USER) == 1) && (flag == 0))
        {
            printf("捕获到上升沿\r\n");
            flag = 1;
            //修改自动重装载寄存器的值
            period -= 100;
            if (period < 100 || period > 1000)
                period = 1000;
            outcmp_init(OUTCMP_USER,300,period,50.0, PWM_PLUS, CMP_REV);
```

```
            incapture_init(INCAP_USER,375,1000,CAP_PSC1,CAP_DOWN);
        }
        //在捕获到下降沿之后,输出此刻捕获的是下降沿
        else if((gpio_get(INCAP_USER) == 0) && (flag == 1))
        {
            printf("捕获到下降沿\r\n");
            flag = 0;
            //通过修改自动重装载寄存器的值控制电平翻转时刻
            outcmp_init(OUTCMP_USER,300,period,50.0, PWM_PLUS, CMP_REV);
            incapture_init(INCAP_USER,375,1000,CAP_PSC1,CAP_UP);
    }
    //------------------------------------------------------------------
    ENABLE_INTERRUPTS;                    //关总中断
}
```

限于篇幅,关于输入捕获和输出比较构件的制作过程不再阐述。

7.5　实验三　定时器及 PWM 实验

1. 实验目的

① 熟悉定时中断计时的工作及编程方法。
② 掌握 PWM 编程方法。

2. 实验准备

① 软硬件工具:与实验一相同。
② 运行并理解“..\04-Software\CH07”中的几个程序。

3. 参考样例

① 定时器程序。MCU 方样例程序位于“..\04-Software\CH07\Timer-CH32V307”中,PC 方样例程序位于“..\04-Software\CH07\Timer-测试程序 C#”中。

② PWM。MCU 方样例程序位于“..\04-Software\CH07\PWM-CH32V307”中,PC 方样例程序位于“..\04-Software\CH07\PWM-测试程序 C#”中。

4. 实验过程或要求

(1) 验证性实验

参照类似实验二的验证性实验方法,验证本章电子资源中的样例程序,体会基本编程原理与过程。

(2) 设计性实验

① 复制样例程序(Timer-CH32V307),利用该程序框架实现:PC 方通过串口调试工具或

参考“Timer-测试程序 C#”自行编程发送当前 PC 系统时间（如“10:55:12”）来设置 MCU 开发板上的初始计时时间。请在实验报告中给出 MCU 端程序 main.c 和 isr.c 的流程图及程序语句。

② 将 MCU 开发板上具备 PWM 功能的某个引脚连接一个 LED 小灯（一端接 PWM 对应引脚，一端接 GND），PC 机设法通过串口发送数值 0～100，改变 LED 小灯的亮度。请在实验报告中给出 MCU 端程序 main.c 和 isr.c 的流程图及程序语句。

（3）进阶实验

利用 PWM 引脚发出波形，利用输入捕获引脚进行采样，利用串口通信在 PC 机上绘制出 PWM 波形。

5. 实验报告要求

① 用适当文字、图表描述实验过程。

② 用 200～300 字写出实验体会。

③ 在实验报告中完成实践性问答题。

6. 实践性问答题

① 如何改变 PWM 的分辨率？你的实验中 PWM 的分辨率是多少？

② 给出你编制的 MCU 工程中的 PWM 结构体，在工程中找出其基地址的宏定义位置。

③ Timer 中断最小定时时间是多少？比它更小会出现什么问题？Timer 中断最大定时时间是多少？比它更大用什么方法实现？

本章小结

本章给出了青稞 V4F 内核定时器 SysTick 构件的设计方法及测试用例，给出了带有日历功能的 RTC 模块的编程方法，给出了 Timer 模块的基本定时功能，给出了 Timer 模块的脉宽调制、输入捕获与输出比较功能的编程方法。

1. 关于基本定时功能

从编程角度，基本定时功能的编程步骤主要有三步：①给出定时中断的时间间隔，一般以 ms 为单位，在主程序外设初始化阶段给出；②确认对应的中断处理程序名，与中断向量号相对应，为了增强可移植性，一般需在 user.h 中对其重新宏定义；③使用 user.h 中重新宏定义的中断处理程序名，在 isr.h 中进行中断处理程序功能的编程实现。

从构件设计角度，基本定时功能的要点有：时钟源、计数周期、溢出时间、溢出中断。青稞 V4F 处理器内核中的 SysTick 定时器是一个 64 位计数器，RTC 模块是具有日历功能的 16 位计数器，Timer 模块内还有几个仅作为基本计时的 16 位计数器。

2. 关于 PWM、输入捕获与输出比较功能

目前，大部分 MCU 内部均有 PWM、输入捕获与输出比较功能，因其需要定时器配合工

作，所以这些电路包含在定时器中。PWM信号是一个高/低电平重复交替的输出信号，其分辨率由时钟源周期决定，编程可以改变其周期、占空比、极性、对齐方式等技术指标，主要用于电机控制。输入捕获是用来监测外部开关量输入信号变化的时刻，这个时刻是定时器工作基础上的更精确时刻，主要用于测量脉冲信号的周期与波形。输出比较是用程序的方法在规定的较精确时刻输出需要的电平，实现对外部电路的控制，主要用于产生一定间隔的脉冲。

习　题

1. 使用完全软件方式进行时间极短的延时，为什么要在使用的变量前加上volatile前缀？

2. 简述可编程定时器的主要思想。

3. 在秒+1函数(SecAdd1)的基础上，自行编写年、月、日、星期的函数，并给出有效的快速测试方法。

4. 若利用SysTick定时器设计电子时钟，将会出现走快了或走慢了的情况，如何调整？

5. 从编程角度，给出基本定时功能的编程步骤。

6. 给出PWM的基本含义及主要技术指标的简明描述。

7. 根据本书给出的任一工程样例，在哪个文件中可以找出SysTick定时器的寄存器地址？然后列出它们。

8. 编程：在PC机上以图形的方式显示MCU的时间与PC机的时间。其中MCU的时间由PC机时间校准。

9. 编程：由MCU一个引脚输出PWM波，利用导线将此引脚连接到同一MCU捕获引脚，通过编程在PC机上显示PWM波形，给出可能实现的技术指标。

第 8 章　Flash 在线编程、ADC 与 DAC

本章导读：本章阐述 Flash 在线编程、ADC、DAC 编程方法。Flash 在线编程用于程序运行过程中存储失电后不丢失的数据，ADC 将输入 MCU 引脚的模拟量转换为 MCU 内部可运算处理的数字量，DAC 将 MCU 的数字量转换为引脚输出的模拟量，可以控制声音大小等。本章首先介绍 Flash 在线编程的通用基础知识，给出 Flash 构件及使用方法，简要阐述了 Flash 构件的制作过程；随后介绍 ADC 的通用基础知识，给出 ADC 构件接口函数说明及使用方法举例，简要阐述了 ADC 驱动构件的制作方法；最后对 DAC 相关内容进行了类似的阐述。

8.1　Flash 在线编程

8.1.1　Flash 在线编程的通用基础知识

Flash 存储器具有固有不易失性、电可擦除、可在线编程、存储密度高、功耗低和成本较低等特点。随着 Flash 技术的逐步成熟，Flash 存储器已经成为 MCU 的重要组成部分。Flash 存储器固有不易失性这一特点与磁存储器相似，不需要后备电源来保持数据。Flash 存储器可在线编程取代电可擦除可编程只读存储器（Electrically Erasable Programmable Read-Only Memory，EEPROM），用于保存运行过程中希望失电后不丢失的数据。

Flash 存储器的擦写有两种模式。一种是**写入器编程模式**，即通过编程器将程序写入 Flash 存储器中的模式，这种模式一般用于初始程序的写入；另一种为**在线编程模式**，即通过运行 Flash 内部程序对 Flash 其他区域进行擦除与写入的模式，这种模式用于程序运行过程中，进行部分程序的更新或保存数据。

Flash 存储器的在线编程技术有个发展过程，由于运行 Flash 内部程序对另一部分 Flash 区域进行擦写会导致不稳定，早期的 Flash 存储器的在线编程方法比较复杂，需要把实际执行擦写功能的代码复制到 RAM 中运行，后来随着技术的发展，逐步解决了这个问题。

对 Flash 存储器的读/写不同于对一般的 RAM 读/写，需要专门的编程过程。Flash 编程的基本操作有两种：擦除（Erase）和写入（Program）。**擦除操作的含义是将存储单元的内容由二进制的 0 变成 1，而写入操作的含义是将存储单元的某些位由二进制的 1 变成 0。Flash 在线编程的写入操作是以“字”为单位进行的。**在执行写入操作之前，要确保写入区在上一次擦除之后没有被写入过，即写入区是空白的（各存储单元的内容均为 0xFF）。所以，在写入之前一般都要先执行擦除操作。Flash 在线编程的擦除操作包括整体擦除和以 m 个字为单位的擦除。这 m 个字在不同厂商或不同系列的 MCU 中，其称呼不同，有的称为“块”，有的称为“页”，有的称为“扇区”，等等。它表示在线擦除的最小度量单位。

8.1.2　基于构件的 Flash 在线编程方法

利用构件进行 Flash 在线编程，首先要了解所使用芯片的 Flash 存储器地址范围、扇区大小和扇区数。本书样例芯片 CH32V307 的 Flash 地址范围是 0x0800_0000～0x0807_7FFF，页大小为 256 字节(B)，共 1 920 页。在线编程时，擦除以快速页（以 256 字节）、标准页 4K、扇区 32K、扇区 64K 为单位进行，标准编程 2 字节。快速编程以 256 字节为单位，写入首地址 4 字节对齐。

1. Flash 构件 API

(1) Flash 构件的常用函数

Flash 构件的主要 API 有 Flash 的初始化、擦除、写入等，如表 8-1 所列。

表 8-1　Flash 构件接口函数简明列表

序　号	函数名	简明功能	描　述
1	flash_init	初始化	清相关标志位
2	flash_erase	擦除	以扇区号为形式参数的擦除函数
3	flash_write	写入（逻辑）	以扇区号、扇区内偏移地址为目标开始地址
4	flash_write_physical	写入（物理）	以物理地址为目标开始地址（要求 4 字节对齐）
5	flash_read_logic	读出（逻辑）	以扇区号、扇区内偏移地址为开始地址
6	flash_read_physical	读出（物理）	以物理地址为目标地址
7	flash_isempty	判别区域是否为空	目标区的每个字节全为 0xFF 则为空

(2) Flash 构件的头文件

Flash 构件的文件 flash.h 在工程的“..\03_MCU\MCU_drivers”文件夹中，这里给出部分 API 接口函数的使用说明及函数声明。

```
//==========================================================================
//文件名称：flash.h
//功能概要：Flash 在线编程底层驱动构件头文件
//版权所有：苏州大学嵌入式系统与物联网研究所(sumcu.suda.edu.cn)
//版本更新：20181201,20201106
//芯片类型：本头文件(Flash 在线编程的 API)与具体芯片无关，.c 文件与具体芯片有关
//==========================================================================
#ifndef Flash_H                    //防止重复定义(开头)
#define Flash_H

#include "mcu.h"
#include "string.h"
……
//==========================================================================
//函数名称：flash_init
```

```
//函数返回:无
//参数说明:无
//功能概要:初始化 Flash 模块
//=====================================================================
void  flash_init();

//=====================================================================
//函数名称:flash_erase
//函数返回:函数执行执行状态:0 = 正常;1 = 异常
//参数说明:sect 为目标扇区号(范围取决于实际芯片)
//功能概要:擦除 Flash 存储器的 sect 扇区
//=====================================================================
uint8_t  flash_erase(uint16_t sect);

//=====================================================================
//函数名称:flash_write
//函数返回:函数执行状态:0 = 正常;1 = 异常
//参数说明:sect  扇区号(范围取决于实际芯片);
//          offse 写入扇区内部偏移地址(4 字节对齐);
//          N     写入字节数目(要求为 4 的整数倍,不越扇区界);
//          buf   源数据缓冲区首地址
//功能概要:将 buf 开始的 N 字节写入到 Flash 存储器的 sect 扇区的 offset 处
//=====================================================================
uint8_t  flash_write(uint16_t sect,uint16_t offset,uint16_t N,uint8_t * buf);

//=====================================================================
//函数名称:flash_write_physical
//函数返回:函数执行状态:0 = 正常;非 0 = 异常
//参数说明:addr  目标地址(要求为 4 字节对齐,且大于首地址);
//          N     写入字节数目(要求为 4 的整数倍,不越扇区界);
//          buf   源数据缓冲区首地址
//功能概要:Flash 写入操作
//=====================================================================
uint8_t  flash_write_physical(uint32_t addr,uint16_t N,uint8_t buf[]);

//=====================================================================
//函数名称:flash_read_logic
//函数返回:无
//参数说明:dest   读出数据存放处(传地址,目的是带出所读数据,RAM 区);
//          sect   扇区号(范围取决于实际芯片);
//          offset 扇区内部偏移地址;
//          N      读字节数目
//功能概要:读取 Flash 存储器的 sect 扇区的 offset 处开始的 N 字节,到 RAM 区 dest 处
//=====================================================================
```

```
void  flash_read_logic(uint8_t *dest,uint16_t sect,uint16_t offset,uint16_t N);

//===================================================================
//函数名称:flash_read_physical
//函数返回:无
//参数说明:dest  读出数据存放处(传地址,目的是带出所读数据,RAM 区);
//         addr  目标地址;
//         N     读字节数目
//功能概要:读取 Flash 指定地址的内容
//===================================================================
void  flash_read_physical(uint8_t *dest,uint32_t addr,uint16_t N);
……
#endif                                //防止重复定义
```

2. 基于构件的 Flash 在线编程举例

以向 1800 扇区 0 字节开始的地址写入 32 个字节"Welcome to Soochow University!"为例,给出 Flash 在线编程。

① 初始化 Flash 模块:

```
flash_init();
```

② 擦除一个扇区。执行写入操作之前,要确保写入区在上一次擦除之后没有被写入过,即写入区是空白的(各存储单元的内容均为 0xFF),所以在写入之前,要根据情况确定是否先执行擦除操作。这里擦除第 1800 扇区:

```
flash_erase(1800);
```

③ 进行写入操作。向 1800 扇区第 0 字节开始写入"Welcome to Soochow University!"。

```
//向 1800 扇区第 0 字节偏移地址开始写 32 个字节数据
flash_write(1800,0,32,(uint8_t *) "Welcome to Soochow University!");
```

④ 读出观察。按照逻辑地址读取时,定义足够长度的数组变量 params,并传入数组的首地址作为目的地址参数,传入扇区号、偏移地址作为源地址,传入读取的字节长度。例如,从 1800 扇区第 0 字节开始的地址读取 32 字节长度字符串。

```
result = flash_isempty(1800,MCU_SECTORSIZE);          //判断第 1800 扇区是否为空
printf("第 1800 扇区是否为空(1 表示空,0 表示不空),当前结果: %d\n",result);
```

这个样例工程在"..\CH08\Flash-CH32V307"文件夹中。

8.1.3　Flash 构件的制作过程

本小节讨论 Flash 构件是如何制作出来的。首先从芯片手册中获得用于 Flash 模块在线

编程的寄存器，了解 Flash 模块的功能描述；随后分析 Flash 构件设计的技术要点，设计出封装接口函数原型，即根据 Flash 在线编程的应用需求及知识要素，分析 Flash 构件应该包含哪些函数及哪些参数；最后给出 Flash 构件的源程序的实现过程。

1. Flash 构件接口函数原型分析

Flash 具有初始化、擦除、写入(按逻辑地址或按物理地址)、读取(按逻辑地址或按物理地址)，判断扇区是否为空等基本操作。按照构件设计的思想，可将它们封装成 7 个独立的功能函数。

① 初始化函数 void flash_init()。在操作 Flash 模块前，需要对模块进行初始化，主要是清相关标志位和启用字操作。

② 擦除函数 uint8_t flash_erase(uint16_t sect)。由于在写入之前 Flash 字节或者长字节必须处于擦除状态(不允许累积写入，否则可能会得到意想不到的值)，因此，在写入操作前，一般先进行 Flash 的擦除操作。擦除操作有整体擦除和扇区擦除两种操作模式，整体擦除用于写入器写入初始程序场景，Flash 在线编程只能使用扇区擦除模式。flash_erase 函数待擦除的扇区号作为入口参数，擦除是否成功作为返回值。

③ 写入(按逻辑地址)函数 uint8_t flash_write(uint16_t sect，uint16_t offset，uint16_t N，uint8_t * buf)。写入函数与擦除函数类似，主要区别在于，擦除操作向目标地址中写 0xFF，而写入操作需要写入指定数据。因此，写入操作的入口参数包括目标扇区号、写入扇区的内部偏移地址、写入的字节数目以及源数据首地址。写入后返回写入状态(正常/异常)。

④ 写入(按物理地址)函数 uint8_t flash_write_physical(uint32_t addr，uint16_t N，uint8_t buf[])。参数包括目标的物理地址、写入的字节数目以及源数据缓冲区首地址。写入后返回写入状态(正常/异常)。

⑤ 读取(按逻辑地址)函数 void flash_read_logic(uint8_t * dest，uint16_t sect，uint16_t offset，uint16_t N)。按照逻辑地址读取的操作，需要将 Flash 中指定的扇区、指定偏移量的指定长度数据读取存放到另一个地址中，方便上层函数调用，因此，函数需要包括一个目的地址变量作为入口参数，此外，还需要包括扇区号、偏移字节数、读取长度。

⑥ 读取(按物理地址)函数 void flash_read_physical(uint8_t * dest，uint32_t addr，uint16_t N)。按照物理地址直接读数据函数的入口参数，需要一个目的地址、一个源地址，以及读取的字节数。这个函数也可用于读取 RAM 中的数据。

⑦ 判空函数 uint_8 flash_isempty(uint_16 sect，uint_16 N)。入口参数为待判断扇区号以及待判断的字节数。若结果返回 1，则判断区域为空；若结果返回 0，则判断目标区域非空。

此外，还要防止非法读出、写保护等函数。

2. Flash 构件部分函数源码

下面给出 Flash 驱动构件的源程序文件(flash.c)部分函数源码。在源码实现过程中有一些需要注意的地方，如初始化时需要清除之前可能发生的错误操作导致标志位的变化；写入函数过程中，需要对写入的数据字节数进行判断，处理跨扇区问题。

```
//包含头文件
#include "flash.h"
#include "string.h"
//================= 外部接口函数 ==========================================
//=========================================================================
//函数名称:flash_init
//函数返回:无
//参数说明:无
//功能概要:初始化 Flash 模块
//=========================================================================
void flash_init(void)
{
    //(1)清除所有错误标志位
    FLASH->STATR &= 0xFFFFFFFF;
    //(2)解锁 Flash 控制寄存器
    if((FLASH->CTLR & FLASH_CTLR_LOCK )!= 0u)
    {
        FLASH->KEYR = (uint32_t)FLASH_KEY1;
        FLASH->KEYR = (uint32_t)FLASH_KEY2;

        FLASH->MODEKEYR = FLASH_KEY1;
        FLASH->MODEKEYR = FLASH_KEY2;
    }
    //(3)等待之前最后一个 Flash 操作完成
    while((FLASH->STATR & FLASH_STATR_BSY) != 0U);
    //(4)清数据缓冲区
    FLASH->ACTLR &= ~FLASH_ACTLR_PRFTBE;
    //(5)清 Flash 快速编程位
    FLASH->CTLR &= ~FLASH_CTLR_PAGE_PG;
}    //等待之前最后一个 Flash 操作完成
    while((Flash->STATR & Flash_STATR_BSY) != 0U);
    //清数据缓冲区
    Flash->ACTLR &= ~Flash_ACTLR_PRFTBE;
    //清 Flash 快速编程位
    Flash->CTLR &= ~Flash_CTLR_PAGE_PG; }
}

//=========================================================================
//函数名称:flash_erase
//函数返回:函数执行执行状态:0=正常;1=异常
//参数说明:sect 为目标扇区号(范围取决于实际芯片)
//功能概要:擦除 Flash 存储器的 sect 扇区
//备    注:本程序默认擦除一定能成功
//=========================================================================
```

```
uint8_t flash_erase(uint32_t sect)
{
    uint32_t address;
    //(1)计算地址
    address = (uint32_t)(sect * FLASH_PAGE_SIZE + FLASH_ADDR_START);
    //(2)初始化
    flash_init();
    //(3)等待之前最后一个 Flash 操作完成
    while ((FLASH->STATR & STATR_BSY) != 0U);
    //(4)清闪存即时编程位
    FLASH->CTLR &= ~FLASH_CTLR_PG_set;
    //(5)使能扇区快速擦除
    FLASH->CTLR |= FLASH_CTLR_PAGE_SET;
    //(6)设置擦除扇区
    FLASH->ADDR = address;
    //开始扇区擦除
    FLASH->CTLR |= FLASH_CTLR_START;
    //等待擦除完成
    while ((FLASH->STATR & STATR_BSY) != 0U);
    //(7)禁止扇区擦除
    FLASH->CTLR &= ~FLASH_CTLR_PAGE_SET;
    //(8)返回
    return 0;                  //成功返回
}
……
```

在封装过程中,有很多需要注意的地方。首先,需要重置对应的标志位,以消除之前可能发生的错误操作导致标志位的变化。其次,对写入的数据字节数进行判断。如果写的数据字节数会导致跨扇区,则递归调用自己进行写入。如果不会跨扇区,就将该扇区的数据先拷贝再修改最后写入。进行数据拷贝的主要原因是为了安全。因为数据在写入之前都要进行扇区擦除,如果不进行拷贝,之前的数据就会消失,这是极其不安全的。

8.2 ADC

8.2.1 ADC 的通用基础知识

1. 模拟量、数字量及模/数转换器的基本含义

模拟量(Analogue Quantity)是指变量在一定范围内连续变化的物理量,从数学角度,连续变化可以理解为可取任意值。例如,温度这个物理量,可以有 28.1 ℃,也可以有 28.15 ℃,还可以有 28.152 ℃……,也就是说,原则上可以有无限多位小数点,这就是模拟量连续的含义。当然,实际达到多少位小数点则取决于问题需要与测量设备性能。

数字量(Digital Quantity)是分立量,不可连续变化,只能取一些分立值。现实生活中,有许多数字量的例子,如 1 部手机、2 部手机……,你不能说你买 0.12 部手机,那它接不了电话!在计算机中,所有信息均使用二进制表示。例如,用一位只能表达 0、1 两个值,而 8 位则可以表达 0,1,2,…,254,255,共 256 个值,不能表示其他值,这就是数字量。

模/数转换器(Analog-to-Digital Converter,ADC)是将电信号转换为计算机可以处理的数字量的电子器件,这个电信号可能是由温度、压力等实际物理量经过传感器和相应的变换电路转化而来的。

2. 与 A/D 转换编程直接相关的技术指标

与 A/D 转换编程直接相关的技术指标主要有:转换精度、转换速度、A/D 参考电压、滤波问题、物理量回归等,下面简要概述之。

(1) 转换精度

转换精度(Conversion Accuracy)是指数字量变化一个最小量时对应模拟信号的变化量,也称为**分辨率**(Resolution),**通常用 ADC 的二进制位数来表征**,通常有 8 位、10 位、12 位、16 位、24 位等,转换后的数字量简称 A/D 值。通常位数越大,精度越高。设 ADC 的位数为 N,因为 N 位二进制数可表示的范围是 $0\sim(2^N-1)$,因此最小能检测到的模拟量变化值就是 $1/2^N$。例如,某一 ADC 的位数为 12 位,若参考电压为 5 V(即满量程电压),则可检测到的模拟量变化最小值为 $5/2^{12}=0.001\ 22(\text{V})=1.22(\text{mV})$,就是这个 ADC 的理论精度(分辨率)了。这也是 12 位二进制数的最低有效位(Least Significant Bit,LSB[①])所能代表的值,即在这个例子中,$1\text{LSB}=5\times(1/4\ 096)=1.22(\text{mV})$。实际上,由于量化误差(9.1.2 小节中介绍)的存在,实际精度达不到。

【思考一下】设参考电压为 5 V,ADC 的位数是 16 位,计算这个 ADC 的理论精度。

(2) 软件滤波

即使输入的模拟量保持不变,常常发现利用软件得到的 A/D 值也不一致,其原因可能有电磁干扰问题,也可能有模/数转换器本身转换误差的问题,但是许多情况下,可以通过软件滤波的方法给予解决。

例如,可以采用中值滤波和均值滤波来提高采样稳定性。所谓中值滤波,就是将 M 次(奇数)连续采样值的 A/D 值按大小进行排序,取中间值作为实际 A/D 值。而均值滤波,是把 N 次采样结果值相加,除以采样次数 N,得到的平均值就是滤波后的结果。还可以采用几种滤波方法联合使用,进行综合滤波。若要得到更符合实际的 A/D 值,可以通过建立其他误差模型分析方式来实现。

【思考一下】上网查找一下,有哪些常用的滤波方法?分别适用于什么场景?

(3) 物理量回归

在实际应用中,得到稳定的 A/D 值以后,还需要把 A/D 值与实际物理量对应起来,这一步称为物理量回归(Regression)。A/D 转换的目的是把模拟信号转换为数字信号,供计算机

① 与二进制最低有效位相对应的是最高有效位 MSB(Most Significant Bit),12 位二进制数的最高有效位 MSB 代表 2 048,而最低有效位代表 1/4 096。不同位数的二进制中,MSB 和 LSB 代表的值不同。

进行处理，但必须知道 A/D 转换后的数值所代表的实际物理量的值，这样才有实际意义。例如，利用 MCU 采集室内温度，A/D 转换后的数值是 126，实际它代表多少温度呢？如果当前室内温度是 25.1 ℃，则 A/D 值 126 就代表实际温度 25.1 ℃，把 126 这个值“回归”到 25.1℃的过程就是 A/D 转换物理量回归过程。

物理量回归与仪器仪表“标定(Calibration)”一词的基本内涵是一致的，但不涉及 A/D 转换概念，只是与标准仪表进行对应，以便使得待标定的仪表准确。而计算机中的物理量“回归”一词是指计算机获得的 A/D 采样值，如何与实际物理量值对应起来，也需借助标准仪表。从这个意义上理解，它们的基本内涵一致。

A/D 转换物理量回归问题，可以转化为数学上的一元回归分析(Regression Analysis)问题，也就是一个自变量，一个因变量，寻找它们之间的逻辑关系。设 A/D 值为 x，实际物理量为 y，物理量回归需要寻找它们之间的函数关系：$y=f(x)$。若是线性关系，$y=ax+b$，两个样本点即可找到参数 a 和 b；许多情况下，这种关系是非线性的，人工神经网络可以较好地应用于这种非线性回归分析中。

3. 与 A/D 转换编程关联度较弱的技术指标

上一小节给出的转换精度、软件滤波、物理量回归三个基本概念，与软件编程关系密切。还有几个与 A/D 转换编程关联度较弱的技术指标，如量化误差、转换速度、A/D 参考电压等。

(1) 量化误差

在把模拟量转换为数字量的过程中，要对模拟量进行采样和量化，使之转换成一定字长的数字量，量化误差是指模拟量量化过程而产生的误差。举个例子，一个12 位 A/D转换器，输入模拟量为恒定的电压信号 1.68 V，经过 A/D 转换，所得的数字量理论值应该是 2 028，但编程获得的实际值却是 2 026～2 031 之间的随机值，它们与 2 028 之间的差值就是量化误差。量化误差大小是 ADC 的性能指标之一。

理论上，量化误差为$\pm\frac{1}{2}$LSB。以 12 位 ADC 为例，设输入电压范围是 0～3 V，即把 3 V 分解成 4 096 份，每份是 1 个最低有效位 LSB 代表的值，即为 (1/4 096)×3 V= 0.00 073 242 V，这就是 ADC 的理论精度。数字 0,1,2,…分别对应 0 V,0.00 073 242 V,0.00 048 828 V,…，若输入电压是 0.00 073 242～0.00 048 828 之间的值，按照靠近 1 或 2 的原则转换成 1 或 2，这样的误差，就是量化误差，可达$\pm\frac{1}{2}$LSB，即 0.00 073 242 V/2=0.00 036 621。$\pm\frac{1}{2}$LSB 的量化误差属于理论原理性误差，不可消除。所以，一般来说，若用 ADC 位数表示转换精度，其实际精度要比理论精度至少减一位。再考虑到制造工艺误差，一般再减一位。这样标准16 位 ADC 的实际精度就变为 14 位了，作为实际应用选型参考。

(2) 转换速度

转换速度通常用完成一次 A/D 转换所要花费的时间来表征。在软件层面上，A/D 的转换速度与转换精度、采样时间(Sampling Time)有关，其中可以通过降低转换精度来缩短转换时间。转换速度与 ADC 的硬件类型及制造工艺等因素密切相关，其特征值为 ns 级。ADC 的硬件类型主要有：逐次逼近型、积分型、Σ-Δ 调制型等。

在 CH32V307 芯片中，完成一次完整的 A/D 转换时间是配置的采样时间与逐次逼近时间(具体取决于采样精度)的总和。例如,如果 ADC 的时钟频率为 F_{ADC_CLK},时钟周期为 T_{ADC_CLK}。当采样精度为 12 位时,逐次逼近时间固定为 12.5 个 ADC 时钟周期。其中采样时间可以由 SMPx[2:0]寄存器控制,每个通道可以单独配置。计算转换时间 T_{CONV} 为

$$T_{CONV}=(采样时间+12.5)\times T_{ADC\_CLK}$$

通过软件配置采样时间与采样精度,可以影响转换速度。在实际编程中,若通过定时器进行触发启动 ADC,则还需要加上与定时器相关的所需时间。

(3) A/D 参考电压

A/D 转换需要一个参考电平。比如要把一个电压分成 1 024 份,每一份的基准必须是稳定的,这个电平来自基准电压,就是 A/D 参考电压。粗略要求的情况,A/D 参考电压使用给芯片功能供电的电源电压。更为精确的要求,A/D 参考电压使用单独电源,要求功率小(mW 级即可)、波动小(例如 0.1%)。一般电源电压达不到这个精度,否则成本太高。

4. 最简单的 A/D 转换采样电路举例

这里给出一个最简单的 A/D 转换采样电路,以表征 A/D 转换应用中的硬件电路的基本原理示意,以光敏/温度传感器为例。

光敏电阻器是利用半导体的光电效应制成的一种电阻值随入射光的强弱而改变的电阻器;入射光强,电阻减小,入射光弱,电阻增大。光敏电阻器一般用于光的测量、光的控制和光电转换(将光的变化转换为电的变化)。通常,光敏电阻器都制成薄片结构,以便吸收更多的光能。当它受到光的照射时,半导体片(光敏层)内就激发出电子-空穴对,参与导电,使电路中电流增强。一般光敏电阻器如图 8-1(a)所示。

与光敏电阻类似,温度传感器是利用一些金属、半导体等材料与温度有关的特性制成的,这些特性包括热膨胀、电阻、电容、磁性、热电势、热噪声、弹性及光学特征,根据制造材料将其分为热敏电阻传感器、半导体热电偶传感器、PN 结温度传感器和集成温度传感器等类型。热敏电阻传感器是一种比较简单的温度传感器,其最基本的电气特性是随着温度的变化自身阻值也随之变化,图 8-1(b)是热敏电阻器。

在实际应用中,将光敏/热敏电阻接入图 8-1(c)所示的采样电路中,光敏/热敏电阻和一个特定阻值的电阻串联,由于光敏/热敏电阻会随着外界环境的变化而变化,因此 A/D 采样点的电压也会随之变化,A/D 采样点的电压为

$$V_{A/D}=\frac{R_x}{R_{光敏/热敏}+R_x}\cdot V_{REF}$$

式中,R_x 是一特定阻值,根据实际光敏/热敏电阻的不同而加以选定。

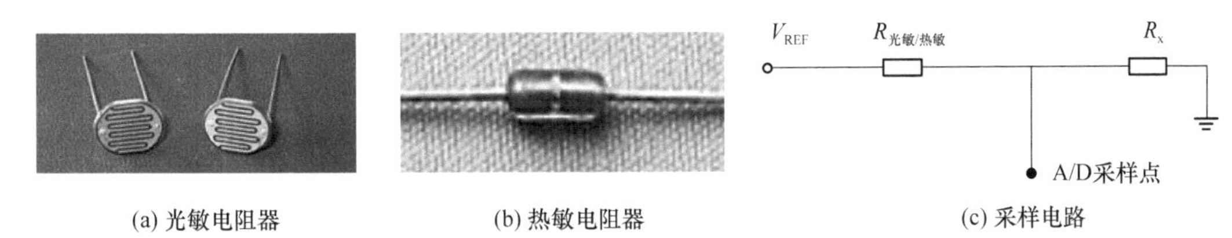

(a) 光敏电阻器　　(b) 热敏电阻器　　(c) 采样电路

图 8-1　光敏/热敏电阻器及其采样电路

以热敏电阻为例,假设热敏电阻阻值增大,采样点的电压就会减小,A/D 值也相应减小;

反之，热敏电阻阻值减小，采样点的电压就会增大，A/D 值也相应增大。所以采用这种方法，MCU 就会获知外界温度的变化。如果想知道外界的具体温度值，就需要进行物理量回归操作，也就是通过 A/D 采样值，根据采样电路及热敏电阻温度变化曲线，推算当前温度值。

灰度传感器也是由光敏元件构成的。所谓灰度也可认为是亮度，简单地说就是色彩的深浅程度。灰度传感器的主要工作原理是：它使用两只二极管，一只为发白光的高亮度发光二极管，另一只为光敏探头，通过发光管发出超强白光照射在物体上，通过物体反射回来落在光敏二极管上；由于照射在它上面的光线强弱的影响，光敏二极管的阻值在反射光线很弱（即物体为深色）时为几百中 kΩ，一般光照度下为几 kΩ，在反射光线很强（即物体颜色很浅，几乎全反射）时为几十 Ω。这样就能检测到物体颜色的灰度了。

本书电子资源中的补充阅读材料给出了一种较为复杂的电阻型传感器采样电路设计。

8.2.2 基于构件的 ADC 编程方法

上一小节概括了 ADC 的主要特性和一些技术指标，下面从构件要点分析、构件使用方法、构件的测试等方面来了解 ADC 驱动构件。

1. CH32V307 芯片的 ADC 引脚

CH32V307 芯片中的 ADC 模块固定为 12 位采集精度。在 12 位精度下，转换速度在 0.2 μs 左右，比这个采集精度小的转换速度快。对转换速度不敏感的应用系统，以采集精度为优先考量。

在 100 引脚封装的 CH32V307VCT6 芯片中，ADC 模块包含 2 个 12 位的逐次逼近型的模拟/数字转换器，最高 14 MHz 的输入时钟，在本节例子中，主要配置了 ADC1 相关寄存器进行操作。ADC 模块提供了 18 个通道采样源，包括 16 个外部通道和 2 个内部通道信号源采样，如表 8-2 所列。它们可以配置到规则组和注入组两种转换组中，以实现任意多个通道上以任意顺序进行一系列转换构成的组转换。转换组：

① 规则组：由多达 16 个转换组成。规则通道和它们的转换顺序在 ADC_RSQRx 寄存器中设置。规则组中转换的总数量应写入 ADC_RSQR1 寄存器的 RLEN[3:0]中。

② 注入组：由多达 4 个转换组成。注入通道和它们的转换顺序在 ADC_ISQR 寄存器中设置。注入组里的转换总数量应写入 ADC_ISQR 寄存器的 ILEN[1:0]中。（注：如果 ADC_RSQRx 或 ADC_ISQR 寄存器在转换期间被更改，当前的转换被终止，一个新的启动信号将发送到 ADC 以转换新选择的组。）

2 个内部通道：

① 温度传感器：连接 ADC_IN16 通道，用来测量器件周围的温度（TA）。

② V_{REFINT} 内部参考电压：连接 ADC_IN17 通道。

表 8-2 CH32V307VCT6 芯片 ADC1 模块通道引脚

通道号	宏定义	MCU 引脚名	GEC 引脚号
0～7	ADC_CHANNEL_0～ADC_CHANNEL_7	PTA0～PTA7	70～79
8～9	ADC_CHANNEL_8～ADC_CHANNEL_9	PTB0～PTB1	84～85
10～15	ADC_CHANNEL_10～ADC_CHANNEL_15	PTC0～PTC5	66～69,80,83

续表 8-2

通道号	宏定义	MCU 引脚名	GEC 引脚号
16	ADC_CHANNEL_TEMPSENSOR	内部温度传感器	
17	ADC_CHANNEL_VREFINT	内部参考电压监测	

2. ADC 构件的头文件

```
//===========================================================================
//文件名称:adc.h
//框架提供:苏州大学嵌入式系统与物联网研究所(sumcu.suda.edu.cn)
//版本更新:20210309,20211111
//功能描述:CH32V307 芯片 A/D 转换头文件
//            采集精度 12 位
//===========================================================================
#ifndef _ADC_H                                    //防止重复定义(开头)
#define _ADC_H
#include "string.h"
#include "includes.h"
#include "ch32v30x.h"

//通道号宏定义
#defineADC_CHANNEL_0   0                          //通道 0
#define ADC_CHANNEL_1 1                           //通道 1
#define ADC_CHANNEL_2   2                         //通道 2
......
#define ADC_CHANNEL_15 15                         //通道 15
#define ADC_CHANNEL_TEMPSENSOR 16                 //内部温度检测,需要使能 TEMPSENSOR
#define ADC_CHANNEL_VREFINT 17                    //内部参考电压监测,需要使能 VREFINT 功能

//温度采集参数 AD_CAL2 与 AD_CAL1
#define AD_CAL2 (*(uint16_t*) 0x1FFF75CA)
#define AD_CAL1 (*(uint16_t*) 0x1FFF75A8)

//===========================================================================
//函数名称:adc_init
//功能概要:初始化一个 AD 通道号
//参数说明:Channel 为通道号。可选范围:ADC_CHANNEL_x(0≤x≤15),
//                                    ADC_CHANNEL_TEMPSENSOR(16),
//                                    ADC_CHANNEL_VREFINT(17)
          Nc  本函数未使用,为增强函数可移植性
//===========================================================================
void  adc_init(uint16_t Channel, uint16_t Nc);
//===========================================================================
//函数名称:adc_read
```

```
//功能概要:将模拟量转换成数字量,并返回
//参数说明:Channel 为通道号。可选范围:ADC_CHANNEL_x(0≤x≤15),
//                                   ADC_CHANNEL_TEMPSENSOR(16),
//                                   ADC_CHANNEL_VREFINT(17)
//=========================================================================
uint16_t  adc_read(uint8_t Channel);

#endif                                   //防止重复定义(结尾)
```

3. 基于构件的 ADC 编程举例

ADC 驱动构件使用过程中,主要用到 2 个函数,在 adc.h 文件里,分别是 ADC 初始化函数(adc_init)和读取通道数据函数(adc_read)。ADC 构件的测试工程位于电子资源中的"..\04-Software\CH08 \ADC-CH32V307"文件夹。现以测试 ADC 采集指定通道 A/D 值为例,介绍 ADC 构件的使用方法,步骤如下:

① ADC 初始化。使用 adc_init 函数,ADC_CHANNEL_1 表示通道 1,初始化通道 1 的 ADC 采集功能。

```
adc_init(ADC_CHANNEL_1,0);
```

② 读取 A/D 转换值。使用 adc_read 函数读取通道 1 的 A/D 值,并将采集到的 A/D 值赋给 num_AD。

```
num_AD = adc_read(ADC_CHANNEL_1);
```

③ printf 输出信息。将读取到通道 1 的 A/D 值使用 printf 打印出来。

```
printf("通道 1 采集的 A/D 值: %d\r\n",num_AD);
```

④ 将 A/D 值转换为实际温度。使用内部函数 TempTrans,将读取到的 A/D 值转换为实际的温度,并打印输出。

```
Temp = TempTrans(num_AD);
printf("通道 1 采集的 A/D 值转换成实际温度为: %f\r\n",Temp);
```

⑤ 测试观察。用杜邦线将 GEC 的引脚 71 与 3.3 V 连接,再观察通道 1 的 A/D 值采集情况。

4. 基于 BP 神经网络方法的 A/D 物理量回归

一般情况下,测量的物理量需要经过传感器、比较器、放大器、ADC 等,实际物理量与A/D 采集值之间的关系,大部分为非线性分析,人工神经网络具有较好的非线性回归能力。本书电子资源补充阅读材料中给出了基于三层 BP 神经网络的 A/D 物理量回归实例,提供了一种 A/D 值与实际物理量的非线性回归方式。

8.2.3　ADC 构件的制作过程

1. ADC 模块寄存器概述

(1) 相关名称解释

CH32V307 芯片的 ADC 有多个寄存器，要理解对这些寄存器的操作，首先需要了解一些比较重要的概念，下面对 ADC 相关重要的名词解释，再介绍常用 ADC 寄存器。

转换完成标志：指示一个 A/D 转换是否完成，仅当 A/D 转换完成后才能从寄存器中读取数据。

通道：ADC 模块有专门的 A/D 转换通道，分别对应着芯片的不同引脚，读取相应引脚的数据相当于读取了通道的数据。

硬件触发：靠外部硬件的脉冲触发。

软件触发：软触发是靠软件编程的方式触发启动，一旦程序编写好了，触发启动是自动且有规律的，除非修改程序，否则无法根据自己的意愿随意触发。

(2) ADC 寄存器概述

ADC 寄存器主要是对 ADC 转换过程中各个具体的功能进行控制和配置，包括 ADC 控制寄存器、ADC 采样时间寄存器、ADC 状态寄存器、ADC 规则通道序列寄存器等。

ADC 寄存器的基地址可采用与前述 Flash 同样的两种方法查找，可得知寄存器地址范围为 0x4001 2400～0x4001 2C00。ADC 寄存器的复位值均为 0x00000000。需要说明的是，有些寄存器需要几个共同完成某功能的配置，例如，ADC 控制寄存器包括 ADC_CTLR1 和 ADC_CTLR2 两个，ADC 采样时间寄存器包括 ADC_SAMPTR1 和 ADC_SAMPTR2 两个，ADC 规则通道序列寄存器包括 ADC_RSQR1、ADC_RSQR2 和 ADC_SQR3 三个，ADC 看门狗阈值寄存器包括 ADC_WDHTR 和 ADC_WDLTR 两个。

表 8-3 所列为 ADC 寄存器功能简述。

表 8-3　ADC 寄存器功能简述

偏移量	寄存器名		R/W	功能简述
0x00	ADC 状态寄存器(ADC_STATR)		R/W	标志 ADC 转换状态
0x04	ADC 控制寄存器	ADC_ CTLR1	R/W	控制 ADC 转换
0x08		ADC_ CTLR2		
0x0C	ADC 采样时间寄存器	ADC_SAMPTR1	R/W	选择通道的采样时间
0x10		ADC_SAMPTR2		
0x14	ADC 注入通道数据偏移寄存器 x(ADC_IOFRx)	ADC_IOFR1	R/W	存储通道转换结果，每个通道数据寄存器的地址偏移量为 0x14 加上(x－1)×4(x＝1～4)
		ADC_IOFR2		
		ADC_IOFR3		
		ADC_IOFR4		

续表 3-3

偏移量	寄存器名		R/W	功能简述
0x24	ADC 看门狗高阈值寄存器	ADC_WDHTR	R/W	配置看门狗阈值上限
0x28	ADC 看门狗低阈值寄存器	ADC_WDLTR	R/W	配置看门狗阈值下限
0x2C	ADC 规则通道序列寄存器	ADC_ RSQR1	R/W	选择规则通道加入转换
0x30		ADC_ RSQR2		
0x34		ADC_ RSQR3		
0x38	ADC 注入通道序列寄存器(ADC_ISQR)		R/W	选择通道加入转换
0x3C	ADC 注入数据寄存器 x (ADC_IDATARx)	ADC_IDATAR1	R/W	存储通道转换结果，每个通道数据寄存器的地址偏移量为 0x3C 加上(x－1)×4(x＝1～4)
		ADC_IDATAR2		
		ADC_IDATAR3		
		ADC_IDATAR4		
0x4C	ADC 规则数据寄存器(ADC_RDATAR)		R	存储规则通道转换结果

2. ADC 构件接口函数原型分析

ADC 构件接口函数主要有初始化函数和读取一次模/数转换值函数。

① 初始化函数 adc_init()。该函数中需要使用 2 个参数:通道号 Channel 和 Nc(为增强函数可移植性无实际影响意义),在 adc.h 中定义了通道号宏常数以便使用。

```
void  adc_init(uint16_t Channel, uint16_t Nc);
```

② 读取一次模/数转换值函数 adc_read()。该函数使用参数通道号 Channel,通道号的选择如表 8-2 所列。需要注意的是,使用这个函数之前,需调用初始化函数 adc_init()对相应通道进行初始化。

```
uint16_t  adc_read(uint16_t Channel);
```

3. ADC 构件部分函数源码

```
//======================================================================
//文件名称:adc.c
//版权所有:苏州大学嵌入式系统与物联网研究所(sumcu.suda.edu.cn)
//版本更新:2021-10-26  V1.1
//功能描述:CH32V307 芯片 A/D 转换头文件
//            采集精度 12 位
//======================================================================
#include "adc.h"
//======================================================================
//函数名称:adc_init
//功能概要:初始化一个 AD 通道号
```

```
//参数说明:Channel 为通道号。可选范围:ADC_CHANNEL_x(0≤x≤15),
//                                  ADC_CHANNEL_TEMPSENSOR(16),
//                                  ADC_CHANNEL_VREFINT(17)
        Nc  本函数未使用,为增强函数可移植
//=====================================================================
void  adc_init(uint16_t Channel, uint16_t Nc)
{
    //(1)开启 ADC 时钟
    RCC->APB2PCENR |= RCC_ADC1EN;
    //(2)ADC 时钟频率分频,PCLK2 时钟 8 分频
    RCC->CFGR0 |= (0x3UL << (14U));

    //(3)配置寄存器:右对齐、单次单通道转换
    ADC1->CTLR1 &= ~(0x7UL << (13U));            //置 0,单通道
    ADC1->CTLR1 &= ~ ADC_SCAN;                   //禁止扫描模式
    ADC1->CTLR1 &= ~(0x1FUL << (0U));
    ADC1->CTLR1 |= (0x1UL << (5U));              //使能转换结束中断(EOC 标志)

    ADC1->CTLR2 &= ~ ADC_ALIGN;                  //对齐方式(右对齐)
    ADC1->CTLR2 &= ~ ADC_CONT;                   //单次转换模式
    ADC1->CTLR2 &= ~ (0x1UL << (20U));           //禁止外部事件触发
    ADC1->CTLR2 &= ~(0x7UL << (17U));
    ADC1->CTLR2 |=  (0x7UL << (17U));            //REXTSEL 软件触发

    //(4)常规通道序列长度为 1
    ADC1->RSQR1 &= ~(0xFUL << 20U);
    //(5)退出断电模式,开启 ADC,并启动转换
    ADC1->CTLR2 |= ADC_ADON;
    ADC1->CTLR1 &= ~(1<<26);                     //26 位,ADC_Buffer 除能
    ADC1->CTLR2 |= ADC_RSTCAL;                   //初始化校准寄存器
    //查询指定次数是否初始化校正完成(增加验证校准是否完成是为了增加测量的准确性)
    while((ADC1->CTLR2 &(0x1UL<<(3U))) == (0x1UL<<(3U)));
    ADC1->CTLR2 |= ADC_CAL;                      //开始校准
    while((ADC1->CTLR2 &(0x1UL<<(2U))) == (0x1UL<<(2U)));
    ADC1->CTLR1 |= (0x1UL << (26U));             //26 位,ADC_Buffer 使能

    //(6)使能 ADC 内部采集功能,采集温度和电压
    //内置温度传感器,更适合监测温度变化,不是测量绝对温度
    if ((Channel == 16)||(Channel == 17))
    {
        ADC1->CTLR2 |= ADC_TSVREFE;
    }
}
```

```
//===========================================================================
//函数名称:adc_read
//功能概要:将模拟量转换成数字量,并返回
//参数说明:Channel 为通道号。可选范围:ADC_CHANNEL_x(0≤x≤15),
//                                   ADC_CHANNEL_TEMPSENSOR(16),
//                                   ADC_CHANNEL_VREFINT(17)
//===========================================================================
uint16_t adc_read(uint8_t Channel)
{
    uint32_t ADCResult;                                         //用于存放 A/D 值
    ADCResult = 0;
  //(1)配置采样周期
  if (Channel > 9)
  {
      ADC1->SAMPTR1 &= ~(0x7UL << (3 * (Channel - 10)));
      ADC1->SAMPTR1 |= (0x7UL << (3 * (Channel - 10)));  //配置采样时间为 239.5 周期
  }
  else
  {
      ADC1->SAMPTR2 &= ~(0x7UL << (3 * Channel ));
      ADC1->SAMPTR2 |= (0x7UL << (3 * Channel ));
  }
   //(2)清空第一次转换序列(单通道)
   ADC1->RSQR3 &= ~ (0x1FUL << (0U));
   //(3)所选通道加入第一个转换序列中
   ADC1->RSQR3 |= ((uint8_t)Channel << (0U));

   //(4)开始转换,RSWSTART
   ADC1->CTLR2 |= (0x1UL << (20U));                            //使能外部事件触发
   ADC1->CTLR2 |= (0X1UL << (22U));                            //启动规则通道转换

   //(5)等待转换完成,即 EOC 标志
   while((ADC1->STATR & (0x1UL << (1U))!= (0x1UL<<(1U))));
   ADCResult = (uint16_t)ADC1->RDATAR;                         //读取数据,清转换完成标志位
   return ADCResult;
}
```

8.3 DAC

8.3.1 DAC 的通用基础知识

一些情况下,不仅需要将模拟量转换成数字量,也有将数字量转换成模拟量的需求,以便通过计算机程序实现对输出设备某种状态的实现连续变化控制,如数字化方法控制音量的大

小等。MCU 内部承担数字量转换成模拟量任务的电路被称为**数/模转换器**(Digital-to-Analog Converter，DAC)，它将二进制数字量形式的离散信号转换成以参考电压为基准的模拟量，一般以电压形式输出。

设 MCU 内部的任何一个数字量可以表示为 N 位二进制数 $d_{N-1}d_{N-2}\cdots d_1d_0$，其中 d_{N-1} 为最高位有效位(Most Significant Bit，MSB)，d_0 为最低有效位(Least Significant Bit，LSB)。DAC 将输入的每一位二进制代码按其权值大小转换成相应的模拟量，然后将代表各位的模拟量相加，则所得的总模拟量就与数字量成正比，实现了从数字量到模拟量的转换，如图 8-2 所示。

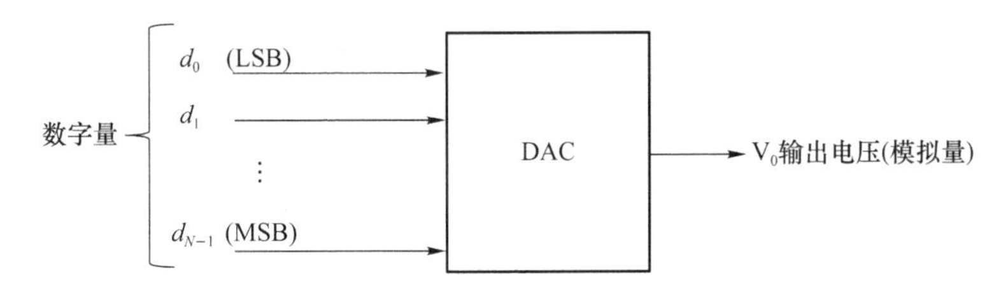

图 8-2　DAC 的转换原理框图

与编程相关的 DAC 主要技术指标是分辨率，一般情况下，分辨率使用 DAC 位数来表示，如 12 位 DAC、16 位 DAC 等，也可以认为 12 位 DAC 的分辨率为：$1/(2^{12}-1)=1/4\ 095$。

8.3.2　基于构件的 DAC 编程方法

本小节给出基于构件的 DAC 编程方法举例，关于 DAC 的制作方法参见电子资源补充阅读材料。

1. CH32V307 芯片的 DAC 引脚

100 引脚封装的 CH32V307 芯片模块包含 2 个可配置 8/12 位数字输入转换 2 路模拟电压输出的转换器，其引脚名分别为 PTA4 和 PTA5，作为 DAC 功能时，分别对应 DAC_Channel_1 和 DAC_Channel_2 两个通道相应引脚输出数字量转换后的模拟量(电压值)，具体的通道号及引脚名如表 8-4 所列。

表 8-4　CH32V307VCT6 芯片 DAC 模块通道引脚

通道号	宏定义	MCU 引脚名	GEC 引脚号
1	DAC_CHANNEL_1	PTA4	74
2	DAC_CHANNEL_2	PTA5	77

2. DAC 构件的头文件

```
//======================================================================
//文件名称：adc.h
//框架提供：苏州大学嵌入式系统与物联网研究所(sumcu.suda.edu.cn)
//版本更新：20210309,20220130
```

```
//功能描述:CH32V307 芯片 DAC 转换头文件,采集精度 12 位
//=========================================================================
#ifndef  DAC_H                              //防止重复定义(开头)
#define  DAC_H
……
//=========================================================================
//函数名称:dac_init
//功能概要:初始化 DAC 模块设定
//参数说明:Channel 为通道号
//=========================================================================
void  dac_init(uint16_t Channel);

//=========================================================================
//函数名称:dac_convert
//功能概要:执行 DAC 转换
//参数说明:Channel   可选择宏常数 DAC_Channel_1、DAC_Channel_2;
//          data      需要转换成数字量的模拟量范围(0~4095)
//=========================================================================
void  dac_convert(uint16_t Channel,uint16_t data);

#endif
```

3. 基于构件的 DAC 编程举例

将 PTA4 引脚(对应 GEC 引脚 74)作为 DAC 功能,编程使其输出模拟量,将该引脚用一根导线与 PTC5 引脚(对应 GEC 引脚 83)相连,编程使 PTC5 为 ADC 功能(通道 15),ADC 采样 PTC5 引脚,通过 printf 函数输出,若其值跟随 PTA4 变化,则说明 PTA4 输出正常。

① 初始化 DAC 模块、ADC 模块。

```
dac_init(DAC_Channel_1);                    //DAC 模块初始化
adc_init(ADC_CHANNEL_15);                   //PTC5 对应 GEC 引脚 83
```

② 在主循环中,使用函数 dac_convert 将数字量 DAC_Value[i]转换成模拟量。

```
dac_convert(DAC_Channel_1,DAC_Value[i]);
```

③ 采样 PTC 5 引脚,并用 printf 输出。

```
result = adc_read(ADC_CHANNEL_15);
printf("DAC 值为: %d\n",result);
```

DAC 构件的测试工程位于"..\04-Software\CH08 \DAC-CH32V307"文件夹。

8.4 实验四 ADC 实验

ADC 模块即模/数转换器模块，其功能是将电压信号转换为相应的数字信号。在实际应用中，这个电压信号可能由温度、湿度、压力等实际物理量经过传感器和相应的变换电路转化而来。经过 A/D 转换后，MCU 就可以处理这些物理量。

1. 实验目的

① 掌握 ADC 构件的使用。
② 掌握 ADC 的技术指标。
③ 基本理解构件的制作过程。

2. 实验准备

① 软硬件工具：与实验一相同。
② 运行并理解"..\04-Software\CH08"中几个程序。

3. 参考样例

① 参照"..\04-Software\CH08 \ADC-CH32V307"工程，该程序实现了 ADC 采集不同通道 A/D 值。芯片内部温度 A/D 值，通道号 16，无需引脚对应；通道 14 对应 GEC 引脚 80；通道 1 对应 GEC 引脚 71。

② "..\04-Software\CH08 \ADC-温度图形化界面"样例程序，在 PC 端用 C♯程序实现了温度的图形化输出。

4. 实验过程或要求

(1) 验证性实验

参照类似实验二的验证性实验方法，验证本章电子资源中的样例程序，体会基本编程原理与过程。注意，在 ADC 通道采样实验中，可通过触摸芯片表面使温度升高（A/D 值减小）来测试。在实验过程中，建议复制样例程序后修改程序，改变 ADC 采样通道，重新编译、下载体会其观察到的现象，深入理解 ADC 通道采集执行流程。

(2) 设计性实验

复制 MCU 样例程序".. \04-Software\ CH08 \ADC-CH32V307"，用该程序框架实现：对 GEC 板载热敏电阻进行采集、滤波，使之更加稳定，复制 PC 样例程序"ADC-温度图形化界面"，增加语音功能，优化曲线显示等。

(3)进阶实验

自行购买一种常见类型的传感器，制作其驱动构件，进行 A/D 转换编程，完成 MCU 方及 PC 方曲线显示等基本功能。

5. 实验报告要求

① 用适当文字、图表描述实验过程。
② 用 200～300 字写出实验体会。
③ 在实验报告中完成实践性问答题。

6. 实践性问答题

① A/D 转换有哪些主要技术指标?
② A/D 采集的软件滤波有哪些主要方法?
③ 若 A/D 值与实际物理量并非线性关系,A/D 值回归成实际物理量值有哪些非线性回归方法?

本章小结

本章给出 Flash、ADC 与 DAC 三个模块的编程方法,并给出 Flash 构件和 ADC 构件制作过程的基本要点。

1. 关于 Flash 存储器在线编程

Flash 存储器在线编程可以基本取代电可擦除可编程只读存储器,用于保存运行过程中希望失电后不丢失的数据。CH32V307VCT6 芯片内部有 480 KB 的 Flash 存储器,其起始地址为 0x0800_0000,按照快速页进行组织,每个扇区(页)大小为 256 B,以扇区(页)为基本擦除单位,Flash 构件封装了初始化、擦除、写入等基本接口函数。

2. 关于 ADC 模块

ADC 模块将模拟量转换为数字量,以便计算机可以通过这个数字量间接对应实际模拟量进行运行与处理。与 A/D 转换编程直接相关的技术指标主要有:转换精度、单端输入或者差分输入等。CH32V307VCT6 芯片内部含有两个 12 位 ADC 模块,共有 18 个采样输入通道。

3. 关于 DAC 模块

DAC 模块将数字量转换为模拟量,以便计算机可以通过数字量控制实际的诸如音量大小等模拟量输出。与编程相关的 DAC 主要技术指标是分辨率,一般情况下,分辨率使用 DAC 位数来表示。CH32V307VCT6 芯片内部含有两个 12 位 DAC 模块,共有 2 个输出通道。

习　　题

1. 简要阐述 Flash 在线编程的基本含义及用途。

2. 给出 Flash 构件的基本函数及接口参数。

3. 编制程序，将自己的一寸照片存入 Flash 中适当区域，并重新上电复位后再读出到 PC 机屏幕显示。

4. 若 ADC 的参考电压为 3.3 V，要区分 0.05 mV 的电压，则采样位数至少为多少位？

5. 阅读课外文献资料，用列表方式给出常用的软件滤波算法名称、内容概要、主要应用场合。

6. 使用 PWM 波的方式可以实现一些场景下的 DAC 功能吗？给出必要的描述。

第 9 章　SPI、I2C 与 TSC 模块

本章导读：本章主要阐述串行外设接口 SPI、集成电路互联总线 I2C 和触摸感应输入 TSC 模块的基本原理与编程方法。SPI 是一个四线制的具有主从设备概念的双工同步通信系统，I2C 是二线制半双工同步通信系统，它们广泛地应用于 MCU 和 MPU 的外部设备中。本章首先给出 SPI 的通用基础知识，给出 SPI 构件及使用方法；随后 I2C、TSC 相关内容给出了类似的阐述。

9.1　串行外设接口 SPI 模块

9.1.1　SPI 的通用基础知识

1. SPI 的基本概念

SPI（Serial Peripheral Interface，串行外设接口）是原摩托罗拉公司推出的一种同步串行通信接口，用于微处理器和外围扩展芯片之间的串行连接，已经发展成为一种工业标准。目前，各半导体公司推出了大量带有 SPI 接口的芯片，如 A/D 转换器、D/A 转换器、LCD 显示驱动器等。SPI 一般使用 4 条线：串行时钟线 SCK、主机输入/从机输出数据线 MISO、主机输出/从机输入数据线 MOSI 和从机选择线 NSS，如图 9－1 所示。图中略去了 NSS 线。

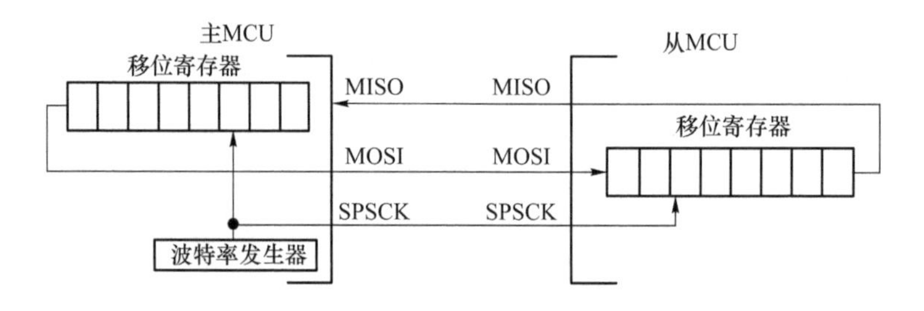

图 9－1　SPI 全双工主机－从机连接

(1) 主机与从机的概念

SPI 是一个全双工连接，即收发各用一条线，是典型的主机－从机（Master－Slave）系统。一个 SPI 系统，由一个主机和一个或多个从机构成，主机启动一个与从机的同步通信，从而完成数据的交换。提供 SPI 串行时钟的 SPI 设备称为 SPI 主机或主设备（Master），其他设备则称为 SPI 从机或从设备（Slave）。在 MCU 扩展外设结构中，仍使用主机－从机概念，此时 MCU 必须工作于主机方式，外设工作于从机方式。

(2) 主出/从入引脚 MOSI 与主入/从出引脚 MISO

主出/从入引脚 MOSI(Master Out/Slave In)是主机输出、从机输入数据线。若 MCU 被设置为主机方式，则主机送往从机的数据从该引脚输出。若 MCU 被设置为从机方式，则来自主机的数据从该引脚输入。

主入/从出引脚 MISO(Master In/Slave Out)是主机输入、从机输出数据线。若 MCU 被设置为主机方式，则来自从机的数据从该引脚输入主机。若 MCU 被设置为从机方式，则送往主机的数据从该引脚输出。

(3) SPI 串行时钟引脚 SCK

SCK 是 SPI 主器件的串行时钟输出引脚以及 SPI 从器件的串行时钟输入引脚，用于控制主机与从机之间的数据传输。串行时钟信号由主机的内部总线时钟分频获得，主机的 SCK 引脚输出给从机的 SCK 引脚，控制整个数据的传输速度。在主机启动一次传送的过程中，从 SCK 引脚输出自动产生的 8 个时钟周期信号，SCK 信号的一个跳变进行一位数据移位传输。

(4) 时钟极性与时钟相位

时钟极性表示时钟信号在空闲时是高电平还是低电平。时钟相位表示时钟信号 SCK 的第一个边沿出现在第一位数据传输周期的开始位置还是中央位置。

(5) 从机选择引脚 NSS

一些芯片带有从机选择引脚 NSS($\overline{SS}$)也称为片选引脚。若一个 MCU 的 SPI 工作于主机方式，则该 MCU 的 NSS 引脚为高电平。若一个 MCU 的 SPI 工作于从机方式，当 NSS 为低电平时表示主机选中了该从机，反之则表示主机未选中该从机。对于单主-单从系统，可以采用图 9-1 的接法。对于一个主 MCU 带多个从 MCU 的系统，主 MCU 的 NSS 引脚接高电平，每一个从 MCU 的 NSS 引脚接主机 MCU 的 I/O 输出线，由主机控制其电平高低，以便主机选中该从机。

2. SPI 的数据传输原理

在图 9-1 中，移位寄存器为 8 位，所以每一个工作过程传送 8 位数据。从主机 CPU 发出启动传输信号开始，将要传送的数据装入 8 位移位寄存器，并同时产生 8 个时钟信号依次从 SCK 引脚送出，在 SCK 信号的控制下，主机中 8 位移位寄存器中的数据依次从 MOSI 引脚送出至从机的 MOSI 引脚，并送入从机的 8 位移位寄存器。在此过程中，从机的数据也可通过 MISO 引脚传送到主机中。所以，我们称之为全双工主-从连接(Full-Duplex Master-Slave Connections)。其数据的传输格式是高位(MSB)在前，低位(LSB)在后。

图 9-1 是一个主 MCU 和一个从 MCU 的连接，也可以一个主 MCU 与多个从 MCU 进行连接形成一个主机、多个从机的系统；还可以多个 MCU 互联构成多主机系统；另外，也可以一个 MCU 挂接多个从属外设。但是，SPI 系统最常见的应用是利用一个 MCU 作为主机，其他 MCU 处于从机地位。这样，主机程序启动并控制数据的传送和流向，在主机的控制下，从机从主机读取数据或向主机发送数据。至于传送速度、何时数据移入移出、一次移动完成是否中断和如何定义主机/从机等问题，可通过对寄存器编程来解决。下文将阐述这些问题。

3. SPI 的时序

SPI 的数据传输是在时钟信号 SCK(同步信号)的控制下完成的。数据传输过程涉及时钟极性与时钟相位设置问题。以下讲解使用 CPOL 描述时钟极性,使用 CPHA 描述时钟相位。**主机和从机必须使用同样的时钟极性与时钟相位,才能正常通信。**对发送方编程必须明确三点:接收方要求的时钟空闲电平是高电平还是低电平;接收方在时钟的上升沿取数还是下降沿取数;采样数据是在第一个时钟边沿还是第二个时钟边沿。

总体要求是:确保发送数据在一周期开始的时刻上线,接收方在 1/2 周期的时刻从线上取数,这样是最稳定的通信方式。据此,设置时钟极性与时钟相位。只有正确地配置时钟极性和时钟相位,数据才能被准确地接收。因此必须严格对照从机 SPI 接口的要求来正确配置主从机的时钟极性和时钟相位。

关于时钟极性与时钟相位的选择,有四种可能情况,如图 9-2 所示。

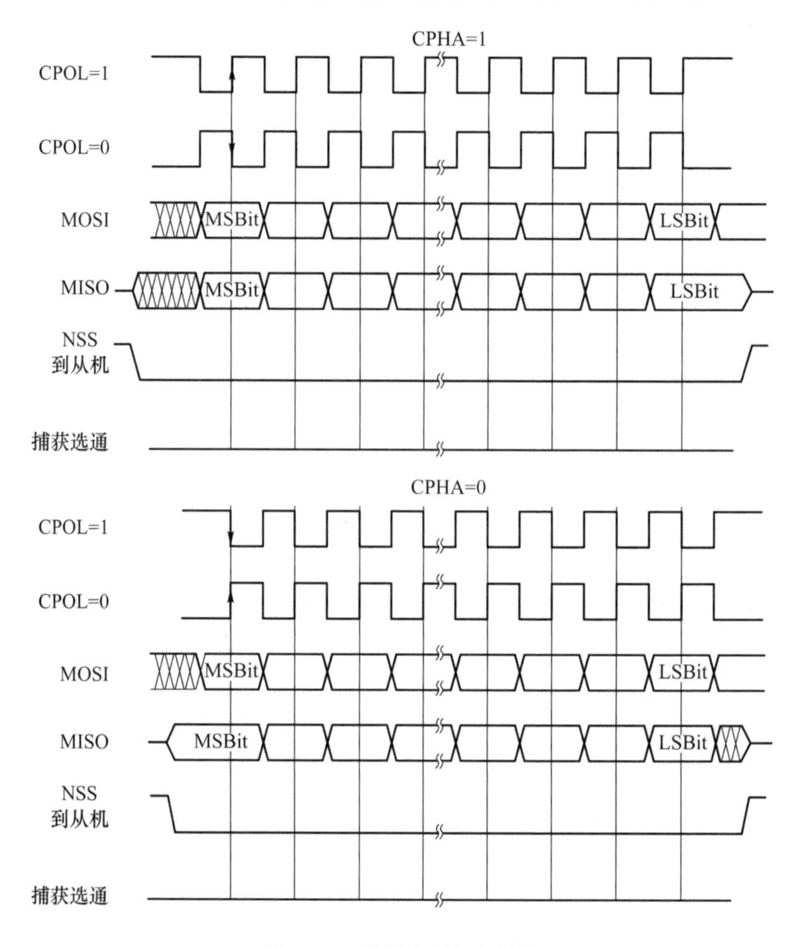

图 9-2 数据/时钟时序图

这里对空闲电平为高电平,上升沿取数情况进行分析。已知空闲电平为高电平,接收方在时钟的上升沿取数,求 CPOL、CPHA 的值。首先,空闲电平为高电平,按照时钟极性定义,则 CPOL=1。由于接收方是在上升沿取数,要产生上升沿,时钟信号需要从初始的高变低,再过半个周期才能产生上升沿；为了保证取数稳定，要求发送方在接收方取数的半个周期之前数据上线，因此时钟信号 SCK 的第一个边沿（下降沿）出现在第一位数据传输周期的开始位置。这种情况，记为 CPHA=1。由图 9-2 也可以看出，这种情况对应接收方在时钟的第二个边沿（上升沿），从线上取数。因此，空闲电平为高电平，上升沿取数，对应的 CPOL、CPHA 取值为：CPOL=1，CPHA=1。

同理可分析出：

- 空闲电平为低电平，下降沿取数，对应的 CPOL、CPHA 取值为：CPOL=0，CPHA=1；
- 空闲电平为高电平，下降沿取数，对应的 CPOL、CPHA 取值为：CPOL=1，CPHA=0；
- 空闲电平为低电平，上升沿取数，对应的 CPOL、CPHA 取值为：CPOL=0，CPHA=0。

由图 9-2 可以看出，CPHA=0，表示时钟信号 SCK 的第一个边沿出现在第一位数据传输周期的中间位置，表示发送方至少要把数据提早半个时钟周期前上线，这样，时钟信号 SCK 的第一个边沿一旦出现，接收方就从线上取数才是稳定的。

9.1.2　基于构件的 SPI 通信编程方法

1. CH32V307VCT6 芯片的 SPI 对外引脚

CH32V307VCT6 芯片内部具有三个 SPI 模块，分别是 SPI1、SPI2 和 SPI3。表 9-1 给出了 SPI 模块使用的引脚，编程时，可以使用宏定义确定。

表 9-1　SPI 实际使用的引脚

GEC 引脚号	MCU 引脚名	第一功能	第二功能
74	PTA4	SPI1_NSS	SPI3_NSS
77	PTA5	SPI1_SCK	
78	PTA6	SPI1_MISO	
79	PTA7	SPI1_MOSI	
4	PTB12	SPI2_NSS	
5	PTB13	SPI2_SCK	
6	PTB14	SPI2_MISO	
7	PTB15	SPI2_MOSI	
28	PTA15	SPI3_NSS	SPI1_NSS
57	PTC10		SPI3_SCK
56	PTC11		SPI3_MISO
28	PTC12		SPI3_MOSI

2. SPI 构件头文件

本书给出的 SPI 构件 SPI_1 使用 PTA5，PTA6，PTA7，PTA4 分别作为 SPI 的 SCK，MISO，MOSI，NSS 引脚，SPI_2 使用 PTB13，PTB14，PTB15，PTB12 分别作为 SPI 的 SCK，MISO，MOSI，NSS 引脚。

```
//=====================================================================
//文件名称:spi.h
//功能概要:SPI底层驱动构件源文件
//制作单位:苏州大学嵌入式系统与物联网研究所(sumcu.suda.edu.cn)
//版    本:2021-11-3  V1.0
//适用芯片:CH32V103,CH32V307
//=====================================================================
#ifndef  SPI_H           //防止重复定义(开头)
#define  SPI_H

#include "string.h"

#define SPI_1  0         //PTA4,PTA5,PTA6,PTA7 = SPI的NSS,SCK,MISO,MOSI
#define SPI_2  1         //PTB12,PTB13,PTB14,PTB15 = SPI的NSS,SCK,MISO,MOSI
#define SPI_3  2         //暂时保留

#define SPI_MASTER  1
#define SPI_SLAVE  0
……

//=====================================================================
//函数名称:spi_init
//功能说明:SPI初始化
//函数参数:No:模块号,可用参数参见gec.h文件
//         MSTR:SPI主从机选择,0选择为从机,1选择为主机
//         BaudRate:波特率,可取9000000,4500000,2250000,1125000,
//                  562500,281250,140625,单位:bps
//         CPOL:为0,平时时钟为低电平;为1,平时时钟为高电平
//         CPHA:CPHA = 0,相位为0; CPHA = 1,相位为1
//函数返回:无
//=====================================================================
void  spi_init(uint8_t No,uint8_t MSTR,uint32_t BaudRate,uint8_t CPOL,uint8_t CPHA);

//=====================================================================
//函数名称:spi_send1
//功能说明:SPI发送一字节数据
//函数参数:No:模块号;
//         data:需要发送的一字节数据
//函数返回:0表示发送失败;1表示发送成功
//=====================================================================
uint8_t  spi_send1(uint8_t No,uint8_t data);

//=====================================================================
//函数名称:spi_sendN
```

```
//功能说明:SPI 发送数据
//函数参数:No:模块号;
//          n:要发送的字节个数,范围为 1～255;
//          data[]:所发数组的首地址
//函数返回:无
//==========================================================================
uint8_t  spi_sendN(uint8_t No,uint8_t n,uint8_t data[]);

//==========================================================================
//函数名称:spi_receive1
//功能说明:SPI 接收一个字节的数据
//函数参数:No 为模块号
//函数返回:接收到的数据
//==========================================================================
uint8_t  spi_receive1(uint8_t No);

//==========================================================================
//函数名称:spi_receiveN
//功能说明:SPI 接收数据。当 n=1 时,表示接收一个字节的数据
//函数参数:No:模块号;
//          n:要发送的字节个数,范围为 1～255;
//          data[]:接收到的数据存放的首地址
//函数返回:1 表示接收成功,其他情况表示失败
//==========================================================================
uint8_t  spi_receiveN(uint8_t No,uint8_t n,uint8_t data[]);

//==========================================================================
//函数名称:spi_enable_re_int
//功能说明:打开 SPI 接收中断
//函数参数:No 为模块号
//函数返回:无
//==========================================================================
void  spi_enable_re_int(uint8_t No);

//==========================================================================
//函数名称:spi_disable_re_int
//功能说明:关闭 SPI 接收中断
//函数参数:No 为模块号
//函数返回:无
//==========================================================================
void  spi_disable_re_int(uint8_t No);

#endif    //防止重复定义(结尾)
```

3. 基于构件的 SPI 编程方法

下面以 CH32V307 中同一个芯片的 SPI_1 和 SPI_2 之间的通信为例，介绍 SPI 构件的使用方法。由于是单主-单从系统，从机选择引脚 NSS 无需连接，只需主机/从机的 SCK、MISO、MOSI 连接，即将板子上的 PTA5、PTA6、PTA7 引脚分别与 PTB13、PTB14、PTB15 引脚进行连接。

① 在主函数 main 中，初始化 SPI 模块，具体的参数包括 SPI 所用的模块号、主从机模式、波特率、时钟极性和时钟相位。这里将 SPI_1 初始化为主机，SPI_2 初始化为从机。

```
//SPI1 为主机,波特率为 112500,时钟极性和相位都为 0
spi_init(SPI_1,SPI_MASTER,112500,0,0);
//SPI2 为从机,波特率为 112500,时钟极性和相位都为 0
spi_init(SPI_2,SPI_SLAVE,112500,0,0);
```

② 开启 SPI_2 的接收中断。因为 SPI_2 被初始化为从机，所以需要开启 SPI_2 的接收中断，用于接收从主机发送来的数据。

```
spi_enable_re_int(SPI_2);              //使能从机 SPI_2 的接收中断
```

③ 在主循环中，通过 spi_sendN 函数，把 11 字节数据通过主机发送出去。

```
uint8_t send_data[11] = {'S','P','I','-','T','e','s','t','! ','\r','\n'}; //初始化发送数据
spi_sendN(SPI_1,11,send_data);                                  //通过主机发送 11 字节数据
```

其中，send_data 为要发送的字节数组，初始化为字符'S','P','I','—','T','e','s','t','! ','\r','\n'。

④ 在中断函数服务例程中，通过 SPI_2 接收中断服务例程，接收主机发送过来的字节数据，并通过串口 1 转发到 PC 机。

```
uint8_t ch;
ch = spi_receive1(SPI_2);              //接收主机发送过来的一个字节数据
uart_send1(UART_1,ch);                 //通过 User 串口转发数据到 PC 机
```

为使读者直观地了解 SPI 模块之间传输数据的过程，SPI 构件测试实例将 SPI_1 和 SPI_2 模块之间传输的数据通过用户串口 UART_User 输出显示。测试工程见电子资源“..\04-Software\CH09\SPI-CH32V307”，硬件连接见工程文档。测试工程功能如下：

① 使用 User 串口通信，波特率为 112 500，无校验；

② 初始化 SPI_1 和 SPI_2，SPI_1 模块作为主机，SPI_2 模块作为从机，同时使能 SPI_2 的接收中断；

③ 主机 SPI_1 向从机 SPI_2 发送数据，SPI_2 在接收中断中将接收到的数据通过 User 串口发送到 PC 机；

④ 在 PC 机打开串口工具，观察 User 串口输出 SPI-Test！字符。

关于 SPI 构件的制作过程，参见电子资源中 02-Document 文件夹中的补充阅读材料。

9.2 集成电路互联总线 I2C 模块

9.2.1 I2C 的通用基础知识

I2C(Inter-Integrated Circuit),可翻译为“集成电路互联总线”,有的文献缩写为 I^2C、IIC,本书一律使用 I2C。其主要用于同一电路板内各集成电路模块(Inter-Integrated,IC)之间的连接。I2C 采用双向二线制串行数据传输方式,支持所有 IC 制造工艺,简化 IC 间的通信连接。I2C 是 Philips 公司于 20 世纪 80 年代初提出的,其后 Philips 和其他厂商提供了种类丰富的 I2C 兼容芯片。目前 I2C 总线标准已经成为世界性的工业标准。

1. I2C 总线的历史概况与特点

1992 年 PHILIPS 首次发布 I2C 总线规范 Version 1.0,1998 年发布 I2C 总线规范 Version 2.0,标准模式传输速率为 100 kb/s,快速模式传输速率为 400 kb/s,I2C 总线也由 7 位寻址发展到 10 位寻址。2001 年发布了 I2C 总线规范 Version 2.1,传输速率可达 3.4 Mb/s。I2C 总线始终和先进技术保持同步,但仍然保持向下兼容。

在硬件结构上,I2C 总线采用数据线和时钟线两根线来完成数据的传输及外围器件的扩展,数据和时钟都是开漏的,通过一个上拉电阻接到正电源,因此在不需要的时候仍保持高电平。任何具有 I2C 总线接口的外围器件,不论其功能差别有多大,都具有相同的电气接口,都可以挂接在总线上,甚至可在总线工作状态下撤除或挂上,使其连接方式变得十分简单。因为对各器件的寻址是软寻址方式,因此节点上没有必需的片选线,器件地址给定完全取决于器件类型与单元结构,这也简化了 I2C 系统的硬件连接。另外 I2C 总线能在总线竞争过程中进行总线控制权的仲裁和时钟同步,不会造成数据丢失,因此由 I2C 总线连接的多机系统可以是一个多主机系统。

I2C 主要有 4 个特点:

① 在硬件上,二线制的 I2C 串行总线使得各 IC 只需最简单的连接,而且总线接口都集成在 IC 中,无需另加总线接口电路。电路的简化省去了电路板上的大量走线,减小了电路板的面积,提高了可靠性,降低了成本。在 I2C 总线上,各 IC 除了个别中断引线外,相互之间没有其他连线,用户常用的 IC 基本上与系统电路无关,故极易形成用户自己的标准化、模块化设计。

② I2C 总线还支持多主控(multi-mastering),如果两个或更多主机同时初始化数据传输,可以通过冲突检测和仲裁防止数据被破坏。其中任何能够进行发送和接收的设备都可以称为主机。一个主机能够控制信号的传输和时钟频率。当然在任何时间点上只能有一个主机。

③ 串行的 8 位双向数据传输位速率在标准模式下可达 100 kb/s,在快速模式下可达 400 kb/s,在高速模式下可达 3.4 Mb/s。

④ 连接到相同总线的 IC 数量只受到总线最大电容(400 pF)的限制。但如果在总线中加上 82B715 总线远程驱动器,那么总线电容限制就可以扩展 10 倍,传输距离可增加到 15 m。

2. I2C 总线硬件相关术语与典型硬件电路

在理解 I2C 总线过程中涉及到以下术语：

① **主机(主控器)**:在 I2C 总线中，提供时钟信号，对总线时序进行控制的器件。主机负责总线上各个设备信息的传输控制，检测并协调数据的发送和接收。主机对整个数据传输具有绝对的控制权，其他设备只对主机发送的控制信息做出响应。如果在 I2C 系统中只有一个 MCU，那么通常由 MCU 担任主机。

② **从机(被控器)**:在 I2C 系统中，除主机外的其他设备均为从机。主机通过从机地址访问从机，对应的从机做出响应，与主机通信。从机之间无法通信，任何数据传输都必须通过主机进行。

③ **地址**:每个 I2C 器件都有自己的地址，以供自身在从机模式下使用。在标准的 I2C 中，从机地址被定义成 7 位(扩展 I2C 允许 10 位地址)。地址 0000000 一般用于发出总线广播。

④ **发送器与接收器**:发送数据到总线的器件被称为发送器，从总线接收数据的器件被称为接收器。

⑤ **SDA 与 SCL**:串行数据线 SDA(Serial DATA)，串行时钟线 SCL(Serial CLock)。

I2C 的典型连接电路如图 9-3 所示，这是一个 MCU 作为主机，通过 I2C 总线带 3 个从机的单主机 I2C 总线硬件系统。这是最常用、最典型的 I2C 总线连接方式。注意连接时需要共地。

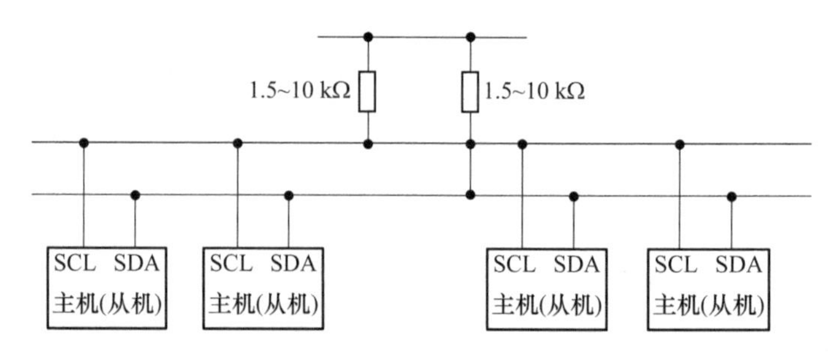

图 9-3 I2C 的典型连接

在物理结构上，I2C 系统由一条串行数据线 SDA 和一条串行时钟线 SCL 组成。SDA 和 SCL 引脚都是漏极开路输出结构，因此在实际使用时，SDA 和 SCL 信号线都必须加上拉电阻 Rp(Pull-Up Resistor)。上拉电阻一般取值 1.5～10 kΩ，接 3.3 V 电源即可与 3.3 V 逻辑器件接口。主机按一定的通信协议向从机寻址并进行信息传输。在数据传输时，由主机初始化一次数据传输，主机使数据在 SDA 线上传输的同时还通过 SCL 线传输时钟。信息传输的对象和方向以及信息传输的开始和终止均由主机决定。

每个器件都有唯一的地址，且可以是单接收的器件(例如 LCD 驱动器)，或者是可以接收也可以发送的器件(例如存储器)。发送器或接收器可在主机或从机模式下操作。

3. I2C 总线数据通信协议概要

(1) I2C 总线上数据的有效性

I2C 总线以串行方式传输数据，从数据字节的最高位开始传送，每个数据位在 SCL 上都有一个时钟脉冲相对应。在一个时钟周期内，当时钟信号为高电平时，数据线上必须保持稳定的逻辑电平状态，高电平为数据 1，低电平为数据 0。当时钟信号为低电平时，才允许数据线上的电平状态变化，如图 9－4 所示。

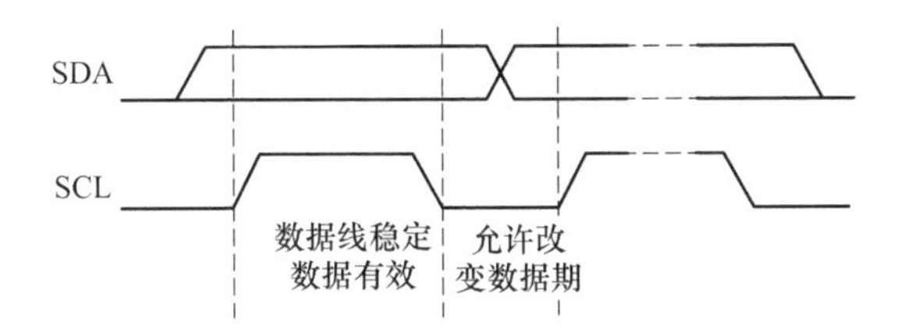

图 9－4　I2C 总线上数据的有效性

(2) I2C 总线上的信号类型

I2C 总线在传送数据过程中共有 4 种类型信号，分别是开始信号、停止信号、重新开始信号和应答信号，如图 9－5 所示。

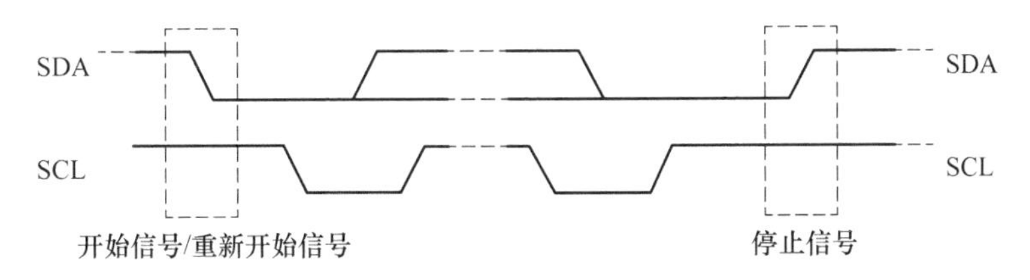

图 9－5　开始信号/重新开始信号和停止信号

开始信号(START)：当 SCL 为高电平时，SDA 由高电平向低电平跳变，产生开始信号。当总线空闲(START)(例如没有主机在使用总线，即 SDA 和 SCL 都处于高电平)时，主机通过发送开始信号建立通信。

停止信号(STOP)：当 SCL 为高电平时，SDA 由低电平向高电平跳变，产生停止信号。主机通过发送停止信号，结束时钟信号和数据通信。SDA 和 SCL 都将被复位为高电平状态。

重新开始信号(Repeated START)：在 I2C 总线上，主机可以在调用一个没有产生 STOP 信号的命令后，产生一个开始信号。主机通过使用一个重新开始信号来和另一个从机通信或者同一个从机的不同模式通信。由主机发送一个开始信号启动一次通信后，在首次发送停止信号之前，主机通过发送重新开始信号，可以转换与当前从机的通信模式，或是切换到与另一个从机通信。当 SCL 为高电平时，SDA 由高电平向低电平跳变，产生重新开始信号，它的本质就是一个开始信号。

应答信号(A)：接收数据的 IC 在接收到 8 位数据后，向发送数据的主机 IC 发出特定的低电平脉冲。每一个数据字节后面都要跟一位应答信号，表示已收到数据。应答信号是在发送了 8 个数据位后，第 9 个时钟周期出现，这时发送器必须在这一时钟位上释放数据线，由接收设备拉低 SDA 电平来产生应答信号，或者由接收设备保持 SDA 的高电平来产生非应答信号，如图 9－6 所示。因此，一个完整的字节数据传输需要 9 个时钟脉冲。如果从机作为接收方向主机发送非应答信号，则主机方就认为此次数据传输失败；如果是主机作为接收方，在从机发送器发送完一个字节数据后，发送了非应答信号，则表示数据传输结束，并释放 SDA 线。不论是以上哪种情况，都会终止数据传输，这时主机或者产生停止信号释放总线，或者产生重新开始信号，开始一次新的通信。

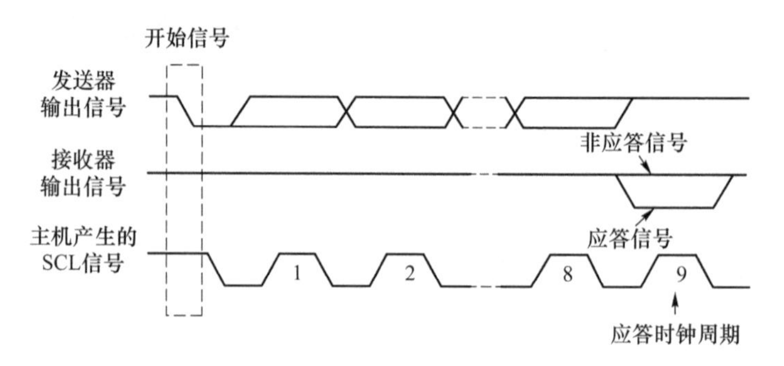

图 9－6　I2C 总线的应答信号

开始信号/重新开始信号和停止信号都是由主控制器产生的，应答信号由接收器产生，总线上带有 I2C 总线接口的器件很容易检测到这些信号。但是对于不具备这些硬件接口的 MCU 来说，为了能准确地检测到这些信号，必须保证在 I2C 总线的一个时钟周期内对数据线至少进行两次采样。

(3) I2C 总线上数据传输格式

一般情况下，一个标准的 I2C 通信由 4 部分组成：开始信号、从机地址传输、数据传输和结束信号，如图 9－7 所示。由主机发送一个开始信号，启动一次 I2C 通信，主机对从机寻址，然后在总线上传输数据。I2C 总线上传送的每一个字节均为 8 位，首先发送的数据位为最高位，每传送一个字节后都必须跟随一个应答位，每次通信的数据字节数是没有限制的；在全部数据传送结束后，由主机发送停止信号，结束通信。

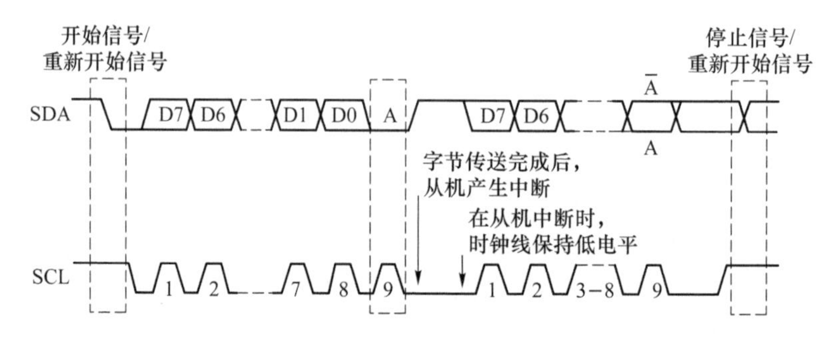

图 9－7　I2C 总线的数据传输格式

时钟线为低电平时，数据传送将停止进行。这种情况可以用于当接收器接收到一个字节数据后要进行一些其他工作而无法立即接收下个数据时，迫使总线进入等待状态，直到接收器准备好接收新数据时，接收器再释放时钟线，使数据传送得以继续正常进行。例如，当接收器接收完主控制器的一个字节数据后，产生中断信号并进行中断处理，中断处理完毕才能接收下一个字节数据，这时，接收器在中断处理时将 SCL 设为低电平，直到中断处理完毕才释放 SCL。

4. I2C 总线寻址约定

I2C 总线上的器件一般有两个地址：受控地址和通用广播地址。每个器件都有唯一的受控地址用于定点通信，而相同的通用广播地址则用于主控方向时对所有器件进行访问。为了消除 I2C 总线系统中主控器与被控器的地址选择线，最大限度地简化总线连接线，I2C 总线采用了独特的寻址约定，规定了开始信号后的第一个字节为寻址字节，用来寻址被控器件，并规定数据传送方向。

在 I2C 总线系统中，寻址字节由被控器的 7 位地址位(D7～D1 位)和 1 位方向位(D0 位)组成。方向位为 0 时，表示主控器将数据写入被控器；方向位为 1 时，表示主控器从被控器读取数据。主控器发送起始信号后，立即发送寻址字节，这时总线上的所有器件都将寻址字节中的 7 位地址与自己器件地址比较。如果两者相同，则该器件认为被主控器寻址，并发送应答信号，被控器根据数据方向位(R/W)确定自身是作为发送器还是接收器。

MCU 类型的外围器件作为被控器时，其 7 位从机地址在 I2C 总线地址寄存器中设定。而非 MCU 类型的外围器件地址完全由器件类型与引脚电平给定。I2C 总线系统中，没有两个从机的地址是相同的。

通用广播地址是用来寻址连接到 I2C 总线上的每个器件，通常在多个 MCU 之间用 I2C 进行通信时使用，可用来同时寻址所有连接到 I2C 总线上的设备。如果一个设备在广播地址时不需要数据，它可以不产生应答来忽略。如果一个设备从通用广播地址请求数据，它可以应答并当作一个从接收器。当一个或多个设备响应时，主机并不知道有多少个设备应答了。每一个可以处理这个数据的从接收器都可以响应第二个字节。从机不处理这些字节的话，可以响应非应答信号。如果一个或多个从机响应，主机就无法看到非应答信号。通用广播地址的含义一般在第二个字节中指明。

5. 主机向从机读/写 1 个字节数据的过程

(1) 主机向从机写 1 个字节数据的过程

当主机要向从机写 1 个字节数据时，主机首先产生 START 信号，然后紧跟着发送一个从机地址(7 位)，查询相应的从机；紧接着的第 8 位是数据方向位(R/W)，0 表示主机发送数据(写)，这时候主机等待从机的应答信号(ACK)。当主机收到应答信号时，发送给从机一个位置参数，告诉从机，主机的数据在从机接收数组中存放的位置，然后继续等待从机的应答信号；当主机收到应答信号时，发送 1 个字节的数据，继续等待从机的应答信号，当主机收到应答信号时，产生停止信号，结束传送过程。图 9-8 所示为主机向从机写数据。

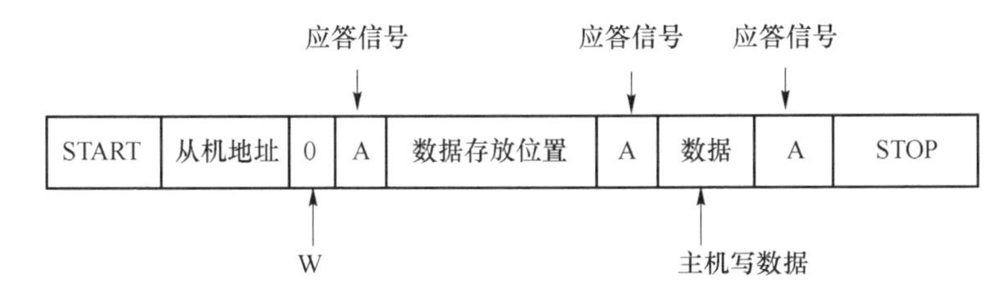

图 9-8　主机向从机写数据

(2) 主机从从机读 1 个字节数据的过程

当主机要从从机读 1 个字节数据时，主机首先产生 START 信号，然后紧跟着发送一个从机地址，查询相应的从机。注意，此时该地址的第 8 位为 0，表明是向从机写命令，这时候主机等待从机的应答信号(ACK)。当主机收到应答信号时,发送给从机一个位置参数,告诉从机,主机的数据在从机接收数组中存放的位置,继续等待从机的应答信号;当主机收到应答信号后,主机要改变通信模式(主机将由发送变为接收,从机将由接收变为发送),所以主机发送重新开始信号,然后紧跟着发送一个从机地址。注意,此时该地址的第 8 位为 1,表明将主机设置成接收模式开始读取数据,这时主机等待从机的应答信号。当主机收到应答信号时,就可以接收 1 个字节的数据;当接收完成后,主机发送非应答信号,表示不再接收数据,主机进而产生停止信号,结束传送过程。图 9-9 所示为主机从从机读数据。

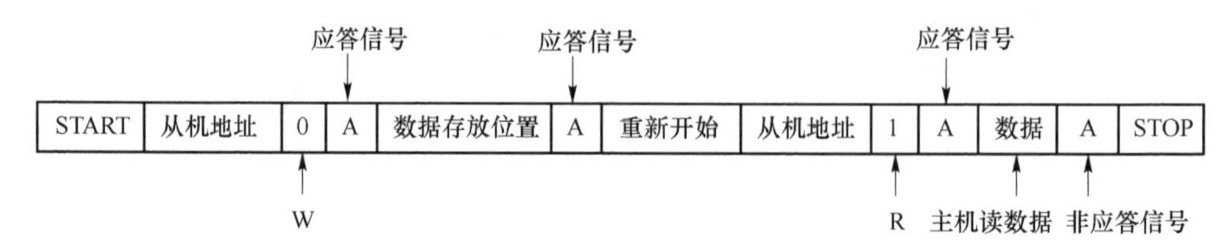

图 9-9　主机从从机读数据

9.2.2　基于构件的 I2C 通信编程方法

1. CH32V307 芯片的 I2C 对外引脚

100 引脚的 CH32V307 芯片共有 2 组 6 个引脚可以配置为 I2C 引脚,具体的引脚及引脚复用功能见表 9-2。

表 9-2　I2C 模块实际使用的引脚

GEC 引脚号	MCU 引脚名	第一功能	第二功能
39	PTB6	I2C1_SCL	
38	PTB7	I2C1_SDA	
40	PTB8		I2C1_SCL
41	PTB9		I2C1_SDA
82	PTB10	I2C2_SCL	
81	PTB11	I2C2_SDA	

2. I2C 构件头文件

本书给出的 I2C 构件 I2C1 使用 PTB8 和 PTA9 分别作为 I2C 的 SCL 和 SDA 引脚;I2C2 使用 PTB10 和 PTB11 分别作为 I2C 的 SCL 和 SDA 引脚。

```
//==============================================================
//文件名称:i2c.h
//功能概要:I2C 底层驱动构件头文件
//制作单位:苏州大学嵌入式系统与物联网研究所(sumcu.suda.edu.cn)
//版　　本:2021-11-10　V1.0
//适用芯片:CH32V307
```

```
//==========================================================================

#ifndef MCU_DRIVERS_I2C_H_
#define MCU_DRIVERS_I2C_H_
#include "mcu.h"
#include "printf.h"

typedef enum
{
    I2C_OK = 0,
    I2C_ERROR,
}I2C_STATUS;

/*清 CTLR1 寄存器使用*/
#define CTLR1_CLEAR_Mask  ((uint16_t)0xFBF5)

/*清状态寄存器使用*/
#define FLAG_Mask  ((uint32_t)0x00FFFFFF)

/* I2C模式 */
#define I2C_Mode_I2C  ((uint16_t)0x0000)

/* I2C快速模式下占空比 */
#define I2C_DutyCycle_16_9  ((uint16_t)0x4000)       /*低/高 = 16/9 */
#define I2C_DutyCycle_2  ((uint16_t)0xBFFF)          /*低/高 = 2 */

/* I2C应答标志 */
#define I2C_Ack_Enable  ((uint16_t)0x0400)
#define I2C_Ack_Disable  ((uint16_t)0x0000)

/* I2C传输方向 */
#define  I2C_Direction_Transmitter  ((uint8_t)0x00)
#define  I2C_Direction_Receiver  ((uint8_t)0x01)

/* I2C地址模式 */
#define I2C_AcknowledgedAddress_7bit  ((uint16_t)0x4000)

//STAR2 寄存器标志位
#define I2C_FLAG_BUSY  ((uint32_t)0x00020000)

//STAR1 寄存器标志位
#define I2C_FLAG_TXE  ((uint32_t)0x10000080)
#define I2C_FLAG_RXNE  ((uint32_t)0x10000040)
```

```
......
//=================================================================
//函数名称:i2c_init
//函数功能:初始化
//函数参数:I2C_No:I2C 号;mode:模式;slaveAddress:从机地址;frequence:频率
//函数说明:slaveAddress 地址范围为 0~127;frequence:时钟频率,须设置为低于 400 kHz
//=================================================================
void i2c_init(uint8_t I2C_No,uint8_t mode,uint8_t address,uint32_t frequence);

//=================================================================
//函数名称:i2c_master_send
//函数功能:主机数据向从机写入数据
//函数参数:I2C_No:I2C 号;slaveAddress:从机地址;num:字节数;data:待写入数据首址
//函数说明:slaveAddress 地址范围为 0~127;num 范围为 1~255
//=================================================================
uint8_t i2c_master_send(uint8_t I2C_No,uint8_t slaveAddress,uint8_t num,uint8_t *data);

//=================================================================
//函数名称:i2c_master_receive
//函数功能:主机数据向从机读取数据
//函数参数:I2C_No:I2C 号;slaveAddress:从机地址;num:字节数;data:待写入数据首址
//函数说明:slaveAddress 地址范围为 0~127;num 范围为 1~255
//=================================================================
uint8_t i2c_master_receive(uint8_t I2C_No,uint8_t slaveAddress,uint8_t num,uint8_t *data);

//=================================================================
//函数名称:i2c_slave_send
//函数功能:从机向主机发送数据
//函数参数:I2C_No:I2C 号;num:写入数据字节数;data:数据存储区
//函数说明:slaveAddress 地址范围为 0~127;num 范围为 1~255
//=================================================================
uint8_t i2c_slave_send(uint8_t I2C_No,uint8_t num,uint8_t *data);

//=================================================================
//函数名称:i2c_slave_receive
//函数功能:从机接收主机发送的数据
//函数参数:I2C_No:I2C 号;num:写入数据字节数;data:数据存储区
//函数说明:slaveAddress 地址范围为 0~127;num 范围为 1~255
//=================================================================
uint8_t i2c_slave_receive(uint8_t I2C_No,uint8_t num,uint8_t *data);

//=================================================================
//函数名称:i2c_enableInterput
//函数功能:开启事件中断
```

```
//函数参数:I2C_No:I2C 号
//函数说明:无
//=================================================================
void i2c_enableInterput(uint8_t I2C_No);

//=================================================================
//函数名称:i2c_disableInterput
//函数功能:禁止事件中断
//函数参数:I2C_No:I2C 号
//函数说明:无
//=================================================================
void i2c_disableInterput(uint8_t I2C_No);

#endif          /* MCU_DRIVERS_I2C_H_ */
```

3. 基于构件的 I2C 编程方法

在 I2C 驱动的头文件(i2c.h)中包含的内容有:初始化 I2C 模块(i2c_init)、主机向从机发送数据(i2c_master_send),主机接收从机数据(i2c_master_receive),从机向主机发送数据(i2c_slave_send),从机接收主机数据(i2c_slave_receive),使能 I2C 中断(i2c_enableInterput),关闭 I2C 中断(i2c_disableInterput)。

下面介绍构件的使用方法,举例如下:

(1) 主　机

在主函数 main 中,初始化 I2C 模块。第一个参数为 I2C 的模块号,第二个参数为主机或从机,第三个参数为从机地址,第四个参数为频率。

```
i2c_init(I2CA,1,0x74,100);                    //主机初始化,第四个参数为时钟频率,单位为 Hz
```

声明一个数组用于储存向从机发送的数据,并赋值。

```
uint8_t TxData[Size] = "This is I2C1";                   //主机存放数据
```

在主循环中,小灯每闪烁一次,主机向从机发送一个字节数据。

```
//依次向从机写入 Txdata 中数据,0x73 为从机地址,1 为写入数据字节数
i2c_master_send(I2CA,RXAdderss,1,&TxData[sendI]);        //主机发送数据
```

(2) 从　机

在主函数 main 中,初始化 I2C 模块。第一个参数为 I2C 的模块号,第二个参数为主机或从机,第三个参数为模块初始化地址,第四个参数为时钟频率。

```
i2c_init(I2CB,0,0x73,100);                               //从机初始化
```

声明一个变量来接收主机发送过来的数据。

```
uint8_t data1;                                   //从机存放数据
```

在中断中,从机接收主机发送过来的数据,并且打印出来。

```
recvFlag = i2c_slave_receive(I2CB,1,&data1);      //从机接收 1 个数据
```

为使读者直观地了解 I2C 模块之间传输数据的过程,I2C 构件测试实例使用串口将 I2C0 和 I2C1 模块之间传输的数据显示在 PC 机上。测试工程位于网上电子资源的“..\CH32V307 基础构件-User-I2C-CH32V307-20211110”文件夹中,硬件连接见工程文档。测试工程功能如下:

① 使用 User 串口与外界通信,波特率为 115 200,1 位停止位,无校验。

② 初始化 I2CA 和 I2CB,I2CA 模块作为主机,I2CB 模块作为从机。

③ 将 I2CB 接收到的数据通过 User 串口发送到 PC 机。

④ 在 main.c 的主循环中 I2CA 向 I2CB 发送字符串“This is I2C1”,I2CB 通过串口将接收的数据发送到 PC 机进行打印。

关于 I2C 构件的制作过程,参见电子资源“02-Document”文件夹中的补充阅读材料。

9.3 触摸感应控制器 TSC 模块

9.3.1 TSC 的基本原理

TSC(Touch Sensing Controller)的硬件通道通过“触摸”和“非触摸”的方式感知电容的变化。当其用作电容式触摸按键时,相较于传统机械按键,电容式触摸按键具有使用寿命长、不易磨损、时尚美观、成本低等突出优点。因此,TSC 可用于人体接近感应的人机交互设备中,如触摸键盘、触摸显示屏等,可避免对设备的直接操作,降低设备损坏率,减少维护成本。

CH32V307 片上集成触摸感应控制器,该控制器主要由一个恒流源、放电电路、ADC 和外部引脚组成,结构如图 9-10 所示。

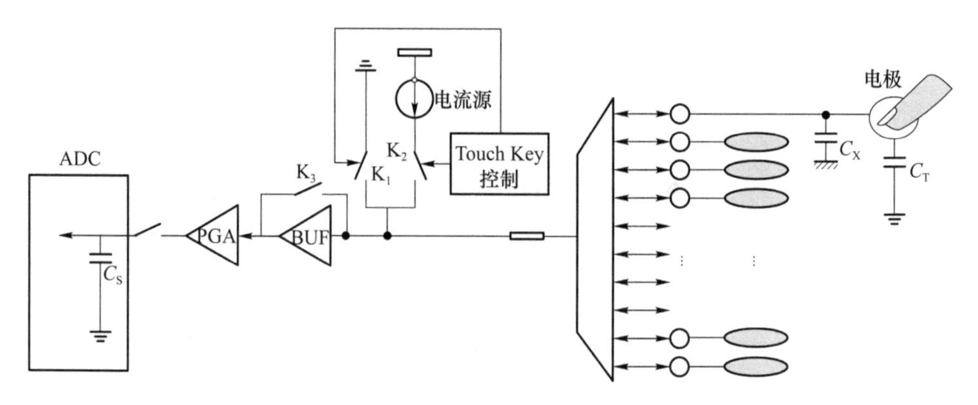

图 9-10 TSC 结构图

1. 图 9－10 中符号解释

图 9－10 中，C_X 是电极的寄生电容，C_T 为手指触摸电极（金属片）产生的电容，这两个电容称为引脚外部电容。图中有个电流源，当 K_2 闭合时，对引脚外部电容充电，其充电时间编程可控。K_1 为放电开关，K_2 为充电开关，K_3 是 ADC 模块的 BUF 使能开关。C_S 是内部逐次比较型 ADC 模块的采样保持电容，TouchKey 为充电寄存器。

2. 基本原理

该触摸模块的原理就是电流源充电，与万用表测电容原理相同。完成一次完整测量所需步骤如下：

① 打开 K_1 对引脚电容（C_X 或 C_X+C_T）按预设时间进行放电；

② 关闭 K_1 后，打开 K_2 对引脚电容按预设时间进行充电；

③ 充电结束后，启动 ADC 对引脚上的电压进行测量；

④ 测量结束，把所测数据放入 TouchKey 数据寄存器以待读取。

当触摸产生时，C_T 由小变大，可以反映到随后的 ADC 采样值的变化上来，表示触摸情况。

3. 有关技术问题的进一步说明

为了更加准确测量，需要注意以下几点：

① 合理设置充电时间。调整充电时间，使得在无人手触摸情况下多次测量平均值在 3 000～3 500 之间为佳，这是为了使得同样的电容变化量测得电压变化值尽可能大；

② 真实充电时间是由 ADC 时钟、TouchKey 充电寄存器和充电时间偏移量寄存器设置值共同决定的；

③ ADC 的 PGA 增益建议配置为 1 倍增益；

④ ADC 的 BUF 使能必须打开，以消除 ADC 内部采样保持电容对采样电压的影响。

9.3.2　基于构件的 TSC 编程方法

1. CH32V307 芯片的 TSC 对外引脚

具体的 TSC 模块引脚及引脚复用功能如表 9－3 所列。

表 9－3　TSC 模块实际使用的引脚

GEC 引脚号	MCU 引脚名	第一功能	GEC 引脚号	MCU 引脚名	第一功能
70	PTA0	ADC_IN0	84	PTB0	ADC_IN8
71	PTA1	ADC_IN1	85	PTB1	ADC_IN9
72	PTA2	ADC_IN2	66	PTC0	ADC_IN10
73	PTA3	ADC_IN3	67	PTC1	ADC_IN11
74	PTA4	ADC_IN4	68	PTC2	ADC_IN12
77	PTA5	ADC_IN5	69	PTC3	ADC_IN13
78	PTA6	ADC_IN6	80	PTC4	ADC_IN14
79	PTA7	ADC_IN7	83	PTC5	ADC_IN15

2. TSC 构件头文件

```
//=====================================================================
//文件名称:tsc.h
//功能概要:TSC 底层驱动程序头文件
//版权所有:苏州大学嵌入式系统与物联网研究所(sumcu.suda.edu.cn)
//版本更新:2022-01-06  V2.0
//=====================================================================
#ifndef TSC_H                //防止重复定义( 开头)
#define TSC_H
……
//TSC 可选择通道
#define TSC_Channel_0  (0)
#define TSC_Channel_1  (1)
……
//================================================================
//函数名称:tsc_init
//功能概要:初始化 TSC 模块
//参数说明:chnlIDs 为 TSC 模块所使用的通道号,可用参数参见 gec.h 文件
//函数返回:无
//================================================================
void  tsc_init(uint8_t chnlID);

//================================================================
//函数名称:tsc_get_value
//功能概要:获取 TSC 通道的计数值
//参数说明:无
//函数返回:获取 TSC 通道的计数值
//================================================================
uint16_t  tsc_get_value();

//================================================================
//函数名称:tsc_enable_re_int
//功能概要:开 TSC 中断,开中断控制器 IRQ 中断
//参数说明:无
//函数返回:无
//================================================================
void  tsc_enable_re_int(void);

//================================================================
//函数名称:tsc_disable_re_int
//参数说明:无
//函数返回:无
//功能概要:关 TSC 中断,关中断控制器 IRQ 中断
```

```
//==============================================================
void  tsc_disable_re_int(void);

//==============================================================
//函数名称:tsc_clear_int
//功能概要:清除 TSC 中断标志
//参数说明:无
//函数返回:无
//==============================================================
void  tsc_clear_int(void);

//==============================================================
//函数名称:tsc_get_int
//功能概要:获取 TSC 中断标志
//参数说明:无
//函数返回:1 表示有中断产生,0 表示没有中断产生
//==============================================================
uint8_t  tsc_get_int();

#endif                //防止重复定义(结尾)
```

3. 基于构件的 TSC 编程方法

CH32V307 芯片 TSC 功能复用了 ADC 模块的通道选择及部分寄存器地址,只要将 ADC 模块开启 TSC 功能即可。本书中 TSC 功能复用了 ADC1 模块通道,这里的通道 2 对应的是 TSC_Channel_2(PTA2),对应开发板上的 72 号孔;通道 4 对应的是 TSC_Channel_4(PTA4),对应开发板上的 74 号孔。这里,构件的头文件(tsc.h)中包含的内容有:初始化 TSC 模块(tsc_init)、获取 TSC 值(tsc_get_value)、开启 TSC 中断(tsc_enable_re_int)、关闭 TSC 中断(tsc_disable_re_int)、获取中断标志位(tsc_get_int)和清中断标志位(tsc_clear_int)。

下面介绍构件的使用方法:

① 变量定义。在 07_AppPrg\main.c 中 main 函数的"声明 main 函数使用的局部变量"部分,定义变量 mCount 和 result 变量。

```
uint32_t mCount;                                //延时的次数
uint16_t result;                                //TSC 的值
```

② 给变量赋初值。

```
mCount = 0;                                     //计次数
```

③ 在 main 函数的"用户外设模块初始化"处,调用初始化函数,传入通道号。

```
tsc_init(TSC_Channel_2);                    //初始化 TSC
```

④ 获得通道计数值并把它通过串口 0 发送给 PC 机。

```
value = tsc_get_value();                    //得到电荷转移次数
printf("value = %d\n", value);
```

测试工程见电子资源中的“..\CH09\TSC-CH32v307”文件夹。其功能如下：

① 初始化 TSC。

② 初始化蓝灯为暗，然后主循环中蓝灯闪烁并且每隔一秒获取触摸作为通道引脚的数值。此处如果使用的电容不同，计数值也将不同。

关于 TSC 构件的制作过程，参见电子资源“02-Document”文件夹中的补充阅读材料。

9.4 实验五 SPI 通信实验

串行外设接口 SPI(Serial Peripheral Interface)是原摩托罗拉公司推出的一种同步串行通信接口，用于微处理器和外围扩展芯片之间的串行连接，已经发展成为一种工业标准。目前，各半导体公司推出了大量带有 SPI 接口的芯片，如 RAM、EEPROM、ADC、DAC、LCD 显示驱动器等。

1. 实验目的

本实验通过编程实现 SPI 主从机之间的通信过程，体会 SPI 的作用以及使用流程，可扩展连接 SPI 接口的传感器。主要目的如下：

① 理解 SPI 总线的基本概念、协议、连线的电路原理。

② 理解 SPI 总线的主机与从机的数据发送接收过程。

③ 理解 SPI 模块基本工作原理。

2. 实验准备

① 软硬件工具：与实验一相同。

② 运行并理解“..\ 04-Software\CH09”中的几个程序。

3. 参考样例

MCU 方样例程序位于“..\04-Software\CH09\SPI\SPI-CH32V307VCT6”中。该程序使用 SPI 构件，实现 SPI 模块之间的通信，将"SPI TEST! "字符串通过主机 SPI1 发送给从机 SPI2，从机 SPI2 接收该字符串后，将该字符串通过 printf 语句输出。

4. 实验过程或要求

(1) 验证性实验

验证样例程序(SPI)，主要功能是实现主机 SPI 接口向从机 SPI 接口发送字符，从机 SPI

通过中断接收字符并送到串口 UART 打印显示。主机 SPI 接收从机 SPI 发送的数据并送到串口 UART 打印显示。(注:实验中使用一套开发套件的两个 SPI 模块,分别作为主机 SPI 和从机 SPI 来进行测试。)

① 复制样例工程并重命名。拷贝 MCU 方样例程序工程到自己的工作文件夹,改为自己确定的工程名,建议尾端增加更新日期标记,以便识别。

② 导入工程、编译并下载到 GEC 中。

③ 观察实验现象。在开发环境下,使用"工具"→"串口工具",可进行串口调试,也可利用"..\05-Tool\ C#2019 串口测试程序"或其他通用串口调试工具进行测试。在此基础上,理解 main.c 程序和中断服务例程 isr.c。

(2) 设计性实验

① 复制样例程序(SPI),利用该程序框架实现 SPI 读、写操作,完成主机向从机写字符串"Hello",主机到从机中读取字符串"Hello",并通过串口调试工具或"C#串口测试程序"显示读取到的字符串。

② 复制样例程序(SPI),利用该程序框架实现:通过两块开发板实现,主机和从机相互通信,主机 SPI 通过串口调试工具或"C#串口测试程序"获取待发送的字符串,并将字符串向从机 SPI 发送,从机接收到主机发送来的数据后,发送到 PC 机串口调试工具显示。

(3) 进阶实验

复制样例程序(SPI),利用该程序框架实现:通过两块开发板实现 SPI 通信聊天,两块开发板通过 UART 与 PC 机连接,两块开发板通过 SPI 接口相互通信,其中一块开发板的 SPI 通过"C#界面向另一块开发板的 SPI"发送字符串并送到 PC 机显示。(提醒:两块开发板是对等的,无主从机之分。)

5. 实验报告要求

① 描述进行串口通信及中断编程实验中遇到的三个以上问题,给出出现的原因、解决方法及体会。

② 用适当文字描述接收中断方式下,MCU 方串口通信程序的执行流程,PC 方的"C#串口通信程序"的执行流程。

③ 在实验报告中完成实践性问答题。

6. 实践性问答题

① 利用 GPIO 如何模拟实现 SPI 通信?

② 绘制以下三种时钟极性与相位选择情况下的时序图:空闲电平低电平,下降沿取数:CPOL=0,CPHA=1;空闲电平高电平,下降沿取数:CPOL=1,CPHA=0;空闲电平高电平,上升沿取数:CPOL=1,CPHA=1。

③ 请修改程序,在连续发送数据位都为 1 或 0 的情况下,用万用表测试 SPI 的 MOSI 引

脚输出的电平,记录万用表的读数。

④ 试比较 SPI 模块和 I2C 模块的异同。

本章小结

本章主要阐述 SPI、I2C、TSC 的工作原理、编程步骤和方法,并给出了工程样例。

1. 关于 SPI 通信协议的概念、特点

SPI 一般使用 4 条线:串行时钟线 SCK、主机输入/从机输出数据线 MISO、主机输出/从机输入数据线 MOSI 和从机选择线 。SPI 通信过程中需要掌握的基本概念有:主机、从机、同步、时钟极性、时钟相位和波特率等。与 I2C 不同的是,SPI 可以进行双工通信,不用每次发送 8 bit 的数据。本章 9.1 节给出了 SPI 构件的 spi.h 和 spi.c 文件,构件中包括 spi 模块初始化(spi_init)、发送一字节数据(spi_send1)、接收一字节数据(spi_receive1)以及启动 SPI 接收中断(spi_enable_re_int)。

2. 关于 I2C 数据传输协议的概念以及编程使用方法

I2C 字面上的意思是集成电路之间。它主要用于同一块电路板内集成电路模块之间的连接和数据传输。采用双向二线制(SDA、SCL)串行数据传输方式。在 I2C 总线上,各 IC 除了个别中断引线外,相互之间没有其他连线,用户常用的 IC 基本上与系统电路无关,故极易形成用户自己的标准化、模块化设计。本章 9.2 节给出了 I2C 构件的 i2c.h 和 i2c.c 文件,构件中包括 I2C 模块初始化(i2c_init)、主机向从机发数据(i2c_master_send)、主机接收从机发送过来的数据(i2c_master_receive)、从机向主机发数据(i2c_slave_send)以及从机接收主机发送过来的数据(i2c_ slave _receive)等常用操作函数。

3. TSC 电容计数传感器的概念和使用方法

TSC 是一种电容转移计数传感器,当有感应物与初始化为 TSC 通道的引脚相连的电极时,通过观察 TSC 模块记录采样电容达到阈值所经历的电荷转移周期数的变化,就可以判断是否触摸。本章 9.3 节给出了 TSC 构件的 tsc.h 和 tsc.c 文件,构件中包括 TSC 模块初始化(tsc_init)、获取所有值(tsc_get_value)、开中断(tsc_enable_re_int)、关中断(tsc_disable_re_int)等常用操作函数。

习　　题

1. 简述同步通信与异步通信的联系与区别。
2. 简述 SPI 总线的时钟同步过程。

3. 简述I2C总线的数据传输过程。

4. 根据CH32V307芯片的I2C构件,测试I2C功能并观察实验现象。

5. 简述CH32V307芯片的I2C主机向从机发送数据的过程。

6. 简述CH32V307芯片的TSC模块的工作原理。

第 10 章　DMA 与 CAN 总线编程

本章导读:本章阐述了 CAN 总线及 DMA 编程方法。CAN 总线常用于汽车电子中,DMA 用于内存到外设的快速数据传输。本章首先给出 CAN 总线的通用基础知识、CAN 构件及使用方法;随后给出 DMA 的通用基础知识、DMA 使用方法。关于这两个构件的制作方法,将放在本书电子资源的补充阅读材料中。

10.1　CAN 总线

10.1.1　CAN 总线的通用基础知识

控制器局域网(Controller Area Network,CAN),最早出现于 20 世纪 80 年代末,是德国 Bosch 公司为简化汽车电子中信号传输方式并减少日益增加的信号线而提出的。CAN 总线是一个单一的网络总线,所有的外围器件都可以挂接在该总线上。

1. CAN 硬件系统

(1) CAN 原理性电路

最简明的 CAN 总线硬件原理性电路,即不接收发器芯片的 CAN 总线电路连接如图 10-1 所示,它把所有芯片 CAN 的发送引脚 CAN_{TX}经过快速二极管(如 1N4148 等)连接至数据线(以免输出引脚短路),CAN 的接收引脚 CAN_{RX}直接连接到这条数据线,数据线由一个 3 kΩ 左右的上拉电阻拉至+5 V(适配芯片的电源电压即可),以产生所需要的"1"电平。注意该电路中各节点的地是接在一起的。这个电路属于原理性电路,也可用于在电磁干扰较弱环境下的 1 m 以内的近距离通信。进行芯片 CAN 驱动构件设计时,可以使用这个简单且易于实现的电路,这样元件极少的电路容易确保硬件连接无误条件下的软件调试。

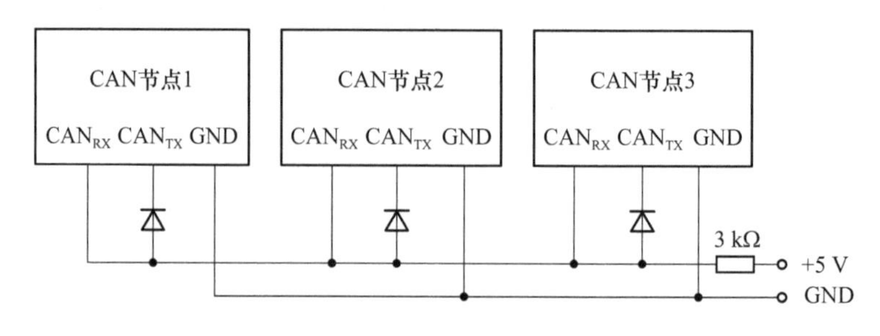

图 10-1　不接收发器芯片的 CAN 总线电路连接

实际应用的 CAN 总线电路，需要采用 CAN 收发器及隔离电路差分方式连接，但软件一致。

(2) 常用的 CAN 硬件系统框图

常用的 CAN 硬件系统的组成如图 10－2 所示。

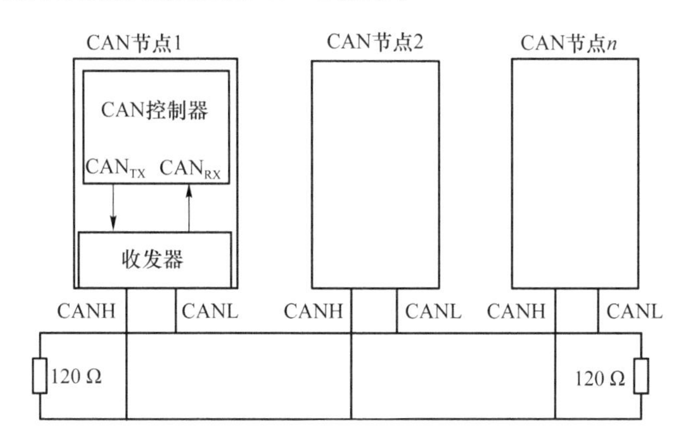

图 10－2　常用的 CAN 硬件系统组成

注意: CAN 通信节点上一般需要添加 120 Ω 的终端电阻。每个 CAN 总线只需要两个终端电阻，分别放在主干线的两个端点，支线上的节点不必添加。下面将给出图 10－2 的实际电路。

(3) 带隔离的典型 CAN 硬件系统电路

Philips 公司的 CAN 总线收发器 PCA82C250 能对 CAN 总线提供差动发送能力并对 CAN 控制器提供差动接收能力。在实际应用过程中，为了提高系统的抗干扰能力，CAN 控制器引脚 CAN_{TX}、CAN_{RX} 和收发器 PCA82C250 并不是直接相连的，而是通过由高速光耦合器 6N137 构成的隔离电路再与 PCA82C250 相连，这样可以很好地实现总线上各节点的电气隔离。一个带隔离的典型 CAN 硬件系统电路如图 10－3 所示。

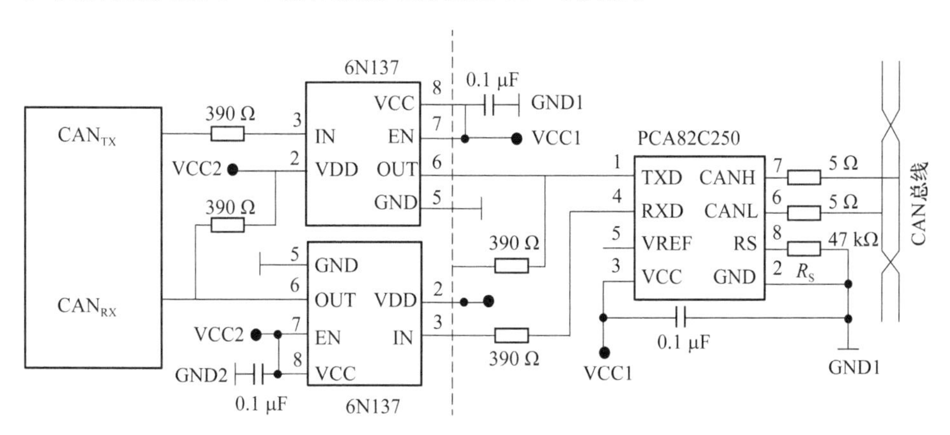

图 10－3　带隔离的典型 CAN 硬件系统电路

该电路连接需要特别注意以下几个问题：

① 6N137 部分的电路所采用的两个电源 VCC1 和 VCC2 需完全隔离，否则，光耦合器达

不到完全隔离的效果。可以采用带多个 5 V 输出的开关电源模块实现。

② PCA82C250 的 CANH 和 CANL 引脚通过一个 5 Ω 的限流电阻与 CAN 总线相连，保护 PCA82C250 免受过流的冲击。PCA82C250 的电源引脚旁应有一个 0.1 μF 的去耦电容。RS 引脚为斜率电阻输入引脚，用于选择 PCA82C250 的工作模式（高速/斜率控制[①]/待机），引脚上接有一个下拉电阻，电阻的大小可根据总线速率适当的调整，其值一般在 16～140 kΩ 之间，图 10-3 中选用 47 kΩ 电阻。关于电路连接的更多细节请参见 6N137 手册以及 PCA82C250 手册。

(4) 不带隔离的典型 CAN 硬件系统电路

在电磁干扰较弱的环境下，隔离电路可以省略，这样 CAN 控制器可直接与 CAN 收发器相连，如图 10-4 所示，图中所使用的 CAN 收发器为 TI 公司的 SN65HVD230。

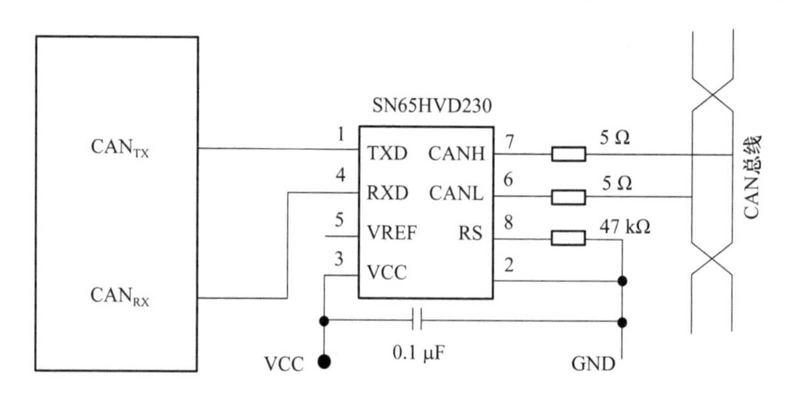

图 10-4 不带隔离的典型 CAN 硬件系统电路

2. CAN 总线的有关基本概念

(1) 报文、位速率

报文(Message):是指在总线上传输的固定格式的信息，其长度是有限制的。当总线空闲时，总线上任何节点都可以发送新报文。报文被封装成帧(Frame)的形式在总线上传送。

位速率(Bit Rate):是指 CAN 总线的传输速率。在给定的 CAN 系统中，位速率是固定唯一的。CAN 总线上任意两个节点之间的最大传输距离与位速率有关，通信距离与位速率的对应关系如表 10-1 所列。这里的最大距离是指在不使用中继器的情况下两个节点之间的距离。

表 10-1 CAN 总线上任意两节点最大距离及位速率对应表

位速率/(kb·s^{-1})	1 000	500	250	125	100	50	20	10	5
最大距离/m	40	130	270	530	620	1 300	3 300	6 700	10 000

① 在斜率控制模式中，由于 CANL/CANH 上的信号的单端转换速度和流出引脚 RS 的电流 I_{R_S} 成比例关系（或称斜率关系），而电流 I_{R_S} 的大小主要由 R_S 阻值决定，因此 R_S 的阻值变化将引起转换速度的变化。在斜率控制模式下 R_S 阻值一般在 16.5～140 kΩ 之间。高速模式下，R_S 阻值在 0～1.8 kΩ 之间。

(2) 标识符ID、优先权、仲裁

标识符ID:CAN节点的唯一标识。在实际应用时,应该给CAN总线上的每个节点按照一定规则分配一个唯一的ID。每个节点发送数据时,发送的报文帧中含有发送节点的ID信息。

在CAN通信网络中,CAN报文以广播方式在CAN网络上发送,所有节点都可以接收到报文,节点通过判断接收到的标识符ID决定是否接收该报文。报文标识符ID的分配规则一般在CAN应用层协议实现(比较著名的CAN应用层协议为:CANopen协议、DeviceNet等)。由于ID决定报文发送的优先权,因此ID的分配规则在实际应用中必须给予重视。一般可以用标识符的某几位代表发送节点的地址。接收到报文的节点可以通过解析接收报文的标识符ID,来判断该报文来自哪个节点,属于何种类型的报文等。

这里给出CANopen协议最小系统配置的一个ID分配方案,供实际应用时参考。该分配方案是一个面向设备的11位(D10~D0)标识符分配方案,其中4位功能代码(D10~D7)区分16种不同类型的报文,7位节点地址(D6~D0)可表达128个节点。但要注意到CAN协议中,要求ID的高7位不能同时为1。报文标识符ID的分配方法应遵循在同一系统中保证节点地址唯一的原则,这样每个报文的ID也就唯一了。

优先权(Priorities):在总线访问期间,报文的标识符ID定义了一个静态的报文优先权。在CAN总线上发送的每一个报文都具有唯一的一个11位或29位的标识符ID,在总线仲裁时,显性位(逻辑0)的优先权高于隐性位(逻辑1),从而标识符越小,该报文拥有的优先权越高,因此一个拥有全0标识符的报文具有总线上的最高级优先权。

仲裁(Arbitration):当有两个节点同时进行发送时,必须通过"无损的逐位仲裁①"方法来使得有最高优先权的报文优先发送。总线空闲时,总线上任何节点都可以开始发送报文,若同时有两个或两个以上节点开始发送,总线访问冲突运用逐位仲裁规则,借助于标识符ID解决。仲裁期间,每一个发送器都对发送位电平与总线上检测到的电平进行比较,若相同,则该节点继续发送。当发送的是一个"1",而监视到的是一个"0"时,则该节点失去仲裁,退出发送状态。举例说明,若某一时刻有两个CAN节点A、B同时向总线发送报文,A发送报文的ID为0b00010000000,B发送报文的ID为0b01110000000。由于节点A、B的ID的第10位都为"0",而CAN总线是逻辑与的,因此总线状态为"0",此时两个节点检测到总线位和它们发送的位相同,因此两个节点都认为是发送成功,都继续发送下一位。发送第9位时,A发送一个"0",而B发送一个"1",此时总线状态为"0"。此时A检测到总线状态"0"与其发送位相同,因此A认为它发送成功,并开始发送下一位。但此时B检测到总线状态"0"与其发送位不同,它会退出发送状态并转为监听方式,且直到A发送完毕,总线再次空闲时,它才试图重发报文。

(3) 帧结构

CAN总线协议中有4种报文帧(Message Frame),它们分别是数据帧、远程帧、错误帧、过载帧。其中数据帧和远程帧,与用户编程相关;错误帧和过载帧由CAN控制硬件处理,与用户编程无关。

---

① "无损的逐位仲裁":当总线上出现报文冲突时,仲裁机制逐位判断标识符,实现高优先权的报文能够不受任何损坏地优先发送。

在 CAN 节点之间的通信中，要将数据从一个节点发送器传输到另一个节点的接收器，必须发送数据帧。而总线上节点发送远程帧目的在于请求发送具有同一标识符的数据帧。

数据帧由 7 个不同的位场组成：帧起始（Start Of Frame symbol，SOF）、仲裁场、控制场、数据场、CRC 场、应答场、帧结束（End Of Frame，EOF）。数据帧组成如图 10-5 所示。

图 10-5　数据帧组成

根据仲裁场不同，在 CAN2.0B 中定义标准帧与扩展帧两种帧格式。标准帧的标识符 ID 为 11 位，扩展帧的标识符 ID 为 29 位（11 位标准 ID+18 位扩展 ID）。

10.1.2　基于构件的 CAN 编程方法

1. CH32V307 芯片的 CAN 引脚

100 引脚的 CH32V307 芯片共有 2 组 6 个引脚可以配置为 CAN 引脚，各引脚复用功能见表 10-2。

表 10-2　CAN 模块实际使用的引脚

GEC 引脚号	MCU 引脚名	第一功能	第二功能
24	PTA11	CAN1_RX	
25	PTA12	CAN1_TX	
40	PTB8		CAN1_RX
44	PTB9		CAN1_TX
4	PTB12	CAN2_RX	
5	PTB13	CAN2_TX	

在本例程中我们将 PTB9 复用为 CAN 模块的发送引脚 CAN1_TX，将 PTB8 复用为 CAN 模块的接收引脚 CAN1_RX。将发送引脚用一个二极管连接到总线上，接收引脚直接连接到总线上，实现本机的 CAN 总线通信。

2. CAN 构件的头文件

CAN 构件的头文件 can.h 在工程的“\03_MCU\MCU_drivers”文件夹中，这里给出其 API 接口函数的使用说明及函数声明。

```
//=====================================================================
//文件名称：can.h
//功能概要：CAN 底层驱动构件头文件
//版权所有：苏州大学嵌入式系统与物联网研究所(sumcu.suda.edu.cn)
```

```
//版本更新:20210831-20220129
//芯片类型:CH32V307VCT6
//======================================================================
#ifndef __CAN_H
#define __CAN_H
#include "ch32v30x.h"
……
//==================================================================
//函数名称:can_init
//函数返回:无
//参数说明:canNo:CAN 通道号;tsjw:重新同步跳转宽度;tbs1:时间段 1;
//         tbs2:时间段 2
//功能概要:初始化 CAN 模块测试模式
//==================================================================
void  can_init( uint8_t canNo, uint8_t tsjw, uint8_t tbs1, uint8_t tbs2, u16 brp);

//==================================================================
//函数名称:can_send
//函数返回:0 = 正常,1 = 错误
//参数说明:canNo:模块号
//          dataID:消息标识符
//          len:待发送数据的字节数
//          buff:待发送数据发送缓冲区首地址
//功能概要:CAN 模块发送数据
//==================================================================
uint8_t  can_send(uint8_t canNo, uint32_t dataID, uint16_t len ,uint8_t * buff);

//==================================================================
//函数名称:CANx_Receive_Msg
//函数返回:接收数据长度
//参数说明:canNo:CAN 通道号;buf:接收消息数组;FIFONo:选择 FIFO 通道号
//功能概要:接收消息
//==================================================================
uint8_t  can_recv(uint8_t canNo, uint8_t  * buf, uint8_t FIFONo);

//==================================================================
//函数名称:CAN_enable_re_int
//函数返回:无
//参数说明:canNo:模块基地址号,Can_Rx_FifoNo:中断使用的 FIFO 号
//功能概要:CAN 接收中断开启
//==================================================================
void  can_enable_recv_int(uint8_t canNo );
```

```
// ================================================================
//函数名称:can_disable_recv_int
//函数返回:无
//参数说明:canNo:模块号,Can_Rx_FifoNo:中断使用的 FIFO 号
//功能概要:关闭 CAN 接收中断
// ================================================================
void  can_disable_recv_int  (uint8_t canNo );
#endif
```

3. 基于构件的 CAN 编程举例

设有 2 个 CAN 节点,硬件可以按照图 10-1 的接法进行编程实践。设两个节点按照标准数据帧进行传输,两个节点使用 CAN1 来进行通信。节点 A 和节点 B 每隔一段时间互相发送数据为"IamNodeA"和"IamNodeB"的消息,其中节点 A 会收到来自节点 B 的消息,节点 B 设置过滤器过滤掉节点 A 的消息,不会收到任何消息,以下给出 CAN 构件的使用方法。

在 CAN 驱动构件使用过程中,主要用到 4 个函数,分别是 CAN 初始化函数、数据发送函数、数据接收函数以及使能中断函数。CAN 构件的测试工程为"..\04-Software\CH10\CAN-CH32V307",主要步骤如下。

(1) 对节点 A 的编程

复制样例程序作为节点 A 的程序,修改如下:

① CAN 初始化。使用 can_init 函数。设置本机同步跳转宽度为 1 个最小时间单元,时间段 1 为 6 个最小时间单元,时间段 2 为 5 个最小时间单元,最小时间单元长度(brq)设置值为 12。最小时间单元计算公式为

$$T_q = (\mathrm{brp} + 1) \times t_{\mathrm{pclk}}$$

以本工程为例,在函数中会将参数中的 brq 先减一再赋值到寄存器内,故直接将 12 代入公式即可,本工程的 t_{pclk} 为 36 MHz,故 $T_q = \frac{12}{36 \times 10^6} = 333$ ns。波特率计算公式为

$$\mathrm{Baudrate} = \frac{t_{\mathrm{pclk}}}{(1 + \mathrm{tbs1} + \mathrm{tbs2}) \times \mathrm{brp}}$$

同样以本工程为例,计算所得波特率$=\frac{36 \times 10^6}{(1+6+5) \times 12} = 250$ (kb/s)。

```
localMsgID = 0x62E0;
can_init(0, localMsgID, CAN_SJW_1tq, CAN_BS1_6tq, CAN_BS2_5tq, 12 );
```

② 使能 CAN 模块中断。使用 can_enable_recv_int 函数使能 CAN 模块中断。

```
can_enable_recv_int(CAN_1);
```

③ CAN 模块发送数据。使用 can_send 发送消息,发送 ID 为 0x316,内容为"IamNodeA"的消息。

```
txMsgID = 0x316;
tx = can_send(CAN_1, txMsgID, 8, txbuf);
```

(2) 对节点B的编程

复制样例程序作为节点B的程序,修改如下:

① CAN初始化。使用can_init函数,与A节点设置一样即可。

```
localMsgID = 0x62E0;
can_init(CAN_1, localMsgID, CAN_SJW_1tq, CAN_BS1_6tq, CAN_BS2_5tq, 12 );
```

② 使能CAN模块中断。使用can_enable_recv_int函数使能CAN模块中断。

```
can_enable_recv_int(CAN_1);
```

③ CAN模块发送数据。使用can_send发送消息,发送ID为0x317,内容为"IamNodeB"的消息。

```
txMsgID = 0x317;
tx = can_send(CAN_1, txMsgID, 8, txbuf);
```

(3) CAN模块接收数据

在中断函数服务例程中,2个节点都接收可以通过过滤器的信息并通过串口转发到PC。

```
rx = can_recv( CAN_1, rxbuf, FIFO_0);
if( rx )
{
    uart_send_string(UART_User, "Receive Data:" );
    //打印数据
    for(i = 0; i<8; i++)
    {
        uart_send1(UART_User, rxbuf[i] );
    }
}
```

CAN构件的制作过程参见网上电子资源中02-Document文件夹中的补充阅读材料。

10.2 DMA

10.2.1 DMA的通用基础知识

1. DMA的含义

为了提高CPU的使用效率,人们提出了许多减轻CPU负担的方法。**直接存储器存取**

(Direct Memory Access,DMA)是一种数据传输方式,该方式可以使数据不经过 CPU 直接在存储器与 I/O 设备之间、不同存储器之间进行传输。这样的好处是传输速度快,且不占用 CPU 的时间。

DMA 传输是所有现代微控制器的重要特色,它实现了存储器与不同速度外设硬件之间进行数据传输,且不需要过多依赖 CPU 的介入。否则,CPU 需从外设把数据复制到 CPU 内部寄存器,然后由 CPU 内部寄存器再将它们写到新的地方。在这段时间内,CPU 无法做其他工作。

DMA 传输将数据从一个地址空间复制到另外一个地址空间。当 MCU 初始化这个传输动作时,传输动作本身是由 DMA 控制器来实施和完成的。例如,要把存储器中的一段数据从串口发送出去,就可以使用 DAM 方式进行。这样 MCU 初始化 DMA 后,可以继续处理其他的工作。DMA 负责它们之间的数据传输,传输完成后发出一个中断,MCU 可以响应该中断。DMA 传输对于高效能嵌入式系统和网络是很重要的。

2. DMA 控制器

MCU 内部的 DMA 控制器是一种能够通过专用总线将存储器与具有 DMA 能力的外设连接起来的控制器。一般而言,**DMA 控制器含有地址总线、数据总线和控制寄存器。**高效率的 DMA 控制器将具有访问其所需要的任意资源的能力,而无须处理器本身的介入,它必须能产生中断。另外,它必须能在控制器内部计算出地址。在实现 DMA 传输时,是由 DMA 控制器直接掌管总线,因此,存在着一个总线控制权转移问题,即 DMA 传输前,MCU 要把总线控制权交给 DMA 控制器,在结束 DMA 传输后,DMA 控制器应立即把总线控制权再交回给 MCU。

在 MCU 语境中,DMA 控制器属于一种特殊的外设。之所以也称之为外设,是因为它是在处理器的编程控制下来执行传输的。值得注意的是,通常只有数据流量较大的外设才需要有支持 DMA 的能力,例如视频、音频和网络等接口。

3. DMA 的一般操作流程

这里以 RAM 与 I/O 接口之间通过 DMA 的数据传输为例来说明一个完整的 DMA 传输过程,其一般需经过请求、响应、传输、结束 4 个步骤。

① CPU 向 DMA 发出请求。CPU 完成对 DMA 控制器初始化,并且向 I/O 接口发出操作命令,I/O 接口向 DMA 控制器提出请求。

② DMA 响应。DMA 控制器对 DMA 请求判别优先级及屏蔽,向总线裁决逻辑提出总线请求。CPU 执行完当前总线周期即可释放总线控制权。此时,总线裁决逻辑输出总线应答,表示 DMA 已经响应,通过 DMA 控制器通知 I/O 接口开始 DMA 传输。

③ DMA 传输。DMA 控制器获得总线控制权后,CPU 即刻挂起或只执行内部操作,由 DMA 控制器输出读/写命令,直接控制 RAM 与 I/O 接口进行 DMA 传输。

④ DMA 结束。当完成规定的成批数据传送后,DMA 控制器即释放总线控制权,并向 I/O 接口发出结束信号。当 I/O 接口收到结束信号后,一方面停止 I/O 设备的工作,另一方面向 CPU 发出中断请求,使 CPU 从不介入的状态解脱,并执行一段检查本次 DMA 传输操作正确性的代码。最后,带着本次操作结果及状态继续执行原来的程序。

由此可见，DMA传输方式无需CPU直接控制传输，也没有中断处理方式那种保留现场和恢复现场的过程，通过硬件为RAM与I/O设备开辟一条直接传送数据的通路，使CPU的效率大为提高。

10.2.2　基于构件的DMA编程方法

1. CH32V307芯片DMA模块的通道与外设源

CH32V307中的DMA模块可以实现外设到存储器、存储器到外设、存储器到存储器以及外设到外设的数据传输，并支持外设与存储器之间的双向传输以及循环缓冲区管理。其可以访问片上存储器映射的器件，例如Flash、SRAM、UART等外设。CH32V307中有两个DMA模块：DMA1和DMA2，DMA1模块有7个通道，DMA2模块有11个通道，通道与常用的外设源如表10-3所列。

表10-3　DMA通道与对应的常用外设源

模　块	通道1	通道2	通道3	通道4	通道5	通道6	通道7
DMA1	ADC1 TIM2_CH3 TIM4_CH1	ADC2 SPI1_RX UART3_TX TIM1_CH1 TIM2_UP TIM3_CH3	SPI1_TX UART3_RX TIM1_CH2 TIM3_UP TIM3_CH4	SPI/I2S2_RX UART1_TX I2C2_TX TIM1_CH4 TIM1_TRIG TIM1_COM TIM4_CH2	SPI2_TX UART1_RX I2C2_RX TIM1_UP TIM2_CH1 TIM4_CH3	UART2_RX I2C1_TX TIM1_CH3 TIM3_CH1 TIM3_TRIG	UART2_TX I2C1_RX TIM2_CH2 TIM2_CH4 TIM4_UP
DMA2	TIM5_CH4 TIM5_TRIG TIM8_CH3 TIM8_UP SPI/I2S3_RX	TIM5_CH3 TIM5_UP TIM8_CH4 TIM8_TRIG TIM8_COM USART5_RX SPI/I2S3_TX	TIM6_UP TIM8_CH1 USART4_RX DAC1	TIM5_CH2 TIM7_UP UART5_TX SDIO DAC2	TIM5_CH1 TIM8_CH2 UART4_TX	TIM9_UP TIM10_CH4 UART6_TX	TIM9_CH1 TIM10_TRIG TIM10_COM UART6_RX

2. DMA构件头文件

头文件dma.h中给出了DMA构件提供的5个基本对外接口函数，包括通道复位、初始化、DMA发送及DMA接收、使能DMA中断。

```
//=====================================================================
//文件名称：dma.h
//功能概要：DMA底层构件头文件
//制作单位：SD-EAI&IoT Lab(sumcu.suda.edu.cn)
//版    本：20211106；
//适用芯片：CH32V103、CH32V307
//=====================================================================
```

```
#ifndef _DMA_H
#define _DMA_Hs

#include "includes.h"//包含公共要素头文件
//定义通道号
#define DChannel1 0
#define DChannel2 1
......

//=====================================================================
//函数名称:dma _deInit
//函数返回:无
//参数说明:DMAy_Channelx:通道号
//功能概要:复位当前通道的所有寄存器
//=====================================================================
void  dma_DeInit(uint8_t Channelx);

//=====================================================================
//函数名称:dma_uart_init
//函数返回:无
//参数说明:uartNo:串口号
//          dir:数据传输方向,0.外设到内存;1.内存到外设
//          size:数据长度
//          addr:数据存放地址
//功能概要:初始化 DMA 通道,用于进行外设与存储器之间的数据传输
//=====================================================================
void  dma_uart_init(uint8_t uartNo, uint8_t dir, uint16_t size, uint8_t *addr);

//=====================================================================
//函数名称:dma_uart_send
//函数返回:无
//参数说明:uartNo:串口号
//          size:数据长度
//          SrcAddr:数据传输的源地址
//功能概要:使能 DMA 通道,通过 DMA 调用实现数据直接传输到串口进行输出
//=====================================================================
void  dma_uart_send(uint8_t uartNo, uint16_t length,uint32_t scrAddr);

//=====================================================================
//函数名称:dma_uart_recv
//函数返回:无
//参数说明:uartNo:串口号
//          ch:数据保存的内存地址
//功能概要:使能 DMA 通道,将串口收到的数据发送到内存
```

```
//==============================================================
void  dma_uart_recv(uint8_t uartNo,uint8_t * addr);

//==============================================================
//函数名称:dma_enable_re_init
//参数说明:dmaNo: 通道号:1、2、3、4、5、6、7
//函数返回:无
//功能概要:开 dma 传输完成中断
//==============================================================
void  dma_enable_re_init(uint8_t dmaNo);

#endif
```

3. 基于构件的 DMA 编程举例

本小节以 DMA 与 UART2 之间的数据传输为例,测试工程参见网上电子资源"..\04-Software\CH10\DMA- CH32V307"。

DMA 头文件中给出了 DMA 中 5 个最主要的基本构件函数,包括通道复位函数 dma_deinit ()、初始化函数 dma_uart_init()、发送函数 dma_uart_send()、接收函数 dma_uart_recv()、使能中断函数 dma_enable_re_init()。下面以测试 DMA 对内存和 UART 之间的数据传输为例,给出 DMA 构件的使用方法。

① 初始化 DMA 模块以及使能 DMA 模块传输完成中断。UART_User 表示进行数据传输的串口号,DMA_UART_RX 和 DMA_UART_TX 分别表示进行内存传输数据到串口和串口传输数据到内存的通道。当数据传输完成后会触发对应的 DMA 中断。

```
dma_uart_init(UART_User);
dma_enable_re_init(DMA_UART_RX);
dma_enable_re_init(DMA_UART_TX);
```

② DMA 传输数据到 UART。str1 表示要进行数据发送的内存地址,UART_User 表示进行数据接收的串口,60 表示传输的数据长度。当函数执行完成后,会将 str1 为首地址的 60 个字节的数据传输到 UART_User 的数据寄存器中,并通过串口进行输出。

```
dma_uart_send(UART_User,60,(uint32_t)&str1);
```

③ DMA 从 UART 接收数据。UART_User 表示进行数据发送的串口,data 表示保存数据的地址。当 UART_User 接收到数据时,就将数据传输到 data 所表示的地址中。

```
dma_uart_recv(UART_User,&data);
```

DMA 构件的制作过程参见网上电子资源中 02-Document 文件夹中的补充阅读材料。

本章小结

1. 关于 CAN 总线

CAN总线常用于汽车电子中，它属于半双工通信。制作与测试芯片的CAN构件时，为了保证给未知软件提供可信的硬件环境，可以使用不带收发器芯片及隔离电路的连接方式。实际使用时是收发器芯片及隔离电路的差分线路。理解CAN总线通信原理有一定难度，可以在从理论到应用，再从应用到理论的反复过程中不断理解。

2. 关于 DMA

DMA是可以使数据不经过CPU直接在存储器与I/O设备之间、不同存储器之间进行传输的一种方式，一般用于比较深入的编程中，可以减少CPU的占用时间。例如，要把内存中的2 000个字节送入串口发送出去，可以使用DMA编程方式，让DMA去做这件事，完成之后产生一个中断，CPU就知道已经传输完毕，在DMA传输期间，CPU可以做别的事情。

习　　题

1. 给出最简单CAN硬件系统原理图，利用该图阐述CAN通信的发送与接收的基本原理。
2. CAN总线为什么要使用总线仲裁？简要阐述总线仲裁的基本过程。
3. 举例给出基于构件的CAN应用程序基本编程步骤。
4. 给出DMA的基本含义，何种情况下会用到DMA？举例说明DMA的用法。

第 11 章　USB 与嵌入式以太网模块

本章导读：本章是全书难点之一，主要内容有两个部分：USB 及嵌入式以太网。第一部分，给出了 USB 通信的通用基础知识，以及 USB 分别作为从机、主机的应用编程方法；第二部分，按照自底向上的顺序，遵循 OSI 模型，逐层介绍了数据链路层、网络层、传输层和应用层的基础知识。其中链路层及其以下部分与芯片相关，涉及对具体寄存器的操作。网络层及其以上部分则属于软件层，与具体芯片型号无关。另外，本章还给出了自底向上的 7 个以太网测试实例。本章内容对于一般的读者有一定难度，有些内容需要反复阅读与不断实践才能理解。

11.1　USB 的通用基础知识

USB 通信接口具有易于使用、数据传输快速可靠、灵活、成本低和省电等优点，已成为 PC 与外围设备最主要的数据通信方式。本章从应用角度阐述了 USB 的基本知识、USB2.0 协议基础以及 USB 系统的通用开发方法等内容。有关 USB 协议的详细内容，可访问 http://www.usb.org。

11.1.1　USB 概述

1. USB 简介与历史发展

(1) USB 简介

通用串行总线(Universal Serial Bus，USB)是 2000 年以来普遍使用的连接外围设备和计算机的一种新型串行总线标准。与传统计算机接口相比，它克服了对硬件资源独占，限制对计算机资源扩充的缺点，并以较高的数据传输速率和即插即用等优势，逐步发展成为计算机与外设的标准连接方案。现在不但常用的计算机外设如鼠标、键盘、打印机、扫描仪、数码相机、U 盘、移动硬盘等使用 USB 接口，就连数据采集、信息家电、网络产品等领域也越来越多地使用 USB 接口。图 11－1 给出了通用 USB 标志和 PC 上的 USB 接口。

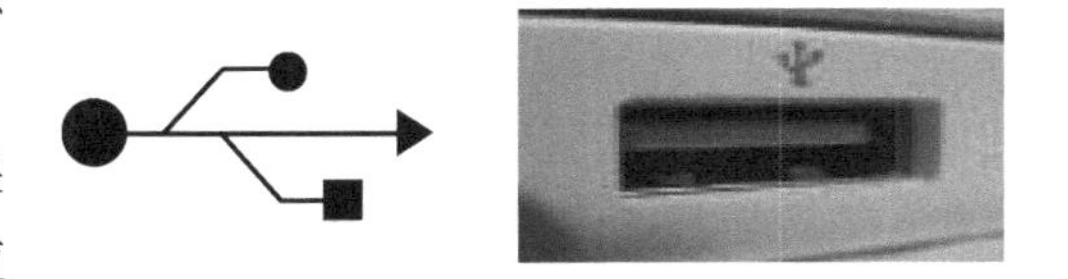

图 11－1　USB 标志和 PC 的 USB 接口

USB 接口之所以被广泛应用，主要与 USB 的以下特点密切相关。

① 支持即插即用(Plug-and-Play)。所谓即插即用包括两方面的内容：一方面是热插拔，即在不需要重启计算机或关闭外设的条件下，便可以实现外设与计算机的连接和断开，而不会损坏计算机和设备；另一方面是可以快速简易安装某硬件设备驱动程序或重新配置系统。

② 可以使用总线电源。USB 总线可以向外提供一定功率的电源，其输出电流的最小值为 100 mA，最大值为 500 mA，输出电压为 5 V，适合很多嵌入式系统。USB 协议中定义了完备的电源管理方式，用户可以选择是采用设备自供电还是从 USB 总线上获取电源。

③ 硬件接插口标准化、小巧化。USB 协议定义了标准的接插口，这样就为种类繁多的 USB 设备提供了统一的硬件接插口。同时 USB 接口和老式的通信接口相比具有明显的体积优势，为计算机外设的小型化发展提供了可能。

④ 支持多种速度和操作模式。USB 支持多种传输速度：低速 1.5 Mb/s、全速 12 Mb/s、高速 480 Mb/s 及超高速 5.0～40.0 Gb/s。同时 USB 还支持 4 种类型的传输模式：块传输、中断传输、同步传输和控制传输，这样可以满足不同外设的功能需求。

(2) USB 的历史与发展

USB 由 Intel、Compaq、Microsoft、Digital、IBM 以及 Northern Telecom 等公司共同提出。它的最初用意是取代 PC 上的众多连接器，同时力图简化通信设备的软件配置。第一台向用户提供了 USB 接口的计算机是 1998 年 5 月 6 日由 Apple 公司生产的海蓝色 iMac G3 个人电脑。

从 USB 概念产生至今，其协议版本经过了多次升级更新。USB 协议的标准化由 USB 实施者论坛（USB Implementers Forum，缩写为 USB-IF）负责管理。1996 年 1 月，发表了 USB1.0 版本；1998 年 9 月，公布的 USB1.1 重新修订了 USB1.0，并新增一个新的传输类型（中断传输）；2000 年 4 月，发布了 USB2.0，新增了高速模式；2001 年 12 月 18 日 USB-IF 在 USB2.0 协议的基础上补充了 USB OTG 协议，主要应用于各种不同移动设备间的数据交换；2008 年 8 月，发布了 USB3.0，支持超速模式，传输速度最高可达 5.0 Gb/s；2013 年 8 月，发布了 USB3.1，传输速度最高可达 10.0 Gb/s；2017 年 7 月，发布了 USB3.2，传输速度最高可达 20.0 Gb/s；2019 年 9 月，发布了 USB4，传输速度最高可达 40.0 Gb/s。

2. USB 的物理特性

(1) USB 的典型连接

在普通用户看来，USB 系统就是外设通过一根 USB 电缆和 PC 连接起来。通常把外设称为 USB 设备，把其所连接的 PC 称为 USB 主机。一个 USB 系统中只能有一个主机。主机内设置了一个根集线器，提供了外设在主机上的初始附着点，包括根集线器上的一个 USB 端口在内，最多可以级联 127 个 USB 设备，层次最多 7 层。在 USB 系统中，将指向 USB 主机的数据传输方向称为上行通信，将指向 USB 设备的数据传输方向称为下行通信。一个典型的 USB 连接如图 11-2 所示。

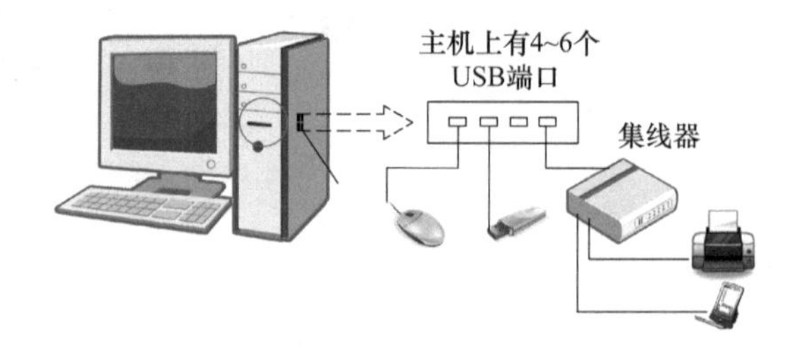

图 11-2　USB 的典型连接

(2) USB 电缆和连接器

USB 使用一根屏蔽的 4 线电缆与其他设备进行互联。USB 协议规定，高速和全速传输需要使用外壳屏蔽、数据线双绞的 USB 电缆，而低速传输则没有这些要求。数据传输通过一对差分信号线进行，这两根线分别标为 D＋和 D－，另外两根线是 V_{BUS} 和 GND，其中 V_{BUS} 向 USB 设备供电。使用 USB 电源的设备称为总线供电设备，而使用自己外部电源的设备叫作自供电设备。为了避免混淆，USB 电缆中的线都用不同的颜色标记。

USB 插头的 V_{BUS} 和 GND 线，要比其他两根线长，以保证在电缆连接时其电源线先接入，然后再接入信号线。

(3) USB 通信的差分信号

数据在 USB 总线上实际传输时，使用的是 NRZI(反向不归零)编码的差分信号，这种信号有利于保证数据的完整性和消除噪声干扰。

我们知道，传统的传输方式大多使用"正/负信号"技术，即用"正信号"或者"负信号"二进制表达机制，这些信号使用单线传输。用不同的信号电平范围来分别表示 1 和 0，它们之间有一个临界值，如果在数据传输过程中受到中低强度的干扰，高低电平不会突破临界值，那么信号传输可以正常进行。但如果遇到强干扰，高低电平突破临界值，由此将造成数据传输错误。一般说来，总线频率越高，线路间的电磁干扰就越厉害，数据传输失败的发生概率也就越高。因此这种信号表达技术无法应用于高速总线传输，而差分信号技术能有效克服这个缺点。

差分信号技术最大的特点是：必须使用两条线路才能表达一个比特位，用两条线路传输信号的压差作为判断是 1 还是 0 的依据。这种做法的优点是具有极强的抗干扰性。倘若遭受外界强干扰，两条线路对应的电平会出现同样的大幅度提升或降低，但二者的电平改变方向和幅度几乎相同，电压差值就可始终保持相对稳定，因此数据的准确性并不会因干扰噪声而有所降低。当然，由于 1 个比特位需要两条线路，在总线宽度相等的条件下，差分技术需要的信号线条数就是"正/负信号"技术所需的信号线条数的两倍。

(4) USB 总线上的状态与设备速度模式检测

协议中，给 USB 总线定义了 4 种状态：SE0、SE1、J 和 K 状态。两根数据线都被拉低时定义为 SE0 状态；两根数据线都被拉高时定义为 SE1 状态(该状态是非法状态)。当有设备连接到主机，使 D＋或 D－被上拉，被上拉的线为高电平而另一根数据线为低电平时，这种状态称为 J 状态(该状态为空闲状态)，包被传送之前和之后，数据线上就是该状态。而 K 状态是两根数据线上的极性都与 J 状态相反的状态(如 J 状态 D＋上拉，D－下拉，则 K 状态指 D＋下拉，D－上拉)，主机通过 K 状态和 J 状态测试设备是否支持高速通信。

当主控制器或集线器的下行端口上没有 USB 设备连接时，USB 总线处于 SE0 状态。当有设备连接以后，如图 11－3 所示，电流流过由集线器的下拉电阻和设备在 D＋/D－的上拉电阻构成的分压器。由于下拉电阻的阻值是 15 kΩ，上拉电阻的阻值是 1.5 kΩ，所以在 D＋/D－线上会出现大小为 $V_{CC}\times15/(15+1.5)$ 的直流高电平电压。如果主机检测到 D＋线上为高电压，说明连接上的是高速/全速设备；若检测到 D－线上为高电压，说明连接上的是低速设备。

高速设备在连接起始时需要以全速速率与主机进行通信，以完成其配置操作。在复位(主机将 D＋和 D－都拉低，使数据线处于 SE0 状态，并保持至少 10 ms。在 2.5 μs 后设备将识别

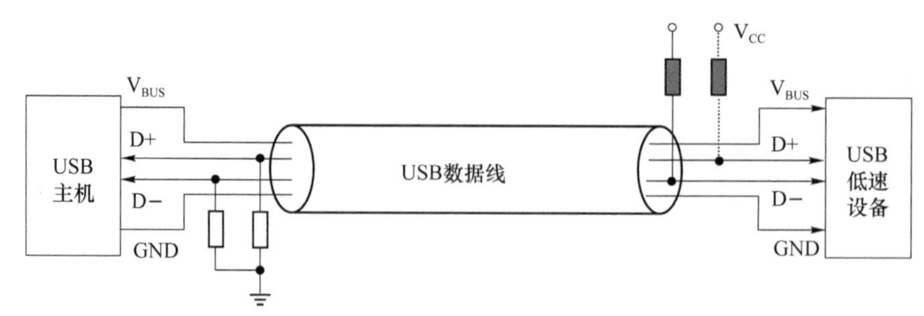

注：① 图中两个灰色上拉电阻的阻值均为1.5 kΩ；两个白色下拉电阻的阻值均为15 kΩ。
② V_{BUS}为+5 V，V_{CC}为+3.3 V。

图 11－3 USB 设备电缆和电阻的连接

复位条件。该复位要与微处理器的上电复位区别开来，它是 USB 协议复位，是为了使设备的 USB 信号开始时是一个已知状态）期间，支持高速的设备发送一个 K 状态（这是由集成在 USB 设备接口芯片的内部的软件控制开关完成的），具有高速能力的 HUB 检测到总线上的该状态并响应一个 K 和 J 的交替状态序列。以后设备就将全速提高为高速通信。如果 HUB 不响应设备的 K 状态，那么设备就用全速通信。

11.1.2 与 USB 相关的基本概念

1. USB 主机

USB 主机指的是包含 USB 主控制器，并且能够控制完成主机和 USB 设备之间数据传输的设备。广义地说，USB 主机包括计算机和具有 USB 主控芯片的设备。USB 的所有数据通信（不论是上行通信还是下行通信）都由 USB 主机发起，所以 USB 主机在整个数据传输过程中占据着主导地位。从开发人员的角度看，USB 主机可分为三个不同的功能模块：客户软件、USB 系统软件和 USB 总线接口。

(1) 客户软件

客户软件负责和 USB 设备的功能单元进行通信，以实现其特定功能。一般由开发人员自行开发。客户软件不能直接访问 USB 设备，其与 USB 设备功能单元的通信必须经过 USB 系统软件和 USB 总线接口模块才能实现。客户软件一般包括 USB 设备驱动程序和界面应用程序两部分。USB 设备驱动程序负责和 USB 系统软件进行通信。通常，它向 USB 总线驱动程序发出 I/O 请求包（IRP）以启动一次 USB 数据传输。此外，根据数据传输的方向，它还应提供一个数据缓冲区以存储这些数据。界面应用程序负责和 USB 设备驱动程序进行通信，以控制 USB 设备。它是最上层的软件，只能看到向 USB 设备发送的原始数据和从 USB 设备接收的最终数据。

(2) USB 系统软件

USB 系统软件负责和 USB 逻辑设备进行配置通信，并管理客户软件启动的数据传输。USB 逻辑设备是程序员与 USB 设备打交道的部分。USB 系统软件一般包括 USB 总线驱动程序和 USB 主控制器驱动程序这两部分。这些软件通常由操作系统提供，一般开发人员不必掌握。

(3) USB 总线接口

USB 总线接口包括主控制器和根集线器两部分。根集线器为 USB 系统提供连接起点，用于给 USB 系统提供一个或多个连接点(端口)。主控制器负责完成主机和 USB 设备之间数据的实际传输，包括对传输的数据进行串行编解码、差错控制等。该部分与 USB 系统软件的接口依赖于主控制器的硬件实现，一般开发人员不必掌握。

2. USB 设备

USB 协议中将 USB 设备定义为具有某种功能的逻辑或物理实体。在最底层，设备指一个独立的硬件部件；在较高层，设备可以是表现出一定功能的硬件部件的集合，如一个 USB 接口设备；在更高层次上，设备是指连接到 USB 总线上的那个实体所具有的功能，如一个数据/传真调制解调器。总之，设备的含义可以是物理的、电气的、可寻址的或逻辑的。

USB 对一些具有相似特点并提供相似功能的设备进行抽象，进而将 USB 设备分成多种标准类，包括音频、通信、人机接口设备 HID、显示、海量存储、电源、打印、集线器设备等。设备类驱动程序通常由操作系统提供，开发人员可以直接使用，不必自己编写。设备描述符和接口描述符中的类代码、子类代码及协议代码指定了 USB 设备或其接口所属的设备类及相关信息，并定位合适的设备类驱动程序。表 11－1 给出了部分标准设备类的定义方法。想要获得全部的标准 USB 设备类，请查阅 USB 实施者论坛上的类别规范文件。

表 11－1　标准的 USB 设备类举例

编　号	类名称	设备描述符 bDeviceClass 字段的值	设备描述符 bDeviceSubClass 字段的值	接口描述符 bInterfaceClass 字段的值	接口描述符 bInterfaceSubClass 字段的值
1	人机接口设备(HID)类	0x00	0x00	0x03	任意
2	打印机类	0x00	0x00	0x07	任意
3	大容量存储类	0x00	0x00	0x08	任意
4	集线器(Hub)类	0x09	任意	0x09	任意
5	芯片/智能卡类	0x00	0x00	0x0B	任意
6	厂商定义类	0xFF	0xFF	0xFF	0xFF

表 11－1 中的集线器类，主要用于为 USB 系统提供额外的连接点，使得一个 USB 端口可以扩展连接多个设备，因此可单独作为一类，典型集线器的逻辑图和实物图如图 11－4 所示；而其余设备类，由于它们一般可以设计为具有特定功能的独立的外部设备，用于扩展主机功能，所以统称为 USB 功能设备类。一般说的 USB 设备，就是指 USB 功能设备。

3. USB 设备的描述符

可以认为 USB 设备是由一些配置、接口和端点等组件构成的，即一个 USB 设备可以含有一个或多个配置，在每个配置中可含有一个或多个接口，在每个接口中可含有若干个端点。其中，配置和接口是对 USB 设备功能的抽象，实际的数据传输是由端点来完成的。

USB 设备使用各种描述符来说明整个设备或设备中某个组件的信息。描述符是一种数

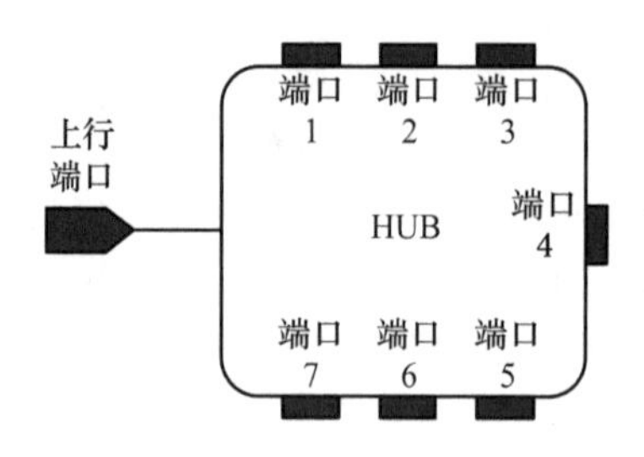

图 11-4 典型集线器的逻辑图和实物图

据结构，通常被保存在 USB 设备的固件程序中，使主机了解设备的格式化信息。描述符包括以下几种类型：设备描述符、配置描述符、接口描述符和端点描述符，这 4 种描述符是必须具有的；而其他的描述符，如字符串描述符、设备限定描述符以及其他速率配置描述符则是可选的。下面通过举例，说明各描述符的结构和各字段含义。

(1) 设备描述符

设备描述符用于说明设备的总体信息，包括描述设备的类型、设备支持的协议类型、供应商 ID(VID)、产品 ID(PID)、设备版本号、供应商名称、产品名称及设备所支持的配置数等，目的是让主机获取插入的 USB 设备的属性，以便加载合适的驱动程序。一个 USB 设备只能有一个设备描述符，固定为 18 字节的长度，它是主机向设备请求的第一个描述符。

```
const uint8 Device_Descriptor[18] =
{                           //设备描述符
    0x12,                   //bLength 域，描述符的长度：18 字节
    0x01,                   //bDescriptorType 域，描述符类型：0x01 表示本描述符为设备描述符）
    0x00,0x02,              //bcdUSB 域，USB 规范版本号（采用 BCD 码）：2.0
    0x02,                   //bDeviceClass 域，设备类代码
    0x00,                   //bDeviceSubClass 域，设备子类代码
    0x00,                   //bDeviceProtocol 域，设备协议代码（0x00 表示不使用任何设备类协议）
    0x20,                   //bMaxPacketSize0 域，端点 0 支持最大数据包的长度：32 字节
    0xA2,0x15,              //idVendor 域，供应商 ID(VID)
    0x0F,0xA5,              //idProduct 域，产品 ID(PID)
    0x00,0x00,              //bcdDevice 域，设备版本号（采用 BCD 码）
    0x01,                   //iManufacturer 域，供应商的字符串描述符索引：1
    0x02,                   //iProduct 域，产品的字符串描述符索引：2
    0x03,                   //iSerialNumber 域，设备序号的字符串描述符索引：3
    0x01                    //bNumConfigurations 域，该 USB 设备支持的配置数目：1 个
};
```

USB 设备的类型（如 HID，打印机类，大容量存储类等）由 bDeviceClass 域指定，须按照表 11-1 设置。

(2) 配置描述符

配置描述符用于说明 USB 设备中各个配置的特性，包括配置信息的总长度、配置所支持接口的个数、配置值、配置的属性及设备可以从总线提取的最大电流等。一个 USB 设备可以

包含一个或多个配置(如 USB 设备的低速模式和高速模式可分别对应一个配置)。每一个配置都对应一个配置描述符,长度固定为 9 字节。

```
uin8 Configuration_Descriptor[9] =
{                   //配置描述符
0x09,               //bLength 域,配置描述符的长度:9 字节
0x02,               //bDescriptorType 域:0x02 表示本描述符为配置描述符
0x20,0x00,          //wTotalLength 域,配置信息的总长度(包括配置、接口和端点):32 字节
0x01,               //bNumInterfaces 域,该配置所支持的接口数(至少一个):1
0x01,               //bConfigurationValue 域,配置值:1
0x04,               //iConfiguration 域,配置字符串描述符索引:4
0x80,               //bmAttibutes 域,配置的属性(具有总线供电、自供电及过程唤醒的特性)
                    //位 7:1 表示必须为 1,位 6:0 表示自供电,位 5:0 表示不支持远程唤醒
0x32                //MaxPower 域,设备从总线提取的最大电流以 2 mA 为单位:50 * 2 mA = 100 mA
};
```

在使用 USB 设备前,主机必须为其选择一个合适的配置。主机根据设备描述符所支持的配置数按顺序查找所有的配置描述符,继而查找接口描述符以及端点描述符,直到查找到主机所支持的配置。

(3) 接口描述符

接口描述符用于说明 USB 设备中各个接口的特性,包括接口号、接口使用的端点数、所属的设备类及其子类等。一个配置可以包含一个或多个接口,每个接口都必须有一个接口描述符。如对一个光驱来说,当用于文件传输时,使用其大容量存储接口;而当用于播放 CD 时,使用其音频接口。接口是端点的集合,可以包含一个或多个可替换设置,用户能够在 USB 处于配置状态时,改变当前接口所含的个数和特性。

```
uint8 interface_descriptor[9] =
{              //接口描述符
0x09,          //bLength 域,接口描述符长度:9 字节
0x04,          //bDescriptorType 域:0x04 表示本描述符为接口描述符
0x00,          //bInterfaceNumber 域,接口号
0x00,          //bAlternateSetting 域,接口的可替换设置值
0x02,          //bNumEndpoints 域,接口使用的端点数(除端点 0):2
0xff,          //bInterfaceClass 域,接口所属的 USB 设备类:0xFF 表示供应商自定义
0xff,          //bInterfaceSubClass 域,接口所属的 USB 设备子类:0xFF 表示供应商自定义
0xff,          //bInterfaceProtocol 域,接口采用的 USB 设备类协议:0xFF 表示供应商自定义
0x05           //iInterface 域,接口字符串描述符的索引:5
};
```

(4) 端点描述符

所有的传输都是传送到设备端点(endpoint),或是从设备端点发出。这种端点实际上就是一个能够存储多个字节的缓冲器。端点通常是一个数据存储器区块,或是控制器芯片中的一个寄存器,端点所存储的数据可能是收到的数据,或是等待发送的数据。端点所支持的传输

类型和传输方向等信息，都在端点描述符中定义。每个端点的描述符总是作为配置描述符的一部分返回，端点 0 无描述符。端点描述符长度为 7 字节。

```
uint8 endpoint_descriptor2[7] =
{                   //端点 2 描述符
0x07,               //bLength 域，端点描述符长度：7 字节
0x05,               //bDescriptorType 域，0x05 表示本描述符为端点描述符
0x82,               //bEndpointAddress 域，端点号和传输方向：端点 2、IN
0x02,               //bmAttributes 域，端点特性：数据端点、块传输
0x00,0x02,          //wMaxPacketSize 域，端点支持最大数据包长度：512 字节
0x00                //bInterval 域，轮询间隔，一般以 ms 为单位。
};
uint8 endpoint_descriptor3[7] =
{                   //端点 3 描述符
0x07,               //bLength 域，端点描述符长度：7 字节
0x05,               //bDescriptorType 域：0x05 表示本描述符为端点描述符
0x03,               //bEndpointAddress 域，端点号和传输方向：端点 3、OUT
0x02,               //bmAttributes 域，端点特性：数据端点、块传输
0x00,0x02,          //wMaxPacketSize 域，端点支持最大数据包长度：512 字节
0x00                //bInterval 域，轮询间隔，一般以 ms 为单位。
};
```

主机针对收到的数据和要发出的数据设有缓冲器（发送接收寄存器），但是主机并没有端点，而是与设备各个端点进行通信的出发点。在 USB2.0 协议中，设备端点被定义为“USB 设备中的唯一可寻址的部分，是主机和设备之间通信流的来源和去向”。这就说明了，一个设备端点只能在单方向上传输数据。每个端点的地址是由端点号和方向组成的。其中，方向是基于主机角度定义的：IN 表示发送数据到主机，OUT 表示主机发送数据。主机在对 USB 设备配置时，也会分配给相应的逻辑设备一个唯一的地址。由设备地址、端点号和端点方向就可以唯一指定一个端点。

端点的传输特性还决定了其与主机通信时所采用的传输类型，如控制端点只能使用控制传输。根据端点的不同用途，可将端点分为两类：0 号端点和非 0 号端点。0 号端点比较特殊，它有数据输入 IN 和数据输出 OUT 两个物理单元，且只能支持控制传输。所有的 USB 设备都必须含有 0 号端点，用作缺省控制管道。USB 系统软件就是使用该管道和 USB 逻辑设备进行配置通信的。0 号端点在 USB 设备上电以后就可以使用，而非 0 号端点必须在配置以后才可以使用。根据具体应用的需要，USB 设备还可以含有多个除 0 号端点以外的其他端点。对于低速设备，其附加的端点数最多为 4 个，端点号范围是 0～3；对于全速/高速设备，其附加的端点数最多为 16 个，端点号范围是 0～15。

(5) 字符串描述符

在 USB 设备中通常还含有字符串描述符，以说明一些专用信息，如制造商的名称、设备的序列号等。它的内容以 UNICODE 的形式给出，且可以被客户软件所读取。对 USB 设备来说，字符串描述符是可选的。

4. USB 通信管道

USB 数据是通过管道传输的，在传输发生之前，主机和设备之间必须先建立一个管道(pipe)。USB 管道并不是一个实际对象，它只是设备端点和主机控制器软件之间的关联，代表了一种在两者之间移动数据的能力。主机是在设备刚刚连接后，在设备请求配置信息时建立管道的。设备被配置后，端点就可以使用了，管道也就存在了。如果设备从总线上移除，主机也就撤销了这个不再使用的管道。每个设备都拥有一个使用端点 0 的默认控制管道。端点和各自的管道在每个方向上都按照 0～15 编号，因此一个设备最多有 32 个活动管道，即 16 个 IN 管道和 16 个 OUT 管道。主机和设备之间的通信管道示意图如图 11－5 所示。

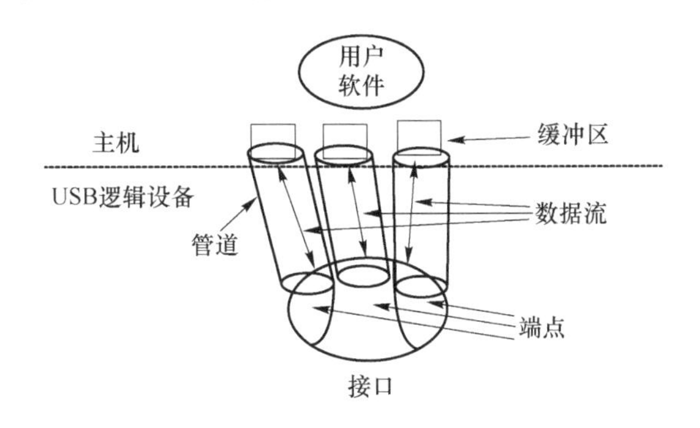

图 11－5 管 道

主机应用程序向 USB 设备传输数据，可总结为以下几步：首先，主机应用程序把要传输的数据放入数据缓冲区中并向 USB 总线驱动程序发送 I/O 请求包，请求数据传输；然后，USB 总线驱动程序响应主机应用程序的请求并将数据转化为一个或多个 USB 事务处理，并向下传递；接着，USB 主控制器驱动程序为这些事务建立一系列事务处理列表，由 USB 主控制器读取事务处理列表，并将其中的事务处理以信息包为单位发到 USB 总线上；最后，USB 设备收到信息包，由串行接口引擎(Serial Interface Engine，SIE)解包并将数据放入指定端点的接收缓冲区内，由芯片内的固件程序对其进行处理。

5. USB 应用分类

根据 USB 模块所扮演的角色，可以将 USB 应用系统大致分为以下 3 类：

① 待开发的 USB 设备作为从机，PC 作为主机的 USB 系统；

② 待开发的 USB 设备作为主机，其他设备作为从机的 USB 系统；

③ 待开发的 USB 设备可以根据需要在主机和从机两种角色之间进行切换(OTG 技术的应用)的 USB 系统。

11.1.3 USB 通信协议

USB 事务处理是主机和设备之间数据传输的基本单位，由一系列具有特定格式的包组成。因此，要了解完整的 USB 通信协议，必须从 USB 的信息传输单元包及其数据域谈起。通过由下而上，由简单至复杂的通信协议单位组成各种复杂的通信协议，进而构建出完整的通信协议。

1. USB 基本通信单元——包

USB 协议中，包(Packet)是 USB 系统中信息传输的基本单元，所有数据都是经过打包后在总线上传输的。包由一些字段构成，不同功能的字段，按照特定的格式组合可以构成不同的包。组成包的字段主要有：同步字段、包标识符字段、地址字段、端点字段、帧号字段、数据字段、循环冗余校验字段和包结束字段。包的一般格式如下：

同步字段(SYNC)	包标识符字段(PID)	数据字段	循环冗余校验字段(CRC)	包结束字段(EOP)

在 USB 的数据传输中，所有的传输包都起始于 SYNC，接着是 PID 字段，后面是包中所包含的数据信息，接下来是用来检测包中数据错误的循环冗余校验信息，最后以包结束字段作为结束标志。下面将一一介绍这些字段。

(1) 同步字段(SYNC)

同步字段(SYNC)由 8 位组成，作为每个包的前导。顾名思义，它是起同步作用的，目的是使 USB 设备与总线的包传输率同步，它的数值固定为 00000001B。

(2) 包标识符字段(PID)

包标识符字段(PID)紧随在 SYNC 字段后面，用来表示包的类型。在 USB 协议中，根据 PID 的不同，USB 包具有不同的类型、格式以及含义，如下所示：

D7	D6	D5	D4	D3	D2	D1	D0
$\overline{\text{PID3}}$	$\overline{\text{PID2}}$	$\overline{\text{PID1}}$	$\overline{\text{PID0}}$	PID3	PID2	PID1	PID0

PID 长度为一个字节(8 个数据位)，由 4 位包类型字段和 4 位校验字段构成。PID 是 USB 包类型的唯一标志，USB 主机和 USB 设备在接收到包后，首先必须对包标识符解码得到包的类型再决定下一步动作。PID 中的校验字段是通过对类型字段的每位取反产生的，它用于对包类型字段进行错误检测，旨在保证包的标识符译码的可靠性，如果 4 个检验位不是它们各自的类型位的反码，则说明标识符中的信息有错误。

表 11-2 列出了包的类型，包括令牌、数据、握手和特殊 4 种包类型。

表 11-2 各种包的类型与规范

<table>
<tr><th colspan="2">包类型</th><th>PID[3:0]</th><th>含 义</th><th>格 式</th></tr>
<tr><td rowspan="4">令牌包</td><td>OUT</td><td>0001B</td><td>主机向设备发送数据</td><td rowspan="3"><table><tr><td colspan="2">8 位</td><td>7 位</td><td>4 位</td><td>5 位</td></tr><tr><td>PID</td><td>$\overline{\text{PID}}$</td><td>ADDR</td><td>ENDP</td><td>CRC5</td></tr></table></td></tr>
<tr><td>IN</td><td>1001B</td><td>主机向设备要数据</td></tr>
<tr><td>SETUP</td><td>1101B</td><td>主机到设备，用于控制传输</td></tr>
<tr><td>SOF</td><td>0101B</td><td>帧的起始标记，标志着一个时间片的开始，表明接下来安排数据传输</td><td><table><tr><td colspan="2">8 位</td><td>11 位</td><td>5 位</td></tr><tr><td>PID</td><td>$\overline{\text{PID}}$</td><td>帧序列号</td><td>CRC5</td></tr></table></td></tr>
<tr><td rowspan="2">数据包</td><td>DATA0</td><td>0011B</td><td>第偶数次发送的包</td><td rowspan="2"><table><tr><td colspan="2">8 位</td><td>0～1 024 字节</td><td>16 位</td></tr><tr><td>PID</td><td>$\overline{\text{PID}}$</td><td>数据</td><td>CRC16</td></tr></table></td></tr>
<tr><td>DATA1</td><td>1011B</td><td>第奇数次发送的包</td></tr>
</table>

续表 11－2

包类型		PID[3:0]	含　义	格　式
握手包	ACK	0010B	接收器收到无错误的包	8 位：PID $\overline{\text{PID}}$
	NAK	1010B	接收器无法接收数据或发射器无法送出数据	
	STALL	1110B	端点产生停滞的状况	
特殊包	PRE	1100B	使能下游端口的 USB 总线的数据传输切换到低速的设备	

注意：①该表中的包格式只列出了包的中间一部分字段，前面还需加上同步段和包结束字段，才是完整的包格式。
②该表中出现了一些术语和概念，由于篇幅所限，现在不能展开阐述，将在后文加以详细说明。

在 USB 系统中，只有主机才能发出令牌包。令牌包定义了数据传输的类型。令牌包中较为重要的是 SETUP、IN 和 OUT 这三种令牌包，它们用来在根集线器和设备端点之间建立数据传输。一个 IN 包用来建立一个从设备到根集线器的数据传送，一个 OUT 包用来建立从根集线器到设备的数据传输。IN 包和 OUT 包可以对任何设备上的任何端点寻址。一个 SETUP 包是一个 OUT 包的特殊情形，它是“高优先级的”，也就是说设备必须接受它，即使设备正在数据传输操作的过程中也要对其进行响应。SETUP 包总是指向端点 0 的。

SOF 令牌包包含 SOF 标记、帧序列号及 CRC5 校验码。在低速、全速模式下，主机每间隔 1 ms(这个 1 ms 称为一帧，允许误差 0.005 ms)发送一个帧开始包 SOF(Start of Frame)。有时也可把帧理解为这个 1 ms 时间段内传输的信息。在高速模式下，主机每间隔 125 μs(即为一微帧，允许误差 0.062 5 μs)发送一个帧开始包 SOF。包括集线器的所有功能部件都可以收到 SOF 包，SOF 标记不会使接收功能部件产生返回包，所以不能保证主机发送的 SOF 包都能被功能部件接收到。事实上，每两个 SOF 包之间的时间段为事务处理(Transaction)的时间(下面将具体阐述事务处理的概念)，所以一次事务处理的时间是有限制的。

数据包有两种类型，根据不同的 PID，数据包分为 DATA0 和 DATA1，这样做是为了支持数据切换同步。主机总是配置事件初始化总线传送的首个数据包为 DATA0，下一个数据包使用 DATA1，并且以后的数据传送轮流切换，即 DATA0→ DATA1→ DATA0→ DATA1…

(3) 地址字段(ADDR)与端点字段(ENDP)

设备地址由 7 位组成，共有 128 个地址值。地址 0 作为缺省地址，不能分配给 USB 设备，因此只有 127 个可分配的地址值。在 USB 设备上电时，主机用缺省地址 0 与设备通信。当 USB 上电配置完成后，主机重新为 USB 设备分配一个 USB 地址。

端点字段由 4 位组成，可寻址 16 个端点。ENDP 字段仅用在 IN、OUT 与 SETUP 令牌包中。对于低速设备可支持端点 0 以及端点 1 作为中断传输模式，而全速和高速设备则可以包含全部的 16 个端点。

(4) 帧序列号字段、数据字段、循环冗余校验字段与包结束字段

帧序列号长度为 11 位，从 0 开始，每发送一个 SOF，其值自动加 1，最大数值为 0x7FF(十进制值 2 047)，当超过最大值时自动从 0 开始循环。

数据字段的最大长度为 1 024 字节，在数据传输的时候，首先传输低字节，然后传输高字节。对于每一个字节，先传输字节的低位，再传输字节的高位。实际的数据字段长度需根据

USB 设备的传输速度(低速、全速或高速)以及传输类型(中断传输、批量传输、实时传输)而定。

循环冗余校验(Cyclic Redundancy Check,CRC)一般在发送方的位填充操作之前进行,这样可以检验包的错误,保证传输的可靠性。在令牌包中,一般采用 5 位循环冗余校验;在数据包中,采用 16 位循环冗余校验。

包结束(End of Packet,EOP)字段,在物理上表现为差分线路的两根数据线保持 2 比特低位时间和 1 比特空闲位时间。USB 主机根据 EOP 判断数据包的结束。

2. USB 通信中的事务处理

USB 协议将事务(Transaction)定义为“将一个服务传送到一个端点”。这里的服务是指主机传送信息给设备,或者主机要求从设备获得信息,每个事务都包含识别用途、错误检查、控制的信息以及要交换的数据。需注意的是,事务处理是不能被中断的。一个完整的事务处理包括令牌阶段、数据传输阶段和握手阶段 3 部分,其中令牌阶段是必需的。下面将详细阐述较有代表性的 SETUP 事务处理、IN 事务处理、OUT 事务处理的过程。

(1) SETUP 事务处理

SETUP 事务处理是一种特殊的 USB 事务处理,它只在 USB 控制传输中使用,用于对 USB 设备进行配置。SETUP 的数据传输方向是主机到设备。一个完整的成功的 SETUP 事务处理流程如下所示:

1. 主机→设备(令牌包)	SYNC	SETUP	ADDR	ENDP	CRC5	EOP
2. 主机→设备(数据包)	SYNC	DATA0	数据		CRC16	EOP
3. 主机←设备(握手包)	SYNC	ACK	EOP			

在实际传输过程中,难免出现各种错误,如果接收到的 SETUP 令牌包有错误,那么设备将忽略该包,不做任何响应。

(2) IN 事务处理

IN 事务用于实现 USB 主机向 USB 设备要数据,一个完整的成功的 IN 事务处理流程如下所示:

1. 主机→设备(令牌包)	SYNC	IN	ADDR	ENDP	CRC5	EOP
2. 主机←设备(数据包)	SYNC	DATA0/DATA1	数据		CRC16	EOP
3. 主机→设备(握手包)	SYNC	ACK	EOP			

在实际数据传输过程中,可能会出现错误,设备和主机会根据具体情况,采用不同的处理方法。

情况 1:对于 USB 设备,当主机向设备发送的 IN 令牌包在传输过程中被损坏时,设备接收不到正确的 IN 令牌包,就会忽略该令牌包,不进行应答。

情况 2:对于 USB 设备,如果设备接收到正确的 IN 令牌包,但设备的 IN 端点被停止,无法向主机发送数据,那么此时设备向主机发送 STALL 握手包。

情况 3：对于 USB 设备，如果设备接收到正确的 IN 令牌包，但设备由于某种原因无法向主机提供数据，那么此时设备向主机发送 NAK 握手包。

情况 4：对于 USB 主机，当 USB 设备向主机发送的数据包在传输过程中被损坏时，主机接收不到正确的数据包，主机将忽略该出错的数据包，不做响应。

(3) OUT 事务处理

OUT 事务用于实现 USB 主机到设备的数据传输，一个完整的成功的 OUT 事务处理流程如下所示：

1. 主机→设备(令牌包)	SYNC	OUT	ADDR	ENDP	CRC5	EOP
2. 主机→设备(数据包)	SYNC	DATA0/DATA1	数据		CRC16	EOP
3. 主机←设备(握手包)	SYNC	ACK	EOP			

如果主机在向设备传送数据的过程中发生错误，设备会有如下响应：

情况 1：当 OUT 令牌包在传输过程中被损坏时，设备接收不到正确的令牌包，设备会忽略该令牌包，不对其进行应答。

情况 2：如果设备接收到正确的 OUT 令牌包，但数据包在传输过程中被损坏，那么设备将忽略该数据包，不对其应答。

情况 3：如果设备接收到正确的 OUT 令牌包，但是设备的 OUT 端点被停止，无法接收主机发来的数据，那么设备向主机发送 STALL 握手包。

情况 4：如果设备接收到正确的 OUT 令牌包，但是设备由于某种原因无法接收主机发送的数据，那么设备将向主机发送 NAK 握手包。

情况 5：如果设备的数据触发位和接收到的数据包的触发位不一致，那么设备将丢弃该数据包，然后向主机发送 ACK 握手包。

11.1.4　从设备的枚举看 USB 数据传输

1. 控制传输

在 USB 传输中，定义了 4 种传输类型：批量传输、中断传输、实时传输以及控制传输。批量传输用于传输大量数据，要求传输不能出错，但对时间没有要求，适用于打印机、存储设备等。中断传输总是用于对设备的查询，以确定是否有数据需要传输。因此中断传输的方向总是从 USB 设备到主机，适用于 USB 鼠标、键盘等设备。实时传输要求数据以固定速率抵达或在指定时刻抵达，可以容忍偶尔错误的数据，一般用于麦克风、喇叭等设备。控制传输主要用于传输少量的数据，对传输时间和传输速率没有要求，它是 USB 传输中最重要的传输，唯有正确地执行完控制传输，才能进一步正确地执行其他传输模式，所以这里只详细介绍控制传输。

由于每个 USB 设备的速度、传输的包的大小等信息有可能不同，因此每个 USB 设备固件内都由一些描述符记录着该设备的一些信息。当主机上电检测到 USB 设备时，首先经历的是控制传输。在该过程中，主机要读取设备相关描述符，以确定该设备的类型和操作特性；另外，主机还对该设备进行相应的配置。每个 USB 设备都有一个缺省的控制端点，该端点总是 0 号端点。控制传输分为2～3个阶段:设置阶段、数据传输阶段(无数据控制没有此阶段)以及状态阶段。下面介绍各阶段的工作。

(1) 设置阶段

USB设备在正常使用之前,必须先通过端点0进行配置。在本阶段,主机将会把USB设备的请求信息(如读设备描述符)传送给USB设备,从USB设备获取配置信息后确定此设备有哪些功能。作为配置的一部分,主机还会设置设备的配置值。

设置阶段包含了SETUP令牌包、紧随其后的DATA0数据包(该包里的数据即为设备请求,固定为8字节)以及ACK握手包。该阶段定义了此次控制传输的内容。

(2) 数据传输阶段

数据传输阶段是用来传输主机与设备之间的数据。根据数据传输的方向,控制传输又可分为3种类型:控制读取(读取USB描述符)、控制写入(配置USB设备)以及无数据控制。

控制读取是将数据从设备读到主机,读取的数据包括USB设备描述符等内容。该过程先由主机向设备发送IN令牌包,表明接下来主机要从设备读取数据。然后设备向主机发送DATA1数据包。最后,主机将以下列的方式加以响应:若数据被正确接收,则主机发送ACK握手包;若主机正在忙碌,则发送NAK握手包;若发生了传输错误,则主机发送STALL握手包。

控制写入是将数据从主机传到设备上,所传的数据即为对USB设备的配置信息,在该过程中,主机将会发送一个OUT令牌包,表明主机将要把数据发送到设备;接着,主机将数据通过DATA1数据包传递至设备;最后,设备将以下列方式加以响应:若数据被正确接收,则设备发送ACK握手包。

(3) 状态阶段

状态阶段用来表示整个控制传输的过程已经完全结束了。请注意,状态阶段传输的方向必须与数据传输阶段的方向相反,即若数据传输阶段是IN令牌包,则状态阶段应为OUT令牌包;若数据传输阶段是OUT令牌包,则状态阶段应为IN令牌包。

对于控制读取而言,在此阶段,主机会发送OUT令牌包,其后再跟1个0长度的DATA0数据包。而此时,设备也会做出相应的动作,向主机发送ACK握手包、NAK握手包或STALL握手包。相对地,对于控制写入而言,在此阶段,主机会发送IN令牌包,然后设备发送1个0长度的DATA0数据包,主机再做出相应的动作:发送ACK握手包。

2. 设备请求

在USB协议中,主机对USB设备的各种配置操作是通过设备请求来实现的。设备请求是在控制传输的SETUP阶段由主机发往设备的,通常在默认控制管道上传输,它的各个字段由主机定义,表达了每一次控制传输的目的。例如,主机想获得设备的配置描述符,那么在SETUP阶段,主机发往设备的数据包中就会包含GET_CONFIGURATION(获得配置描述符)请求,在数据传输阶段将能够收到设备发来的配置描述符。一个设备请求有8字节,它的一般格式如表11-3所列。

表 11-3　数据请求的格式

位移量	字段值	大小/字节	描　述
0	bmRequestType	1	D7:数据传输方向。0:主机至设备;1:设备至主机。 D[6:5]:类型。0:标准;1:类;2:供应商;3:保留。 D[4:0]:接收端。0:设备;1:接口;2:端点;3:其他;4～31:保留
1	bRequest	1	特定请求
2	wValue	2	字大小字段,根据请求的不同而不同
4	wIndex	2	字大小字段,根据请求的不同而不同,通常是传递索引和位移量
6	wLength	2	如果有数据传输阶段,该域表示所要传输的字节大小

bmRequestType 字段决定了特定请求的特征,该域的 D7 位表示在控制传输的数据阶段数据传输的方向。如果 wLength=0,表示没有数据传输阶段,该位可以忽略;D[6:5]表示了该请求所属的类型,USB 标准中定义了所有的 USB 设备必须支持的一系列的标准请求,此外,类和供应商也可以定义一些其他的请求;D[4:0]表示接收端,请求可以针对设备、接口或设备的一个端点,当针对一个接口或端点时,wIndex 字段决定了是哪个接口或端点。

bRequest 字段表示特定请求。如果 bmRequestType 的类型域为 0,结合 bRequest 字段的值就可以确定是某个标准请求。例如:bmRequestType 的类型域为 0,bRequest 域的值为 1、5、6、9,分别对应标准请求:Clear_Feature(清除特性)、Set_Address(设置地址)、Get_Descriptor(获取描述符)、Set_Configuration(设置配置)。

wValue 和 wIndex 字段的值根据请求的不同而不同,前者用来传递一个参数给设备,后者用来指定一个接口或端点。

wLength 字段表示控制传输的数据阶段中传输数据的字节大小,如果该域的值为 0,则表示没有数据传输阶段。下面结合实例分别介绍几个主要的设备请求。

(1) 获取描述符请求

获取描述符请求(Get_Descriptor)用于取得 USB 设备中存在的特定的描述符。根据上述对请求格式的分析可知,获取描述符请求的 bmRequestType 和 bRequest 应分别设为 10000000B 和 06H。wValue 的高字节表示要获取的描述符类型,低字节表示描述符的索引值,描述符的类型有:1 表示设备描述符,2 表示配置描述符,3 表示字符串描述符,4 表示接口描述符,5 表示端点描述符。wIndex 的值为 0 或字符串描述符的语言 ID;wLength 指定了获取描述符请求要返回的数据长度。获取描述符请求有一次数据传输阶段,传输的是具体描述符信息。

(2) 设置地址请求

设置地址请求(Set_Address)用于给 USB 设备设置地址,从而可以对该 USB 设备进行进一步的访问,该请求无数据传输阶段。设置地址请求的 bmRequestType 和 bRequest 的值分别为 00000000B 和 05H,wValue 的值为新的设备地址。该请求与其他的请求有一个重要的不同点,即使在该请求下,USB 设备也一直不改变它原来的地址,直到该请求的状态阶段被成功地完成,而其他请求的操作都是在状态阶段之前完成。wIndex 和 wLength 的值一般为 0。若给定的设备地址大于 127,或者 wIndex 或 wLength 为非 0 值,那么该请求不执行。设置地址请求无数据传输阶段。

(3) 设置配置请求

设置配置请求(Set_Configuration)用于为 USB 设备设置一个合适的配置值。该请求的 bmRequestType 和 bRequest 值分别为 00000000B 和 09H,wValue 域的低字节表示设置的配置值,该值为 0 或与配置描述符中的配置值相匹配。如果设置值等于 0,表示设备在地址状态。wValue 域的高字节保留。wIndex 和 wLength 的值一般为 0,如果这两个域有一个为非 0 值,那么该请求不执行。设置配置请求无数据传输阶段。

3. 设备枚举过程

当有 USB 设备连接到主机时,主机自动对设备进行枚举。下面将详细剖析该枚举过程,使读者能够更清楚地理解 USB 总线上的数据传输方式。枚举过程如下:

① 用户将一个 USB 设备连接到 USB 端口,或者系统带着一个 USB 设备上电启动。该 USB 端口可能是主机上的根 HUB,也可能是一个连接到主机下行端口上的 HUB。HUB 向主机汇报 HUB 状态的改变,且会为端口提供电源,使设备得到稳定的 V_{BUS} 而进入上电状态。此时该 HUB 端口是未使能的。

② HUB 检测设备。HUB 检测它的每个端口的数据线上的电压。平时两根数据线都被拉低,处于 SE0 状态。当有设备连接上之后,设备会将数据线 D+或 D-上的电压拉高(当连上全速或高速设备时,D+被拉高;当连上低速设备时,D-被拉高)。这样 HUB 就能检测到有设备接入。检测到设备后,HUB 继续向设备提供电源,但不传输数据。

③ 主机检测到新设备。HUB 会使用它的中断端点向主机报告,是否有一个端点发生事件。主机得知事件发生,会向 HUB 发送获取端口状态请求 Get_Port_Status,以获取更多信息。USB2.0 要求在 HUB 复位设备之前,检测该设备是低速、全速还是高速设备。

④ HUB 复位设备。当主机检测到一个新设备时,主机控制器向 HUB 发送一个获取端口特性请求 Set_Port_Feature,使得 HUB 能够复位该端口。HUB 使设备的 USB 数据线保持复位条件(SE0 状态)至少 10 ms。**注意:**HUB 只向新设备发送复位信号,不影响其他 HUB 和设备。

⑤ 主机检测这个全速设备是否支持高速传输。在复位期间,支持高速的设备发送一个 K 状态,如果具有高速能力的 HUB 检测到该状态并响应一个 K 和 J 的交替状态序列,设备就将提高为全速,并且以后都用高速通信;如果 HUB 不响应设备的 K 状态,那么设备就用全速通信。

⑥ HUB 为设备建立一条连向 USB 总线的通路。主机重复发送 Get_Port_Status 请求,直到设备在返回数据中的某一位向主机表明,设备已经退出复位状态。之后,设备进入默认状态,USB 寄存器也处在复位状态,可以用默认端点 0、默认地址 00H 与主机通信,同时从 V_{BUS} 获取至少 100 mA 的电能。

⑦ 主机发送 Get_Descriptor 请求,以获得设备描述符(第 1 次),旨在得到端点 0 所支持的最大数据包长度(设备描述符的第 8 个字节)。这是一个 SETUP 事务→IN 事务→OUT 事务的过程,OUT 事务一结束,主机便要求 HUB 复位设备。

⑧ 主机给从机分配地址。主控制器通过发送 Set_Address 请求,给设备分配一个唯一地址。设备使用默认地址完成状态阶段后,以后的所有通信都使用新地址。该新地址一直有效,直到设备移除、端口复位或系统重启。

⑨ 主机获悉设备功能。主机发送 Get_Descriptor 到新地址，获取设备描述符(第 2 次)。这一次，主机将获取完整的设备描述符。此后，主机继续请求在设备描述符中指定的配置描述符。对于配置描述符的请求实际上是对配置描述符本身及其下层的描述符(包括接口描述符、端点描述符)的请求。主机先获得 9 个字节的配置描述符本身，其中包括配置描述符和其下层的所有描述符的总长度。之后，将再次请求配置描述符，这一次将获得完整的配置、接口和端点描述符。

⑩ 主机弹出消息，显示“产品字符串”，然后分配并加载设备驱动。之后，驱动程序会要求设备重新发送描述符。

⑪主机设备驱动为设备选择一个合适的配置值。在通过描述符获悉设备状况之后，设备驱动程序发送一个带有所需配置号的 Set_Configuration 请求。设备读到请求并使能所要求的配置。这时，设备就处于配置状态，并且设备接口被允许。

4. USB 总线数据包的观测方法

在 USB 设备开发过程中，特别是在调试阶段，开发人员可能需要观测 USB 总线上的数据传输情况。这里推荐一款目前使用较多的设备调试工具 Bus Hound，它能够捕获计算机主机和 USB 外围设备之间的数据交互过程，协助开发人员轻松地进行调试工作。例如上述设备的枚举过程，就可用 Bus Hound 捕获总线上的数据包进行观察。不仅如此，在 USB 设备的调试阶段，也可以用该工具调试 USB 设备固件程序的运行情况。

下面介绍 Bus Hound 工具的使用方法。在启动 Bus Hound 后，首先选中 Devices 标签，在设备资源列表中，选择要观测的设备驱动。再选中 Capture 标签，单击 Run 按钮，这时向主机的 USB 接口插入要观测的 USB 设备，Capture 标签下的窗口就能显示截获的 USB 包。观察窗口界面如图 11-6 所示。其中，CTL 表示 USB 控制传输，DI 表示 PC 收到的数据包，DO 表示主机发送的数据。

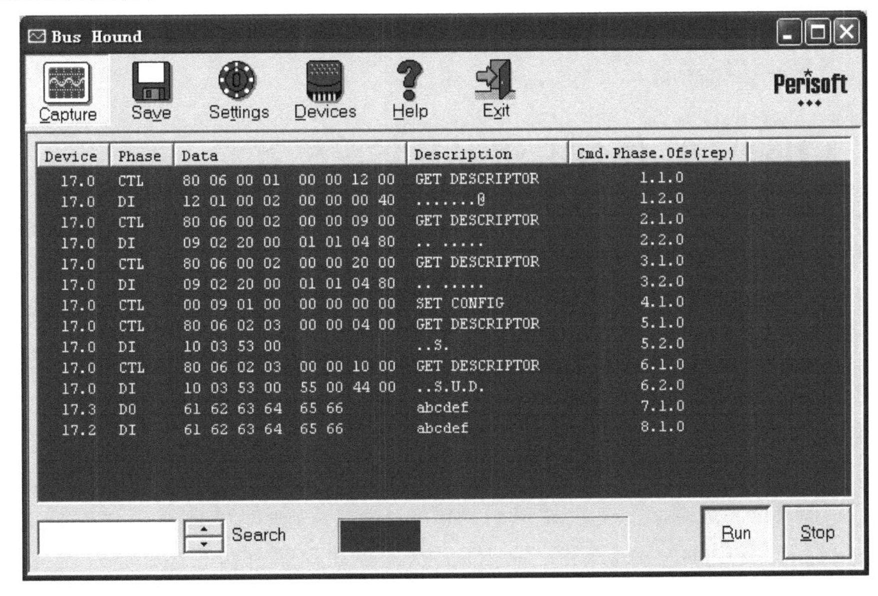

图 11-6　Bus Hound 截获的 USB 包

11.2 CH32V307的USB模块应用编程方法

11.2.1 CH32V307的USB模块简介

CH32V307内置3个USB控制器：USB全速设备控制器（USBD）、USB主机/设备控制器（USBHD）和USB OTG全速控制器（OTG_FS）。其中USBHD支持USB高速模式。本章以USBHD为例阐述USB模块的使用方法，其他模块可参照USBHD案例使用。

1. USBHD的基本特性

USBHD内嵌USB2.0控制器和USB收发器（USB-PHY），可扮演主机控制器和设备控制器双重角色。作为主机时，支持低速、全速和高速的USB设备/HUB；作为设备时，可以灵活地设置为低速、全速或高速模式以适应各种应用。CH32V307的USBHD具有如下特性：

① 支持USB主机功能和USB设备功能。

② 主机模式下支持下行端口连接高速/全速HUB。

③ 设备模式下支持USB2.0高速480 Mb/s、全速12 Mb/s或低速1.5 Mb/s。

④ 支持USB控制传输、批量传输、中断传输和同步/实时传输。

⑤ 支持DMA直接访问各端点缓冲区。

⑥ 支持挂起、唤醒/远程唤醒。

⑦ 端点0支持最大64字节的数据包，除设备端点0外，其他端点均支持最大1 024字节的数据包，且均支持双缓冲。

2. 引脚及外围硬件电路

实验板已将USBHD的两个引脚USB_DP和USB_DM引出，使用USB功能时只需将这两个引脚与USB扩展板的D+和D−接口连接即可。

11.2.2 CH32V307作为USB从机的编程方法

如果使用PC作为主机，USB终端作为从机，则USB应用系统的开发主要包括PC的USB驱动程序、PC应用程序和CH32V307的USB模块程序的编写。

1. 配置过程

USB设备必须通过控制传输配置成功后才能与主机进行通信。下面从CH32V307的角度阐述USB设备从插入主机到通信时的配置过程。

插入主机USB口后，CH32V307就开始工作，调用usb_init对USB模块初始化。当使能了USB_DP引脚的上拉电阻后，主机就识别到该USB设备，随即对设备进行枚举。主机会要求读取设备描述符，其中供应商ID和产品ID信息与驱动程序密切相关。USB设备可支持多个配置，但某时刻只能有一个有效，用户可在初始化设备时指定。主机获得设备描述符后继续读取配置描述符，根据所支持的接口数读取接口描述符，根据接口描述符中的端点数读取端点描述符并对其进行配置。这几个描述符密切相关,要同时修改相应的字段。

CH32V307 的通信过程比较简单,当接收到数据后就会将数据存放到端点所指定的接收缓冲区中,用户程序只要将缓冲区的内容读出即可。如果要发送数据,则先要将数据放入发送缓冲区,设置发送数据长度与发送标志位即可。

2. USB 作为从机构件 API

本书中的从机 USB 设备的端点类型包括支持控制传输的端点 0 以及支持中断传输的其他端点。自 USB 设备插入 PC 的 USB 端口后,首先要经历一个枚举过程,在该过程中,USB 设备要复位其 USB 模块并通过端点 0 向 PC 主机报告自身的设备信息。枚举过程之后,设备就能用其他端点与 PC 进行批量数据传输了。下面从 USB 模块初始化、端点 0 的控制传输、数据接收过程以及数据发送过程这 4 个方面讲述从机固件程序的设计。

```
//======================================================================
//函数名: usb_init
//功  能: USB 模块初始
//参  数: 无
//返  回: 无
//======================================================================
void  usb_init(void);

//======================================================================
//函数名: usb_ep_in_transfer
//功  能: USB 发送 IN 包
//参  数: u8EP:端点
//        pu8DataPointer:待发数据所在缓冲区首地址
//        u8DataSize:待发数据长度
//返  回: 无
//======================================================================
void  usb_ep_in_transfer(uint8 u8EP,uint8 * pu8DataPointer,uint8 u8DataSize);

//======================================================================
//函数名: usb_ep_out_transfer
//功  能: USB 发送 OUT 包
//参  数: u8EP:端点
//        pu8DataPointer:保存接收到的数据的缓冲区首地址
//返  回: 接收到的数据长度
//======================================================================
uint8  usb_ep_out_transfer(uint8 u8EP,uint8 * pu8DataPointer);

//======================================================================
//函数名: usb_set_interface
//功  能: USB 模块的描述符
//参  数: 无
```

```
//返   回：接收到的数据长度
//=========================================================================
void  usb_set_interface(void);

//=========================================================================
//函数名：usb_stdReq_handler
//功   能：对标准的 SETUP 包解包和处理
//参   数：无
//返   回：无
//=========================================================================
void  usb_stdReq_handler(void);

//=========================================================================
//函数名：usb_setup_handler
//功   能：对 SETUP 包解包和处理
//参   数：无
//返   回：无
//说   明：
//    (1)只有接收到 SETUP 包才调用该函数
//    (2)SETUP 包中 8 字节数据
//      bmRequestType:1
//      bRequest:1
//      wValue.H:1 :描述符的类型
//      wValue.L:1 :描述符的索引
//      wIndex:2
//      wLength:2
//=========================================================================
void  usb_setup_handler(void);

//=========================================================================
//函数名：usb_endpoint_setup_handler
//功   能：当主机请求接口配置时，执行该函数
//参   数：无
//返   回：无
//=========================================================================
void  usb_endpoint_setup_handler(void);

//=========================================================================
//函数名：usb_handler
//功   能：当收到 SETUP 包时调用该函数
//参   数：无
//返   回：无
//=========================================================================
void  usb_handler(void);
```

```
//=================================================================
//函数名：usb_ep0_in_handler
//功  能：端点 0 处理 IN 包
//参  数：无
//返  回：无
//=================================================================
void usb_ep0_in_handler(void);

//=================================================================
//函数名：usb_ep0_stall
//功  能：端点 0 产生一个 STALL 包
//参  数：无
//返  回：无
//=================================================================
void  usb_ep0_stall(void);

//=================================================================
//函数名：usb_ep0_out_handler
//功  能：端点 0 处理 OUT 包
//参  数：无
//返  回：无
//=================================================================
void  usb_ep0_out_handler(void);

//=================================================================
//函数名：usb_ep2_in_handler
//功  能：端点 2 处理 IN 包
//参  数：SendBuff:待发数据缓冲区
//        DataLenght:待发数据长度
//返  回：无
//=================================================================
void  usb_ep2_in_handler(uint8 * SendBuff,uint32 DataLenght);

//=================================================================
//函数名：usb_ep3_out_handler
//功  能：端点 2 处理 IN 包
//参  数：无
//返  回：无
//=================================================================
void  usb_ep3_out_handler(void);

//=================================================================
//函数名：usb_stall_handler
//功  能：处理 stall 中断
```

```
//参  数：无
//返  回：无
//==============================================================
void  usb_stall_handler(void);

//==============================================================
//函数名：usb_reset_handler
//功  能：处理复位中断
//参  数：无
//返  回：无
//==============================================================
void  usb_reset_handler(void);
```

构件源程序文件可参见本书网上电子资源的样例工程。

3. 数据传输过程

(1) 端点 0 的控制传输

前面提到，USB 设备必须通过控制传输配置成功后才能与主机进行通信。而配置过程是通过调用 USB 中断服务例程实现的。设备的相关信息作为固件的一部分，在低端程序中是通过设备、配置、接口及端点等描述符来表达的。当发生 USB 中断时，若检测到是 SETUP 中断，则程序会调用 SETUP 包解码函数来分析主机请求，并做出相应的响应动作。例如：若 SETUP 包是取设备描述符，那么 USB 设备会调用 usb_ep2_in_handler 函数将设备描述符发送给主机。USB 中断服务例程流程如图 11-7 所示。

(2) 数据接收过程

USB 模块接收到数据后自动存放在端点所指定的缓冲区中，接收的实际长度存放在端点的接收数据长度寄存器中，用户程序要及时从接收缓冲区中将数据取出。数据接收过程通过调用 usb_ep3_out_handler 函数完成。

(3) 数据发送过程

配置完成后，USB 模块就能进行数据发送了。发送的过程比较简单，程序只要将发送缓冲区的地址及数据长度写到指定端点的发送缓冲器中，就可调用 usb_ep2_in_handler 函数启动数据发送。USB 模块将缓冲区中的数据发送出去，发送的长度为端点发送长度寄存器中指定的数据长度。发送过程是通过调用 usb_ep2_in_handler 函数来完成的。

4. CH32V307 的 USB 模块测试实例

基于 USB 构件，我们设计了一个测试实例，以便于更好地理解 USB 通信。主函数的主要功能是：初始化 USB 模块；开启 USB 中断和总中断。USB 中断处理函数的功能为：设备枚举；接收 OUT 端点的数据，把接收到的每个字节加 1 通过 IN 端点发送出去。

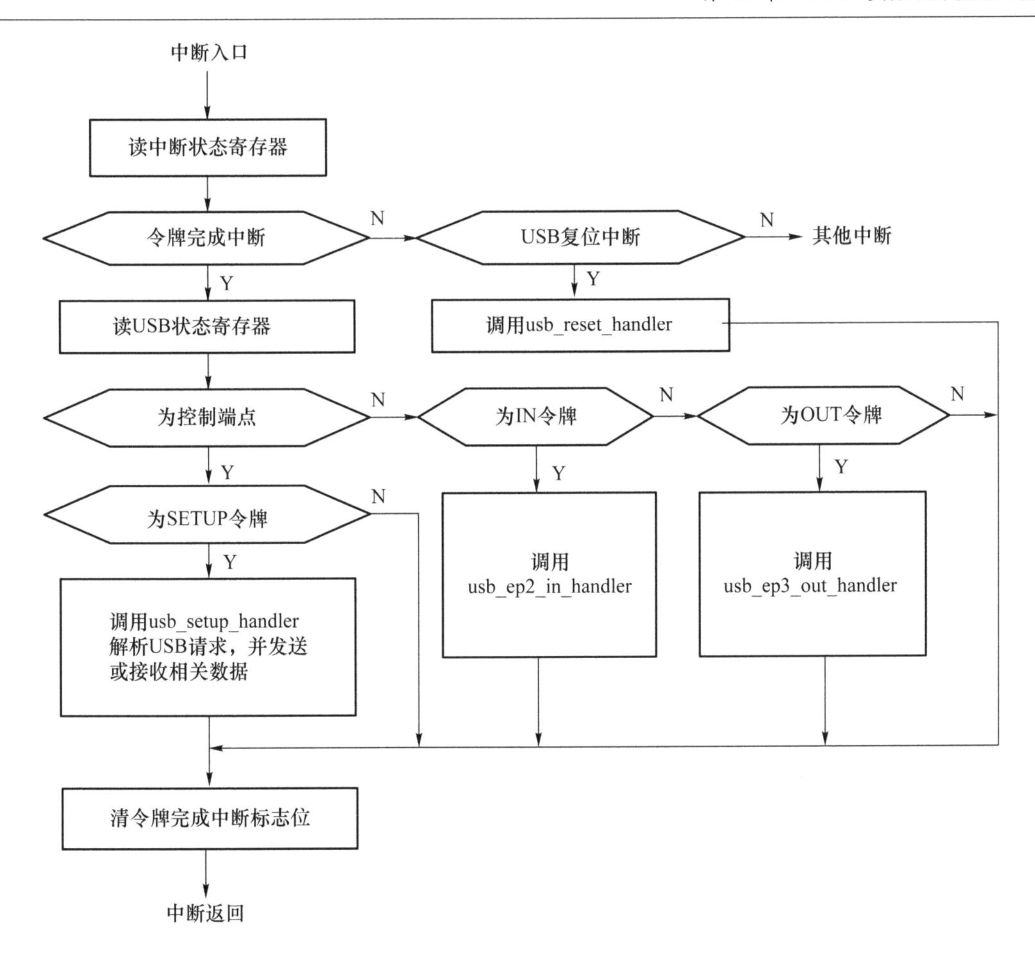

图 11-7　USB 中断服务例程流程图

主函数源代码如下：

```
//=============================================================================
//文件名称：main.c(应用工程主函数)
//框架提供：苏州大学嵌入式系统与物联网研究所(sumcu.suda.edu.cn)
//版本更新：20191108-20200419
//功能描述：见本工程的..\01_Doc\Readme.txt
//移植规则：【固定】
//=============================================================================
#define GLOBLE_VAR
#include "includes.h"                           //包含总头文件
#include "math.h"

//-----------------------------------------------------------------
//声明使用到的内部函数
//main.c 使用的内部函数声明
void Delay_ms(uint32_t ms);

//-----------------------------------------------------------------
```

```
//主函数,一般情况下可以认为程序从此开始运行(实际上有启动过程,参见书稿)
int main(void)
{
    //(1) ====== 启动部分(开头) ==========================================
    //(1.1)声明 main 函数使用的局部变量
    uint32_t mCount;                                   //延时的次数

    //(1.2)【不变】关总中断
    DISABLE_INTERRUPTS;

    //(1.3)给主函数使用的局部变量赋初值
    mCount = 0;                                        //记录主循环次数

    //(1.4)给全局变量赋初值
    USBHS_Int_Flag   = 0x00;
    ……

    //(1.5)用户外设模块初始化
    gpio_init(LIGHT_RED,GPIO_OUTPUT,LIGHT_OFF);       //初始化红灯
    uart_init(UART_User,115200);                       //初始化 User 串口
    usb_init();                                        //初始化 USB 模块

    //(1.6)使能模块中断
    uart_enable_re_int(UART_User);                     //开启 UART1 中断
    NVIC_EnableIRQ(USBHS_IRQn );                       //开启 USBHS 中断

    //(1.7)【不变】开总中断
    ENABLE_INTERRUPTS;
    //(1) ====== 启动部分(结尾) ==========================================

    //(2) ====== 主循环部分(开头) ========================================
    for(;;)
    {
        mCount++;
        //当秒数 40 秒时,重新开始计数
        //避免一直累加
        if (mCount >= 40)
        {
            mCount = 0;
            printf("指示灯颜色为【暗色】");
        }
        //(2.3.2)如灯状态标志 mFlag 为'L',灯的闪烁次数+1 并显示,改变灯状态及标志
        ……
    }  //for(;;)结尾
```

```
    //(2) ====== 主循环部分(结尾) ==========================================
}   //main 函数(结尾)
```

中断处理函数源代码如下。中断处理函数内部调用的函数可参见本书网上电子资源提供的样例代码。

```
//=====================================================================
//文件名称:isr.c(中断处理程序源文件)
//框架提供:苏州大学嵌入式系统与物联网研究所(sumcu.suda.edu.cn)
//版本更新:20170801-20191020
//功能描述:提供中断处理程序编程框架
//移植规则:【固定】
//=====================================================================
#include "includes.h"

//---------------------------------------------------------------------
//声明使用到的内部函数

void USBHS_IRQHandler( void )
{
    //检测 USB 模块是否解析到有效的复位
    if(FLAG_CHK(USB_ISTAT_USBRST_SHIFT,USB0_ISTAT))
    {
        usb_reset_handler();
        return;
    }

    if(FLAG_CHK(USB_ISTAT_SOFTOK_SHIFT,USB0_ISTAT))
    {
        USB0_ISTAT = USB_ISTAT_SOFTOK_MASK;
    }

    //检测 STALL
    if(FLAG_CHK(USB_ISTAT_STALL_SHIFT,USB0_ISTAT))
    {
        usb_stall_handler();
    }

    //令牌完成中断
    if(FLAG_CHK(USB_ISTAT_TOKDNE_SHIFT,USB0_ISTAT))
    {
        FLAG_SET(USB_CTL_ODDRST_SHIFT,USB0_CTL);
        // USB 处理函数
        usb_handler();
```

```
        //清除令牌完成中断
        FLAG_SET(USB_ISTAT_TOKDNE_SHIFT,USB0_ISTAT);
    }

    // SLEEP
    if(FLAG_CHK(USB_ISTAT_SLEEP_SHIFT,USB0_ISTAT))
    {
        //清除 SLEEP 中断
        FLAG_SET(USB_ISTAT_SLEEP_SHIFT,USB0_ISTAT);
    }

    //错误
    if(FLAG_CHK(USB_ISTAT_ERROR_SHIFT,USB0_ISTAT))
    {
        FLAG_SET(USB_ISTAT_ERROR_SHIFT,USB0_ISTAT);
    }
}
```

11.2.3 CH32V307 作为 USB 主机的编程方法

1. CH32V307 作为 USB 主机的基本功能

作为 USB 主机的 CH32V307 的固件程序应具有以下几方面的功能。

(1) 使能主机模式

配置速度模式(低速、全速或高速),使能发送接收缓冲区 DMA 功能。

(2) 与接入设备完成控制传输

① 将端点控制寄存器设置为双向控制传输。

② 将设备框架建立命令复制到存储器缓冲区。设备框架命令集见 USB2.0 协议。

③ 端点 0 发送 8 字节的设备框架命令数据(如:Get_Descriptor)。

④ 设置 USB 地址为地址寄存器中的值。USB 总线复位后,USB 设备地址为 0。通过设置地址设备框架命令会将其设置为其他的值(通常为 1)。

⑤ 向端点 0 即目标设备的默认控制管道的令牌寄存器写入 SETUP。从而在总线上发送 SETUP 令牌,并紧跟一个数据包。该数据包传输结束后,端点 0 接收缓冲区会接收到一个握手包。向端点 0 发送缓冲区写入后,会产生令牌结束中断,结束 SETUP 事务的设置阶段。

⑥ 开始 SETUP 事务的数据传输阶段。

⑦ 初始端点 0 的发送缓冲器用于发送数据。

⑧ 向端点 0 发送缓冲器写入 IN 或 OUT 令牌,后跟数据包,并产生一个令牌结束中断。对于单个包数据阶段,这就结束了 SETUP 事务的数据传输阶段。

⑨ 开始 SETUP 事务的状态阶段。

⑩ 初始化端点 0 的发送缓冲器用于发送状态数据。

⑪ 向端点 0 写入 IN 或 OUT 令牌，后跟一个 0 长度数据包。数据包结束后，会将设备发出的握手包写入端点 0 接收缓冲器并产生一个令牌结束中断。这就结束了 SETUP 事务的状态阶段。

(3) 向目标设备发送一个全速块数据

① 完成发现接入设备的所有步骤并配置接入的设备。向 ADDR 寄存器写入目标设备的地址。典型情况是 USB 总线上只有一个设备，所以 ADDR 值为 0x01 并保持不变。

② 设置端点 0 发送缓冲区 DATA0 最多发送 64 字节。

③ 设置目标 USB 设备地址为地址寄存器的值。

④ 设置 USB 传输事务的令牌 PID 标识位 OUT。

⑤ 设置端点 0 发送缓冲区 DATA1 最多发送 64 字节。

⑥ 设置 USB 传输事务的令牌 PID 标识位 OUT。

⑦ 等待令牌完成中断。

⑧ 产生令牌完成中断后，可以检查总线状态并且返回到第②步。

2. USB 主机与 CDC 类 USB 设备通信

下面通过查询方式详细描述 USB 主机与前面开发的 CDC 类设备通信的详细过程。首先进行主机初始化，使能主机模块。当主机检测到有 USB 设备连接时，按照以下步骤完成对设备的初始化：

① 检测到确实有设备连接。初次检测到有 USB 设备连接后需要按照 USB 协议清除 ATTACH 标志并等待 100 ms 再次检测总线上是否有 USB 设备连接。

② 在确认有 USB 设备连接后需复位总线，这时 USB 设备可以使用默认地址与主机通过控制传输进行通信。

③ 取得设备描述符。主机调用 USBGetDeviceDesc 函数发送 IN 包，从机接收到该包后调用 usb_decode_setup 函数进行解包，分析后知道是读取描述符请求的标准请求，会将设备描述符发送给主机。在设备描述符中指明了从机设备有几个配置描述符。

④ 取得配置描述符。主机调用 USBGetConfigDesc 函数发送 IN 包，从机接收到该包后调用 usb_decode_setup 函数进行解包，分析后知道是读取配置描述符请求的标准请求，会将 usb_config_descriptor[]的配置信息发送给主机。配置信息包括配置描述符、接口描述符以及端点描述符。在本例中主机会收到 32 字节的数据，包括一个配置描述符、一个接口描述符以及两个端点描述符。

⑤ 查找接口描述符。由于配置描述符中可以有多个接口描述符，故需要从中选择主机支持的接口。

⑥ 查找端点描述符。接口描述符中指定了所支持的端点数，需要取得分别支持 IN 和 OUT 的端点。

⑦ 当上述的④～⑥均满足时就可以按照该配置信息对从机进行设置，如主机发送 USBSetConfig(1)，从机调用 usb_decode_setup 函数进行解包后会对其进行设置。如果不满足，则需要取得另外的配置描述符再按照④～⑥进行查找。

⑧ 完成了上面的步骤后主机就知道从机的端点支持数据发送和接收的长度，以及如何向从机的端点发送数据，即可以根据配置信息与从机进行通信了。当从机的接收端点对应的

BD 交给 USB 模块后，主机通过调用 USBSendData 函数，从机就能接收数据了，否则从机不能接收到数据。同样的道理，从机的发送端点对应的 BD 交给 USB 模块后，主机通过调用 USBRevData 函数，从机就能将缓冲区中的数据发送出去了。

3. USB 主机与 MassStorage 类 USB 设备通信

主机对 MassStorage 类设备的配置与 CDC 类相似，也是要通过控制传输知道该如何与从机进行通信，包括发送端点、接收端点及端点支持的数据长度。电子资源中给出了 USB 在主机模式下与 U 盘的通信过程，该样例程序支持以下几个功能：

```
//========================================================================
//函数名称:CHRV3FileCreate
//函数返回:无
//参数说明:无
//功能概要:新建文件并打开，如果文件已经存在则先删除后再创建
//========================================================================
uint8_t  CHRV3FileCreate( void );

//========================================================================
//函数名称:CHRV3FileErase
//函数返回:无
//参数说明:无
//功能概要:删除文件并关闭
//========================================================================
uint8_t  CHRV3FileErase( void );

//========================================================================
//函数名称:CHRV3FileLocate
//函数返回:无
//参数说明:无
//功能概要:移动当前文件指针
//========================================================================
uint8_t  CHRV3FileLocate( void );

//========================================================================
//函数名称:CHRV3FileWrite
//函数返回:无
//参数说明:无
//功能概要:向当前文件写入指定缓冲区的数据
//========================================================================
uint8_t  CHRV3FileWrite(void );

//========================================================================
//函数名称:CHRV3ByteLocate
```

```
//函数返回:无
//参数说明:无
//功能概要:以字节为单位移动当前文件指针
//=====================================================================
uint8_t  CHRV3ByteLocate(void );

//=====================================================================
//函数名称:CHRV3ByteRead
//函数返回:无
//参数说明:无
//功能概要:以字节为单位从当前位置读取数据块
//=====================================================================
uint8_t  CHRV3ByteRead( void );

//=====================================================================
//函数名称:CHRV3ByteWrite
//函数返回:无
//参数说明:无
//功能概要:以字节为单位向当前位置写入数据块
//=====================================================================
uint8_t  CHRV3ByteWrite( void );
```

由于 MassStorage 类与 CDC 类不同,需要了解文件的结构等信息,在本书中不作详细介绍,详细信息可参照电子资源中的代码。

11.3　嵌入式以太网的通用基础知识

11.3.1　以太网的由来与协议模型

1. 以太网的由来与发展简史

计算机网络是指通过通信介质将地理上分散的计算机连接起来,以实现相互通信和资源共享(硬件和软件资源)。以太网(Ethernet)是现有计算机网络中采用得最广泛的技术,最初是由在 Xerox 工作的 Bob Metcalfe 于 1973 年发明的(他后来创建了著名的 3Com 网络公司)。Ether 一词在电磁学中曾表示充满宇宙的介质。Ethernet 寓意将遍布全球。

以太网最早是由 Xerox 研发,经 DEC 公司和 Intel 公司联合扩展,于 1982 年公布的基带局域网规范。以太网 IEEE802.3 规范就是以此为基础制定的。按照 ISO 开放互联参考模型的分层结构,以太网规范只包括该通信模型中的物理层和数据链路层。而俗称的以太网技术不仅包括上述以太网规范,而且还包括 TCP/IP 协议族,有时甚至把应用层的超文本传输协议 HTTP、简单邮件传送协议 SMTP、域名服务 DNS 和文件传输协议 FTP 等都与以太网这个名词捆绑在一起。

早期以太网只有 10 Mb/s 的吞吐量，使用一种被称之为 CSMA/CD(带有冲突检测的载波侦听多路访问)的访问控制方法，这种早期的以太网被称为标准以太网。随着网络技术的不断发展，1995 年 3 月 IEEE 宣布了 IEEE802.3 100BASE-T 快速以太网标准，标志着快速以太网时代的开始，目前快速以太网正在继续发展。

2. 以太网拓扑结构

网络拓扑结构反映了网络中各实体间的连接关系，它是实现各种网络协议的必然依托，对网络性能和系统可靠性都有重大影响。常用的结构有总线型拓扑结构和星形拓扑结构。

总线型拓扑结构：将网络中所有设备通过相应的硬件接口直接连接到公共总线上，节点之间按广播方式通信，某个节点发出的信息，其他所有节点均可“收听”到。它结构简单、布线容易、易于扩充，是局域网中常用的拓扑结构。但是由于所有的数据都需经过总线传送，因此总线成为整个网络的瓶颈，带宽受限，且出现故障时诊断较为困难。

星形拓扑结构：每个节点都有单独的通信线路与中心节点连接，中心节点采用专门的网络设备，如交换机。与总线型拓扑结构相比，每个节点发出的数据，在中心节点处转发时可能会受到某些限制，然而星形拓扑结构更便于管理，且连接点的故障容易监测和排除，但同时对中心节点要求更高，一旦中心节点出现故障，就很可能导致整个网络瘫痪。尽管如此，**目前以太网使用星形拓扑结构组网的较多。**

3. 网络协议模型

为了清晰地研究复杂的计算机网络，针对其所执行的各种功能，国际组织提出了“网络系统层次模型”的概念，下面将简要介绍基于该概念的两种主要网络参考模型。

(1) OSI 参考模型

国际标准化组织(International Standards Organization，ISO)在 1983 年颁布的“开放系统互连(Open Systems Interconnection，OSI)”参考模型中，将整个网络功能划分为 7 个层次，从上至下依次是应用层、表示层、会话层、传输层、网络层、数据链路层和物理层。该参考模型结构如图 11-8 所示，各层简明功能如表 11-4 所列。

国际电子电器工程师协会(The Institute of Electrical and Electronic Engineer，IEEE)定义的 IEEE802.3 协议，将图 11-8 中的数据链路层划分为逻辑链路控制(Logic Link Control，LLC)子层和介质访问控制(Medium Access Control，MAC)子层。

逻辑链路控制子层使上层在使用网络服务时，不必考虑其下层是如何设置的，它会启动控制信号的交互、组合数据的流通、解释命令、发出响应，并实现错误控制及恢复等功能。而介质访问控制子层则负责定义各种不同的访问控制方法，以决定如何控制实际传输介质的使用。

(2) TCP/IP 协议模型

由图 11-8 可知，TCP/IP 协议模型的层次比 OSI 参考模型的 7 层要少，由应用层、传输层、网络层及数据链路层组成。与 OSI 参考模型相比，它的应用层对应于 OSI 参考模型的应用层、表示层和会话层；数据链路层对应于 OSI 的数据链路层和物理层；传输层和网络层则分别对应于 OSI 的传输层和网络层，各层的简明功能如表 11-4 所列。

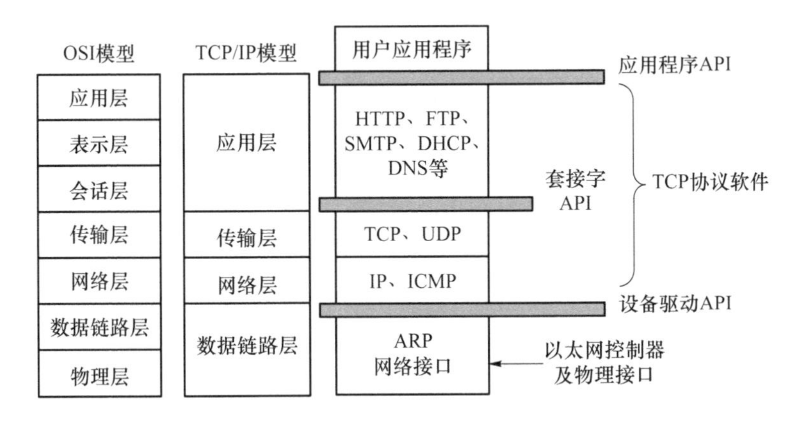

图 11-8　网络参考模型及协议对应关系

表 11-4　网络模型的各层简明功能

OSI 模型	TCP/IP 模型	功　能
应用层	应用层	实现网络虚拟终端的功能以及用户终端功能之间的映射，提供 FTP、HTTP、SMTP 等功能
表示层		用标准编码方式对数据进行编码，对该数据结构进行定义，并管理这些数据
会话层		把要求建立会话的用户地址转换成相应的传送开始地址，以实现正确的传送连接
传输层	传输层	接收从会话层发出的数据，根据需要把数据划分为许多很小的单元（即报文），传送给网络层
网络层	网络层	① 处理来自传输层的分组发送请求，收到请求后，将分组装入 IP 数据报，填充报头，选择去往信宿机的路径，然后将数据报发往适当的网络接口。 ② 处理输入数据报，检查其合法性，然后再进行寻径；处理 ICMP 报文，处理路径、流控、拥塞问题
数据链路层	数据链路层	① 将待发送的数据封装在多个数据帧里，并顺序地发送每一帧，同时处理接收方回送的确认帧。 ② 该层通过在帧头和帧尾附加上特殊的二进制编码，产生和识别帧界
物理层		按照传送介质的电气机械特性传送数据，传送单位主要以位（bit）为单位，并将信息按位逐一从一个系统经物理通道送往另一个系统

4. 协议的封装过程

各网络主机间的通信实际上可被视为各层的对等实体之间在进行通信，除了最底层的对等实体间进行的是实际通信外，其他对等实体之间都是虚通信，即没有数据流从一台主机的某一层（除了最底层）直接流向另一台主机的相应层，它们之间的通信其实是通过下层提供的服务来完成的。

图 11-9 说明了网络上运行 HTTP 协议的两台主机的通信模型。实线表示真实通信链路，虚线表示逻辑通信过程。左边是 HTTP 客户端，右边是 HTTP 服务器。在该模型的每个层面上双方都使用特定的协议进行通信。比如在链路层中使用的是以太网协议，即使用以太帧的格式来收发数据；而在应用层则使用了 HTTP 协议。在某些层中可以使用的协议有多个，比如运输层既可以使用 UDP 协议，也可以使用 TCP 协议，这些协议的具体内容及使用方法，后面将会讨论。

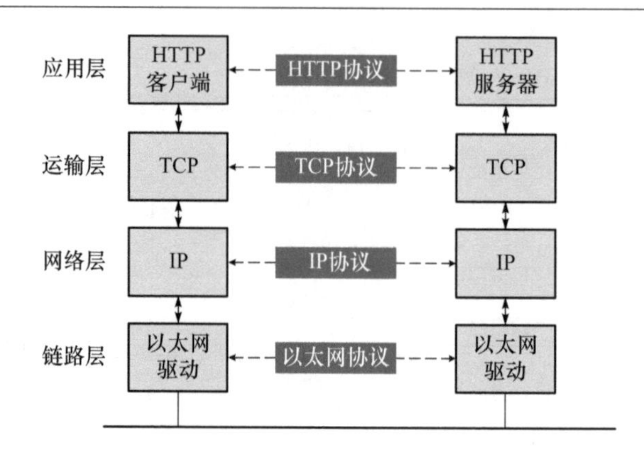

图 11-9 以太网上运行 HTTP 协议的两台主机通信模型

当用户使用 TCP/IP 协议传输数据时，数据被送入协议栈中，然后逐个通过每层直到形成一串比特(bit)流被送入网络。每层对收到的来自上层的数据都要增加首部信息，以打上本层的烙印，协议逐层封装过程如图 11-10 所示。其中 TCP 传给 IP 的数据单元称为 TCP 报文段(简称 TCP 段)，IP 传给网络接口的数据单元称为 IP 数据报(简称 IP 段)。通过以太网传输的数据称为帧(Frame)，有时也叫以太帧。

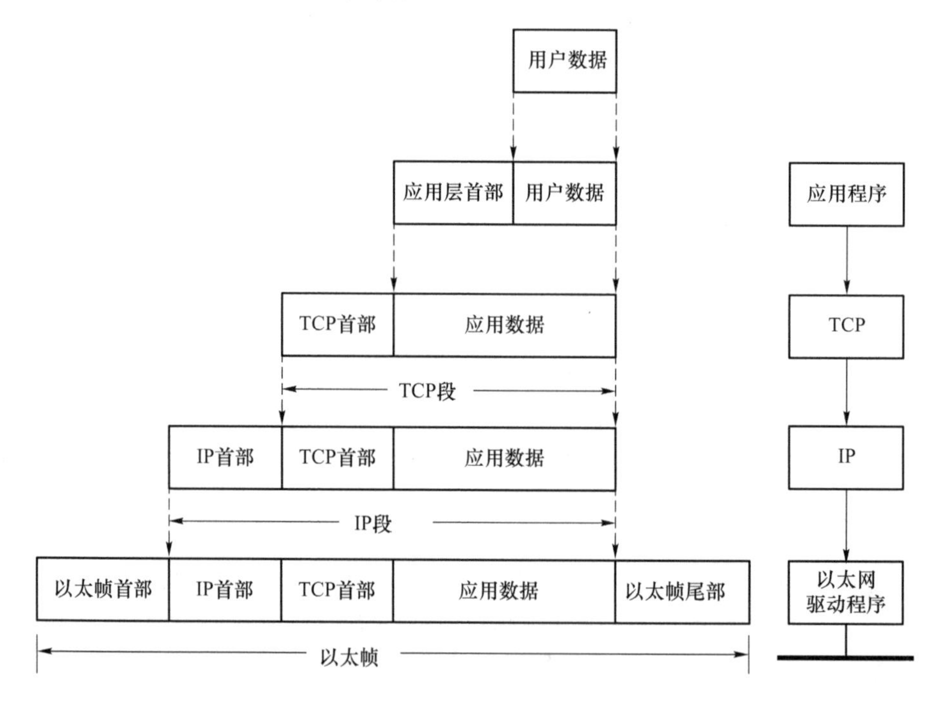

图 11-10 协议逐层封装过程

11.3.2 以太网中的主要物理设备

1. 网 卡

网卡主要实现计算机与外界网络的连接。网卡又称为网络适配器(Adapter)或网络接口卡 NIC(Network Interface Card)等。它是工作在数据链路层的组件,是局域网中连接计算机和传输介质的接口,不仅能实现与局域网传输介质之间的物理连接和电信号匹配,还涉及帧的发送与接收、帧的封装与拆封、介质访问控制、数据的编码与解码以及数据缓存等功能。具有以太网功能的嵌入式终端设备需要含有网卡的部分功能。

2. 网　线

网线用于局域网连接,常见的网线主要有双绞线、同轴电缆和光缆三种。具有以太网功能的嵌入式终端设备常用双绞线与网络系统连接。双绞线是指互相绝缘的金属导线绞合形成的对线。它们的这种绞合方式可抵御很大一部分外界电磁干扰。实际使用的典型双绞线电缆有四对,放在一个电缆套管里。它可分为屏蔽双绞线(Shielded Twisted Pair,STP)和非屏蔽双绞线(Unshielded Twisted Pair,UTP)两种。屏蔽双绞线 STP 比非屏蔽双绞线 UTP 稳定性好,但价格也稍高一些。**购买时,注意双绞线有五类、超五类、六类等,适用于不同的传输速率,价格差别较大。**

常用网线的内部 8 根线按数字顺序其颜色分别为橙白、橙、绿白、蓝、蓝白、绿、棕白、棕。1 和 2 用于差分发送,3 和 6 则用于差分接收,4、5、7 和 8 暂不使用,1 和 2、3 和 6 必须双绞以最大限度地减少电磁干扰。

在实际使用时,接好网络接头的网线,注意有交叉线与直通线之分。两台网络终端设备直接互连时使用交叉线,其他情况使用直通线。

3. 交换机

交换机(Switch),或称交换式集线器,工作在数据链路层,它在内部维护一个 MAC 地址/端口映射表和缓存区域,实现依据 MAC 地址与端口映射关系来转发数据的功能。其简明工作过程如下:①交换机根据收到的数据帧中的源 MAC 地址建立该地址和交换机端口的映射,并将其写入 MAC 地址表中。②交换机将数据帧中的目的 MAC 地址与已建立的 MAC 地址表进行比较,以决定由哪个端口进行转发。③若数据帧中的目的 MAC 地址不在 MAC 地址表中,则向所有端口转发。这一过程称为泛洪(flood)。但当交换机接收到广播帧和组播帧时,也向所有的端口转发。与集线器相比,交换机能够隔离冲突域,每一个端口都是一个独立的冲突域,有效地抑制了广播风暴的产生。交换机支持不同速率的主机通信,为每一相连的网络设备提供专用带宽。交换机工作原理不要求自身具有 MAC 地址及 IP 地址,若有 MAC 地址及 IP 地址,那是为了其他工具对其配置使用。

以上例子中所说的集线器(hub),是指早期的中继式集线器,它工作在“物理层”,其主要功能是对接收到的信号进行再生整形放大,仅通过将一个端口接收的信号重复分发给其他端口来扩展物理介质。所有连接到集线器的设备共享同一介质,所以它们也共享同一冲突域、广播域和带宽。使用集线器的以太网在逻辑上仍是一个总线网,各工作站使用的还是 CSMA/CD 协议,并共享逻辑上的总线,所以在一个特定时间至多只有一台计算机能够发送数据。因此使用 hub 将两台网络终端设备连接起来时,就相当于两台网络终端设备直接互连,所以使用的连接线一个是直通线,另一个是交叉线。由于集线器性能单一,目前一般不再使用。

4. 路由器

当需要在不同网段(后续将会介绍)间传输数据时,就需要使用路由器这种网络互联设备。路由器(Router)工作在网络层,用于连接多个逻辑上分开的网络,它屏蔽了各子网使用的硬件设备的差异。其主要工作就是为经过路由器的每个数据帧寻找一条最佳传输路径,实现基于IP地址的数据转发。路由器中维护一张路由表(Routing Table),供路由选择时使用。路由表中保存着目的网络地址、下一跳路由器的IP地址等。该表可由系统管理员手动设定为静态路由表,也可通过路由器中的路由协议获得动态路由表。

路由器工作原理本身要求其自身具有 MAC 地址及 IP 地址。路由器总是具有两个或两个以上的 IP 地址,即路由器的每一个接口都有一个不同网络号的 IP 地址。路由器作为网关设备时,其 IP 地址,实质上就是网关地址。

11.3.3 相关名词解释

1. MAC 地址与 IP 地址

(1) MAC 地址

MAC(Media Access Control,介质访问控制)地址也叫硬件地址或物理地址,长度为 48 位(6 字节),通常每个字节用 2 位十六进制数表达,每个字节用冒号隔开。如 08:00:20:0A:8C:6D 就是一个 MAC 地址,其中前 3 个字节 08:00:20 代表网络硬件制造商的编号,它由 IEEE 分配,例如:3Com 公司生产的网络适配器的 MAC 地址的前 3 个字节是 02:60:8C;而后 3 个字节 0A:8C:6D 代表该制造商所制造的某个网络产品(如网络适配器)的系列号。每个网络制造商必须确保它所制造的每个以太网设备都具有相同的前 3 个字节以及不同的后 3 个字节,这样就可保证世界上每个以太网设备都具有唯一的 MAC 地址。

MAC 地址前 3 个字节需要向国际组织申请,但是如果仅在自己局域网中使用,则可以采用 22:22:22 开头的 MAC 地址。这段 MAC 地址是内部保留地址,无需向 IEEE 申请,所以一般实验用嵌入式产品可以使用以 22:22:22 开头的 MAC 地址。

MAC 广播地址是全 1,即 FF-FF-FF-FF-FF-FF。在 MAC 地址中,第一字节最低位为 1 表示多播地址,为 0 表示唯一地址;次低位为 1 表示局部唯一地址,为 0 表示全球唯一地址。

(2) IP 地址

Internet 上的每台主机都有一个唯一的 IP 地址。IP 地址由网络号(Network ID)和主机号(Host ID)两部分组成。网络号标识的是 Internet 上的一个子网,而主机号标识的是子网中的某台主机。

IP 地址长度为 32 位,分为 4 段,每段 8 位,如用十进制数字表示,则每段数字的范围为 1~254(0 和 255 除外),段与段之间用句点“.”隔开,例如,192.168.149.1。IP 地址就像是我们的家庭住址一样,如果你要写信给一个人,你就要知道他(她)的地址,这样邮递员才能把信送到,计算机发送信息就好比是邮递员,它必须知道唯一的“家庭地址”才不至于把信送错人家。只不过我们的地址用文字来表示,而计算机的地址用数字来表示。

表征网络号(即**网络地址**)和主机号(即**主机地址**)的 IP 地址可分为 A、B、C、D、E 共 5 类,常用的是 B 和 C 两类。

A 类 IP 地址：用 7 位来标识网络号，24 位标识主机号，**最前面 1 位为“0”**，全世界总共只有 126[1] 个 A 类网络，每个 A 类网络最多可以连接 16 777 214[2] 台主机。

B 类 IP 地址：用 14 位来标识网络号，16 位标识主机号，**最前面 2 位是“10”**。B 类地址的第 1 段取值介于 128～191 之间，前 2 段合在一起表示网络号。B 类地址适用于中等规模的网络，全世界大约有 16 000 个 B 类网络，每个 B 类网络最多可连接 65 534 台主机。

C 类 IP 地址：用 21 位来标识网络号，8 位标识主机号，**最前面 3 位是“110”**。C 类地址的第 1 段取值介于 192～223 之间，前 3 段合在一起表示网络号。最后 1 段标识网络上的主机号。C 类地址适用于校园网等小型网络，每个 C 类网络最多可以有 254 台主机。

网络地址是因特网协会的网址分配机构 ICANN(the Internet Corporation for Assigned Names and Numbers)负责分配，目的是保证网络地址的全球唯一性。主机地址是由各个网络的系统管理员分配的。网络地址的唯一性与网络内主机地址的唯一性确保了 IP 地址的全球唯一性。

根据用途和安全性级别的不同，IP 地址还可分为两类：公用地址和私有地址。公用地址在 Internet 中使用，可以在 Internet 中较为随意地访问。私有地址只能在内部网络中使用，只有通过代理服务器才能与 Internet 通信，IP 地址中的私有地址有：10.0.0.0～10.255.255.255、172.16.0.0～172.31.255.255、192.168.0.0～192.168.255.255。

2. 子网划分和子网掩码

子网掩码将某个 IP 地址划分成网络地址和主机地址两部分，以便于 IP 地址的寻址操作。IP 地址中网络号部分全用“1”，主机号部分全用“0”(二进制)，就是网络的子网掩码。比如 IP 地址“192.168.1.1”和子网掩码“255.255.255.0”。子网掩码“255.255.255.0”中有 24 个“1”，代表与此相对应的 IP 地址左边 24 位是网络号；有 8 个“0”，代表与此相对应的 IP 地址右边 8 位是主机号。这样，子网掩码就确定了一个 IP 地址的 32 位二进制数字中哪些是网络号，哪些是主机号。这对于采用 TCP/IP 协议的网络来说非常重要，只有通过子网掩码，才能表明一台主机所在的子网与其他子网的关系。子网掩码有数百种，最常用的两种子网掩码是“255.255.255.0”和“255.255.0.0”。

3. 网段与网关

网段即为一个网络的网络地址，由主机 IP 地址和子网掩码“按位与”运算得到。不同的网络号为不同的网段。例如：有两个网络地址分别是 192.168.0.0 和 192.168.1.0，若两者的子网掩码均为 255.255.255.0，那么它们属于不同的网段。但如果子网掩码是 255.255.254.0，它们就处同一网段内。在以太网中，只有在同一个网段内的计算机之间才能“直接”互通，不同网段的计算机要通过网关(Gateway，通常为路由器)才能互通。

网关(Gateway)是一种担当转换重任的计算机系统或设备，又称网间连接器或协议转换器(传输网关或应用网关)。作为前者，它在传输层上实现网络的互连，如局域网间的互连；而

① $126=2^7-2$。

② $16\ 777\ 214=2^{24}-2$。

作为后者，它在使用不同的通信协议、数据格式或语言，甚至体系结构完全不同的两种系统之间担任翻译器的角色，它对收到的信息要重新打包，以适应目标系统的需求，常用于广域网的互连，大多数运行在 OSI 七层协议的应用层。本书讨论的网关则指用于局域网互连的传输型网关。

从实际用户来看，网关就是一个网络通向其他网络的 IP 地址。比如有网络 A 和网络 B，网络 A 的 IP 地址范围为"192.168.1.1～192.168.1.254"，子网掩码为"255.255.255.0"；网络 B 的 IP 地址范围为"192.168.2.1～192.168.2.254"，子网掩码为"255.255.255.0"。在没有路由器的情况下，两个网络之间是不能进行 TCP/IP 通信的，即使是两个网络连接在同一台交换机上，TCP/IP 协议也会根据子网掩码(255.255.255.0)判定两个网络中的主机处在不同的网络里。而要实现这两个网络之间的通信，则必须要通过网关。如果网络 A 中的主机发现数据包中的目的主机 IP 地址不在本地网络中，就把数据包转发给它自己的网关，再由网关转发给网络 B 的网关，网络 B 的网关再转发给网络 B 中的某个主机。所以说只有设置好网关的 IP 地址，TCP/IP 协议才能实现不同网络之间的相互通信。实际上具有路由功能的设备，如路由器、启用了路由协议的服务器(实质上相当于路由器)、代理服务器(也相当于路由器)，都可充当网关的角色，它们的 IP 地址也就是网关的 IP 地址。

4. 以太帧

以太网中数据以帧为单位进行传输，一帧数据又被称为以太帧，其格式如图 11-11 所示。实际数据的传输必须经过以太帧的封装和解封装。以太帧中的前导位、帧起始位和 CRC 校验位由硬件自动添加和删除，与上层协议无关，因此以太网驱动程序只需要处理其他字段。

7 字节	1 字节	6 字节	6 字节	2 字节	46～1 500 字节	4 字节
前导位	帧起始位	目的 MAC 地址	源 MAC 地址	长度/类型	数据	CRC 校验

图 11-11　以太帧格式

长度/类型字段：若该字段的值小于或等于 1 500 字节，则表示"数据字段"中的字节数(即长度)。若该字段的值大于或等于 1 536 字节，则表示数据字段中数据的类型，比如 0x0800 表示数据字段存放的是 IP 数据报，0x0806 表示数据字段存放的是 ARP 数据报。如果长度/类型字段的值大于 1 500 字节而小于 1 536 字节，则此以太帧无效。

数据字段：数据报的具体内容。最少 46 字节，不足 46 字节，需程序员填充到 46 字节。最大 1 500 字节，若实际数据超过 1 500 字节，则需程序员分拆传输。

5. CSMA/CD 与自动协商

在以太网中，共享一个网络段的所有计算机形成一个冲突域(collision domain)，载波侦听多路访问/冲突检测(Carrier Sense Multiple Access/Collision Detect，CSMA/CD)是一种解决冲突的方法。在 CSMA/CD 中，每台计算机侦听网线的静默时间(以纳秒为单位)。当网线静默时，需要传输数据的计算机，将通过该段网线发送数据，如果其他计算机没有同时发送数据，则该计算机发送的数据顺利通过。当两台计算机试图同时在一条网线上传输数据时，会引起冲突(collision)，一旦发生冲突，这两台计算机都会检测到冲突，并停止传输，并继续进行侦听，各自随机等候一段时间，侦听到一个静默期后，重新传输。一般情况下，这样的方式可以解决冲突。有时，若有的计算机出现不遵守CSMA/CD的情况，不断地发送数据，则被称为超时传输(jabber)，这通常是由硬件故障造成的。

自动协商用来确定连接对等方的通信能力。它是指本地设备向链路中的远端设备通告自己的工作方式和传输能力，并侦测远端的通告，以使它们能自动配置在最优能力下工作。在自动协商中，发送方每隔16 ms发送一个快速链路脉冲(Fast Link Pulse，FLP)，接收方通过这个脉冲获得链路码字(Link Code Word，LCW)，选择双方所能支持的通信能力，并且通过FLP发送ACK来进行确认。自动协商可以自动确定通信速度与模式。自动协商完成之后按照协商的结果进行正常的数据通信，无需再进行自动协商，直到链路重新加电、重置或者强制重新协商后才重新开始自动协商过程。

6. 半双工与全双工、10BASE-T和100BASE-TX模式

半双工(Half Duplex)：数据可以在一个信号载体的两个方向上传输，但是不能同时传输，即发送操作和接收操作不能并发执行。

全双工(Full Duplex)：在发送数据的同时也能够接收数据，两者同步进行。目前的网卡一般都支持全双工，全双工只存在于点对点连接。

10BASE-T模式：10表示传输速率为10 Mb/s，BASE表示采用基带传输①，T(Twisted)为双绞线，其最大传输距离为100 m，实际传输距离受物理连线影响。物理上使用一种被称为曼彻斯特编码的方式，每位的中间有一个跳变，位中间的跳变既作时钟信号，又作数据信号；从高到低跳变表示“0”，从低到高跳变表示“1”。高电平为+0.85 V，低电平为−0.85 V。

100BASE-TX模式：一种快速以太网模式，100 Mb/s的数据传输速率，在交换式以太网环境中可实现全双工通信。发送端在+1 V和−1 V之间共有3种信号，每种信号之间的电压差为0.6 V；接收端在+0.26 V和−0.26 V之间共有3种信号，每种信号之间的电压差为0.17 V。

11.4　CH32V307的以太网模块应用编程方法

11.4.1　CH32V307的以太网模块简介

1. 基本特性

CH32V307以太网模块集成了千兆MAC，32位DMA控制器、管理计数器、精确时间协议控制器和一个十兆位速度的以太网物理层(10BASE-T PHY)。在不外接其他芯片时能以十兆位的速度接入以太网，在外接千兆以太网物理层后，它能以千兆位的速度接入以太网。本章以10BASE-T PHY为基础，在不外接芯片的情况下实现以太帧的收发功能。

① 将数字信号1和0直接用两种不同的电压表示称为基带信号，在数字通信信道上直接传送基带信号的方法称为基带传输。

这里有必要介绍一下介质无关接口(Media Independent Interface,MII 介质无关接口),它是 IEEE802.3 定义的以太网行业标准,包括一个数据接口、一个 MAC 和 PHY 之间的管理接口。数据接口包括用于发送器和接收器的两条独立信道。每条信道都有自己的数据、时钟和控制信号。MII 数据接口总共需要 16 个信号。管理接口是个双信号接口:一个是时钟信号,另一个是数据信号。通过管理接口,上层能监视和控制 PHY。而 RMII 是简化的 MII 接口,MII 的一个端口需要 14 根数据线,RMII 的一个端口仅需 7 根数据线。CH32V307 芯片在使用千兆以太网时是不能通过引脚直接控制物理层收发器的,必须通过 RMII/MII 接口间接控制物理层收发器。

2. 以太网模块引脚及硬件连接

(1) CH32V307 中 10BASE－T PHY 引脚连接

CH32V307 中 10BASE－T PHY 对外数据传输的引脚只有 4 个:2 个差分输入(RX－、RX＋)和2 个差分输出(TX＋、TX－),实验板已将这些引脚引出。使用以太网时只需要将对应引脚与控制模块连接即可使用。

(2) CH32V307 以太网模块的外部引脚

表 11－5 给出了 CH32V307 以太网的外部接口引脚及功能描述。CH32V307 以太网模块可以通过 MII 和 RMII 两种接口方式与外部以太网收发芯片连接,也可以通过内置的物理层之间的接口与网络接口连接。从表 11－5 可以看出 RMII 与 MII 接口相比少了 MII_COL、MII_CRS、MII_RXCLK、MII_TXCLK、MII_TXER 引脚,多了一个 RMII_REF_CLK 引脚,这是因为 RMII 接口是简化的 MII 接口,而内置物理层接口只需要 4 个引脚。

表 11－5　外部引脚说明

MII	RMII	说　明	输入/输出
MII_COL	—	声明检测一个冲突,并且在冲突持续的过程中保持。此引脚不被定义在全双工模式	输入
MII_CRS	—	载波检测。当为高电平时,指示接收或发送媒介不为空闲。在 RMII 模式下,此引脚即为 RMII_CRS_DV 引脚	输入
MII_MDC	RMII_MDC	输出时钟为 PHY 在 MDIO 引脚上进行数据传输提供了一个时间参考	输出
MII_MDIO	RMII_MDIO	外部 PHY 和媒介传输访问控制之间的传输控制信息。数据同步于 MDC。此引脚在复位之后是输入引脚	输入
MII_RXCLK	—	在 MII 模式,提供到 RXDV、RXD[3:0]和 RXER 的时间参考	输入
MII_RXDV	RMII_CRS_DV	声明此输入指示了 PHY 在 MII 下是否开始正常工作。从第一次开始覆盖帧的开始到最后一次开始,RXDV 需保持状态。声明 RXDV 需不迟于 SFD 和任何 EOF	输入
MII_RXD[3:0]	RMII_RXD[1:0]	当 RXDV 被声明,从 PHY 到 MAC,包含以太网输入帧传输	输入

续表 11 - 5

MII	RMII	说　明	输入/输出
MII_RXER	RMII_RXER	当同 RXDV 一起声明时，指示 PHY 在当前帧中检测到一个错误	输入
MII_TXCLK	—	输入时钟，提供了一个到 TXEN、TXD[3:0]和 TXER 的时间参考	输入
MII_TXD[3:0]	RMII_TXD[1:0]	串行输出以太网数据并且只在 TXEN 声明的阶段中有效	输入
MII_TXEN	RMII_TXEN	指示 MII 是否有效工作。此引脚同第一次首部开始一起被声明，并且在第一次尾随最后一个帧开始的 TXCLD 之前被关断	输出
MII_TXER	—	当声明为一个或多个时钟周期时，此时 TXEN 也被声明，PHY 发送一个或多个非法符号	输出
—	RMII_REF_CLK	在 RMII 模式下，此引脚是接收、发送和控制接口的参考时钟	输入

(3) 网络隔离变压器

网络隔离变压器又称数据泵，是以太网物理层与物理传输介质相连应有的设备。它所起的作用主要有两个：一是传输数据，把差分信号用差模耦合线圈进行滤波以强化信号；二是隔离网线连接的不同网络设备间的不同电平，以防止不同电压通过网线传输损坏设备，起到阻抗匹配、波形修复、杂波抑制等作用。除此之外，它还能对设备起到一定的防雷保护作用。

目前市场上有单独的隔离变压器芯片和内置隔离变压器的 RJ45 接口出售，其工作原理都是一样的，都能够实现上述功能。

3. 以太网物理层收发器 EPHY

CH32V307 以太网模块由以太网物理层收发器 EPHY 和以太网控制器 MAC 两个子模块构成，通过这两者共同完成以太帧的收发。EPHY 与以太网 MAC 之间可以通过 RMII 接口或者 MII 接口进行通信。本章采用内置物理层实现以太帧的收发，无需配置通信接口。

11.4.2 以太网底层驱动构件

1. 物理层

物理层的功能是实现网络连接和二进制比特流的硬件发送，后者由硬件自动完成，读者所要做的重点是设计好物理层的连接函数。

```
//========================================================================
//函数名称:eth_phy_init
//函数返回:成功返回 0,失败返回 1
```

```
//参数说明:sys_clk_mhz:系统时钟频率,单位:MHz
//功能概要:初始化以太网模块
//=================================================================
uint8_t eth_phy_init (uint16 sys_clk_mhz);
//=================================================================
//函数名称:eth_phy_linkState
//函数返回:成功返回 0,失败返回 1
//参数说明:phy_addr:物理层设备地址
//功能概要:检测网络是否已连接
//=================================================================
uint8_t eth_phy_linkState(uint16 phy_addr);
```

2. 链路层

链路层的主要功能:在帧头和帧尾附加特殊的二进制编码来产生和识别帧界;将待发送的数据封装在数据帧里,并顺序发送。基于 CH32V307 的以太网链路层程序主要涉及初始化、以太帧发送和以太帧接收函数。

(1) 链路层初始化

```
//=================================================================
//函数名称:eth_mac_init
//功能概要:链路层初始化
//参数说明:ucMACAddress:MAC 地址
//函数返回:无
//=================================================================
void eth_mac_init(uint8_t ucMACAddress[])
```

(2) 以太帧发送

在本书工程实例中,需要将以太帧中的数据字段内容预先存放在一维数组中,并通过传址和传值的方式将目的 MAC 地址、源 MAC 地址、长度/类型字段等相关信息传递给以太帧发送函数 MAC_FrameSend。

```
//=================================================================
//函数名称:eth_ethernet_send
//功能概要:初始化发送缓冲区
//参数说明:ch:发送缓冲区
//         len:发送字节长度
//函数返回:无
//=================================================================
void eth_ethernet_send( uint8_t ch[], uint16_t len);
```

注意:待发送的数据使用数组参数 ch 传入。函数的主要功能是将待发送的以太帧放入发送缓冲区,并启动发送,剩下的事情由硬件完成。发送完成后,相应发送准备就绪位被以太网 MAC 模块清零(程序由此判断发送是否完成);若发送帧中断使能,则产生相应中断。

(3) 以太帧接收

接收以太帧有两种方法:查询法和中断法。由于中断法有更高的执行效率,因此本书实例使用中断法接收以太帧。不论是查询法还是中断法,均需要使用以下函数。

```
//=================================================================
//函数名称:eth_frame_receive
//功能概要:初始化发送接收缓冲区
//参数说明:无
//函数返回:无
//=================================================================
uint8_t eth_frame_receive(uint8_t ch[], uint16_t * len);
```

事实上,以太网接收函数的功能就是将接收缓冲区的以太帧复制出来,并为下一次接收做好准备,而被复制的以太帧由以太网 MAC 模块硬件自动接收。以太网 MAC 模块收到一个以太帧后,会产生一个接收帧中断(需在初始化时使能该中断)。在接收帧中断处理中进行以太帧的接收,具体方法见测试实例。

11.4.3　以太网测试实例

本小节共设计了 7 个测试实例,按照自下而上的顺序分层介绍,以便读者更好地理解构件驱动的设计和使用。

1. 第一个构件实例:网络连接

为了加深理解,下面给出第一个测试实例的使用过程:使用交叉网线将 CH32V307 设备与 PC 相连接。

1) 程序运行现象说明

将工程"..\04_Software\CH11\01-ETH-CH32V307-NetLink"烧录到目标板中,观察实验现象。

① 现象 1:若连接成功,则 PC 右下角显示标志,否则显示标志。PC 需要启动本地连接,且设置允许网络连接状态显示(可在"本地连接"属性对话框中"常规"的选项卡下方勾选"☑连接后在通知区域显示图标(W)"及"☑此连接被限制或无连接时通知我(M)")。

② 现象 2:烧录成功后,若可以在"更新与运行提示信息"中看到提示信息"Linked!",表示连接成功,否则提示"Unlinked!"

2) 工作原理说明

PC 网卡(一般都具有自动协商功能)通过发送链路脉冲信号来协调与目标板兼容的速率和工作方式。本样例程序使用的就是自动协商功能。

在实际使用中,若自动协商不能确定通信对方的工作方式,则可通过编程测试,然后确定实际工作方式,而不采用自动协商功能。**注意:连接双方最好是同时支持并开启自动协商功**

能,否则可能会产生全半双工不匹配问题。

另外,该样例程序不向PC方发送以太帧数据。读者可以通过查看PC的本地连接属性看出,PC只向外发送数据,但并未收到目标板的返回数据;也可以使用网上电子资源中的"..\05-Tool\CH11\CommView"来查看PC收到和发出的数据。PC发出的数据有ARP数据包、NBNS协议数据包和IGMP数据包,发送这些包的目的是获取连接对方端口及所在工作组的运行情况。

2. 第二个测试实例:以太帧的发送和接收

在第一个测试实例的基础上,第二个测试实例新增了包含以太网MAC模块初始化、以太帧发送和接收功能函数的MAC构件(包括以太网hw_mac.c和以太网hw_mac.h)。其现象是:将目标板与PC用网线连接起来,目标板将接收到的数据通过串口发送给上位机。

接上串行通信线,将网上电子资源中的测试实例"..\04_Software\CH11\02-ETH-CH32V307-MAC"烧录到目标板后,打开上位机的串口调试工具,可发现MCU不断发来的以太帧数据,如图11-12所示,其中高亮显示的为完整一帧的内容。

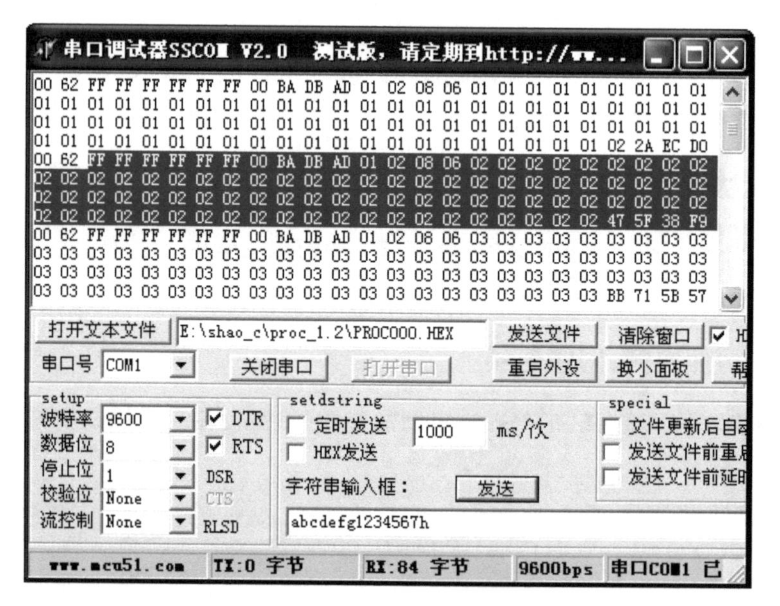

图11-12 以太帧收发测试

3. 第三个测试实例:链路层ARP协议编程

在以太网环境中,为了正确地向目的主机传送报文,必须把目的主机的32位IP地址转换成为48位以太网MAC地址,这样,源主机就需要向与之相连的主机广播ARP请求,以获得目的主机的MAC地址。ARP(Address Resolution Protocol)是地址解析协议的简称,它属于链路层协议,与之配套的还有反向地址解析协议RARP(Reverse Address Resolution Protocol)。嵌入式以太网设备一般在应用中作为终端使用,所以本实例仅实现对ARP请求的应答。

(1) ARP 帧格式

实现 ARP 协议的目的是将 IP 地址转换成物理 MAC 地址。图 11 - 13 给出了 ARP 协议的帧格式。

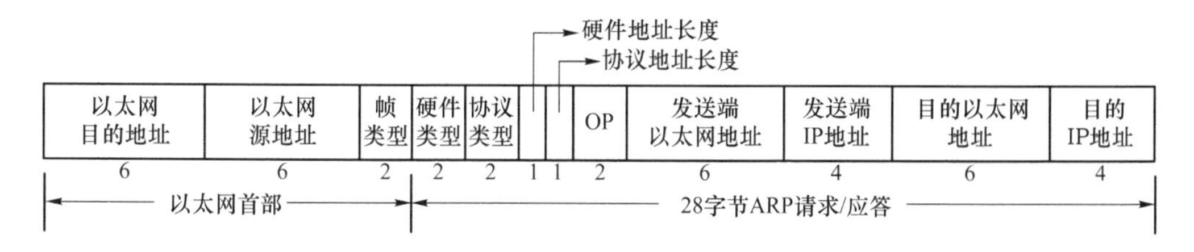

图 11 - 13　ARP 协议的帧格式

以太网中，在向目标主机发送一个 ARP 请求时，如果目标主机处于活动状态则会返回其 MAC 地址，这样，当只知道本网段中目标主机 IP 地址时，就可由此协议获得目标主机的 MAC 地址。

(2) ARP 请求及应答过程

ARP 协议是为了使通信双方获取对方 MAC 地址的通信协议，本书实例实现了 ARP 请求报文的接收和应答的处理功能。

当设备需要知道远程机器的 MAC 地址时，则生成一个 ARP 请求报文，再按以太帧格式在报文前添加目的 MAC 地址、源 MAC 地址和类型(0x0806)封装成以太帧，此时 ARP 请求报文以及以太帧中目的 MAC 地址应全部填 0xFF，最后由 MAC 层的以太帧收发驱动程序将该帧发送到局域网。

当远端设备接收到局域网中某台设备请求自己的 MAC 地址时，则向对方发送 ARP 响应报文，告诉对方自己的 MAC 地址。此时，只需要将以太帧头和 ARP 请求报文的源 IP 和目的 IP 地址、源 MAC 和目的 MAC 地址互换，ARP 报文中的操作字段改成 2，并将本机的 MAC 地址替换该报文的源 MAC 地址字段，最后将该以太帧发往局域网。

1) ARP 请求包的格式

以太帧目的 MAC 地址：0xFFFFFFFFFFFF(表示广播)；源地址：本机 MAC 地址；帧类型：0x0806 表示 ARP 帧；硬件类型：0x01(表示以太网)；协议类型：0x0800 表示 IPv4 协议；硬件地址长度：0x06；协议地址长度：0x04；OP 操作选项：0x01 表示 ARP 请求；发送端以太网地址：本地 MAC 地址；发送端 IP 地址：本地主机 IP 地址；目的以太网地址：0x000000000000；目的 IP 地址：目标主机 IP 地址。

所谓广播，表示本网段中所有主机都能收到该数据包。在收到该包后，各主机判断目的 IP 地址是否与本主机 IP 地址匹配，若匹配则发回一个 ARP 应答包，否则丢弃该帧不做处理。

2) ARP 应答包的格式

以太网目的地址：发出探测的主机的 MAC 地址；以太网源地址：本地 MAC 地址(这里本地指被探测主机)；帧类型：0x0806 表示 ARP 帧；硬件类型：0x01 表示以太网；协议类型：0x0800 表示 IPv4 协议；硬件地址长度：0x06；协议地址长度：0x04；OP 操作选项：0x02 表示 ARP 应答；发送端以太网地址：本地 MAC 地址(这里本地指被探测主机)；发送端 IP 地址：本机 IP 地址(这里本地指被探测主机)；目的以太网地址：发出探测的主机的 MAC 地址；目的 IP

地址：发出探测主机的 IP 地址。

(3) ARP 测试方法

在第二个测试实例的基础上，第三个测试实例新增了 ARP 构件（arp.h 和 arp.c），其实现的功能是：对于接收到的以太帧，若判断为 ARP 类型，则调用函数 ARP_ Handle 对 ARP 包进行分析；如果是 ARP 请求包，则发送 ARP 响应。具体程序可参见本书网上电子资源中的“..\04_Software\CH11\03-ETH-CH32V307-ARP”。

ARP 构件对外接口函数如下：

```
uint8_t ARP_Handle(Dlc_Packet * dlc);                          //处理 ARP 包
uint8_t ARP_Reqst(Dlc_Packet * dlc, uint8_t * aimIP);    //ARP 请求
```

该测试实例运行后，启动 PC 端的串口调试器，单击 PC“开始”菜单下的“运行”按钮，输入：cmd，进入 DOS 命令状态，运行界面如图 11－14 所示。

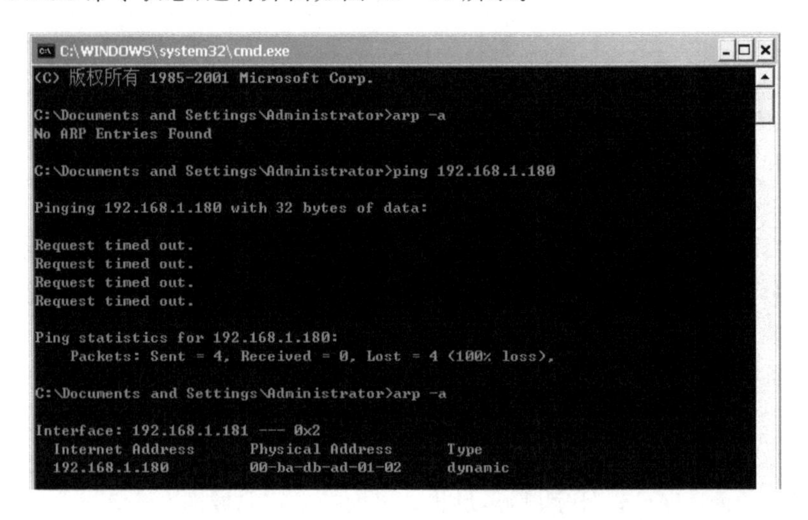

图 11－14　测试 ARP 请求与应答

在 DOS 命令窗口输入命令：

```
arp -a
```

该命令的作用是查看当前 PC 的 ARP 缓存表（IP 地址与 MAC 地址的对应表），结果：一是显示 ARP 缓存中的数据；二是显示“No ARP Entries Found”表示缓存表中没有数据或者只有网关（192.168.1.1）的选项，且 MAC 地址为 00-00-00-00-00-00。接着，在 DOS 命令窗口输入命令：

```
ping  192.168.1.180
```

该命令的作用是以广播方式在子网内发送 ARP 请求（详细内容见 11.3.4 小节）。运行后，在 DOS 命令窗口再次输入命令“arp -a”，检查 ARP 缓存表时，发现已经多了一条“192.168.1.180 00-ba-db-ad-01-02”的记录，这就是 CH32V307 设备的 IP 地址和 MAC 地址，这样

其他网络协议就可以通过查找 ARP 缓冲区来确定目的主机了。

值得注意的是，在此测试实例中，运行 DOS 命令“ping 192.168.1.180”后，发现连续显示了 4 个“Request timed out”，即“请求超时”。这是因为本测试程序仅发送了 ARP 响应，并未对随后接收到的 IP 包进行处理，这一问题将在下面的第四个测试实例中解决。

另外，ARP 协议只能在一个子网内的机器间运行，不同子网的机器之间是不能运行 ARP 请求或应答的，如果要进行网络层以上的通信，则要通过网关接口。所以在此次的测试中，需要将上位机的 IP 地址和测试设备的以太网模块 IP 地址设置在同一个网段中。

4. 第四个测试实例：使用 ICMP 协议响应 ping 请求

网络层是 TCP/IP 协议栈中最复杂的一层，主要解决主机到主机的通信问题。网间的数据报可以根据它携带的目的 IP 地址，通过路由器由一个网络传送到另一个网络。在嵌入式设计中，如果设备只是作为一个网络终端，而不需要具有网关或路由功能时，则只需实现 IP 协议（数据传送）和 ICMP 协议（检测网络）。

(1) IP 协议

1) IP 数据报格式

TCP/IP 协议定义了一个在因特网上传输的包，称为 IP 数据报（IP Datagram）。这是一个与硬件无关的虚拟包，由首部和数据两部分组成，其格式如图 11－15 所示。首部的前一部分是固定长度，共 20 字节，是所有 IP 数据报必须具有的。在首部的固定部分的后面是一些可选字段，其长度是可变的。首部中的源地址和目的地址都是 IP 协议地址。本书的程序中不对可选字段做处理，并且不支持 IP 分片。

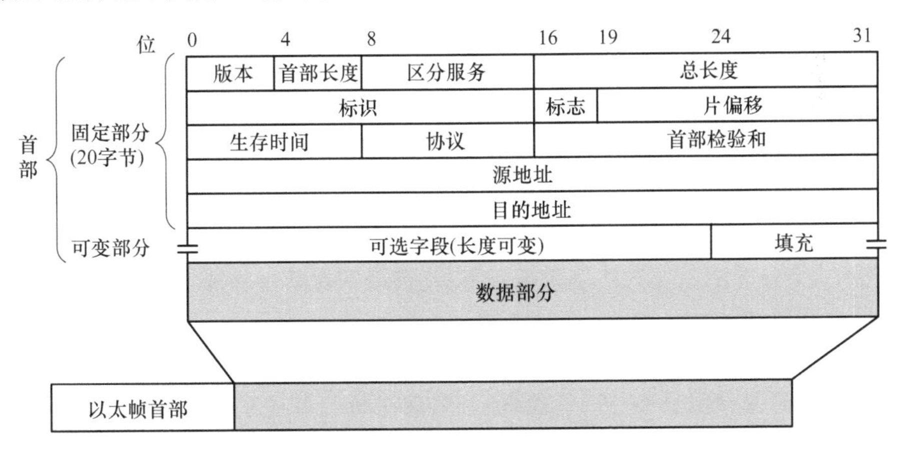

图 11－15　IP 数据报格式

IP 数据报首部的固定部分中的各字段含义如下：

版本（占 4 位）：指 IP 协议的版本。通信双方使用的 IP 协议版本必须一致。目前广泛使用的 IP 协议版本号为 4（即 IPv4）。

首部长度（占 4 位）：可表示的最大十进制数值是 15。**注意：**该字段所表示数的单位是 32 位字（即 4 字节）。例如，当 IP 的首部长度为 1111（即十进制的 15）时，首部长度就达到 60 字节。当 IP 分组的首部长度不是 4 字节的整数倍时，必须利用最后的填充字段加以填充。因此数据部分永远在 4 字节的整数倍开始，这样在实现 IP 协议时较为方便。

区分服务(占 8 位)：用来获得更好的服务。该字段在旧标准中叫作服务类型，但实际上一直没有被使用过。

总长度(占 16 位)：首部和数据长度之和，单位为字节。总长度字段为 16 位，因此数据报的最大长度为 $2^{16}-1=65\ 535$ 字节。

标识(占 16 位)：IP 软件在存储器中维持一个计数器，每产生一个数据报，计数器就加 1，并将此值赋给标识字段。但这个“标识”并不是序号，因为 IP 是无连接服务，数据报不存在按序接收的问题。当数据报由于长度超过网络的 MTU 而必须分片时，这个标识字段的值就被复制到所有的数据报的标识字段中。相同的标识字段的值使分片后的各数据报片最后能正确地重装成为原来的数据报。

标志(占 3 位)：IP 分片时才有用。本书不讨论。

片偏移(占 13 位)：IP 分片时才有用。本书不讨论。

生存时间(占 8 位)：生存时间字段常用的英文缩写是 TTL(Time To Live)，表明是数据报在网络中的寿命。由发出数据报的源点设置该字段，其目的是防止无法交付的数据报无限制地在因特网中兜圈子，因而白白消耗网络资源。最初的设计是以秒为 TTL 的单位。每经过一个路由器时，就把 TTL 减去数据报在路由器消耗掉的一段时间。若数据报在路由器消耗的时间小于 1 s，就把 TTL 值减 1。当 TTL 值为 0 时，就丢弃这个数据报。

协议(占 8 位)：该字段指出此数据报携带的数据是使用何种协议，以便使目的主机的 IP 层知道应将数据部分上交给哪个处理过程。0x01 表示 ICMP 协议，0x06 表示 TCP 协议，0x11 表示 UDP 协议。

首部检验和(占 16 位)：该字段只检验数据报的首部，不包括数据部分。这是因为数据报每经过一个路由器，路由器都要重新计算首部检验和。

源地址(占 32 位)：源 IP 地址。

目的地址(占 32 位)：目的 IP 地址。

2) IP 数据报接收

在接收 IP 数据报时，首先提取首部相关信息字段，在校验通过且相关设置符合要求(如 IP 不分片或数据报是发给本机的等)时，然后将其数据部分提供给更高层的协议处理，否则丢弃。由于嵌入式设备一般是作为终端设备，所以不需要实现转发功能。

3) IP 数据报发送

IP 协议在网络层提供调用接口给其他协议，因此发送程序首先根据调用方的协议类型作相应初始化；然后需要设定目的 MAC 地址，当目的主机与源主机在同一子网内时，可以使用 ARP 协议直接匹配或发送 ARP 请求；但是如果目的主机在另一个子网中，则将目的 MAC 地址设置成默认网关的 MAC 地址，让路由器去转发；最后要做的就是根据图 11 - 16 封装 IP 数据报，再封装成以太帧发送出去。

4) 组网注意事项

随着嵌入式以太网的广泛应用，实际应用中往往不止使用一台嵌入式以太网设备，有时需要使用交换机、路由器等设备来组建一个局域网。在组网时需要注意以下事项：

① IP 地址和 MAC 地址的分配：在进行嵌入式以太网设备组网时(组建局域网)需要给每个设备分配局部唯一的 IP 地址和 MAC 地址，这是由开发者自行分配的，只要确保在该局域

网内是唯一的即可。

② 交换机的使用：当将嵌入式以太网设备连接到交换机时可能会出现无法通信的现象，这是因为不同交换机支持的速率不同，有的支持 100 Mb/s，有的支持 10 Mb/s。所以在编写以太网驱动时要考虑同时尝试这两种连接速率。关于该点读者可以参考电子资源中第一个示例程序。

③ 路由器的使用：将设备连接到路由器时，由于一般的路由器都启动 NAT[①]（网络地址转换）功能，所以在实际应用中需要考虑网内与网外之间通信地址转换问题。例如嵌入式设备本来的 IP 地址为 192.168.41.4，经过路由器 NAT 之后，出去的访问 IP 就可能会变成 192.168.1.176，访问的端口号也会改变，嵌入式设备就处于平时所说的网内，此时如果主机直接通过 UDP 协议访问嵌入式设备是访问不到的。

（2）ICMP 协议

1）ICMP 报文格式

ICMP 协议（Internet Control Message Protocol，Internet 控制报文协议）是 TCP/IP 协议族的一个子协议，用于在 IP 主机、路由器之间传递控制消息，如网络是否连通、主机是否可达、路由是否可用等。该协议属于网络层协议。ICMP 报文是在 IP 数据报内部被传输的，如图 11－16 所示。

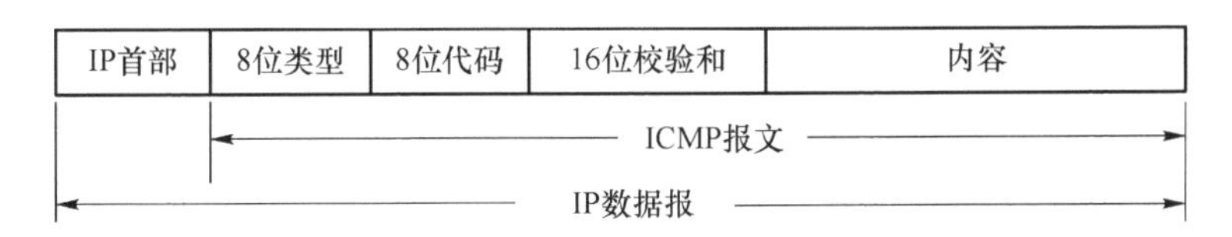

图 11－16　封装在 IP 数据报内的 ICMP 报文

ICMP 报文的类型和代码字段各占 8 位，常用的类型字段值是“8”和“0”，“8”代表该 ICMP 报文为请求回应信息的报文，而“0”代表该 ICMP 报文为一个回应信息报文。

2）ping 命令的使用

ping 命令是 Windows 操作系统自带的一个可执行命令，利用该命令可以检查网络是否能够连通。应用格式：**ping IP 地址**。该命令还可加入各种参数使用。若直接键入“ping”则按回车键即可看到详细说明。

ping 命令通过发送一份“请求回应信息的 ICMP 报文”到目的主机，并等待接收一个“回应信息的 ICMP 报文”，由此来测试目的主机是否可达。因此，该命令的执行过程实际上就是 ICMP 协议工作的过程。在没有访问控制或防火墙的情况下，如果执行 ping 命令不能检测到某台主机，那么就不能在高层的协议（如 UDP、TCP 等）上访问该主机。

当嵌入式设备和 PC 主机通过交叉线直连后，只要 PC 的网卡显示已连通，就可以通过 ping 程序来测试是否可以与该设备通信。因为在网络通信中，嵌入式设备大多是被动接收通信请求的，所以为了简化协议，下面的测试实例只实现 ICMP 回显应答服务。

3）ICMP 测试方法

在第三个测试实例的基础上，第四个测试实例新增了 IP 构件（ip.h、ip.c）和 ICMP 构件

① NAT（网络地址转换）功能：指将内部网络的私有 IP 地址转换为公用 IP 地址。

(icmp.h、icmp.c),其实现的功能是:对于接收到的以太帧,判断是 ARP 包,还是 IP 包。若为 ARP 包并且为 ARP 请求包,则立即发送 ARP 响应;若为 IP 包,则分析其协议类型;若为请求回应信息的 ICMP 报文(ICMP echo),则立即发送回应报文(ICMP echo Reply)。

IP 构件对外接口函数如下:

```
//处理接收到的 IP 包
uint8 IP_Handle(const Dlc_Packet * dlc, uint8_t * ProTyp, const uint8 ch[], uint16_t * len);
//发送 IP 包
uint8 IP_Send(const Dlc_Packet * dlc, const uint8_t * aimIP, const uint8_t proTyp,
const uint8_t ch[], const uint16_t len);
```

ICMP 构件对外接口函数如下:

```
uint8 ICMP_Handle(Dlc_Packet * dlc)                    //处理接收到的 ICMP 包
uint8 ICMP_Reqst(Dlc_Packet * dlc, uint8_t * aimIP)   //回应接收到的 ICMP 包
```

该测试实例运行后,启动 PC 端的串口调试器,单击 PC“开始”菜单下的“运行”按钮,输入:cmd,进入 DOS 命令状态。

首先在 DOS 命令窗口输入命令:“arp -a”,查看当前 PC 的 ARP 缓存表;接着输入命令:“ping 192.168.1.180”,可发现收到 4 个 ICMP 回应信息报文。

为了更详细地查看 ARP 包和 ICMP 包的内容,可运行捕包工具进行查看。本书以常用的捕包工具软件 CommView 为例。该测试实例运行后,启动 CommView,则窗口中也显示出了相关状态信息,如图 11-17 所示。

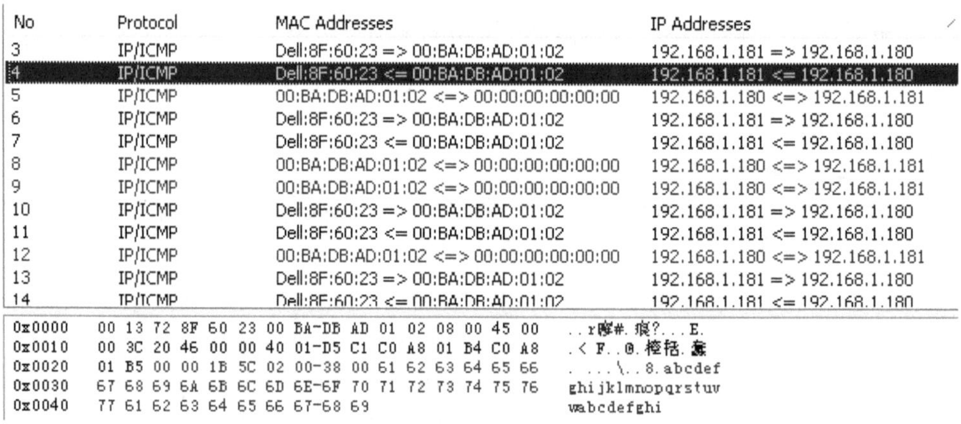

No	Protocol	MAC Addresses	IP Addresses
3	IP/ICMP	Dell:8F:60:23 => 00:BA:DB:AD:01:02	192.168.1.181 => 192.168.1.180
4	IP/ICMP	Dell:8F:60:23 <= 00:BA:DB:AD:01:02	192.168.1.181 <= 192.168.1.180
5	IP/ICMP	00:BA:DB:AD:01:02 <=> 00:00:00:00:00:00	192.168.1.180 <=> 192.168.1.181
6	IP/ICMP	Dell:8F:60:23 => 00:BA:DB:AD:01:02	192.168.1.181 => 192.168.1.180
7	IP/ICMP	Dell:8F:60:23 <= 00:BA:DB:AD:01:02	192.168.1.181 <= 192.168.1.180
8	IP/ICMP	00:BA:DB:AD:01:02 <=> 00:00:00:00:00:00	192.168.1.180 <=> 192.168.1.181
9	IP/ICMP	00:BA:DB:AD:01:02 <=> 00:00:00:00:00:00	192.168.1.180 <=> 192.168.1.181
10	IP/ICMP	Dell:8F:60:23 => 00:BA:DB:AD:01:02	192.168.1.181 => 192.168.1.180
11	IP/ICMP	Dell:8F:60:23 <= 00:BA:DB:AD:01:02	192.168.1.181 <= 192.168.1.180
12	IP/ICMP	00:BA:DB:AD:01:02 <=> 00:00:00:00:00:00	192.168.1.180 <=> 192.168.1.181
13	IP/ICMP	Dell:8F:60:23 => 00:BA:DB:AD:01:02	192.168.1.181 => 192.168.1.180
14	IP/ICMP	Dell:8F:60:23 <= 00:BA:DB:AD:01:02	192.168.1.181 <= 192.168.1.180

```
0x0000   00 13 72 8F 60 23 00 BA-DB AD 01 02 08 00 45 00   ..r?#.??...E.
0x0010   00 3C 20 46 00 00 40 01-D5 C1 C0 A8 01 B4 C0 A8   .< F..@.???.?
0x0020   01 B5 00 00 1B 5C 02 00-38 00 61 62 63 64 65 66   .....\..8.abcdef
0x0030   67 68 69 6A 6B 6C 6D 6E-6F 70 71 72 73 74 75 76   ghijklmnopqrstuv
0x0040   77 61 62 63 64 65 66 67-68 69                     wabcdefghi
```

图 11-17　使用 ICMP 协议响应 ping 请求

5. 第五个测试实例:UDP 报文的发送和接收

运输层是 TCP/IP 协议栈的核心部分,提供端到端的数据传输服务。如果说网络层提供了主机之间的逻辑通信,那么运输层提供的是运行在不同主机上的进程间的逻辑通信。运输层传输的数据格式称为报文段(Segment)。UDP 和 TCP 是该层的主要协议。

(1) UDP 协议

UDP(User Datagram Protocol,用户数据报协议)是一种基本的通信协议,只在发送的报文中增加了端口寻址和可选的差错检测功能。它不是一种握手信息协议,不能确认接收到的数据或交换其他流量控制信息。UDP 是一种非连接协议,主机在使用 UDP 发送报文之前,不检测通信的对方是否已联网或指定的目的端口是否可用于通信。

正因为如此,又将 UDP 称为不可靠协议,即如果只使用 UDP 发送数据,那么发送方不知道目的主机何时以及是否接收到报文。

发送主机将 UDP 报文段置于 IP 数据报的数据字段中。以太网的 IP 数据报存放在以太帧的数据字段中。接收到以太帧后,目的主机将 UDP 报文段的数据部分传递给报头指定的端口或进程。

虽然 UDP 在可靠性等方面不如 TCP,但是 UDP 实现简单,比较适合于特定的应用场合,而且 UDP 可将报文发送到多个目的主机,包括以广播方式发送到局域网内所有的 IP 地址,或者向指定的 IP 地址以组播方式发送。对于 TCP 而言,实现广播和组播都不现实,原因是:源主机必须与所有目的主机握手,当所发握手信号都回传时,网络冲突必然加剧,从而会降低网络运行性能。

(2) UDP 报文的发送和接收

1) UDP 报文格式

UDP 报文由首部(共 4 个字段,8 字节)和要传输的数据组成,如图 11 - 18 所示。

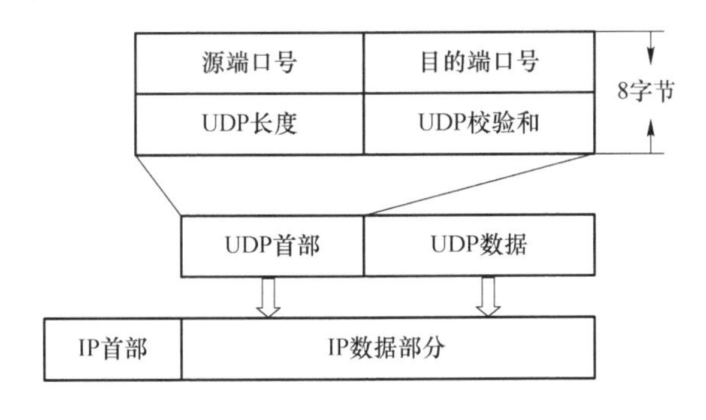

图 11 - 18　UDP 报文格式

源端口号:标识发送报文的主机端口或进程,长度为 2 字节,可选。如果接收进程不需要知道发送数据报的进程,则该字段可置为 0。

目的端口号:标识接收报文的目的主机端口或进程,长度为 2 字节。

UDP 长度:指整个数据报的长度,以字节为单位,包括报头,最大值为 65 535。长度为 2 字节。

UDP 校验和:是根据 UDP 数据报和伪报头计算得到的差错检测值,可选。该字段为 2 字节。关于伪报头,可参考计算机网络相关书籍。其实,仅在局域网内部传输报文不需要 UDP 校验和,因为以太帧的校验和已经提供了差错控制。

一个 UDP 数据报最大可达到 65 535 字节,报头占用 8 字节,因此一个数据报最多可以携带 65 527 字节的数据。实际上,源主机常将数据报限制在较短的长度内。使用较短数据报的一个原因是,过大的数据报可能不适合目的主机的接收缓冲区大小;或因为接收数据的应用程序可能需要特定长度的报文。因此较短数据报也许更高效。当大的数据报经过不同的网络时，网络协议可能会将数据报拆分为片(Fragment)，要求目的主机将这些片重组。但一般来说，在源主机处拆分数据，然后在目的主机处重组，会比依赖 IP 进行这项工作更高效。

2) UDP 测试方法

在第四个测试实例的基础上，第五个测试实例新增了 UDP 构件(udp.h、udp.c)，其实现的功能是：CH32V307 设备接收 PC 通过网线发送的 UDP 报文段后，再回发给 PC。

UDP 构件对外接口函数如下：

```
//处理接收到的 UDP 包
uint8 UDP_Handle(Dlc_Packet * dlc, uint8_t udp_data[], uint8_t * udp_srcIP, \
        uint16_t * udp_srcPort, uint16_t * udp_dstPort, uint16_t * udp_Len);
//发送 UDP 包
uint8 UDP_Send(Dlc_Packet * dlc, uint8_t data[], uint16_t udp_srcPort, \
        uint16_t udp_dstPort, uint8_t * dstIP, uint16_t daLen);
```

函数 UDP_Handle 的设计思想是：如果 IP 数据报接收成功，则从 UDP 报文段中剥离报头。如果使用了 UDP 校验和，则计算其值，并与接收到的值相比较。根据目的端口号决定将接收到的数据转发到何处。

函数 UDP_Send 的设计思想是：发送 UDP 报文段时，在 UDP 报头的相应位置设置目的端口号和数据长度。报头中的源端口号和校验和都是可选项。计算校验和需要知道源和目的 IP 地址。在报头后添加待发送的数据。在 IP 数据报的数据部分放置 UDP 报文段。IP 数据报需要源和目的 IP 地址，以及根据报头计算的校验和，将 IP 数据报传送给以太网控制器，以便向网络发送。

6. 第六个测试实例：TCP 报文的发送和接收

TCP 称为面向连接的协议，因为进程在交换数据之前必须先彼此建立通信连接。TCP 是一种可靠的协议，因为握手、校验以及序列号和确认号等使源主机可验证数据是否正确地到达目的主机。

TCP 报文段由报头和可选的数据组成(也可能传输不含数据的报头，用于发送状态或控制信息)。术语“报文段”表示单个 TCP 报文段只是完整 TCP 数据传输的一部分。实际上，每次成功的数据传输至少需要 2 个报文段。源主机发送一个或多个包含数据的报文段，目的主机也发送一个或多个报文段确认已接收到的数据。一次可确认多个报文段。与 UDP 相比，不同的是，每个 UDP 数据报都是独立的单元，不需要额外的通信；相同的是，两者都使用端口号表示源和目的主机的进程。

两个进程使用 TCP 发送和接收数据之前，首先要通过 3 次握手建立进程所在的计算机之间的连接。在完成握手时，每台计算机都要确认握手中指定的端口可用于接收来自另一台计算机指定端口的信息，然后双方才可以使用连接向对方计算机发送 TCP 报文段。

如果要关闭连接，则双方都需要发送关闭连接的请求，并且等待对方对请求的确认。

(1) TCP 协议

TCP 协议包括以下几部分内容：

1）第一部分:TCP 报文格式

图 11－19 给出了 TCP 报文格式。一个 TCP 报文由 TCP 首部和 TCP 数据部分组成。其中,TCP 首部以固定的 20 字节开头,后跟一些可选项。

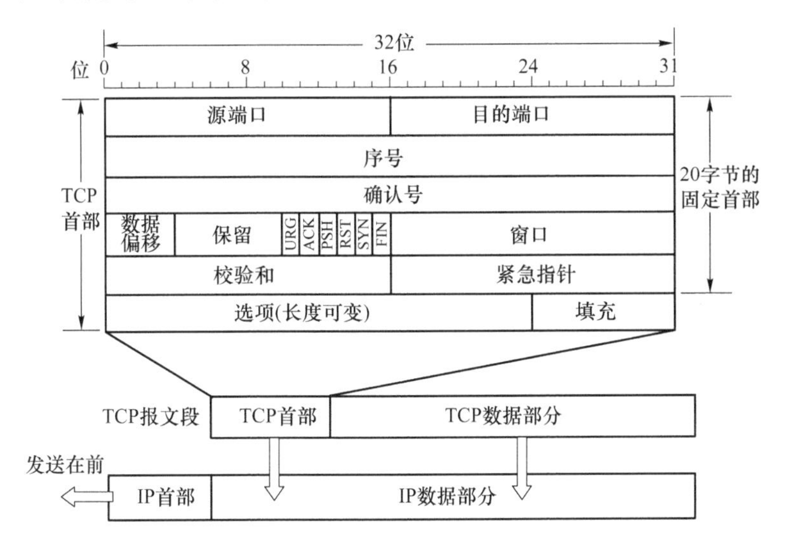

图 11－19　TCP 报文格式

源端口(16 位):它(连同源主机 IP 地址)标识源主机的一个应用进程。

目的端口(16 位):它(连同目的主机 IP 地址)标识目的主机的一个应用进程。这两个值加上 IP 报头中的源主机 IP 地址和目的主机 IP 地址唯一确定一个 TCP 连接。

序号(32 位):用来标识从 TCP 源端向 TCP 目的端发送的数据字节流,它表示在这个报文段中的第一个数据字节的顺序号。如果将字节流看作在两个应用程序间的单向流动,则 TCP 用序号对每个字节进行计数。序号是 32 位的无符号数,序号达到 $2^{32}-1$ 后又从 0 开始。当建立一个新的连接时,SYN 标志变为 1,顺序号字段包含由这个主机选择的该连接的初始顺序号 ISN(Initial Sequence Number)。

确认号(32 位):包含发送确认的一端所期望收到的下一个顺序号。因此,确认序号应当是上次已成功收到数据字节顺序号加 1。只有 ACK 标志为 1 时确认序号字段才有效。TCP 为应用层提供全双工服务,这意味着数据能在两个方向上独立地进行传输。因此,连接的每一端必须保持每个方向上的传输数据顺序号。

数据偏移(4 位):该字段即为 TCP 报头长度,以 32 位为单位,它实际上指明数据从哪里开始。需要这个值是因为任选字段的长度是可变的。该字段占 4 位,因此 TCP 最多有 60 字节的首部。若没有任选字段,正常的长度是 20 字节。

保留(6 位):保留给将来使用,目前必须置 0。

URG:为 1 表示紧急指针有效,为 0 则忽略紧急指针值。

ACK:为 1 表示确认号有效,为 0 表示报文中不包含确认信息,忽略确认号字段。

PSH:为 1 表示是带有 PUSH 标志的数据,指示接收方应该尽快将这个报文段交给应用层而不用等待缓冲区装满。

RST:用于复位由于主机崩溃或其他原因而出现错误的连接。它还可以用于拒绝非法的报文段和拒绝连接请求。一般情况下,如果收到一个 RST 为 1 的报文,那么一定发生了某些问题。

SYN：同步序号，为 1 表示连接请求，用于建立连接和使顺序号同步。

FIN：用于释放连接，为 1 表示发送方已经没有数据发送了，即关闭本方数据流。

窗口大小(16 位)：数据字节数，表示从确认号开始，本报文的源方可以接收的字节数，即源方接收窗口大小。窗口大小是一个 16 位字段，因而窗口大小最大为 65 535 字节。

校验和(16 位)：此校验和是对整个 TCP 报文段，包括 TCP 头部和 TCP 数据，以 16 位字进行计算所得。这是一个强制性的字段，是由发送端计算和存储，并由接收端进行验证。

紧急指针(16 位)：只有当 URG 标志置 1 时紧急指针才有效。紧急指针是一个正的偏移量，和顺序号字段中的值相加表示紧急数据最后一个字节的序号。TCP 的紧急方式是发送端向另一端发送紧急数据的一种方式。

选项：最常见的可选字段是最长报文大小，又称为 MSS(Maximum Segment Size)。每个连接方通常都在通信的第一个报文段(为建立连接而设置 SYN 标志的那个段)中指明这个选项，它指明本端所能接收的最大长度的报文段。选项长度不一定是 32 位字的整数倍，所以要加填充位，使得报头长度成为整字数。

TCP 数据：TCP 报文段中的数据部分是可选的。在一个连接建立和一个连接终止时，双方交换的报文段仅有 TCP 首部。如果一方没有数据要发送，就使用没有任何数据的首部来确认收到的数据。在处理超时的许多情况中，也会发送不带任何数据的报文段。

2）第二部分：TCP 连接的建立、数据传输及关闭

① 建立连接。TCP 连接需要 3 步完成，也就是常说的“三次握手”。

步骤 1：客户端向服务器发送一个 TCP 报头请求建立连接。报头中，初始序列号是客户端随机产生的一个值，确认号是 0；TCP 报头的 SYN 标志置位，客户端告诉服务端序列号区域合法，需要检查。

步骤 2：服务器收到这个同步请求数据包后，会对客户端进行一个同步确认。这个数据包中，序列号是服务器随机产生的一个值，确认号是客户端的初始序列号＋1；同时，SYN 标志置位，ACK 标志置位，表示确认号有效。

步骤 3：客户端收到这个同步确认数据包后，再对服务器进行一个确认。该数据包中，序列号是上一个同步请求数据包中的确认号值，确认号是服务器的初始序列号＋1；同时，ACK 标志置位，表示确认号有效。

② 数据传输。在 TCP 建立连接后，就可以开始进行双向数据传输了。客户端向服务器发送数据包的步骤是：

首先，客户端向服务器发送一个带有数据的数据包，该数据包中的序列号和确认号与建立连接中步骤 3 的数据包中的序列号和确认号相同；ACK 标志置位，表示确认号有效。

然后，服务器收到该数据包后，向客户端发送一个确认包，在确认包中，序列号为接收到的数据包中的确认号值，而确认号为接收到的数据包中的序列号＋数据包中所带数据的大小。服务器向客户端发送数据包的步骤与此类似。

③ 关闭连接。建立一个连接需要 3 个步骤，而关闭一个连接需要 4 个步骤。因为 TCP 连接是双向传输的工作模式，所以每个方向上需要单独关闭。在 TCP 关闭连接时，首先关闭的一方(即发送第一个终止数据包的)将执行主动关闭，而另一方(收到这个终止数据包的)再执行被动关闭。关闭连接的步骤如下：

步骤 1:服务器完成它的数据发送任务后,会主动向客户端发送一个终止数据包,以关闭在这个方向上的 TCP 连接。该数据包中,序列号为客户端发送的上一个数据包中的确认号值,而确认号为服务器发送的上一个数据包中的序列号;同时,FIN 标志置位,表示要关闭连接。

步骤 2:客户端收到服务器发送的终止数据包后,将对服务器发送确认信息,以关闭该方向上的 TCP 连接。这时的数据包中,序列号为步骤 1 中的确认号值,而确认号为步骤 1 的序列号+1;同时,ACK 标志置位,表示确认号有效。

步骤 3:同理,客户端完成它的数据发送任务后,也会向服务器发送一个终止数据包,以关闭在这个方向上的 TCP 连接。该数据包中,序列号和确认号与步骤 2 相同,同时,FIN 标志置位,表示要关闭连接。

步骤 4:服务器收到客户端发送的终止数据包后,将对客户端发送确认信息,以关闭该方向上的 TCP 连接。这时在数据包中,序列号为步骤 3 中的确认号值,而确认号为步骤 3 中的序列号+1;同时,ACK 标志置位,表示确认号有效。

(2) TCP 测试方法

在第五个测试实例的基础上,第六个测试实例 06_TCP_Server 新增了 TCP 构件(tcp. h、tcp. c),其实现的功能是:CH32V307 设备响应 PC 发出的 TCP 连接请求和释放连接请求,接收 PC 发出的数据包,并将数据包中的数据回发给 PC。

TCP 构件对外接口函数如下:

```
//处理接收到的 TCP 包
uint8 TCP_Handle(Dlc_Packet * dlc, uint8_t tcp_data[], uint8_t * tcp_srcIP,
        uint16_t * tcp_srcPort, uint16_t * tcp_dstPort, uint16_t * tcp_Len);
//发送 TCP 包
uint8 TCPSend(Dlc_Packet * dlc,uint8_t * data, uint16_t dataLen, uint8_t * srcIP,
        uint16_t srcPort, uint8_t * destIP, uint16_t destPort );
```

7. 第七个测试实例:HTTP 协议静态页面的实现

应用层位于运输层之上,包含的协议有:超文本传输协议 HTTP(Hyper Text Transport Protocl)、文件传输协议 FTP(File Transport Protocol)和简单邮件传输协议 SMTP(Simple Mail Transport Protocol)等。

(1) HTTP 协议

HTTP 是超文本传输协议的缩写,它是属于应用层的面向对象的协议,主要特点有:

① 支持客户端/服务器模式。

② 当客户端向服务器请求服务时,只需传送请求方法和路径。常用的请求方法有 GET、HEAD、POST。由于 HTTP 协议简单,使得 HTTP 服务器的程序规模小,因而通信速度很快。

③ HTTP 允许传输任意类型的数据对象,正在传输的类型由 Content-Type 加以标记。

④ 限制每次连接只处理一个请求。服务器处理完客户端的请求并收到应答后,即断开连接。采用这种方式可以节省传输时间。

⑤ HTTP 协议是无状态协议。无状态是指协议对于事务处理没有记忆能力，意味着如果后续处理需要前面的信息，则它必须重传，这样可能导致每次连接传送的数据量增大。在服务器不需要先前信息时它的应答就较快。

HTTP 协议由两部分程序实现：一个是客户端程序，一个是服务器程序，它们运行于不同的端系统中，通过交换 HTTP 报文进行会话。HTTP 消息分为请求消息和响应消息两类。要实现 Web 服务器，必须清楚这两部分的构成。下面将描述 HTTP 协议的运作方式及信息格式。

1）第一部分：HTTP 协议的运作方式

基于 HTTP 协议的客户端/服务器模式的信息交换分为以下 4 个步骤：

步骤 1：建立连接。连接的建立是通过申请套接字（Socket）实现的。客户端打开一个套接字并把它约束在一个端口上，如果成功，就相当于建立了一个虚拟文件，以后就可以在该虚拟文件上写数据并通过网络向外传送。

步骤 2：发送请求信息。打开一个连接后，客户端把请求信息发送到服务器的端口上，提出请求。

步骤 3：发送响应信息。服务器在处理完客户端的请求后，向客户端发送响应信息。

步骤 4：关闭连接。客户端和服务器双方通过关闭套接字来结束对话。

2）第二部分：HTTP 请求信息格式

客户端与服务器建立连接后，发送一个请求信息给服务器。HTTP 请求信息由请求行、请求报头、一个空行和请求正文组成，HTTP 请求消息格式如图 11-20 所示。

<table>
<tr><td>请求方法</td><td>空格符</td><td>URL</td><td>空格符</td><td>协议版本号</td><td>回车符</td><td>换行符</td></tr>
<tr><td colspan="5">域名：值</td><td>回车符</td><td>换行符</td></tr>
<tr><td colspan="5">域名：值</td><td>回车符</td><td>换行符</td></tr>
<tr><td colspan="5">……</td><td>回车符</td><td>换行符</td></tr>
<tr><td colspan="7">回车符　换行符</td></tr>
<tr><td colspan="7">请求正文</td></tr>
</table>

图 11-20　HTTP 请求消息格式

请求行的格式为：请求方法、空格、URL、空格、协议版本号、回车符、换行符。其中，请求方法有 GET、POST、HEAD 等；URL 是一个统一资源标识符；协议版本号为 HTTP/1.0 或 HTTP/1.1。

请求报头由若干报头域组成，报头域之间用回车换行符隔开。每个报头域的格式为“域名：值”。

例如，一个 HTTP 请求信息内容可能如下：

```
GET /form.html HTTP/1.1 回车换行
Accept:image/gif,image/jpeg,回车换行
Accept-Language:zh-cn 回车换行
Accept-Encoding:gzip,deflate 回车换行
If-Modified-Since:Wed,05 Jan 2007 11:21:25 GMT 回车换行
```

```
User-Agent:Mozilla/4.0(compatible;MSIE6.0;Windows NT 5.0)回车换行
Host:www.suda.edu.cn 回车换行
Connection:Keep-Alive 回车换行
回车换行
……(请求正文)
```

3）第三部分:HTTP 响应信息格式

服务器接到客户端的请求后,将向客户端发送相应的响应信息。HTTP 响应信息由状态行、响应报头、一个空行和响应正文组成,HTTP 响应消息格式如图 11－21 所示。

版本号	空格符	状态码	空格符	原语	回车符	换行符
域名: 值					回车符	换行符
域名: 值					回车符	换行符
回车符　换行符						
请求正文						

图 11－21　HTTP 响应消息格式

状态行的格式为:协议版本号、空格符、状态码、空格符、原语、回车符、换行符。其中,状态码是服务器发回的响应状态代码,原语(原因短语)为状态代码的文本描述。常见状态码和原语如下:

```
200 OK                     客户端请求成功
400 Bad Request            客户端请求有语法错误,不能被服务器所理解
401 Unauthorized           请求未经授权
403 Forbidden              服务器收到请求,但是拒绝提供服务
404 Not Found              请求资源不存在
500 Internal Server Error  服务器发生不可预期的错误
503 Server Unavailable     服务器当前不能处理客户端请求
```

响应报头与请求报头一样,也是由若干报头域组成。响应正文就是服务器返回的资源的内容。例如,一个 HTTP 响应信息的内容可能如下:

```
……
Date: Thu,08 Mar 200707:17:51 GMT
Connection: Keep-Alive
Content-Length: 23330
Content-Type: text/html
Expries: Thu,08 Mar 2007 07:16:51 GMT
Cache-control: private
回车换行……(响应正文)
```

(2) HTTP 实例测试方法

在第六个测试实例的基础上,第七个测试实例通过 TCP 发送静态的 HTML 文件给 PC

浏览器。其实现的功能是:启动上位机的 IE 浏览器,输入 CH32V307 设备的 IP 地址,如"http://192.168.1.180:8000",则 CH32V307 设备响应 PC 的 HTTP 请求,将预先放置在程序中的 HTML 静态页面内容发送给 PC,并在浏览器中显示出来,界面如图 11-22 所示。

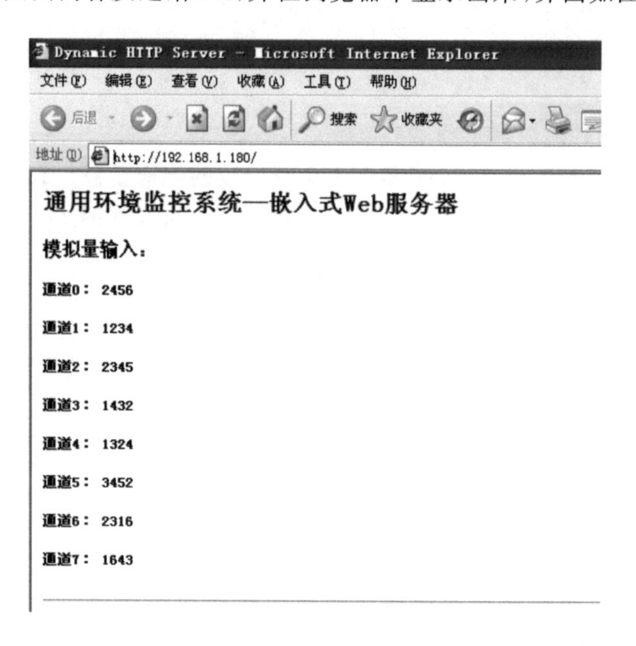

图 11-22 PC 端浏览器打开的 HTTP 静态页面

注意:HTTP 协议运行在应用层,本实例中 CH32V307 作为服务器使用,当客户端请求页面时,CH32V307 服务器给予客户端响应请求端口 TCP 应答,发给客户端浏览器本实例的一个静态页面,让客户端解析显示。但这里有一个问题,**当同一时间,用户访问量太大时,服务器可能会出现处理速度较慢或响应不了的情况,解决办法是在服务器的每个工作端口建立一个处理队列。该队列将接收到的数据缓存下来,再一个一个解析,逐个回应便可解决这个问题。**

11.5 本章小结

本章作为全书难点之一,主要内容有两个部分:USB 及嵌入式以太网。本章首先详细介绍了 USB 的物理特性、硬件连接电路与通信协议;阐述了 USB 设备上电的枚举过程、CH32V307 作为 USB 从机的编程方法,以及 PC 方 USB 接口的驱动程序的设计;给出了编程实例、测试方法和测试实例。

其次介绍了 CH32V307 以太网模块物理层和数据链路层的详细实现方法及构件驱动设计,分别封装了 PHY 和 MAC 构件驱动程序,同时给出了以太网的 7 个测试实例。在测试时,读者应了解并掌握协议的实现过程和协议在以太网中传输、封装、解包等的一系列过程。写程序时一定要注意 CH32V307 是以小端格式存储数据的,而普通的网络协议都是大端的,只有充分理解大端和小端的区别,才能正确并熟练地进行大小端的转换。

习　　题

1. 差分信号的优点有哪些？

2. USB设备分类及设备描述符的作用是什么？

3. USB设备、配置、接口和端点的含义是什么？

4. USB协议中通信的基本单元是包，请问有几种类型的包？

5. 什么是GUID，作用是什么？

6. 编写一个USB高低端通信的实例。USB发送数据给高端，高端通过USB接收数据，高端再利用界面把低端发上来的数据显示出来。

7. 简述TCP和UDP各自的优缺点。在什么情况下使用TCP？在什么情况下使用UDP？

8. 简述TCP建立连接和关闭分别需要几次握手，详述其过程。

9. 利用本章中实现的以太网构件驱动程序，实现一个嵌入式以太网TCP服务器程序，该服务器的功能为，只接收并回应目的端口8080的TCP请求。

第12章　时钟系统与其他功能模块

本章导读：本章主要给出基本功能模块外的其他功能模块，12.1节给出系统时钟的编程方法；12.2节给出CH32V307的4种低功耗模式和3种复位方式；12.3节给出看门狗模块，包括窗口看门狗模块和独立看门狗模块；12.4节给出数字视频接口和安全数字输入/输出。由于系统时钟编程比较复杂，在初始化时使用，因此从第4章开始就先使用未讲解，这里给出编程过程。

12.1　时钟系统

时钟系统是微控制器(MCU)的一个重要部分，它产生的时钟信号要贯穿整个芯片。时钟系统设计的好坏关系到芯片能否正常工作。CH32V307芯片有多个时钟源供选择，每个模块都可以根据自己的需求选择对应的时钟源。

12.1.1　时钟系统概述

CH32V307时钟系统存在多个时钟源，并支持低功耗模式，在外部晶振的正常运行下，时钟模块可以在断电的情况下工作。

CH32V307时钟系统包括以下5个时钟源：

① HSE时钟：高速外部时钟，有2个时钟源：HSE外部晶振/陶瓷谐振器和HSE用户外部时钟，其中使用3～25 MHz的外部振荡器时HSE时钟精度很高。

② HSI时钟：是系统内部8 MHz的RC振荡器产生的高速时钟信号。HSI RC振荡器能够在不需要任何外部器件的条件下提供系统时钟。其优点是成本较低，启动速度要比HSE时钟快，但其精度不及HSE时钟。

③ PLL时钟：时钟系统中有3个PLL，即PLL1、PLL2和PLL3。每个PLL提供多达3个独立输出。内部PLL时钟来源：HSI时钟送入、HSI经过2分频送入、HSE时钟。PLL2和PLL3由HSE通过一个可配置的分频器2(PREDIV2)提供时钟。

④ LSE时钟：LSE是外部的低速时钟信号，包括外部晶体/陶瓷谐振器产生或者外部低速时钟送入，外接32.768 kHz的外部低速振荡器。它为RTC时钟或者其他定时功能提供一个低功耗且精确的时钟源。当处于旁路模式时，需要提供外部时钟源，最高频率不超过1 MHz。

⑤ LSI时钟：LSI是系统内部约40 kHz的RC振荡器产生的低速时钟信号。它可以在停机和待机模式下保持运行，为RTC时钟、独立看门狗和唤醒单元提供时钟基准。

系统时钟(SYSCLK)：可以使用HSI、HSE、PLL来驱动系统时钟，芯片复位后，默认使用

HSI 振荡器(8 MHz)作为系统时钟。时钟系统的框图如图 12－1 所示。

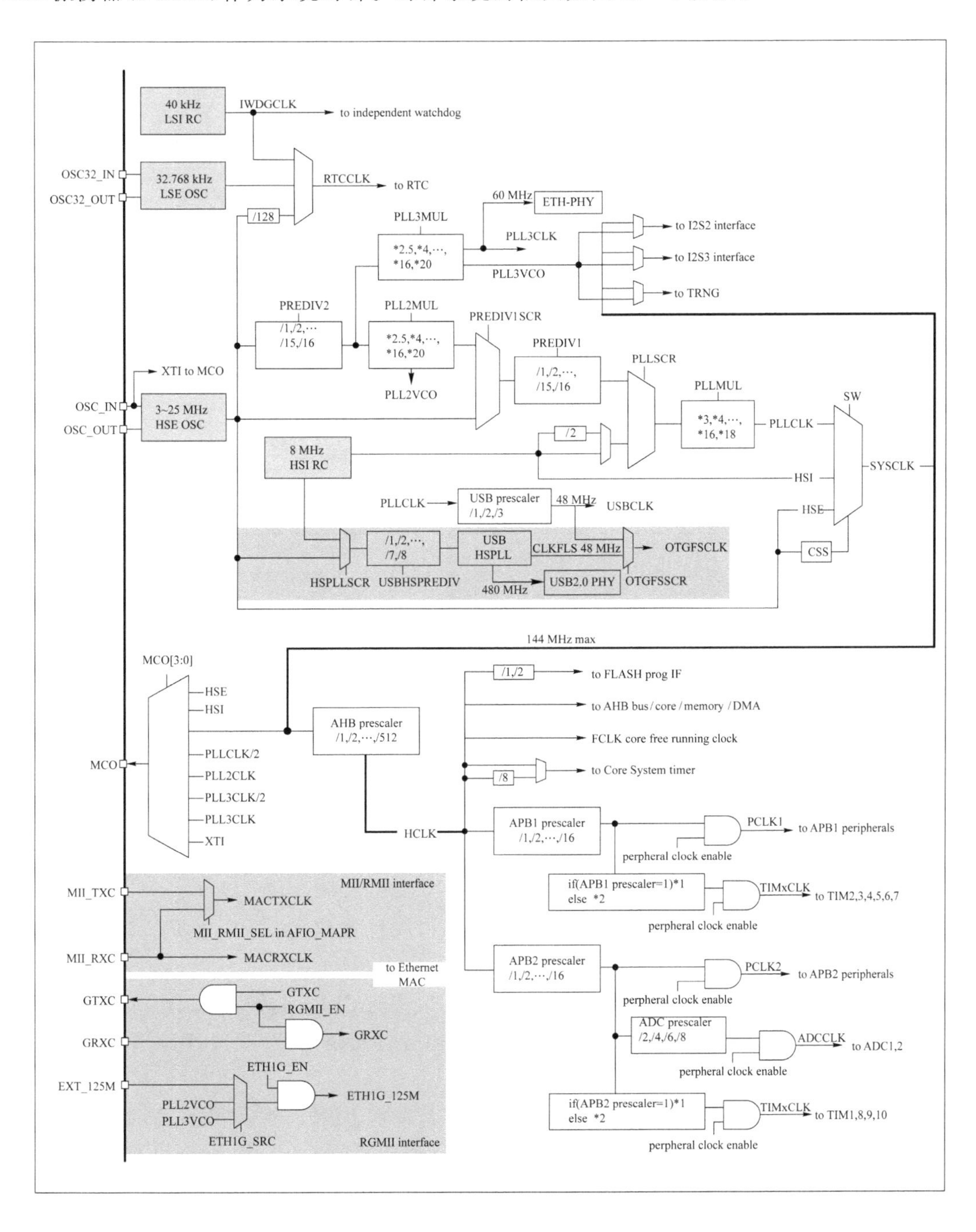

图 12－1　时钟系统的框图

12.1.2　时钟模块寄存器概要

系统时钟包括 9 个寄存器，如表 12－1 所列。通过对其中寄存器信息的读/写，可以选择时钟源、配置时钟频率以及开启时钟中断等。

表 12-1　系统时钟寄存器

绝对地址	寄存器名	R/W	功能简述
0x4002_1000	时钟控制寄存器(RCC_CTLR)	R/W	控制时钟选择
0x4002_1004	时钟配置寄存器(RCC_CFGR0)	R/W	配置时钟
0x4002_1008	时钟中断寄存器(RCC_INTR)	R/W	时钟中断配置
0x4002_1020	后备域控制寄存器(RCC_ BDCTLR)	R/W	后备域控制配置
0x4002_1024	控制/状态寄存器(RCC_ RSTSCKR)	R/W	控制/状态配置

在时钟系统模块中经常使用到的寄存器有时钟控制寄存器(RCC_CTLR)、时钟配置寄存器(RCC_CFGR0)、时钟中断寄存器(RCC_INTR)、控制/状态寄存器(RCC_RSTSCKR)。通过配置这些寄存器可以配置时钟源,从而获得想要的时钟信号。下面详细介绍时钟控制寄存器(RCC_CTLR),其他可查阅《CH32FV2x_V3x 系列应用手册》中的第 3 章。

时钟控制寄存器(RCC_CTLR)可以配置所需要的时钟和频率。复位值为 0x0000_0083。

<table>
<tr><td>数据位</td><td>D31～D30</td><td>D29</td><td>D28</td><td>D27</td><td>D26</td><td>D25</td><td>D24</td></tr>
<tr><td>读</td><td rowspan="2">RES</td><td rowspan="2">PLL3RDY</td><td>PLL3ON</td><td rowspan="2">PLL2DY</td><td>PLL2ON</td><td>PLLRDY</td><td rowspan="2">PLLON</td></tr>
<tr><td>写</td><td></td><td></td><td></td></tr>
<tr><td>数据位</td><td>D23～D20</td><td>D19</td><td>D18</td><td>D17</td><td>D16</td><td colspan="2">D15～D8</td></tr>
<tr><td>读</td><td rowspan="2">RES</td><td rowspan="2">CSSON</td><td rowspan="2">HSEBYP</td><td>HSERDY</td><td rowspan="2">HSEON</td><td rowspan="2" colspan="2">HSICAL[7:0]</td></tr>
<tr><td>写</td><td></td></tr>
<tr><td>数据位</td><td>D7～D3</td><td>D2</td><td colspan="3">D1</td><td colspan="2">D0</td></tr>
<tr><td>读</td><td rowspan="2">HSITRIM[4:0]</td><td rowspan="2">RES</td><td rowspan="2" colspan="3">HSIRDY</td><td rowspan="2" colspan="2">HSION</td></tr>
<tr><td>写</td></tr>
</table>

D31～D30:保留,必须保持复位值。

D29(PLL3RDY):PLL3 时钟就绪锁定标志位(由硬件置位)。其中,1:PLL3 时钟锁定;0:PLL3 时钟未锁定。

D28(PLL3ON):PLL3 时钟使能控制位。其中,1:使能 PLL3 时钟;0:关闭 PLL3 时钟。

D27(PLL2RDY):PLL2 时钟就绪锁定标志位(由硬件置位)。其中,1:PLL 时钟锁定;0:PLL 时钟未锁定。

D26(PLL2ON):PLL2 时钟使能控制位。其中,1:使能 PLL 时钟;0:关闭 PLL 时钟。

D25(PLLRDY):PLL 时钟就绪锁定标志位(由硬件置位)。其中,1:PLL 时钟锁定;0:PLL 时钟未锁定。

D24(PLLON):PLL 时钟使能控制位。其中,1:使能 PLL 时钟;0:关闭 PLL 时钟。

D23～D20:保留,必须保持复位值。

D19(CSSON):时钟安全系统使能控制位。其中,1:使能时钟安全系统。当 HSE 准备好(HSERDY 置 1)时,硬件开启对 HSE 的时钟监测功能,发现 HSE 异常触发 CSSF 标志及 NMI 中断;当 HSE 没有准备好时,硬件关闭对 HSE 的时钟监测功能。0:关闭时钟安全系统。

D18(HSEBYP):外部高速晶体旁路控制位。其中,1:旁路外部高速晶体/陶瓷谐振器(使用外部时钟源)；0:不旁路外部高速晶体/陶瓷谐振器。注:此位需在 HSEON 为 0 下写入。

D17(HSERDY):外部高速晶体振荡稳定就绪标志位(由硬件置位)。其中,1:外部高速晶体振荡稳定;0:外部高速晶体振荡没有稳定。注:在 HSEON 位清 0 后,该位需要 6 个 HSE 周期清 0。

D16(HSEON):外部高速晶体振荡使能控制位。其中,1:使能 HSE 振荡器;0:关闭 HSE 振荡器。注:进入停止或待机低功耗模式后,此位由硬件清 0。

D15～D8(HSICAL):内部高速时钟校准值,在系统启动时被自动初始化。

D7～D3(HSITRIM):内部高速时钟调整值,用户可以输入一个调整值叠加到 HSICAL[7:0]数值上,根据电压和温度的变化调整内部 HSI RC 振荡器的频率。默认值为 16,可以把 HSI 调整到 8(1±1%) MHz;每步 HSICAL 的变化调整约 40 kHz。

D2:保留,必须保持复位值。

D1(HSIRDY):内部高速时钟(8 MHz)稳定就绪标志位(由硬件置位)。其中,1:内部高速时钟(8 MHz)稳定;0:内部高速时钟(8 MHz)没有稳定。

D0(HSION):内部高速时钟(8 MHz)使能控制位。其中,1:使能 HSI 振荡器;0:关闭 HSI 振荡器。注:当从待机和停止模式返回或用作系统时钟的外部振荡器 HSE 发生故障时,该位由硬件置 1 来启动内部 8 MHz 的 RC 振荡器。

12.1.3 时钟模块编程实例

芯片上电复位后,会进行系统时钟初始化,通过设置 RCC 寄存器选择时钟源和分频系数。系统时钟初始化函数 SystemInit 可在本书网上电子资源"../03_MCU/startup/system_ch32v30x.c"中查看。

```
void  SystemInit(void)
{
    RCC->CTLR |= (uint32_t)0x00000001;
    RCC->CFGR0 &= (uint32_t)0xF8FF0000;
    RCC->CTLR &= (uint32_t)0xFEF6FFFF;
    RCC->CTLR &= (uint32_t)0xFFFBFFFF;
    RCC->CFGR0 &= (uint32_t)0xFF80FFFF;
    RCC->INTR = 0x009F0000;
    SetSysClock();
}
```

系统时钟配置函数 SetSysClock 可在本书网上电子资源"../03_MCU/startup/system_ch32v30x.c"中查看。

```
static void SetSysClock(void)
{
     #elif defined SYSCLK_FREQ_72 MHz
     SetSysClockTo72();
}
```

其中，SetSysClockTo72 是将系统时钟设置为 72 MHz。具体配置过程可在本书网上电子资源“../03_MCU/startup/system_ch32v30x.c”中查看。

```
static void SetSysClockTo72(void)
{
  __IO uint32_t StartUpCounter = 0, HSEStatus = 0;
    RCC->CTLR |= ((uint32_t)RCC_HSEON);
  //等待 HSE 准备就绪，如果超时，则退出
  do
  {
    HSEStatus = RCC->CTLR & RCC_HSERDY;
    StartUpCounter++;
  } while((HSEStatus == 0) && (StartUpCounter != HSE_STARTUP_TIMEOUT));
  if ((RCC->CTLR & RCC_HSERDY) != RESET)
  {
    HSEStatus = (uint32_t)0x01;
  }
  else
  {
    HSEStatus = (uint32_t)0x00;
  }
  if (HSEStatus == (uint32_t)0x01)
  {
    //启用预取缓冲区
    FLASH->ACTLR |= FLASH_ACTLR_PRFTBE;
    // FLASH 2 等待状态
    FLASH->ACTLR &= (uint32_t)((uint32_t)~FLASH_ACTLR_LATENCY);
    FLASH->ACTLR |= (uint32_t)FLASH_ACTLR_LATENCY_2;
    //HCLK = SYSCLK
    RCC->CFGR0 |= (uint32_t)RCC_HPRE_DIV1;
    // PCLK2 = HCLK
    RCC->CFGR0 |= (uint32_t)RCC_PPRE2_DIV1;
    //PCLK1 = HCLK
    RCC->CFGR0 |= (uint32_t)RCC_PPRE1_DIV2;
    //PLL 配置：PLLCLK = HSE * 9 = 72 MHz
    RCC->CFGR0 &= (uint32_t)((uint32_t)~(RCC_PLLSRC | RCC_PLLXTPRE | RCC_PLLMULL));
    RCC->CFGR0 |= (uint32_t)(RCC_PLLSRC_HSE | RCC_PLLMULL9);
    //使能 PLL
    RCC->CTLR |= RCC_PLLON;
    //等待 PLL 准备就绪
    while((RCC->CTLR & RCC_PLLRDY) == 0) { }
    //选择 PLL 作为系统时钟源
    RCC->CFGR0 &= (uint32_t)((uint32_t)~(RCC_SW));
    RCC->CFGR0 |= (uint32_t)RCC_SW_PLL;
    //等待 PLL 用作系统时钟源
```

```
        while ((RCC->CFGR0 & (uint32_t)RCC_SWS) != (uint32_t)0x08) { }
    }
    else
    {
    }
}
```

12.2　电源模块与复位模块

12.2.1　电源模块

1. 电源模式控制

在系统复位后，微控制器处于正常工作状态（运行模式），此时可以通过降低系统主频或者关闭不用外设时钟或者降低工作外设时钟来降低系统功耗。如果系统不需要工作，则可设置系统进入低功耗模式，并通过特定事件让系统跳出此状态。CH32V307 提供 4 种功耗模式，如下：

(1) 运行模式(run mode)

在运行模式下，可通过对预分频寄存器编程来降低系统时钟（SYSCLK、HCLK 和 PCLK）速度。在进入睡眠模式之前，可使用预分频器降低外设速度。在运行模式下，可随时停止各外设和存储器的 HCLK 和 PCLK 以降低功耗，可在执行 WFI 或 WFE 指令之前禁止外设时钟进一步降低睡眠模式的功耗。

(2) 睡眠模式(sleep mode)

在睡眠模式下，内核停止运行，所有外设（包含内核私有外设）仍在运行。所有的外设时钟都正常，所以进入睡眠模式前，尽量关闭无用的外设时钟，以降低功耗。该模式唤醒所需时间最短。当 VF4 系统控制寄存器的 SLEEPDEEP 位清零时，根据进入低功耗模式的方式进入睡眠模式。

(3) 停止模式(stop mode)

停止模式是在内核的深睡眠模式（SLEEPDEEP）的基础上结合了外设的时钟控制机制，并让电压调节器的运行处于更低功耗的状态。此模式下高频时钟（HSE/HSI/PLL）域被关闭，SRAM 和寄存器内容保持，I/O 引脚状态保持。该模式唤醒后系统可继续运行，HSI 称为默认系统时钟。如果正在进行闪存编程，那么直到对内存访问完成，系统才进入停止模式；如果正在进行对 APB 的访问，那么直到对 APB 的访问完成，系统才进入停止模式。停止模式下可工作模块有：独立看门狗（IWDG）、实时时钟（RTC）和低频时钟（LSI/LSE）。

(4) 待机模式(standby mode)

待机模式对比停止模式，唯一的差别在于：在某些指定的唤醒条件下退出后，微控制器将被复位，并且执行的是电源复位。待机模式下可工作模块有：独立看门狗（IWDG）、实时时钟（RTC）和低频时钟（LSI/LSE）。

2. 电源模式转换

在应用控制下可进行多种电源模式之间的转换，从而对给定的应用场景提供最佳的电源性能，优化功耗。图 12-2 所示为系统电源模式转换图。

图 12-2 中各个模式的转换方式请参见《CH32V3xx 参考手册》中的 2.3 节。

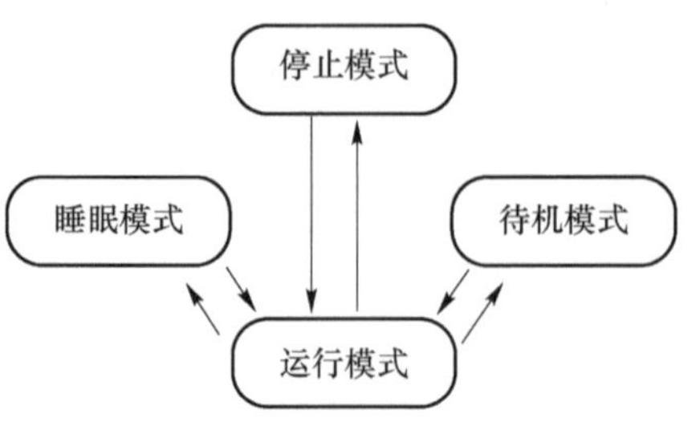

图 12-2 系统电源模式转换图

12.2.2 复位模块

当芯片被正确地写入程序时，经复位或重新上电后才可启动并执行写入的程序。程序出现异常时，也可通过复位的方式重置芯片状态，对系统进行保护。CH32V307 有 3 种不同的复位方法，每种方法都会复位不同的寄存器，或保留部分寄存器的状态。在实际的应用开发、代码调试和程序执行期间，需要选择不同的复位方式来控制设备，这样在重置芯片的同时又不会完全丢失芯片已有的状态信息。

CH32V307 的复位方式主要有 3 种：①电源复位；②系统复位；③后备区域复位。下面将对这 3 种复位方式做详细阐述。

1. 电源复位

电源复位发生时，将复位除了后备区域之外的所有寄存器（后备区域由 VBAT 供电），应用程序中的 PC 指针固定在地址 0x00000004（Reset 向量表）上。

电源复位的触发条件有两种：①上电/掉电复位（POR/PDR 复位）；②从待机模式下唤醒。

2. 系统复位

系统复位发生时，将复位除了控制/状态寄存器 RCC_RSTSCKR 中的复位标志和后备区域之外的所有寄存器。通过查看 RCC_RSTSCKR 寄存器中的复位状态标志位识别复位事件来源。发生以下事件之一，就会产生系统复位：①NRST 引脚上的低电压复位；②窗口看门狗复位；③独立看门狗复位；④软件复位；⑤低功率管理器复位。

3. 后备区域复位

后备区域复位发生时，只会复位后备区域寄存器，包括后备寄存器和 RCC_BDCTLR 寄存器（RTC 使能和 LSE 振荡器）。其产生条件包括：①在 VDD 和 VBAT 都掉电的前提下，由 VDD 或 VBAT 上电引起；②RCC_BDCTLR 寄存器的 BDRST 位置 1；③RCC_APB1PRSTR 寄存器的 BKPRST 位置 1。

12.3 看门狗

看门狗定时器（watchdog timer）具有监视系统功能，当运行程序跑飞或一个系统中的关键系统时钟停止引起严重后果，无法回到正常的程序上执行时，看门狗通过复位系统的方式，将系统带到一个安全操作的状态。在正常情况下，看门狗通过与软件的定期通信来监视系统的执行过程，清看门狗定时器，即定期喂看门狗。如果应用程序丢失，未能在看门狗计数器超时之前清零，则将产生看门狗复位，强制将系统恢复到一个已知的起点。

CH32V307 含有两种看门狗：系统窗口看门狗（WWDG）和独立看门狗（IWDG）。两种看门狗的主要区别在于：系统窗口看门狗需要在指定的计数范围内"喂狗"，否则会触发系统复位，且可使用提前唤醒中断（EWI）；而独立看门狗只需要在计数值到 0 前复位即可，不需要在指定的窗口范围内"喂狗"。

12.3.1　独立看门狗

1. 独立看门狗简介

独立看门狗能够检测并解决软件错误引起的系统失灵问题，当计数溢出时会触发系统复位。独立看门狗的时钟由其专用 40 kHz 低速内部时钟（LSI）提供，只要在向下计数器计数到 0 之前重载计数值就能组织独立看门狗复位。

2. 独立看门狗的寄存器

这里主要介绍独立看门狗的主要寄存器。

(1) 关键字寄存器(IWDG_CTLR)

当程序中启动独立看门狗时，可每隔一段时间通过对关键字寄存器（IWDG_CTLR）的十六位写入特定的值，避免独立看门狗产生复位。复位值为 0x0000_0000。D15～D0（KEY）：操作键值锁。0xAAAA：喂狗。加载重装载值寄存器（IWDG_RLDR）值到独立看门狗计数器中，0x5555：允许修改 R16_IWDG_PSCR 和 R16_IWDG_RLDR 寄存器；0xCCCC：启动看门狗，如果启用了硬件看门狗（用户选择字配置）则不受该限制。

(2) 分频因子寄存器(IWDG_PSCR)

通过分频因子寄存器（IWDG_PSCR）改变计数器时钟的分频因子，来整体改变时钟频率。复位值为 0x0000_0000。D15～D3：保留；D2～D0（PSCR）：IWDG 时钟分频系数，修改此域前要向 KEY 中写入 0x5555。000：4 分频；001：8 分频；010：16 分频；011：32 分频；100：64 分频；101：128 分频；110：256 分频；111：256 分频。IWDG 计数时基＝LSI/分频系数。

(3) 重装载值寄存器(IWDG_RLDR)

重装载值寄存器（IWDG_RLDR）中的 D11～D0 为载入到计数器中的值。寄存器的复位值为 0xFFF。

数据位	D15～D12	D11～D0
读	RES	RLDR
写		

D15～D12：保留。

D11～D0(RLDR):计数器重装载值。修改此域前要向 KEY 中写入 0x5555。当向 KEY 中写入 0xAAAA 时,此域的值将会被硬件装载到计数器中,随后计数器从该值开始递减计数。

(4) 状态寄存器(IWDG_STATR)

状态寄存器(IWDG_STATR)标识着看门狗运行过程中的状态。寄存器的复位值为 0x0000_0000。

数据位	D15～D2	D1	D0
读	RES	RUV	PVU
写			

D15～D2:保留,必须保持复位值。

D1(RUV):重装值更新标志位。硬件置位或清 0。其中,1:重装载值更新正在进行中;0:重装载更新结束(最多 5 个 LSI 周期)。

D0(PVU):时钟分频系数更新标志位。硬件置位或清 0。其中,1:时钟分频值更新正在进行中;0:时钟分频值更新结束(最多 5 个 LSI 周期)。

3. 独立看门狗的配置方式

① 解除分频因子寄存器、重装载值寄存器的写保护。对关键字寄存器(IWDG_CTLR)写入 0x5555 后,可以解除对分频寄存器、重载寄存器的写保护。向关键字寄存器(IWDG_CTLR)写入不同的值会重启写保护。

② 设置预分频寄存器(IWDG_PSCR)的值。独立看门狗的时钟由内部的 RC 振荡器提供,该时钟频率为 32 kHz,可选分频值为 4/8/16/32/64/128/256。

③ 设置重装载寄存器(IWDG_RLDR)的值。"喂狗"操作后,重装载寄存器的值会被加载进入计数器中。预分频寄存器和重装载寄存器的值决定了需要喂狗的频率。假设预分频值为 16,看门狗的时钟为 32 kHz/16=2 kHz,重装载寄存器值为 0xFFF,那么在启动独立看门狗之后,需要在每$\frac{1}{2\ \text{kHz}}\times$0xFFF=2 047 ms 之内对关键字寄存器写入 0xAAAA,否则独立看门狗就会触发复位。

④ "喂狗"操作。向关键字寄存器写入 0xAAAA 会触发计数器加载重装载寄存器的值,使计数器重新开始计数。

⑤ 打开独立看门狗。向关键字寄存器写入 0xCCCC 可以打开独立看门狗。

12.3.2 系统窗口看门狗

1. 系统窗口看门狗简介

系统窗口看门狗(WWDG)通常用来监测由外部干扰或不可预见的逻辑判断造成的应用程序偏离正常运行而产生的软件故障。若在程序没有在递减寄存器的 T[6:0]位变成 0 前刷新递减计数器的值，则看门狗电路在达到预置的时间周期时，会产生一个 MCU 复位。如果在递减计数器达到窗口寄存器值之前刷新控制寄存器中的 7 位递减计数器的值，也会产生 MCU 复位。这意味着必须在限定的时间窗口内刷新计数器。

WWDG 时钟由经预分频的 APB 时钟提供，通过可配置的时间窗口来检测应用程序提前或延迟的操作。WWDG 最适合那些要求看门狗在精确计时窗口内响应的应用程序。

2. 系统窗口看门狗寄存器

这里主要介绍系统窗口看门狗的主要寄存器。

(1) 控制寄存器(WWDG_CR)

控制寄存器(WWDG_CR)可以使能或禁止看门狗，它的 T[6:0]位用来存储看门狗计数器的值。寄存器的复位值为 0x0000_07Fh。

数据位	D15～D8	D7	D6～D0
读	RES	WDGA	T
写			

D15～D8：保留。

D7(WDGA)：窗口看门狗复位使能位。其中，1：开启看门狗功能(可产生复位信号)；0：禁止看门狗功能。软件写 1 开启，但是只允许复位后硬件清 0。

D6～D0(T)：7 位自减计数器，每 $4\,096 \times 2^{WDGTB}$ 个 PCLK1 周期自减 1。当计数器从 0x40 自减到 0x3F 时，即 T6 跳变为 0 时，产生看门狗复位。

(2) 配置寄存器(WWDG_CFGR)

通过设置配置寄存器(WWDG_CFGR)，可以提前唤醒中断，并且修改定时器的时钟，它的 D6～D0 可以用来存储窗口值。寄存器的复位值为 0x0000_07Fh。

数据位	D15～D10	D9	D8～D7	D6～D0
读	RES	EWI	WDGTB	W
写				

D15～D10：保留。

D9(EWI)：提前唤醒中断使能位。若此位置 1，则在计数器的值达到 0x40 时产生中断。此位只能在复位后由硬件清 0。

D8～D7(WDGTB)：窗口看门狗时钟分频选择：其中，00：1 分频，计数时基＝PCLK1/4 096；01：2 分频，计数时基＝PCLK1/4 096/2；10：4 分频，计数时基＝PCLK1/4 096/4；11：8 分频，计数时基＝PCLK1/4 096/8。

D6～D0(W)：窗口看门狗 7 位窗口值，用来与计数器的值做比较。喂狗操作只能在计数器的值小于窗口值且大于 0x3F 时进行。

(3) 状态寄存器(WWDG_STATR)

状态寄存器(WWDG_STATR)标识着中断标志。寄存器的复位值为 0x0000_0000。

数据位	D15～D1	D0
读	RES	EWIF
写		

D15～D1：保留。

D0(EWIF)：提前唤醒中断标志位。当计数器值达到 0x40 时，此位会被硬件置位，必须通过软件清 0，用户置位是无效的。即使 EWI 未被置位，此位在事件发生时仍会照常被置位。

3. 系统窗口看门狗的配置方法

① 使能 WWDG 时钟。与 IWDG 有自己独立的时钟不同，WWDG 使用的是 PCLK1 时钟，初始化 WWDG 时要先使能时钟。

② 配置提前唤醒中断、定时器时基和窗口值。WWDG_CFR 寄存器中的 EWI 位可以使能提前唤醒中断，当计数值达到 0x40 时触发中断。WDGTB 位用来设定定时器时基，窗体看门狗超时计算公式为：$T=[4\ 096\times2^{WDGTB}\times(T[5:0]+1)]/PCLK1$。W 为与计数值相比较的窗口值，当计算值大于窗口值时也会发生复位。

③ 配置 EWI 中断。如果希望在 WWDG 产生实际复位前执行特定的安全操作或数据记录，可使能 EWI 中断，先对 WWDG_STATR 的 EWIF 位清零，再将 WWDG_CFGR 的 EWI 位置 1，最后使能 WWDG_IRQn 中断。

④ 配置激活位和计数值。将初始值写入 WWDG_CTLR 的 T[6:0]位，该值要介于 0x40 和窗口值之间。将 WWDG_CTLR 的 WDGA 位置 1，激活 WWDG。

12.4 数字视频接口与安全数字输入/输出

12.4.1 数字视频接口

数字视频接口(Digital Video Port，DVP)，是传统的传感器输出接口。它支持使用 DVP 接口时序来获取图像数据流，支持按原始的行、帧格式组织的图像数据，如 YUV、RGB 等，也支持如 JPEG 格式的压缩图像数据，能够接收外部 8 位、10 位、12 位的摄像头模块输出的高速并行数据流。

1. DVP 接口连接

DVP 接口与传感器的具体连接方式如图 12-3 所示。

PCLK(pixel clk)：像素时钟，每个时钟对应一个像素数据(非压缩数据)。外部 DVP 接口传感器输出的 PCLK 时钟最大支持 96 MHz。

HSYNC(horizonal synchronization)：行同步信号。

VSYNC(vertical synchronization)：帧同步信号。

D0～D11：像素数据或压缩数据，位宽支持 8/10/12 位。

XCLK：传感器的参考时钟，可由微控制器提供或外部提供，一般使用晶体振荡器。

2. DVP 的应用

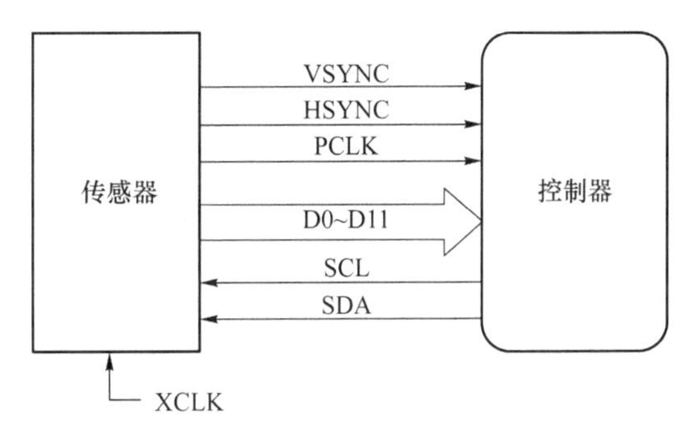

图 12-3　DVP 接口与传感器的连接

① 捕获模式。DVP 接口支持两种捕获模式:快照(单帧)模式和连续模式。在快照模式下,只捕获单帧(R8_DVP_CR1 寄存器中的 RB_DVP_CM 置 1),当使能 DVP 接口后,等待系统检测帧起始,之后开始进行图像数据采样,在接收完整一帧数据后,将关闭 DVP 接口(R8_DVP_CR0 寄存器中的 RB_DVP_ENABLE 字段清 0)。在连续模式下(R8_DVP_CR1 寄存器中的 RB_DVP_CM 清 0),当使能 DVP 接口后,在 R8_DVP_CR0 寄存器中的 RB_DVP_ENABLE 字段清 0 前,会持续采样每帧数据。

② 裁剪功能。DVP 可以使用裁剪功能从接收到的图像中截取一个矩形窗口,该矩形窗口起始坐标(矩形左上角 X 坐标 R16_DVP_HOFFCNT,Y 坐标 R16_DVP_VST)和窗口大小(R16_DVP_CAPCNT 表示水平尺寸,R16_DVP_VLINE 表示垂直尺寸)可配置。

12.4.2　安全数字输入/输出

安全数字输入/输出(Secure Digital Input and Output,SDIO)是指微控制器上一个为操作 SD 卡等外部存储卡或其他设备而设计的通信接口,是微控制器的一个外设。微控制器的 SDIO 直接挂载在 AHB 总线上,由 HCLK 直接提供时钟,能实现较高的通信速度,微控制器的 SDIO 用作 SDIO 主机,被控制的设备也被统称为 SDIO 设备。应用中一般使用 SDIO 来读/写 SD 卡、TF 卡或 eMMC 颗粒,或控制其他使用 SDIO 作为通信接口的设备,比如 WiFi/4G 模块。

1. SDIO 概述

微控制器的 SDIO 支持与 SD 卡或 MMC 卡等存储器通信,需要明确的是,SDIO 仅仅是提供一组实现 SD 卡、MMC 卡规范单次命令传输所需要的时钟,数据和命令控制时序,各命令间的先后组合需要用户通过程序自行确定。此外,对于各种存储卡,SDIO 仅仅只能实现读/写功能,文件系统所提供的对文件的读/写功能需要用户自行通过程序构建文件系统来实现。

2. SDIO 应用

(1) 电压切换

在 SD 卡初始化后期,需要进行接口电平切换,将 SD 卡的时钟线、数据线和命令线的 I/O 电平切换到 1.8 V 水平。对于压摆率不是足够优秀的器件,使用更低的电平标准有助于提升频率。但是 SD 的供电电压并不一定变化,只在较新版本的协议中才出现了低电压供电的 SD 卡。切换电压的步骤如图 12-4 所示。

(2) 时钟切换

初始化时 SD 卡的时钟只有 400 kHz,在电压完成切换之后可以将时钟提升至较高的水平。例如 SDHC 卡 UHS-I 模式第一档速度,总线时钟可达到 80 MHz,鉴于微控制器的 I/O 输出能力,应将时钟限制在 50 MHz 之内。

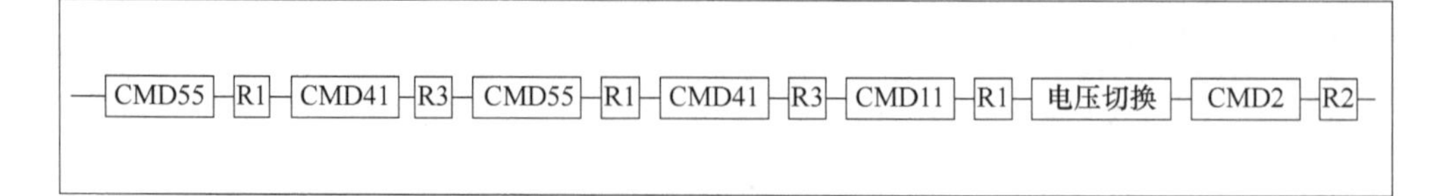

图 12-4 电压切换序列

本章小结

1. 关于 CH32V307 时钟系统

CH32V307 时钟系统包括 6 个时钟源，其中 HSI、HSE、PLL 可以提供系统时钟，LSI、LSE、HSI 可以驱动部分外设，每个 PLL1 都有 3 个独立的输出，对于每个时钟源来说，在未使用时都可单独打开或关闭，以降低功耗。CH32V307 的最高频率为 144 MHz，程序在 RAM 中运行，一般配置为 72 MHz，可以在 FLASH 中运行程序。

2. 关于低功耗模式与复位

CH32V307 支持多种低功耗模式，用户可以选择具体的低功耗模式，以在低功耗、短启动时间和可用唤醒源之间寻求最佳平衡。介绍了复位模块可以在出现异常时使得芯片恢复到最初已知状态，以对系统进行保护。

3. 关于看门狗模块

本章简要介绍了看门狗模块，在系统开发过程中，一般先关闭看门狗功能，避免不必要复位的发生。只有在系统开发完成，调试正常准备投入使用时，才开启看门狗功能。规范使用看门狗可以有效防止程序跑飞。

4. 关于 DVP 和 SDIO

DVP 是传统的传感器输出接口，它支持使用 DVP 接口时序来获取图像数据流，支持按原始的行、帧格式组织的图像数据，也支持如 JPEG 格式的压缩图像数据。SDIO 是指微控制器上一个为操作 SD 卡等外部存储卡或其他设备而设计的通信接口。

习　　题

1. 时钟系统的作用是什么？以一个芯片为例简述系统时钟的初始化过程。
2. 给出一种低功耗模式的使用过程。
3. 从程序员角度考虑，冷复位与热复位的编程有哪些不同？
4. 简述看门狗功能。CH32V307 有哪些看门狗？给出编程实例。
5. 简述 DVP 与 SDIO 的基本功能与用途。

第 13 章　应用案例

本章导读：本章作为扩展及讲座性内容，介绍了嵌入式系统稳定性问题、外接传感器及执行部件的编程方法、实时操作系统的简明实例、嵌入式人工智能的简明实例等，这些内容来自实际应用开发的基本概括，目的是了解嵌入式系统实际应用的相关知识及有关领域，为实际应用提供借鉴。

13.1　嵌入式系统稳定性问题

学习到这里，读者基本上具备了进行嵌入式系统开发的软硬件基础，但是实际开发嵌入式产品时还远不止于此。稳定性是嵌入式系统的生命线，而实验室中的嵌入式产品在调试、测试、安装之后，投放到实际应用中时往往还会出现很多故障和不稳定的情况。由于嵌入式系统是一个综合了软件和硬件的复杂系统，因此仅依靠哪个方面都不能完全地解决其抗干扰问题，只有从嵌入式系统硬件、软件以及结构设计等方面进行全面的考虑，综合应用各种抗干扰技术来全面应对系统内外的各种干扰，才能有效提高其抗干扰性能。在这里，作者根据多年来的嵌入式产品开发经验，对实际项目中较常出现的稳定性问题做简要阐述，供读者在进一步学习中参考。

嵌入式系统的抗干扰设计主要包括硬件和软件两个方面。在硬件方面，通过提高硬件的性能和功能，能有效抑制干扰源，阻断干扰的传输信道，这种方法具有稳定、快捷等优点，但会使成本增加；而软件抗干扰设计采用各种软件方法，通过技术手段来增强系统的输入/输出、数据采集、程序运行、数据安全等抗干扰能力，具有设计灵活、节省硬件资源、低成本、高系统效能等优点，且能够处理某些用硬件无法解决的干扰问题。

1. 保证 CPU 运行的稳定

CPU 指令由操作码和操作数两部分组成，取指令时先取操作码后取操作数。当程序计数器 PC 因干扰出错时，程序便会跑飞，引起程序混乱失控，严重时会导致程序陷入死循环或者误操作。为了避免这样的错误发生或者从错误中恢复，通常使用指令冗余、软件拦截技术、数据保护、计算机操作正常监控（看门狗）和定期自动复位系统等方法。

2. 保证通信的稳定

在嵌入式系统中，会使用各种各样的通信接口，以便与外界进行交互，因此，必须保证通信的稳定。在设计通信接口时，通常从通信数据速度、通信距离等方面进行考虑，一般情况下，通信距离越短越稳定，通信速率越低越稳定。例如，对于 UART 接口，通常可选用 9 600、38 400、115 200 等低速波特率来保证通信的稳定性；另外，对于板内通信，使用 TTL 电平即可，而板间通信通常采用 232 电平，有时为了使传输距离更远，可以采用差分信号进行传输。

另外，为数据增加校验也是增强通信稳定性的常用方法，甚至有些校验方法不仅具有检错功能，还具有纠错功能。常用的校验方法有奇偶校验法、循环冗余校验法(CRC)、海明码、求和校验和异或校验等。

3. 保证物理信号输入的稳定

模拟量和开关量都是属于物理信号，它们在传输过程中很容易受到外界的干扰，雷电、可控硅、电机和高频时钟等都有可能成为其干扰源。在硬件上选用高抗干扰性能的元器件可有效克服干扰，但这种方法通常面临硬件开销和开发条件的限制。相比之下，在软件上可使用的方法则比较多，且开销低，容易实现较高的系统性能。

通常的做法是进行软件滤波，对于模拟量，主要的滤波方法有限幅滤波法、中位值滤波法、算术平均值法、滑动平均值法、防脉冲干扰平均值法、一阶滞后滤波法和加权递推平均滤波法等；对于开关量滤波，主要的方法有同态滤波和基于统计计数的判定方法等。

4. 保证物理信号输出的稳定

系统的物理信号输出，通常是通过对相应寄存器的设置来实现的，由于寄存器数据也会因干扰而出错，所以使用合适的方法来保证输出的准确性和合理性也很有必要，主要方法有输出重置、滤波及柔和控制等。

在嵌入式系统中，输出类型的内存数据或输出 I/O 口寄存器也会因为电磁干扰而出错，而输出重置则是非常有效的方法。定期向输出系统重置参数，这样，即使输出状态被非法更改，也会在很短的时间里得到纠正。但是，使用输出重置需要注意的是，对于某些输出量，如 PWM，短时间内多次的设置会干扰其正常输出。通常采用的方法是，在重置前先判断目标值是否与现实值相同，只有在不相同的情况下才启动重置。有些嵌入式应用的输出需要某种程度的柔和控制，可使用前面介绍的滤波方法来实现。

总之，系统的稳定性关系到整个系统运行的成败，所以在实际产品的整个开发过程中都必须予以重视，并通过科学的方法解决稳定性问题，这样才能有效避免不必要的错误的发生，提高产品的可靠性。

13.2 外接传感器及执行部件的编程方法

本节给出一些常见的嵌入式系统被控单元(传感器)的基本原理、电路接法和编程实践，对应硬件系统为 AHL-CH32V307-EXT。对于没有硬件系统的读者，可以通过阅读了解本节源程序，基本理解应用构件的制作方法及应用方法，达到举一反三的目的。

13.2.1 开关量输出类驱动构件

1. 彩 灯

彩灯的控制电路与 RGB 芯片集成在一个 5050 封装的元器件中，构成一个完整的外控像素点，每个像素点的三基色颜色可实现 256 级亮度显示。像素点内部包含智能数字接口数据锁存信号整形放大驱动电路、高精度的内部振荡器和可编程定电流控制部分，有效保证了像素点光的颜色高度一致。数据协议采用单线归零码的通信方式，通过发送具有特定占空比的高电平和低电平来控制彩灯的亮暗。

彩灯的电路原理图及实物图如图 13－1 所示。

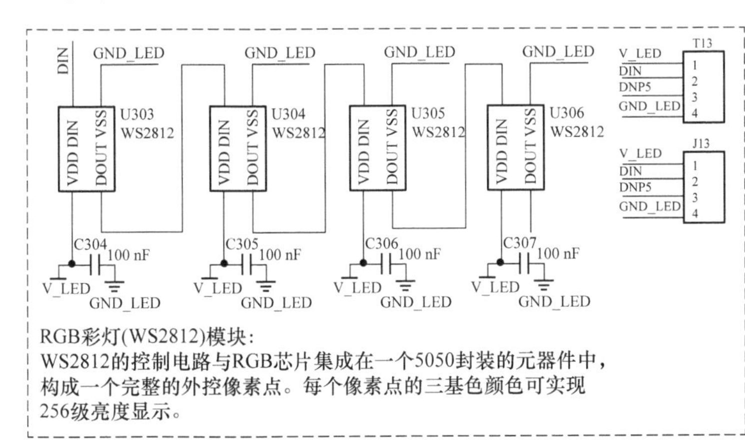

图 13－1 彩灯的电路原理图及实物图

VDD 是电源端，用于供电；DOUT 是数据输出端，用于控制数据信号的输出；VSS 用于信号接地和电源接地；DIN 控制数据信号的输入。彩灯使用串行级联接口，能够通过一根信号线完成数据的接收与解码。

硬件连接参见工程中的文档说明，程序参考本书网上电子资源“..\04-Software\CH13\WJ01-ColorLight”工程。

2. 蜂鸣器

蜂鸣器输出端电平设置为高电平，蜂鸣器发出声响；输出端电平设置为低电平，蜂鸣器不发出声响或停止发出声响。蜂鸣器初始化默认是低电平，不发出声响。

蜂鸣器的电路原理图及实物图如图 13－2 所示。蜂鸣器通过 P_Beep 引脚来控制输出引脚的高低电平。当 P_Beep 对应的状态值为 1 即高电平时，Q401 导通，蜂鸣器发出声响；反之，当 P_Beep 对应的状态值为 0 即低电平时，Q401 截止，蜂鸣器不发出声响或停止发出声响。

硬件连接参见工程中的文档说明，程序参考本书网上电子资源“..\04-Software\CH13\WJ02-BEEF”工程。

3. 马 达

输出端电平设置为高电平，马达开始振动；输出端电平设置为低电平，马达不振动或停止振动；马达初始化默认是低电平，不振动。

马达的电路原理图及实物图如图 13－3 所示。马达通过 AD_SHOCK 引脚来控制输出引脚的高低电平。当 AD_SHOCK 对应的状态值为 1 即高电平时，Q301 导通，马达开始振动；反之，当 AD_SHOCK 对应的状态值为 0 即低电平时，Q301 截止，马达不振动或停止振动。

硬件连接参见工程中的文档说明，程序参考本书网上电子资源“..\04-Software\CH13\WJ03-MOTOR”工程。

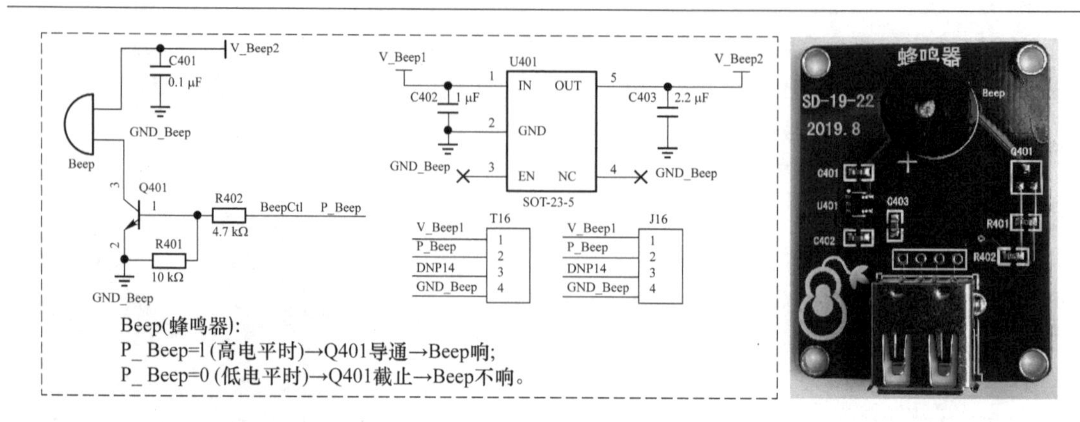

图 13-2　蜂鸣器的电路原理图及实物图

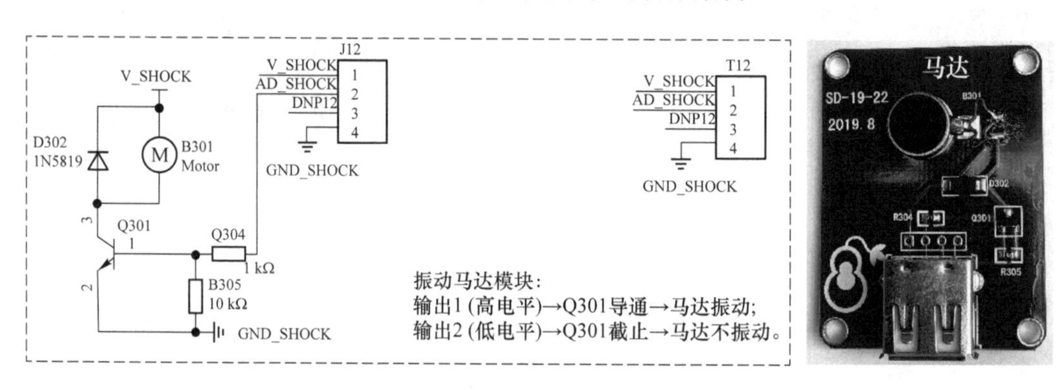

图 13-3　马达的电路原理图及实物图

4. 数码管

在主函数中通过调用 TM1637_Display(a,a1,b,b1,c,c1,d,d1)函数可以点亮数码管,其中数码管的数字显示可在调用函数时设置,a、b、c、d 为要显示的 4 位数字大小;而 a1、b1、c1、d1 为 4 位数字后面的小数点显示,值为 0 则不显示小数点,值为 1 则显示小数点。

数码管的电路原理图及实物图如图 13-4 所示。TM1637 为驱动电路,通过 DIO 和 CLK

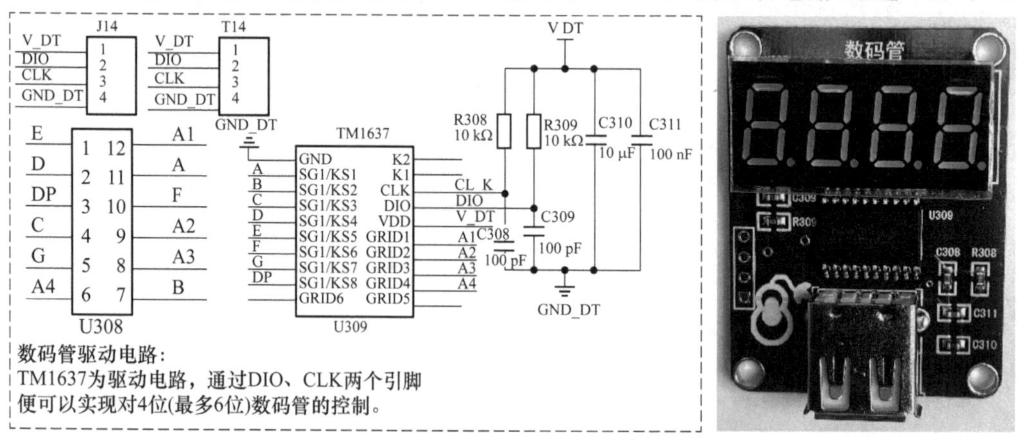

图 13-4　数码管的电路原理图及实物图

两个引脚实现对 4 位数码管的控制。DIO 引脚为数据输入/输出,CLK 为时钟输入。数据输入的开始条件是 CLK 为高电平时,DIO 由高变低;结束条件是 CLK 为高电平时,DIO 由低电平变为高电平。

硬件连接参见工程中的文档说明,程序参考本书网上电子资源“.. \04-Software\CH13\WJ04- LED ”工程。

13.2.2　开关量输入类驱动构件

1. 红外寻迹传感器

当遮挡物体距离传感器红外发射管 2～2.5 cm 时,发射管发出的红外射线会被反射回来,红外接收管打开,模块输出端为高电平,指示灯亮;反之,当红外射线未被反射回来或反射回的强度不够大时,红外接收管处于关闭状态,模块输出端为低电平,指示灯不亮。

红外寻迹传感器的电路原理图及实物图如图 13－5 所示。其中,V_IR3 引脚为左右两侧的红外发射器供电。GPIO_IR1 引脚为右侧的红外输出引脚,并控制右侧小灯的亮灭;GPIO_IR2 引脚为左侧的红外输出引脚,并控制左侧小灯的亮灭。红外寻迹传感器:用纸张靠近红外寻迹传感器,红灯亮;撤掉纸张,红灯灭。

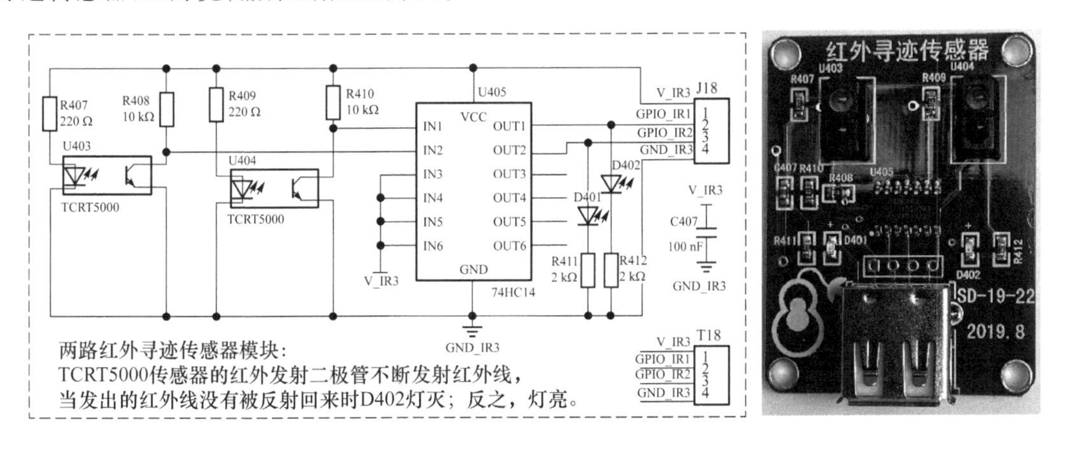

图 13－5　红外寻迹传感器的电路原理图及实物图

硬件连接参见工程中的文档说明,程序参考本书网上电子资源“.. \04-Software\CH13\WJ05- Ray”工程。

2. 人体红外传感器

任何发热体都会产生红外线,辐射的红外线波长(一般在 μm 量级)跟物体温度有关,表面温度越高,辐射能量越强。人体都有恒定的体温,所以会发出特定波长为 10 μm 左右的红外线,人体红外传感器通过检测人体释放的红外信号,判断一定范围内是否有人体活动。默认输出是低电平,当传感器检测到人体运动时,会触发高电平输出,小灯亮(有 3 s 左右的延迟)。

人体红外传感器的电路原理图及实物图如图 13－6 所示。其中,V_PIR1 用于供电。REF 为输出引脚。人体红外传感器:当用手靠近人体红外传感器时,红灯亮;远离时,延迟 3 s 左右,红灯灭。

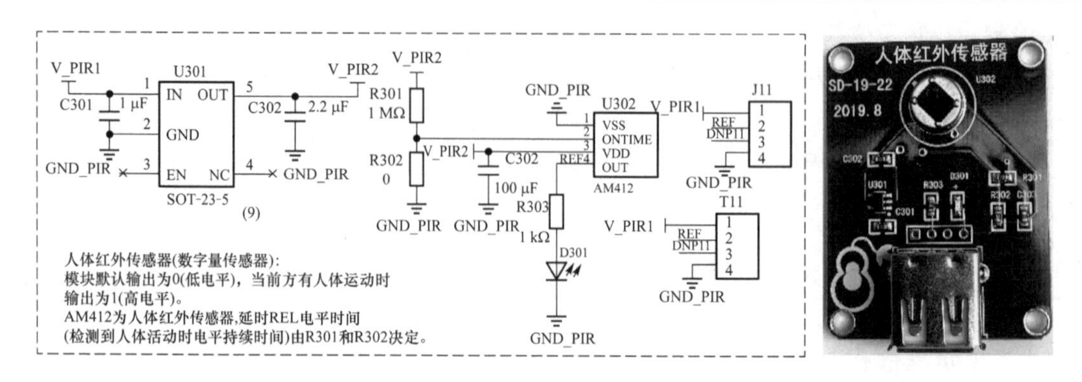

图 13-6　人体红外传感器的电路原理图及实物图

硬件连接参见工程中的文档说明，程序参考本书网上电子资源“..\04-Software\CH13\WJ06-RayHuman”工程。

3. 按　钮

按钮的工作原理很简单，对于常开触头，在按钮未被按下前，触头是断开的，按下按钮后，常开触头被连通，电路也被接通；对于常闭触头，在按钮未被按下前，触头是闭合的，按下按钮后，触头被断开，电路也被断开。

Btn1、Btn2 初始化为 GPIO 输出，Btn3、Btn4 初始化为 GPIO 输入，并内部拉高（设置为高电平）。改变 Btn1、Btn2 的输出，通过扫描方式获取 Btn3、Btn4 的状态，判断按钮的闭合与断开。若将 Btn1 设置为低电平、Btn2 设置为高电平，则 Btn3 为低电平时，S301 闭合；Btn3 为高电平时，S301 断开。同样，Btn4 为低电平时，S302 闭合；Btn4 为高电平时，S302 断开。若将 Btn1 设置为高电平、Btn2 设置为低电平，则 Btn3 为低电平时，S303 闭合；Btn3 为高电平时，S303 断开。同样，Btn4 为低电平时，S304 闭合；Btn4 为高电平时，S304 断开。

按钮的电路原理图及实物图如图 13-7 所示。按钮：使用连接线接到按钮接口，另一端连接按钮。S301 对应 Btn1 被按下的提示信息，S302 对应 Btn2 被按下的提示信息，S303 对应 Btn3 被按下的提示信息，S304 对应 Btn4 被按下的提示信息。

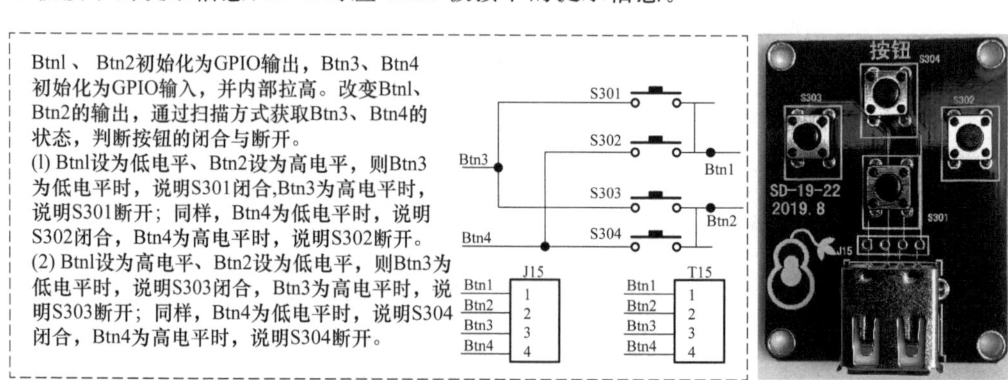

图 13-7　按钮的电路原理图及实物图

硬件连接参见工程中的文档说明，程序参考本书网上电子资源“..\04-Software\CH13\WJ07-Btn”工程。

13.2.3 声音与加速度传感器驱动构件

1. 声音传感器

声音传感器内置一个对声音敏感的电容式驻极体话筒(MIC)。声波使话筒内的驻极体薄膜振动,导致电容变化,产生与之对应变化的微小电压。这一电压随后被转化成0～5 V的电压,经过A/D转换被数据采集器接收,并传送给计算机。

声音传感器的电路原理图及实物图如图13-8所示。对于一个驻极体的声音传感器,内部有一个振膜、垫片和极板组成的电容器。当膜片受到声音的压强时产生振动,从而改变膜片与极板的距离,此时会引起电容的变化。由于膜片上的充电电荷是不变的,所以必然会引起电压的变化,这样就使得声信号转换成电信号。但由于这个信号非常微弱且内阻非常高,所以需要通过U402电路进行阻抗变化和放大,然后将放大后的电信号通过AD_Sound采集后被微机处理。

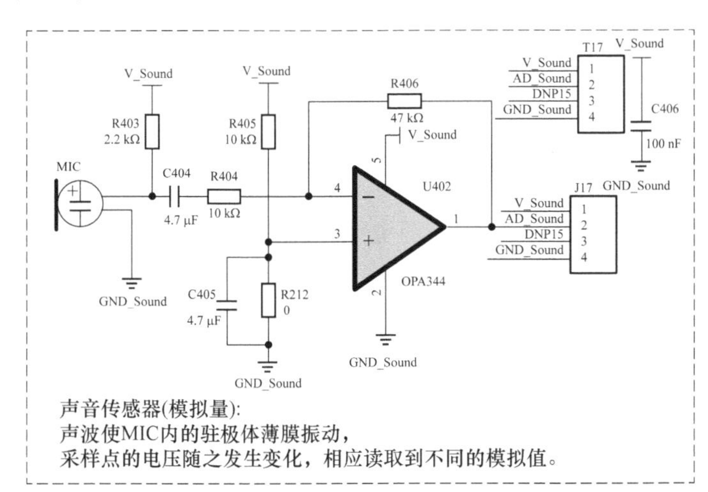

图13-8 声音传感器的电路原理图及实物图

硬件连接参见工程中的文档说明,程序参考本书网上电子资源“..\04-Software\CH13\WJ08-ADSound”工程。

2. 加速度传感器

加速度传感器首先由前端感应器件感测加速度的大小,然后由感应电信号器件转为可识别的电信号,该信号首先是模拟信号,然后通过A/D转换器将模拟信号转换为数字信号,再通过串口读取数据。

加速度传感器的电路原理图及实物图如图13-9所示。因为传感器内的差分电容会因加速度而改变,从而使得传感器输出的幅度与加速度成正比,所以可以通过SPI或者I2C方法获得输出的十六进制数,从而显示出来。

硬件连接参见工程中的文档说明,程序参考本书网上电子资源“..\04-Software\CH13\WJ09-Acceleration”工程。

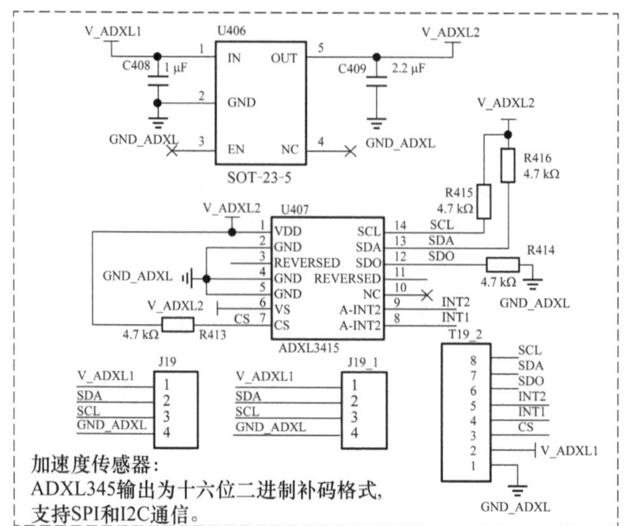

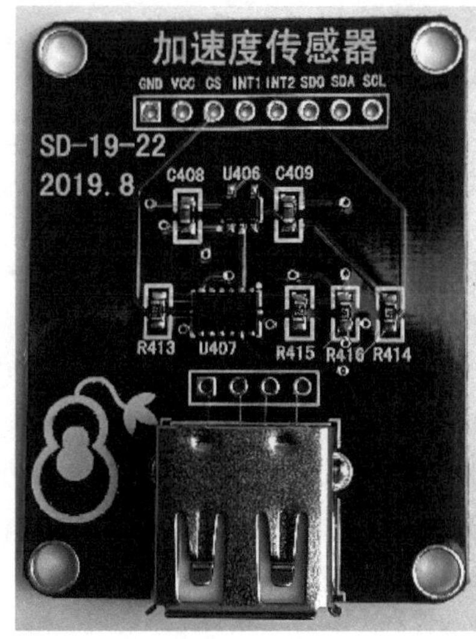

图 13-9　加速度传感器的电路原理图及实物图

13.3　实时操作系统的简明实例

在开发嵌入式应用产品时，根据项目需求、主控芯片的资源状况、软件可移植性要求及开发人员技术背景等情况，可能选用一种实时操作系统(Real Time Operation System，RTOS)作为嵌入式软件设计基础。特别是随着嵌入式人工智能与物联网的发展，对嵌入式软件的可移植性要求不断增强，实时操作系统的应用将更加普及。

实时操作系统是应用于嵌入式系统中的一种系统软件，在嵌入式产品开发中，可以根据硬件资源、软件复杂程度、可移植性需求、研发人员的知识结构等各个侧面综合考虑是否使用操作系统，若使用操作系统，应选择哪种操作系统。

13.3.1　无操作系统与实时操作系统

在无操作系统(No Operating System，NOS)的嵌入式系统中，在系统复位后，首先进行堆栈、中断向量、系统时钟、内存变量、部分硬件模块等初始化工作，然后进入“无限循环”，在这个无限循环中，CPU 一般根据一些全局变量的值决定执行哪些功能程序(线程)，这是**第一条运行路线**。若发生中断，将响应中断，执行中断服务例程(Interrupt Service Routines，ISR)，这是**第二条运行路线**。执行完 ISR 后，返回中断处继续执行。从操作系统的调度功能角度理解，NOS 中的主程序可以被简单地理解为一个 RTOS 内核，该内核负责系统初始化和调度其他线程。

在基于 RTOS 的编程模式下，有两条线路，一条是线程线，编程时把一个较大工程分解成几个较小工程(称之为线程或任务)，有个调度者，负责这些线程的执行；另一条线路是中断线，与 NOS 情况一致，若发生中断，将响应中断，执行中断服务例程 ISR，然后在中断处继续执行。可以进一步理解为，RTOS 是一个标准内核，包括芯片初始化、设备驱动及数据结构的格式化，应用层程序员可以不直接对硬件设备和资源进行操作，而是通过标准调用方法实现对硬件的操作，所有的线程由RTOS内核负责调度。也可以这样理解，RTOS是一段嵌入在目标代码中的程序，系统复位后首先执行它，用户的其他应用程序（线程）都建立在RTOS之上。不仅如此，RTOS将CPU时间、中断、I/O、定时器等资源都包装起来，留给用户一个标准的应用程序编程接口（Application Programming Interface，API），并根据各个线程的优先级，合理地在不同线程之间分配CPU时间。**RTOS的基本功能可以简单地概括为**：RTOS为每个线程建立一个可执行的环境，方便线程间传递消息，在中断服务例程ISR与线程之间传递事件，区分线程执行的优先级，管理内存，维护时钟及中断系统，并协调多个线程对同一个I/O设备的调用。**简而言之，就是线程管理与调度、线程间的通信与同步、存储管理、时间管理、中断处理等。**

13.3.2　RTOS中常用的基本概念

在RTOS基础上编程，芯片启动过程先运行一段程序代码，开辟好用户线程的运行环境，准备好对线程进行调度。这段程序代码就是RTOS的内核。RTOS一般由内核与扩展部分组成，通常内核的最主要功能是线程调度，扩展部分的最主要功能是提供应用程序编程接口API。

1. 调　度

多线程系统中，RTOS内核负责管理线程，或者说，为每个线程分配CPU时间，并且负责线程间的通信。调度就是决定该轮到哪个线程该运行了，它是内核最重要的职责。每个线程根据其重要程度的不同，被赋予一定的优先级。不同的调度算法对RTOS的性能有较大影响，基于优先级的调度算法是RTOS常用的调度算法，核心思想是，总是让处于就绪态的、优先级最高的线程先运行。然而，何时高优先级线程掌握CPU的使用权，由使用的内核类型决定，基于优先级的内核有不可抢占型和可抢占型两种类型。

2. 时钟节拍（时间嘀嗒）

时钟节拍（clock tick），有时也直接译为时钟嘀嗒，它是特定的周期性中断，通过定时器产生周期性的中断，以便内核判断是否有更高优先级的线程进入就绪状态。

3. 线程的基本含义

线程是RTOS中最重要的概念之一。在RTOS下，把一个复杂的嵌入式应用工程按一定规则分解成一个个功能清晰的小工程，然后设定各个小工程的运行规则，交给RTOS管理，这就是基于RTOS编程的基本思想。这一个个小工程被称为“线程（thread）”，RTOS管理这些线程，被称为“调度（scheduling）”。

要给RTOS中的线程下一个准确而完整的定义并不容易，我们可以从不同的角度理解线程。**从线程调度角度来理解**，可以认为，RTOS中的线程是一个功能清晰的小程序，是RTOS调度的基本单元；**从RTOS的软件设计角度来理解**，就是在软件设计时，需要根据具体应用，划分出独立的、相互作用的程序集合，这样的程序集合就被称为线程。每个线程都被赋予一定的优先级；**从CPU角度来理解**，在单CPU下，某一时刻CPU只会处理（执行）一个线程，或者说只有一个线程占用CPU。RTOS内核的关键功能就是以合理的方式为系统中的每个线程分配时间(即调度),使之得以运行。

实际上,根据特定的 RTOS,线程可能被称为任务(task),也可能使用其他名字,含义有可能稍有差异,但本质不变,也不必花费过多精力,追究其精确语义。掌握线程设计方法,理解调度过程,提高编程鲁棒性,理解底层驱动原理,提高程序规范性、可移植性与可复用性,提高嵌入式系统的实际开发能力等才是学习 RTOS 的关键。要真正理解与应用线程进行基于 RTOS 的嵌入式软件开发,需要从线程的状态、结构、优先级、调度、同步等角度来认识。

4. 线程的上下文及线程切换

线程的上下文(context),即 CPU 内寄存器。当多线程内核决定运行另外的线程时,它保存正在运行线程的当前上下文,这些内容保存在随机存储器(Random Access Memory,RAM)中的线程当前状况保存区,也就是线程自己的堆栈中。入栈工作完成以后,就把下一个将要运行线程的当前状况从其线程栈中重新装入 CPU 的寄存器,开始下一个线程的运行,这一过程叫作线程切换或上下文切换。

5. 线程间通信

线程间的通信是指线程间的信息交换,其作用是实现同步及数据传输。同步是指根据线程间的合作关系,协调不同线程间的执行顺序。线程间通信的方式主要有事件、消息队列、信号量和互斥量等。

13.3.3 线程的三要素、四种状态及三种基本形式

线程是完成一定功能的函数,但是并不是所有的函数都可以被称为线程。线程有自己特有的要素以及形式。

1. 线程的三要素:线程函数、线程堆栈和线程描述符

从线程的存储结构上看,线程由三个部分组成:线程函数、线程堆栈和线程描述符,这就是线程的三要素。线程函数就是线程要完成具体功能的程序;每个线程都拥有自己独立的线程堆栈空间,用于保存线程在调度时的上下文信息及线程内部使用的局部变量;线程描述符是关联了线程属性的程序控制块,记录线程的各个属性,下面将进一步阐述。

(1) 线程函数

一个线程,对应一段函数代码,完成一定功能,可被称为线程函数。从代码上看,线程函数与一般函数并无区别,被编译链接生成机器码之后,一般存储在 FLASH 区。但是从线程自身角度来看,它认为 CPU 就是属于它自己的,并不知道还有其他线程存在。线程函数也不是用来被其他函数直接调用的,而是由 RTOS 内核调度运行。要使线程函数能够被 RTOS 内核调度运行,就必须将线程函数进行“登记”,要给线程设定优先级、设置线程堆栈大小、给线程编号等。不然,若有几个线程都要运行,RTOS 内核如何知道哪个应该先运行呢?由于任何时刻只能有一个线程在运行(处于激活态),所以当 RTOS 内核使一个线程运行时,之前的运行线程就会退出激活态。CPU 被处于激活态的线程独占,从这个角度看,线程函数与无操作系统中的 main 函数性质相近,一般被设计为“永久循环”,认为线程一直在执行,永远独占处理器。

(2) 线程堆栈

线程堆栈是独立于线程函数之外的RAM,是按照"先进后出"策略组织的一段连续存储空间,是RTOS中线程概念的重要组成部分。在RTOS中被创建的每个线程都有自己私有的堆栈空间,在线程的运行过程中,堆栈用于保存线程程序运行过程中的局部变量,在线程调用普通函数时会为线程保存返回地址等参数变量以及保存线程的上下文等。在多线程系统中,每个线程都认为CPU寄存器是自己的,一个线程正在运行时,当RTOS内核决定不让当前线程运行,而转去运行别的线程时,就要把CPU的当前状态保存在属于该线程的线程堆栈中;当RTOS内核再次决定让其运行时,就从该线程的线程堆栈中恢复原来的CPU状态,就像未被暂停过一样。

(3) 线程描述符

线程被创建时,系统会为每个线程创建一个唯一的线程描述符(Thread Descriptor,TD),它相当于线程在RTOS中的一个"身份证",RTOS就是通过这些"身份证"来管理线程和查询线程信息的。这个概念在不同操作系统中的名称不同,但含义相同,有的称为线程控制块(Thread Control Block,TCB),有的称为任务控制块(Task Control Block,TCB),有的称为进程控制块(Process Control Block,PCB)。线程函数只有配备了相应的线程描述符才能被RTOS调度,未被配备线程描述符的、驻留在FLASH区的线程函数代码就只是通常意义上的函数,是不会被RTOS内核调度的。

2. 线程的四种状态:终止态、阻塞态、就绪态和激活态

RTOS中的线程一般有四种状态,分别为:**终止态、阻塞态、就绪态和激活态**。在任一时刻,线程被创建后所处的状态一定是四种状态之一。

① 终止态(terminated,inactive):线程已经完成,或被删除,不再需要使用CPU。

② 阻塞态(blocked):又可称为"挂起态"。线程未准备好,不能被激活,因为该线程需要等待一段时间或某些情况发生;当等待时间到或等待的情况发生时,该线程才变为就绪态,处于阻塞态的线程描述符存放于等待列表或延时列表中。

③ 就绪态(ready):线程已经准备好可以被激活,但未进入激活态,因为其优先级等于或低于当前的激活线程,一旦获取CPU的使用权就可以进入激活态,处于就绪态的线程描述符存放于就绪列表中。

④ 激活态(active,running):又称"运行态"。该线程在运行中,拥有CPU使用权。如果一个激活态的线程变为阻塞态,则RTOS将执行切换操作,从就绪列表中选择优先级最高的线程进入激活态;如果有多个具有相同优先级的线程处于就绪态,则就绪列表中的首个线程先被激活。也就是说,每个就绪列表中相同优先级的线程是按先进先出(First In First Out,FIFO)的策略进行调度的。

3. 线程的基本形式:单次执行、周期执行和资源驱动

线程函数一般分为两个部分:初始化部分和线程体部分。初始化部分实现对变量的定义、初始化和设备的打开等,线程体部分负责完成该线程的基本功能。线程一般结构如下:

```
void  task ( uint_32  initial_data )
{
      //初始化部分
      //线程体部分
}
```

线程的基本形式主要有单次执行线程、周期执行线程和资源驱动线程三种。

(1) 单次执行线程

单次执行线程是指线程在创建完之后只会被执行一次,执行完成后就会被销毁或阻塞的线程。线程函数结构如下:

```
void task ( uint_32 initial_data )
{
      //初始化部分
      //线程体部分
      //线程函数销毁或阻塞
}
```

单次执行线程由三个部分组成:线程函数初始化部分、线程函数线程体部分和线程函数销毁或阻塞。初始化部分包括对变量的定义和赋值,打开需要使用的设备等;线程函数线程体部分是该线程的基本功能实现;线程函数销毁或阻塞,即调用线程销毁或者阻塞函数将自己从线程列表中删除。销毁与阻塞的区别在于,销毁除了停止线程的运行之外,还将回收该线程所占用的所有资源,如堆栈空间等;而阻塞只是将线程描述符中的状态设置为阻塞。例如,定时复位重启线程就是一个典型的单次执行线程。

(2) 周期执行线程

周期执行线程是指需要按照一定周期执行的线程,线程函数结构如下:

```
void  task ( uint_32 initial_data )
{
      //初始化部分
      ……
      //线程体部分
      while(1)
      {
            //循环体部分
      }
}
```

初始化部分同上面一样,实现包括对变量的定义和赋值,打开需要使用的设备等。与单次执行线程不一样的地方在于,线程函数的线程体部分是放在永久循环体中执行的,由于该线程需要按照一定周期执行,所以执行完该线程之后可能需要调用延时函数 wait 将自己放入延时列表中，等到延时的时间到了之后重新进入就绪态。该过程需要永久执行，所以线程函数的线程体部分和延时函数需要放在永久循环中。举例来说，在系统中，我们需要得到被监测水域的酸碱度和各种离子的浓度，但并不需要时时刻刻检测数据，因为这些物理量的变化比较缓慢，所以使用传感器采集数据时只需要每隔半个小时采集一次数据，之后调用 wait 函数延时半个小时即可。此时的物理量采集线程就是典型的周期执行线程。

(3) 资源驱动线程

除了上面介绍的两种线程类型之外，还有一种线程形式，那就是资源驱动线程。这里的资源主要指信号量、事件等线程通信与同步中的方法。这种类型的线程比较特殊，它是操作系统特有的线程类型，因为只有在操作系统下才导致资源的共享使用问题，同时也引出了操作系统中的另一个主要问题，那就是线程同步与通信。该线程与周期驱动线程的不同在于，它的执行时间不是确定的，只有在它所要等待的资源可用时，才会转入就绪态，否则就会被加入到等待该资源的等待列表中。资源驱动线程的函数结构如下：

```
void task ( uint_32 initial_data )
{
    //初始化部分
    ……
    while(1)
    {
        //调用等待资源函数
        //线程体部分
    }
}
```

初始化部分和线程体部分与之前两个类型的线程类似，主要区别就是在线程体执行之前会调用等待资源函数，以等待资源实现线程体部分的功能。仍以刚才的系统为例，数据处理是在物理量采集完成后才能进行的操作，所以在系统中使用一个信号量用于两个线程之间的同步，当物理量采集线程完成时就会释放该信号量，而数据处理线程一直在等待该信号量，当等到该信号量时，就可以进行下一步操作了。系统中的数据处理线程就是一个典型的资源驱动线程。

13.3.4 RTOS 下的编程实例

从应用开发角度来看，只要能够正确使用延时函数、事件、消息队列、信号量和互斥量等，就基本可以使用 RTOS 进行编程。本小节的目的是让读者通过实例，快速了解 RTOS 下编程与 NOS 下编程的异同，快速了解延时函数、事件、消息队列、信号量和互斥量等的应用方法。这些实例都是基于上海睿赛德电子科技有限公司推出的国产实时操作系统 RT-Thread(Real Time-Thread)，如表 13 - 1 所列。开发环境使用 AHL-GEC-IDE，硬件使用本书配备的 AHL-CH32V307。

表 13-1　RTOS 下编程实例列表

工程名	知识要素	程序功能
..\CH13\RTOS\RTOS01-Delay	延时函数	软件控制红、绿、蓝各灯每 5 s、10 s、20 s 状态发生变化，对外表现为三色灯的合成色。经过分析可知，开始时为暗，依次变化为红、绿、黄（红＋绿）、蓝、紫（红＋蓝）、青（蓝＋绿）、白（红＋蓝＋绿），周而复始
..\CH13\RTOS\RTOS02-Event	事件	当串口接收到一帧数据（帧头 3A＋四位数据＋帧尾 0D0A）时即可控制红灯的亮灭
..\CH13\RTOS\RTOS03-MessageQueue	消息队列	每当串口接收到一个字节，就将一条完整的消息放入消息队列中。消息成功放入队列后，消息队列接收线程（run_messagerecv）会通过串口（波特率设置为 115 200）打印出消息以及消息队列中消息的数量
..\CH13\RTOS\RTOS04-Semaphore	信号量	当线程申请、等待和释放信号量时，串口都会输出相应的提示
..\CH13\RTOS\RTOS05-Mutex	互斥量	说明如何通过互斥量来实现线程对资源的独占访问。还是 RTOS05-Mutex 的样例工程，仍然实现红灯线程每 5 s 闪烁一次、绿灯线程每 10 s 闪烁一次和蓝灯线程每 20 s 闪烁一次。在 RTOS01-Delay 的样例工程中红灯线程、蓝灯线程和绿灯线程有时会同时亮（出现混合颜色），而 RTOS05-Mutex 通过单色灯互斥量使得每一时刻只有一个灯亮，不出现混合颜色的情况

13.4　嵌入式人工智能的简明实例

目前人工智能的算法大多在性能较高的通用计算机上进行，但是，人工智能真正落地的产品却为种类繁多的嵌入式计算机系统。嵌入式人工智能就是指含有基本学习或推理算法的嵌入式智能产品。嵌入式物体认知系统就是嵌入式人工智能的应用实例之一。在此理念的基础上，苏州大学嵌入式人工智能与物联网实验室利用 MCU，设计了一套原理清晰、价格低廉、简单实用的基于图像识别的嵌入式物体认知系统（Embedded Object Recognition System，EORS），命名为 AHL-EORS，可作为人工智能的快速入门系统。

13.4.1　AHL-EORS 简介

1. 概　述

基于图像识别的嵌入式物体认知系统是利用嵌入式计算机通过摄像头采集物体图像，利用图像识别相关算法进行训练、标记，训练完成后，可进行推理完成对图像的识别。AHL-EORS 的主要目标是用于嵌入式人工智能入门教学，试图把复杂问题简单化，利用最小的资源、最清晰的流程体现人工智能中“标记、训练、推理”的基本知识要素；同时，提供完整源码、编译及调试环境，期望达到“学习汉语拼音从 a、o、e 开始，学习英语从 A、B、C 开始，学习嵌入式人工智能从物体认知系统开始”的目标。学生可通过本系统来获得人工智能的相关基础知识，并真实体会到学习人工智能的快乐，消除畏惧心理，使其敢于自行开发自己的人工智能系统。AHL-EORS 除了用于教学之外，本身亦可用于数字识别、数量计数等实际应用系统中。

2. 硬件清单

AHL-EORS 的硬件清单如表 13－2 所列。

表 13－2　AHL-EORS 硬件清单

序　号	名　称	数　量	功能描述
1	GEC 主机	1	(1) 内含 MCU(型号:CH32V307VCT6)、5 V 转 3.3 V 电源等； (2) 2.8 寸(240×320)彩色 LCD； (3) 接口底板：含光敏、热敏、磁阻等，外设接口 UART、SPI、I2C、A/D、PWM 等
2	TTL-USB 串口线	1	两端标准 USB 口
3	摄像头	1	获取图像。LCD 显示图像的默认设置为 112×112(像素)大小

3. 硬件测试导引

产品出厂时已经将测试工程下载到 MCU 芯片中，可以进行 0～9 十个数字识别，测试步骤如下：

步骤一：通电。使用盒内双头一致的 USB 线给设备供电。电压为 5 V，可选择计算机、充电宝等的 USB 口(**注意供电要足**)。

步骤二：测试。上电后，正常情况下，LCD 彩色屏幕会显示图像，可识别盒子内“一页纸硬件测试方法”上的 0～9 数字，显示各自识别概率和系统运行状态等参数，如图 13－10 所示。

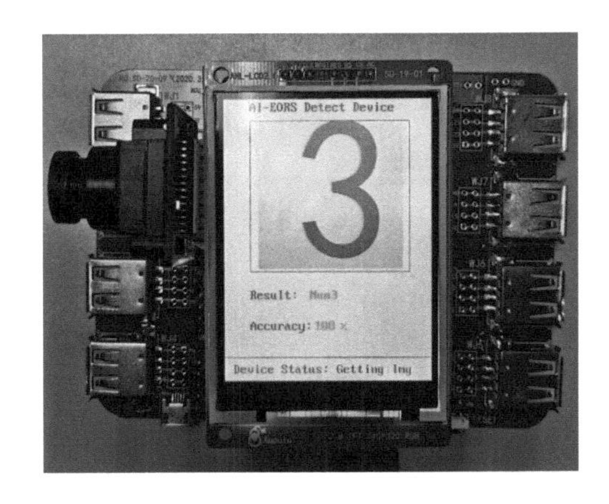

图 13－10　AHL-EORS 初始上电检测书中“3”的正确现象

4. AHL-EORS 的开发环境与电子资源

本系统的软件资源等都已经打包到电子资源文件夹内，软件下载方式如表 13-3 所列。

表 13-3　AHL-EORS 软件清单

序　号	软件名	备　注
1	金葫芦集成开发环境（AHL-GEC-IDE）	(1) 下载地址：百度搜索“苏州大学嵌入式学习社区”官网，随后进入“金葫芦专区”→AHL-GEC-IDE； (2) 操作系统：使用 Windows 10 版本； (3) 下载完成后，进入下载地址，双击打开“AHL-GEC-IDE. exe”，根据安装界面提示，进行安装。推荐选择默认安装在 D 盘，默认安装文件夹为 D:\ AHL-GEC-IDE
2	EORS 电子资源	百度搜索“苏州大学嵌入式学习社区”官网，随后进入“金葫芦专区”→AHL-EORS 下载，内含说明文档及源程序资源等

13.4.2　AHL-EORS 的数据采集与训练过程

以识别字母“A、B、C、D”为例，用户通过本样例熟悉并掌握完整的 AHL-EORS 中图像数据集采集与标记、模型的训练以及最终在主机上部署模型这三个过程。

1. 利用 PC 软件进行图像采集与标记

在安装完环境之后，将串口与 PC 相连，然后打开本书网上电子资源“..\06-Tool\EORS_PC_DataReceive. exe ”文件。该程序可以通过串口获取 MCU 上面的摄像头拍摄的照片，然后保存到本地计算机。该过程也是人工智能中的“采集”过程。采集 1 张完整的图像数据后，系统会显示采集到的这张图像，如图 13-11 所示。

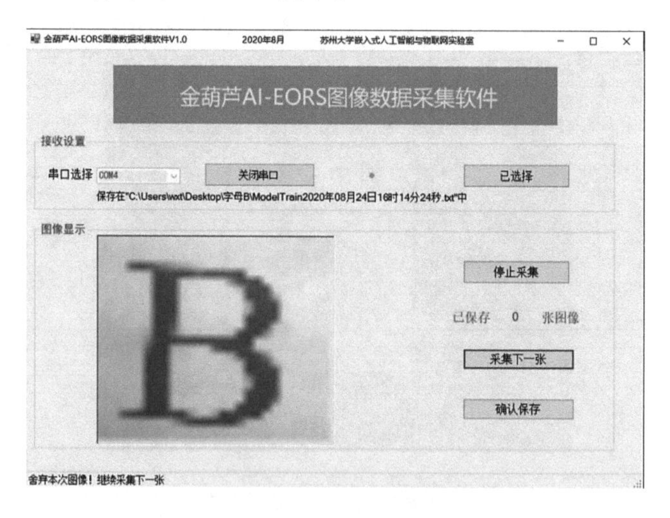

图 13-11　显示数据界面

若显示的图像清晰且无其他干扰，满足采集要求，则单击“确认保存”按钮，将本张图像添加到物体数据集中；否则单击“采集下一张”按钮，丢弃本张图像。在采集完成所有的该图像数据集之后，将所有的. txt 文本文件按照类别合并，存放在对应的 TXT 格式文件中。最后，将文件名改为对应的类别名“A. txt”“B. txt”“C. txt”“D. txt”。

2. 利用 PC 软件进行训练

采集完成后便要将采集到的图片进行训练。单击打开本书网上电子资源文件夹内的“..\06-Tool\EORS_PC_TrainModel\EORS_ModelTrain\ModelTrain_v1. 0. exe”可执行文件，打开过程较为缓慢，打开时长大于 10 s，具体时间与个人计算机的性能相关，请耐心等待，不要多次单击。

训练模型的第一步是读取数据集。这里可以先使用我们已经提供的例程，该例程已预先存放在“..\05-Dataset\gray\ABCD”路径下，此时单击对应每个类别的数据集后的“选择文件”按钮，选择对应的数据集文件。在确定每个类别的训练集与测试集之后，再继续选择模型构件的保存位置。单击模型生成路径后的“选择路径”按钮，选择模型输出的文件夹。最后单击“开始训练”按钮，系统便开始训练模型。训练结束后，模型的测试准确率将会在提示窗口中显示，如图 13－12 所示。

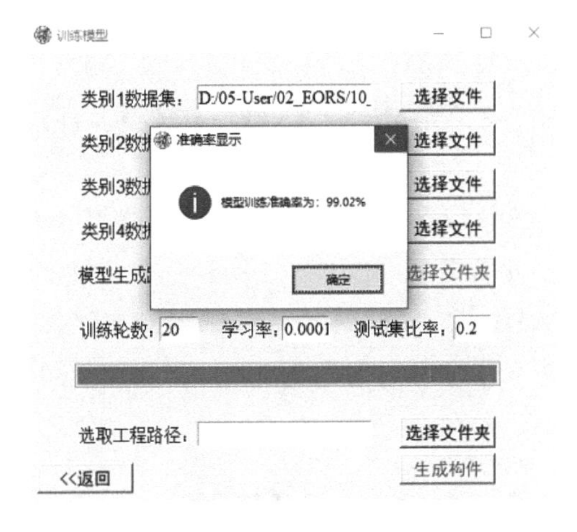

图 13－12　训练过程的准确率显示信息

训练完成后，若对模型准确率不满意，则可继续单击“开始训练”按钮，继续对模型训练，直到模型准确率趋于平稳或者准确率达到用户预期为止。需要重新训练或选取物体种类时，可单击左下角的“返回”按钮，进入上一个界面。注意，返回后将丢失目前的模型和训练进度。

在得到用户满意的模型准确率之后，单击软件界面下方的“选择文件夹”按钮，选择指定的 AHL-EORS 推理工程，再单击“生成构件”按钮更新工程推理模型参数构件，即对本次训练得到的网络模型进行再部署。

13.4.3　在通用嵌入式计算机 GEC 上进行的推理过程

用户此时可以选择本书网上电子资源“..\04-Software\Predict_formwork”工程作为自己的样例工程，根据 13.4.2 小节所提到的模型参数构件的更新方法，将该工程变为具有识别 4 个字母功能的嵌入式工程，再重新编译烧录电子资源，系统便认识这 4 个字母了。此时，系统便“认识”字母 B，如图 13－13 所示。

如果想要进一步学习嵌入式物体认知系统的具体实现原理，可参考 EORS 的电子资源文件夹内的快速指南。

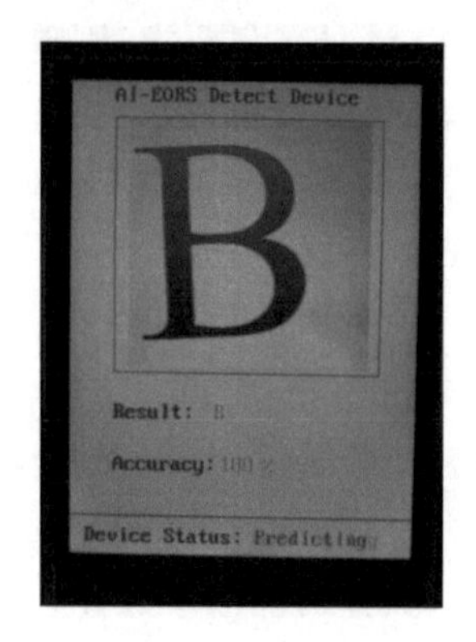

图 13-13　检测到字母 B

13.5　沁恒 MCU 的其他嵌入式实践资源简介

本节以沁恒微电子的 CH573 芯片为例来介绍，包含 CH573 的基本电路、产品特点以及基于此实现的 NB、CAT1 两种通信方式，对应硬件系统为 AHL-GEC、AHL-CH573-NB-IoT 和 AHL-CH573-CAT1。若读者没有硬件，可通过阅读本书网上电子资源中本章的源程序来进一步理解如何实现 MCU 与通信模组之间的数据传输以及利用通用模组来发送数据等功能。

13.5.1　AHL-CH573

CH573 是沁恒公司推出的集成了 BLE 无线通信的 32 位 RISC-V 内核微控制器。其片上集成低功耗蓝牙 BLE 通信模块、全速 USB 主机和设备控制器，以及收发器、SPI、4 个串口、ADC、触摸按键检测模块、RTC 等丰富的外设资源。接下来将简单介绍 CH573 的最小硬件系统。

MCU 的硬件最小系统是指包括电源、晶振、复位、写入调试器接口等可使内部程序得以运行的、规范的、可复用的核心构件系统。使用一个芯片，必须完全理解其硬件最小系统。当 MCU 工作不正常时，在硬件层面，应检查硬件最小系统中可能出错的元件。芯片要能工作，必须有电源与工作时钟；至于复位电路则提供不掉电情况下 MCU 重新启动的手段。随着 FLASH 存储器制造技术的发展，大部分芯片提供了在板或在线系统(on system)的写入程序功能，即把空白芯片焊接到电路板上后，再通过写入器把程序下载到芯片中。这样，硬件最小系统应把写入器的接口电路也包含在其中。基于这个思路，CH573 芯片的硬件最小系统包括电源电路、复位电路、与写入器相连的 SWD 接口电路及可选晶振电路。图 13-14 给出了 AHL-CH573 硬件最小系统原理图。

AHL-CH573 硬件清单如表 13-4 所列。

硬件连接参见工程中的文档说明，程序参考本书网上电子资源“..\04-Software\CH13\AHL-CH573”工程。

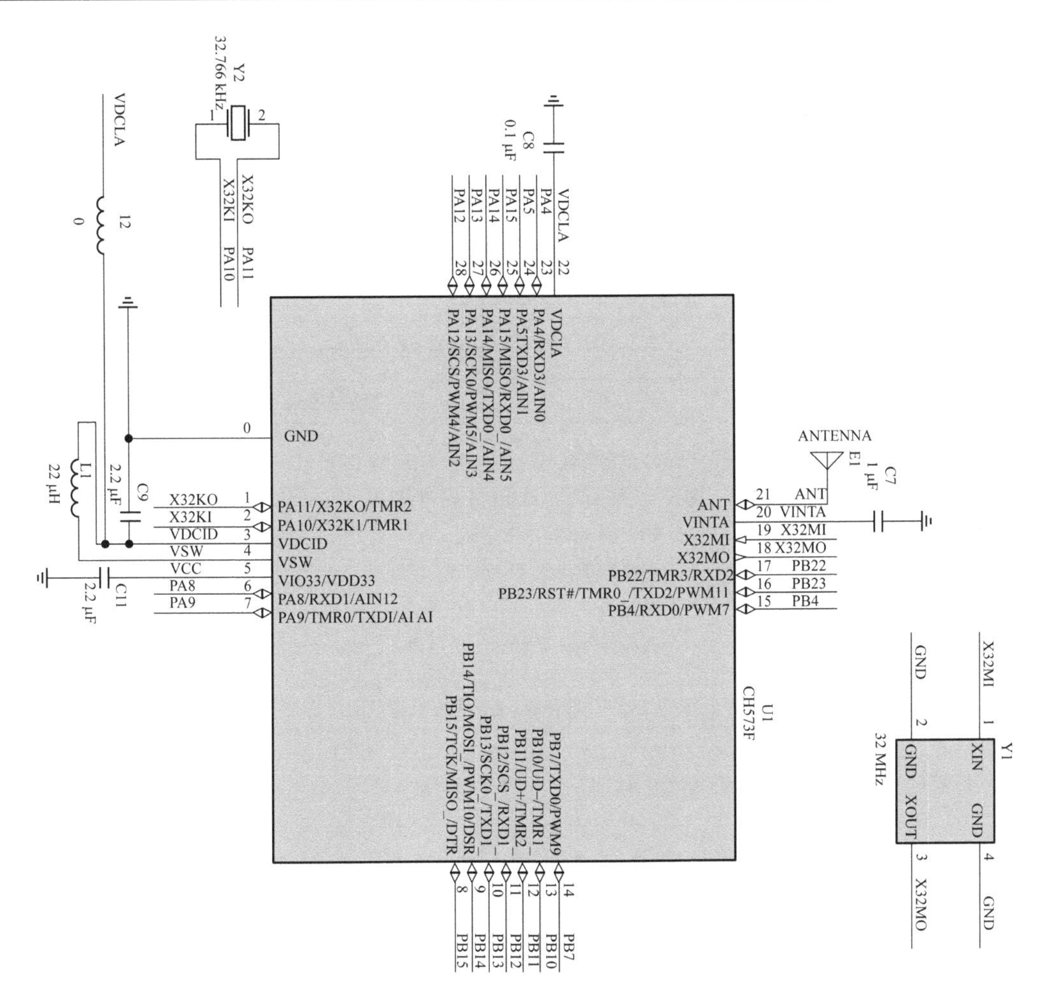

图 13-14　AHL-CH573 硬件最小系统原理图

表 13-4　AHL-CH573 硬件清单

序　号	名　称	数　量	功能描述
1	GEC 主机	1	(1)内含 MCU(型号:CH573)、5 V 转 3.3 V 电源等; (2)接口底板:3.7 V 电池接口,外设接口 UART、SPI、A/D 和 PWM 等
2	Type-C 线	1	标准 Type-C 数据线,主机供电及串口通信使用

13.5.2　AHL-CH573-NB-IoT

窄带是物联网中常用的低速率通信方式,金葫芦 NB 开发套件(AHL-CH573-NB-IoT)是一套基于通用嵌入式计算机(General Embedded Computer,GEC)架构的 NB 快速开发套件,不仅可以配合物联网实践教学,还是一套较为完备的 NB 应用开发系统,可以实现面向物联网领域的 NB 应用快速开发。

AHL-CH573-NB-IoT 套件中的 NB 模组使用的是高新物联网的 ME3616 模组,在 NB-

IoT 制式下，该模块可以提供最大 66 kb/s 上行速率和 34 kb/s 下行速率。该模块为极小尺寸 LCC 紧凑型封装模块，适用于可穿戴设备等对于模块尺寸有严格要求的应用领域。该套件的软件开发工具为苏州大学自主研发的集成开发环境 AHL-GEC-IDE，可实现串口下载与调试程序、串口 prinft 函数跟踪调试等功能；提供了标准化终端软件开源模板，封装了 AT 指令，实现了构件级 NB 通信的收发；提供了云侦听 CS-Monitor、Web 网页、微信小程序开源模板，可以实现 30 min 内通信收发直观体验，为"照葫芦画瓢"地快速应用开发提供基础。

AHL-CH573-NB-IoT 硬件清单如表 13-5 所列。

表 13-5　AHL-CH573-NB-IoT 硬件清单

序　号	名　称	数　量	功能描述
1	GEC 主机	1	(1) 微控制器(CH573)：32 位 RISC-V 处理器；片上集成低功耗蓝牙 BLE 通信模块；支持 3.3 V 和 2.5 V 电源；提供 4 组独立 UART。 (2) NB 通信模组：ME3616。 (3) 外接天线：FPC 贴片天线。 (4) 对外接口：GPIO、UART 等。 (5) 其他部件：5 V 转 3.3 V 电源，红、绿、蓝三色灯，两个 Type-C 串口，复位等
2	Type-C 线	1	标准 Type-C 数据线，主机供电及串口通信使用

AHL-CH573-NB-IoT 硬件实物图如图 13-15 所示。

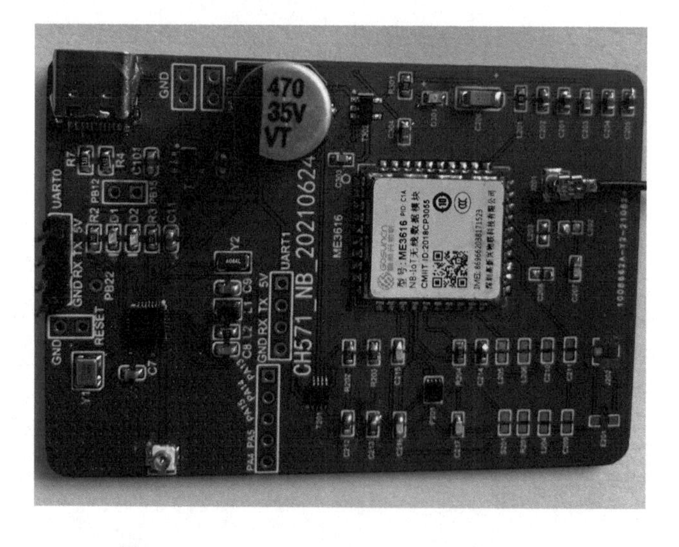

图 13-15　AHL-CH573-NB-IoT 硬件实物图

13.5.3　AHL-CH573-CAT1

CAT1 是 2020 年左右开始全面推广应用的面向广域网的中速率通信方式，最大上行速率为 5 Mb/s 左右、下行为 10 Mb/s 左右，主要目标是取代 GPRS 的物联网应用。金葫芦 CAT1 开发套件（AHL-CH573-CAT1）是一套基于通用嵌入式计算机（General Embedded

Computer,GEC)架构的 CAT1 快速开发套件,不仅可以配合物联网实践教学,还是一套较为完备的 CAT1 应用开发系统,可以实现面向物联网领域的 CAT1 应用快速开发。

AHL-CH573-CAT1 套件中的 CAT1 模组使用广和通的 L610-CN-00-MiniPCIe-10(支持 LTE、GSM 双模通信)。该套件的硬件系统以 GEC 架构为基础,实现了将 MCU 与 CAT1 模组有机结合,形成完整的 CAT1 开发体系;软件工具为苏州大学自主研发的集成开发环境 AHL-GEC-IDE,可实现串口下载与调试程序、串口 prinft 函数跟踪调试等功能;提供了标准化终端软件开源模板,封装了 AT 指令,实现了构件级 CAT1 通信的收发;提供了云侦听 CS-Monitor、Web 网页、微信小程序开源模板,可以实现 30 min 内通信收发直观体验,为"照葫芦画瓢"地快速应用开发提供基础。

AHL-CH573-CAT1 硬件清单如表 13-6 所列。

表 13-6　AHL-CH573-CAT1 硬件清单

序　号	名　称	数　量	功能描述
1	GEC 主机	1	(1) 微控制器(CH573):32 位 RISC-V 处理器;片上集成低功耗蓝牙 BLE 通信模块;支持 3.3 V 和 2.5 V 电源;提供 4 组独立 UART。 (2) CAT1 通信模组:L610-MinPCIe。 (3) 外接天线:FPC 贴片天线。 (4) 对外接口:GPIO、UART 等。 (5) 其他部件:5 V 转 3.3 V 电源,红、绿、蓝三色灯,两个 Type-C 串口,复位等
2	Type-C 线	1	标准 Type-C 数据线,主机供电及串口通信使用

AHL-CH573-CAT1 硬件示意图如图 13-16 所示,电子资源下载地址为:http://sumcu.suda.edu.cn/jhlCAT1kftjwAHLwCAT1wCH573w/list.htm。

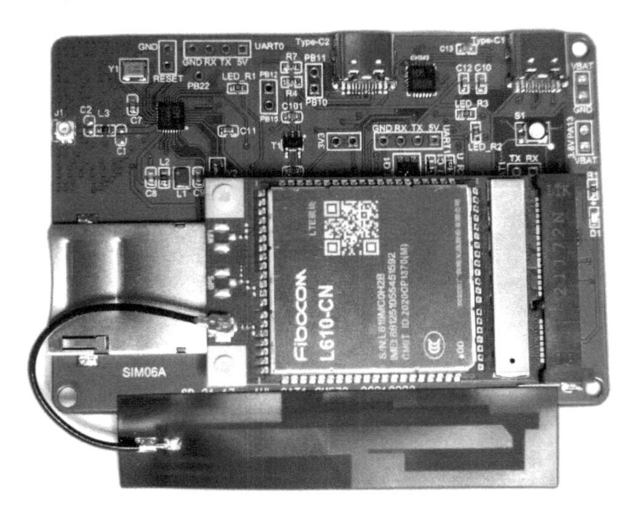

图 13-16　AHL-CH573-CAT1 硬件示意图

参考文献

[1] Free Software Foundation Inc. Using as The GNU Assembler [Z]. Version2. 11. 90. [s. 1: s. n.],2012.

[2] NATO Communications and Information Systems Agency. NATO Standard for Development of Reusable Software Components[S]. [s. 1. : s. n.],1991.

[3] Andrew Waterman, Yunsup Lee, David Patterson,et al. The RISC-V Instruction Set Manual Volume I: User-Level ISA [Z]. [s. 1. : s. n.], Berkeley, University of California, 2016.

[4] Andrew Waterman1, Krste Asanovic. The RISC-V Instruction Set Manual Volume II: Privileged Architecture[Z]. [s. 1. : s. n.],Berkeley, University of California, 2019.

[5] Patterson D, Waterman A. RISC-V 手册:一本开源指令集的指南[Z]. 勾凌睿,黄成,刘志刚,译. [s. 1. : s. n.],2021.

[6] 胡振波. RISC-V 架构与嵌入式开发快速入门[M]. 北京:人民邮电出版社,2019.

[7] 胡振波. 手把手教你设计 CPU:RISC-V 处理器[M]. 北京:人民邮电出版社,2018.

[9] 沁恒微电子. CH32V20x_30x 数据手册[Z]. [s. 1. : s. n.],2021.

[10] 沁恒微电子. CH32FV2x_V3x 系列应用手册[Z]. [s. 1. : s. n.],2021.

[11] 王宜怀,李跃华,徐文彬,等. 嵌入式技术基础与实践——基于 STM32L431 微控制器[M]. 6 版. 北京:清华大学出版社,2021.

[12] 王宜怀,史洪玮,孙锦中,等. 嵌入式实时操作系统——基于 RT-Thread 的 EAI&IoT 系统开发[M]. 北京:机械工业出版社,2021.

[13] [美]Wright G R, Stevens W R. TCP/IP 详解:卷 1[M]. 陆雪莹,蒋慧,等译. 北京:机械工业出版社,2007.

[14] Jack Ganssle,Michael Barr. 英汉双解嵌入式系统词典[M]. 马广云,潘琢金,彭甫阳,译. 北京:北京航空航天大学出版社,2006.

[15] 王宜怀,王林. MC68HC908GP32 MCU 的 Flash 存储器在线编程技术[J]. 微电子学与计算机, 2002(7):15-19.

[16] 王宜怀,王林. 基于人工神经网络的非线性回归[J]. 计算机工程与应用,2004(12).